新时代大数据管理与应用专业
新形态系列教材

Big Data Governance

大数据治理

顾东晓 刘鲁宁◎主编
赵一鸣 陈任◎副主编

清华大学出版社
北京

内 容 简 介

本书结合国内外最新的研究成果和实践经验,融合传统纸质媒体和新兴数字媒体,系统地介绍大数据治理的基本概念、原则、框架、技术、工具和实践等内容,注重理论与实践相结合,注重案例分析和应用演练,帮助读者全面掌握大数据治理的核心知识和方法。全书共分两篇16章:第一篇大数据治理理论包括总论、大数据架构管理、元数据管理、主数据管理、大数据集成、数据质量管理、数据标准化、数据资产化、大数据安全管理9章,第二篇大数据治理应用包括政府大数据治理、交通大数据治理、应急大数据治理、石油化工企业大数据治理、医疗大数据治理、养老大数据治理、药物大数据治理7章。

本书可作为大数据管理与应用、信息管理与信息系统、数据科学与大数据技术、管理科学与工程、数据管理、信息资源管理、电子政务、公共管理、计算机科学与技术、软件工程、人工智能、电子商务、工商管理以及其他相关专业的本科生、研究生的教材,也可作为高职高专、继续教育类学生以及各类培训、高级研修班的教材或参考书。

本书封面贴有清华大学出版社防伪标签,无标签者不得销售。
版权所有,侵权必究。举报: 010-62782989, beiqinquan@tup.tsinghua.edu.cn。

图书在版编目(CIP)数据

大数据治理/顾东晓,刘鲁宁主编. —北京: 清华大学出版社,2023.9(2025.1重印)
新时代大数据管理与应用专业新形态系列教材
ISBN 978-7-302-64598-6

Ⅰ.①大… Ⅱ.①顾… ②刘… Ⅲ.①数据管理—教材 Ⅳ.①TP274

中国国家版本馆 CIP 数据核字(2023)第180336号

责任编辑:张 伟
封面设计:李召霞
责任校对:王荣静
责任印制:沈 露

出版发行:清华大学出版社
网　　址:https://www.tup.com.cn,https://www.wqxuetang.com
地　　址:北京清华大学学研大厦A座　邮　编:100084
社 总 机:010-83470000　邮　购:010-62786544
投稿与读者服务:010-62776969,c-service@tup.tsinghua.edu.cn
质量反馈:010-62772015,zhiliang@tup.tsinghua.edu.cn
课件下载:https://www.tup.com.cn,010-83470332

印 装 者:大厂回族自治县彩虹印刷有限公司
经　　销:全国新华书店
开　　本:185mm×260mm　印　张:26.75　字　数:640千字
版　　次:2023年9月第1版　印　次:2025年1月第2次印刷
定　　价:79.00元

产品编号:098593-01

丛书专家指导委员会

（按姓氏拼音排序）

胡祥培　大连理工大学
黄文彬　北京大学
梁昌勇　合肥工业大学
谭跃进　国防科技大学
唐加福　东北财经大学
王兴芬　北京信息科技大学
王育红　江南大学
吴　忠　上海商学院
徐　心　清华大学
叶　强　中国科技大学

专家推荐

《大数据治理》面向智慧社会治理环境下我国大数据管理与应用交叉复合型高级专门人才培养的迫切需求，提供了具有中国特色的大数据治理知识体系，具有较好的可读性和启发性。本书具有鲜明的特色：一是构建了理论与实践并重的大数据治理知识体系，注重案例分析和应用演练；二是深度融入了丰富的课程思政元素和案例；三是结合传统纸质媒体和新兴数字媒体，打造了数字课程与纸质教材一体化的新形态教材。

——**马费成**（武汉大学人文社科资深教授、武汉大学大数据研究院院长）

大数据治理是智慧社会治理的重要基础和核心内容之一。大数据管理与应用专业已作为新专业在众多高校开设，迫切需要符合我国大数据人才需求、体系完善、实用性好的大数据治理教材。该书系统地介绍了大数据治理的基本概念、原则、框架、技术、工具和实践等内容，体系完整，结构合理，不仅构建了完善的大数据治理理论与方法体系，还提供了大量数字化的扩展阅读知识，呈现了丰富生动的大数据治理理论与应用实践过程。该书对培养数智化时代我国大数据管理与应用实践人才具有重要意义。

——**孙建军**（南京大学信息管理学院教授）

本书是一本非常出色的大数据治理指南，以深入浅出的方式讲解，使学生能够理解并掌握核心概念和技术，具备较好的可读性和启发性，有利于引导学生深入思考和探究；通过提供大量实用的案例，使学生能更好地理解大数据治理在实际应用中的价值，帮助学生将抽象的理论知识与实际场景相结合，进一步加深对内容的理解。无论是想要建立坚实的大数据治理基础，还是希望在实际应用中获得成功，这本书都将成为学生宝贵的学习资料。

——**梁昌勇**（合肥工业大学科研院副院长）

大数据治理对于数智化时代数据资源管理、开发与利用具有极其重要的意义。随着大数据的快速增长，机构需要确保数据质量、安全性和合规性，以最大限度地利用数据的价值。大数据治理确保数据的准确性、一致性和可靠性，帮助机构作出准确的决策和预测。大数据治理还能提高数据的可发现性和可用性，使其能够被广泛共享和利用，促进跨部门和跨组织的合作与创新。本书系统地介绍了大数据治理的理论基础、实施过程、工具技术等多个方面的内容，能够帮助学生深入理解大数据治理的概念和实践，并为其在实际工作中提供指导和支持。

——**叶强**（中国科学技术大学管理学院执行院长、科技商学院执行院长、国际金融研究院院长）

《大数据治理》是一本非常有价值的书,它不仅提供了丰富的理论知识,还融合了大量的实际应用案例,为读者呈现了一个全面而深刻的大数据治理视角。例如,大数据技术的应用可以帮助政府部门更加准确地制定政策,提升决策的科学性和精准性,为社会发展带来积极影响。在医疗领域中,大数据治理可以帮助医生获取更高质量的信息,提升治疗效果。推荐相关专业的学生阅读。

——**李纲**(武汉数据智能研究院院长、武汉大学信息资源研究中心主任)

《大数据治理》一书提供了对于大数据治理知识体系的系统性介绍,包括数据集成、数据质量管理、数据安全管理等各个方面的内容。该书的实践性很强,通过大量的案例和实践经验,为学生提供了很多实用的指导和建议。同时,书中还介绍了当前智慧交通、智慧医疗等领域主流的大数据治理技术和工具,这对于希望实现数据价值最大化的组织来说,具有非常重要的实践意义。

——**唐倩**(新加坡管理大学终身教授)

本书编委会

主　编：顾东晓　刘鲁宁

副主编：赵一鸣　陈　任

委员名单：

顾东晓　刘鲁宁　赵一鸣　陈　任　李　嘉
秦春秀　马续补　李　锐　吴瑶洁　秦晓宏
丁　涛　沈兴蓉　徐王权　邹永熹　王晓玉
钱　蔚　鞠京芮　李园园　杨丽娇　张　晨
顾晓红　魏瑞斌　徐　健　马一鸣　赵　芹
徐倪妮　杨雪洁

秘　书：杨雪洁（兼）

前言

随着社会信息化的快速发展,数据已经成为各行各业的重要资产。人们在社会生产和生活的各种场合中产生大量的数据,包括个人信息、企业的经营数据、科学研究的数据等,这些数据的价值不断增加,形成了数量可观的大数据资源。在这个数据爆炸的时代,我们需要有效地管理、分析和利用数据,以更好地服务于社会和经济的发展。有效地管理、分析和利用数据已成为人类社会面临的前所未有的重大机遇和挑战之一。

党的二十大报告强调坚持和完善中国特色社会主义制度,基本实现国家治理体系和治理能力现代化。在推进国家治理能力现代化过程中,要加快数据治理,有效利用大数据资源。大数据治理是数据治理的一种特殊形式,它在传统数据治理的基础上,增加了对大数据的管理和分析,包括大数据的采集、存储、处理、分析、共享等各个方面。作为一种新兴的技术和管理方法,大数据治理旨在解决数据管理中的问题,从而使数据更加规范、高效、安全、可靠和有价值。大数据治理涵盖了技术、政策、法规、组织和文化等多个层面。大数据治理需要综合运用数据资产确权、数据管理、信息安全、数据隐私保护、数据质量保障、数据治理流程等多种技术手段和管理策略,以确保数据的准确性、可靠性、一致性、安全性和合规性,从而支持组织各个层面的管理决策和运营活动。

通过对大数据产业以及智慧城市、智慧能源、智能制造、智慧医疗、智慧养老等行业的调研,我们感受到大数据治理的必要性和相关高素质人才的迫切需求,也深感目前我国高校大数据治理人才培养的知识体系与社会需求间的差距,引发了我们编写一本新的数据治理教材的设想。本书编写遵循"注重体系、体现前沿、融合应用"的指导思想,着力构建新形态的大数据治理专业知识体系。

本书编写思路与特色主要表现在以下两个方面:一是构建了完善的大数据治理知识体系,包括大数据治理的理论体系和在各个行业实践的应用体系。二是设计和打造了数字化资源与纸质教材一体化的新形态教材。除了核心知识内容外,提供了大量数字化的扩展阅读知识(扫码阅读),数字化知识和纸质知识紧密融合,共同呈现丰富生动的大数据治理理论与应用实践过程。

本书由合肥工业大学顾东晓教授和哈尔滨工业大学刘鲁宁教授共同担任主编,武汉大学赵一鸣教授和安徽医科大学陈任教授共同担任副主编。主编和副主编负责本书的策划、知识体系设计与组织编写。合肥工业大学管理科学与工程学科为国家"双一流"建设学科、国家重点学科,该校2019年获得"大数据管理与应用"专业的招生权。哈尔滨工业大学于2018年获得"大数据管理与应用"专业的招生权,是国家教育部首批获准招生的五所院校之一,隶属哈尔滨工业大学国家重点学科"管理科学与工程"。参编人员来自合肥工业大学、哈尔滨工业大学、武汉大学、华中科技大学、西安电子科技大学、安徽医科大学、安徽财经大学、安徽中医药大学、上海卫宁健康科技集团股份有限公司、上海卫心科技有限公司、上海柯林布瑞信息技术有限公司、上海赛科石油化工有限责任公司、淮南市寿县教育体育局等高校和企事业单位。各章主要内容的编写分工如下：第1章由顾东晓、刘鲁宁、鞠京芮编写，第2章由马一鸣、邹永熹、丁涛编写，第3章、第4章由赵一鸣编写，第5章由杨雪洁、顾晓红、徐倪妮编写，第6章由秦春秀、马续补编写，第7章由徐倪妮、顾晓红、杨雪洁编写，第8章由丁涛、顾晓红编写，第9章由徐王权编写，第10章由鞠京芮、顾晓红编写，第11章由李园园、刘鲁宁编写，第12章由杨丽娇、刘鲁宁编写，第13章由李嘉、张晨编写，第14章由秦晓宏、李锐编写，第15章由沈兴蓉、陈任编写，第16章由邹永熹、钱蔚、王晓玉编写。丁帅参与了大数据治理体系讨论。徐倪妮、徐健、赵芹负责全书统稿。顾晓红负责全书内容修改、完善、习题编写以及一些案例的撰写，吴瑶洁负责第16章的内容体系设计与组织编写。

徐正飞、李鹏玉、王芹、唐敏、孙佳月、孙佳坤、彭梦圆、周旭、张铭钰、李敏、苏凯翔、谢懿、赵旺、汪蕴雯、朱凯旋、高传胤、雷文静、周易、谭欣佩、李玥欣、刘顺生、房泽伟、马吉莉莎、何红乐等也参加了本教材资料收集、整理等工作，在此表示感谢。在此次编写过程中，我们参考了大量的国内外有关研究成果，对所涉及的所有专家、学者表示衷心的感谢。本书的编写得到了国家自然科学基金重大项目课题（72293581）、重点项目（72131006）、面上项目（72071063，72271082）、重大项目（72293580）等项目支持。

新一代信息技术日新月异，大数据治理理论和实践也正处于快速发展阶段，加之编者水平和时间的限制，书中内容难免存在疏漏和不妥之处，恳请专家学者和广大读者不吝赐教，以便我们今后对此书修订时进行完善。

顾东晓　刘鲁宁　赵一鸣　陈　任
2023 年 3 月 8 日

目录

第一篇 大数据治理理论

第1章 总论 3
1.1 大数据治理内涵 4
1.2 大数据治理框架 6
1.3 大数据治理目标与难点 16
1.4 大数据治理内容体系 21
本章小结 24
思考题 24
即测即练 24

第2章 大数据架构管理 25
2.1 数据架构概述 26
2.2 数据架构设计理念 28
2.3 数据架构参考模型 32
2.4 大数据架构治理 39
本章小结 50
思考题 50
即测即练 51

第3章 元数据管理 52
3.1 元数据概述 53
3.2 元数据管理概述 58
3.3 元数据管理过程 62
3.4 元数据应用 67
本章小结 74
思考题 74
即测即练 75

第4章 主数据管理 ... 76
4.1 主数据和主数据管理概述 ... 77
4.2 主数据管理体系 ... 83
4.3 主数据管理方法 ... 89
4.4 主数据管理系统 ... 92
本章小结 ... 98
思考题 ... 98
即测即练 ... 98

第5章 大数据集成 ... 99
5.1 大数据集成内涵 ... 100
5.2 数据集成架构的演化 ... 102
5.3 传统数据集成及关键技术 ... 108
5.4 大数据集成及关键技术 ... 111
本章小结 ... 117
思考题 ... 117
即测即练 ... 117

第6章 数据质量管理 ... 118
6.1 数据质量管理概述 ... 119
6.2 数据质量管理体系框架 ... 121
6.3 数据质量诊断与根因分析 ... 123
6.4 数据质量评估 ... 128
6.5 数据质量管理策略与技术 ... 134
本章小结 ... 136
思考题 ... 137
即测即练 ... 137

第7章 数据标准化 ... 138
7.1 数据标准概述 ... 139
7.2 数据标准化概述 ... 143
7.3 数据标准化方法 ... 150
7.4 数据标准体系建设 ... 152
7.5 数据标准化应用 ... 156
本章小结 ... 161

思考题 ··· 161
　　即测即练 ··· 161

第8章　数据资产化 ··· 162
　8.1　数据资产概述 ··· 163
　8.2　数据资产管理概述 ··· 165
　8.3　数据资产发现、盘点与价值评估 ··· 168
　8.4　数据资产流通与交易机制 ·· 174
　8.5　数据资产化的挑战 ··· 185
　　本章小结 ·· 186
　　思考题 ··· 186
　　即测即练 ··· 186

第9章　大数据安全管理 ·· 187
　9.1　大数据安全管理概述 ·· 188
　9.2　大数据安全体系框架 ·· 191
　9.3　大数据安全管理策略 ·· 193
　9.4　大数据安全管理技术 ·· 198
　9.5　大数据安全风险评估 ·· 204
　9.6　大数据应急保障 ·· 208
　　本章小结 ·· 210
　　思考题 ··· 210
　　即测即练 ··· 212

第二篇　大数据治理应用

第10章　政府大数据治理 ·· 215
　10.1　政府大数据治理概述 ·· 216
　10.2　政府大数据治理框架与模型 ·· 221
　10.3　政府大数据治理应用 ·· 228
　10.4　政府大数据治理实践 ·· 233
　　本章小结 ·· 236
　　思考题 ··· 237
　　即测即练 ··· 237

第 11 章　交通大数据治理 ········ 238
11.1　交通大数据治理概述 ········ 239
11.2　交通大数据治理技术 ········ 241
11.3　大数据与城市交通治理 ········ 250
11.4　交通大数据治理案例 ········ 255
本章小结 ········ 259
思考题 ········ 259
即测即练 ········ 260

第 12 章　应急大数据治理 ········ 261
12.1　应急治理概述 ········ 262
12.2　大数据与应急治理 ········ 266
12.3　大数据应急治理系统架构 ········ 276
12.4　应急大数据治理案例 ········ 280
本章小结 ········ 282
思考题 ········ 282
即测即练 ········ 283

第 13 章　石油化工企业大数据治理 ········ 284
13.1　千亿级国有大型企业的大数据治理 ········ 285
13.2　跨国石油公司的大数据治理 ········ 295
13.3　国内精细化工公司的大数据治理 ········ 301
13.4　国内大型合资石化公司的大数据治理 ········ 307
本章小结 ········ 312
思考题 ········ 312
即测即练 ········ 313

第 14 章　医疗大数据治理 ········ 314
14.1　医疗大数据治理概述 ········ 315
14.2　医疗大数据治理架构设计 ········ 316
14.3　医疗大数据治理主要功能 ········ 318
14.4　医疗大数据治理应用技术 ········ 340
14.5　医疗大数据治理案例 ········ 344
本章小结 ········ 347
思考题 ········ 348

即测即练 ·· 348

第15章　养老大数据治理 ·· 349
15.1　养老大数据治理概述 ·· 350
15.2　养老大数据治理技术 ·· 356
15.3　养老大数据应用 ··· 361
15.4　养老大数据治理实践 ·· 366
　　本章小结 ·· 372
　　思考题 ··· 372
　　即测即练 ·· 372

第16章　药物大数据治理 ·· 373
16.1　药物大数据治理概述 ·· 374
16.2　药物大数据治理现状与挑战 ··· 375
16.3　药物大数据治理方法与工具 ··· 379
16.4　药物大数据治理应用实践 ·· 394
　　本章小结 ·· 401
　　思考题 ··· 401
　　即测即练 ·· 402

参考文献 ·· 403

第一篇 大数据治理理论

第一章　大阪市街道路沿革

第1章
总 论

 思维导图

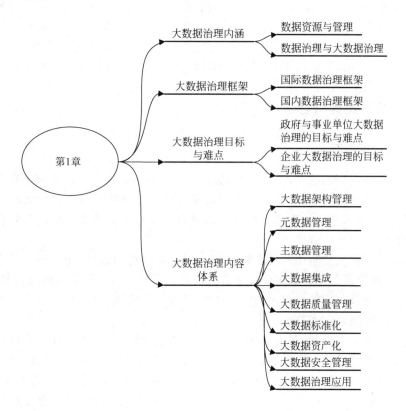

 内容提要

随着大数据时代的到来,数据规模急剧扩大,数据治理方式也在不断地革新与变化。大数据给传统数据治理工作带来了重大挑战,需要与之相适应的数据治理理念、治理框架、治理标准、治理模式、治理理论方法等。大数据治理是智慧社会治理的基础,也是组织实现数字化战略的前提。本章将重点介绍大数据治理的内涵、框架、目标与难点以及内容体系。

 本章重点

◆ 掌握大数据治理的内涵。

- 理解大数据治理的框架。
- 厘清大数据治理的目标与难点。
- 了解大数据治理的内容体系。

1.1 大数据治理内涵

大数据治理是针对大规模、跨组织、异构多源、多模态数据资源和资产进行标准化、融通、关联、解析、聚合等一系列活动的集合，其目的是在保障大数据安全的基础上有效提高大数据资源和资产的可用性、易用性和安全可靠性，实现大数据资源和资产价值的显著提升。大数据治理是实现数据驱动管理决策的基础，也是智慧社会治理的重要组成部分。大数据治理是一个体系工程，往往涉及不同组织、不同部门、不同系统间的信息共享、交换、融合、组织和管理控制行为活动，需要法律法规、理论、方法、技术等一系列支撑。通过多维多层次跨域大数据治理，为政府、企事业单位的精细化管理和精准决策提供有力支撑，方便人们对信息的获取、管理和利用，为数智化社会治理和经济社会高质量发展奠定重要基础。

1.1.1 数据资源与管理

1. 数据与数据资源

数据是事实或观察的结果，是对客观事物的逻辑归纳，是用于表示客观事物的未经加工的原始素材。在计算机科学中，数据是所有能输入计算机并被计算机程序处理的符号的介质的总称，是用于输入电子计算机进行处理的具有一定意义的数字、字母、符号和模拟量等的通称。数据经过加工后就成为信息。

数据资源是可供人类利用并产生效益的一切记录信息的总称，属于一种社会资源。资源是动态的，数据资源是人类从工业社会进入信息社会的产物。但数据资源并非单一数据，而是可利用或可能被利用的数据集合。作为数据资源的数据，应当具有一定的数量和可用的质量，才能够满足特定的需要。

数据资源作为新型资源，具有区别于传统资源的特性：一是无形性。非物质性和无形性使得数据资源被传统物权所排斥，因而无法成为传统物权的客体。基于此，数据资源可以被他人近乎零成本、快速地、无次数限制地复制，可以跨越时空限制而为社会公众所共享、共用，且不会发生有形的损耗。二是可变性。数据资源形成和流通的过程意味着数据资源总是处于变化之中。同时，数据流通过程中的每一个事物特征和活动状态也都可能形成新的数据资源。此外，数据资源也会基于市场主体的不同需求，或者数据生命周期而发生相应变化。三是社会性。传统意义下的自然资源具有社会性，意味着自然资源参与到整个社会关系中，为全体人类所共享，自然资源的开发利用及消耗最终追求的都是社会福利的增加。而数据资源尽管也参与到了整个社会关系中，但数据资源的获取、处理及利用总是与对数据资源有需求的社会主体密切相关，人类认识和掌握数据资源也是一个社会过程。基于此，当讨论数据资源归属时，更多的是需要考虑数据资源的持有、使用和经营，而非所有。四是共享性。数据资源在使用上具有非竞争性和非排他性，一个人使用特定数据资源客观上并不会妨碍另一个人使用相同的数据资源。因此，由于额外用户使用它们的边际成本为零，福利最优的解决方案是免费授予对这些数据资源的一般访问权限,在这个意义上,数据资源可以说是一种公共物品,其本质就是分享与流通。

2. 数据资源管理

数据资源管理(data resource management)是应用信息技术和软件工具完成组织数据资源管理的文件处理方法,在这种方法中,数据根据特定的组织应用程序的处理要求被组织成特定的数据记录文件,只能以特定的方式进行访问。这种方法在为现代企业提供流程管理、组织管理信息时显得过于麻烦,成本过高并且不够灵活。因此出现了数据库管理办法,它可以解决文件处理系统存在的问题。

1.1.2 数据治理与大数据治理

1. 数据治理

数据治理在概念上有狭义和广义之分。

狭义的数据治理是指对数据质量(data quality)的管理、专注于对数据本身的分析,包括数据资源及其应用过程中相关管控活动、绩效和风险管理的集合,以保证数据资产的高质量、安全及持续改进。狭义的数据治理的驱动力源自两个方面:①内部风险管理的需要,风险包括数据质量差影响关键决策等;②满足外部监管和合规的需要。随着全球越来越多的企业认识到信息资产的重要性和价值,数据治理的目标也在发生转变。除满足监管和风险管理要求外,如何通过数据治理来创建业务价值也备受关注。

广义的数据治理是对数据资产管理行使权力和控制的活动集合(规划、监控和执行),指导其他数据管理职能如何执行,在高层次上执行数据管理制度。对数据的全生命周期进行管理,包含数据采集、清洗、转换等传统数据集成和存储环节的工作,同时包含数据资产目录、数据标准(data standards)、质量、安全、数据开发、数据价值、数据服务与应用等,整个数据生命期开展的业务、技术和管理活动都属于数据治理的范畴。

2. 大数据治理

大数据(big data,mega data),亦称"巨量资料",指的是所涉及的资料量规模巨大到无法通过主流软件工具,在合理时间内达到撷取、管理、处理并整理成为帮助目标主体达成管理目的的信息。IBM(国际商业机器公司)提出了大数据的"5V"特征,即规模性(volume)、多样性(variety)、高速性(velocity)、价值性(value)和真实性(veracity)。规模性是指其数量大,能够容纳大量人员和物资的信息。多样性表示数据来源及数据形式的多样化。高速性反映了信息在时间维度上的即时即达。价值性体现为价值密度低,能够从不同来源的海量信息里抓取到有价值的细节。真实性是数据准确性以及可信赖度的表现,即数据质量高且能够解释和预测现实事件的过程。

大数据治理的工作重心在于与大数据相关的数据优化、隐私保护与数据变现的政策,其主要特点在于治理对象和治理结构的复杂性。大数据治理对象的复杂性是指大数据以规模化、多样化、异构、多模态的形式出现在各类信息系统中,数据本身的复杂度较高,需要新的法律法规、理论、管理制度以及更高级的技术方法进行数据共享、数据集成、数据分析处理和数据服务。大数据治理结构的复杂性是指主体的多元化、跨域跨组织,以及组织内部部门之间、部门上下级之间形成纵向和横向的复杂网络结构所带来的沟通与协调成本往往较高,无形中为不同组织间的数据共享提升了难度和不确定性。

1.2 大数据治理框架

随着人类社会数字化水平的提升,数据规模不断扩大,数据治理的难度不断提升。为有效地进行数据治理,国内众多组织基于数据治理理论和实践,制定了多种数据治理框架和标准,对于组织数据治理体系的建设和数据治理实践有着重要的参考意义。本节将重点介绍国内外主要的大数据治理框架与标准。

1.2.1 国际数据治理框架

1. ISO 数据治理标准

国际标准化组织(ISO)于 2008 年推出第一个 IT(信息技术)治理的国际标准——ISO 38500,随后在 2015 年巴西会议上形成决议,将数据治理国际标准分为两个部分:ISO/IEC 38505-1《基于 ISO/IEC 38500 的数据治理》(以下称 ISO 38505-1)和 ISO/IECTR 38505-2《数据治理对数据管理的影响》。

ISO 38505-1 标准的核心内容包括:①数据治理的目标是促进组织高效、合理地利用组织数据资源。②数据治理的基本原则包括:职责、策略、采购、绩效、符合和人员行为。③数据治理的核心任务包括:一是明确了数据治理的意义、治理主体的职责、数据治理的监督机制;二是对治理准备和实施的基于"价值、风险和约束"的数据治理方针和计划指导;三是进一步明确数据治理的"E(评估)—D(指导)—M(监督)"方法论,提出了数据责任矩阵表及其应用方法。

ISO 38505-1 数据治理标准所提出的 EDM 模型如图 1.1 所示。该图展示了数据治理主体与数据治理之间的关系,以及组织实施数据治理时的内外部环境和数据利用的压力等。利益相关方包括客户、员工以及所有利益关联的监督者。同时,图 1.1 展示了"评估—指导—监督"循环模型需要的与数据相关的输入类型。

1) 内部需求

管理机构将制定业务的总体战略,审查数据的潜在用途,根据组织本身需求或竞争对手情况,调整战略方向,以支持预期的结果。企业将围绕组织的战略目标塑造数据文化,以确保数据治理策略达到其总体目标。由于数据与决策一样有价值,因此这种数据文化需要的数据访问、良好数据相关的组织行为处理,依赖于相关环境中的所有的做法和决策过程。

2) 外部压力

企业可能需要调整战略和政策,以确保其符合外部市场的压力对其的作用,这样的市场压力包括:客户对可用数据的可用性、治理和交互的期望;竞争对手使用数据来改进或扩展其产品、服务或流程;如何收集数据,包括有关收集和使用个人信息的隐私通知和同意的要求;数据保留和处置要求;适当处理偏见、歧视和定性的决策义务;有关共享或重用数据的自身产权问题。

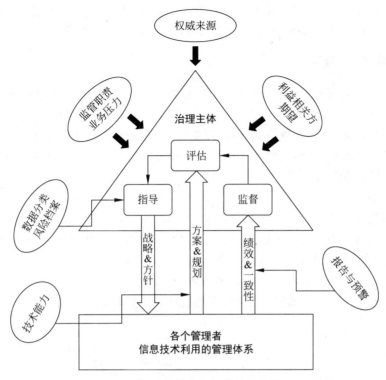

图 1.1　ISO 38505-1 数据治理标准所提出的 EDM 模型

3）评估

在评估企业数据治理时,应考虑到组织的内部要求和外部压力。此外,应审查和判断目前和未来数据的管理和使用情况,例如:数据和相关技术与流程的内部使用情况;竞争对手、其他组织、政府和个人使用的数据;评估不断发展的一系列立法、法规、社会期望;控制并影响数据使用的其他因素。同时,历史机构还应理解组织的数据管理能力,例如:企业可以从数据泄露中恢复到什么程度;以正确的格式轻松传递正确的信息,以帮助决策的制定;组织是否利用云计算等新技术来增强自己的能力。

4）指导

组织应当负责并指导数据战略的政策制定和执行,并且遵循以下原则:首先,应最大化企业对数据投资的价值。企业对数据的投资包括对数据的采集、管理、存储等。数据是一种有价值的资产,作为有用的信息可以进行分发和销售,通过订阅、出版物或网站等渠道馈送进行销售并获得货币价值。其次,应根据数据风险偏好管理与数据相关的风险。某些数据(如产品研究或未披露的股票市场相关数据)具有很高的业务价值,需要使用资源来利用和保护此数据。最后,应确保组织的数据管理水平。组织应对数据的管理、使用,以及根据数据作出的决策等进行全过程治理,数据治理问责机制应被委派给适当的组织。

5）监督

组织应通过适当的系统测量,监测数据的使用情况。确保数据被有效地融入企业战略实施过程中,并确保数据的使用和管理符合内部测量、外部法规和数据管理的要求。由于战略或条例的要求,组织的监督可能包括其他非常重要的领域:隐私问题、数据使用的透明度；有效的信息安全管理系统；数据的保留和处置要求；数据的再利用、共享或出售及其相关权利、许可或版权；在决策中适当考虑文化规范、偏见、歧视或相貌。

2. DGI 数据治理框架

国际数据治理研究所（DGI）是业内最早、世界上最知名的研究数据治理的专业机构。DGI 在 2004 年推出了 DGI 数据治理框架，为企业数据管理的战略决策和行动提供最佳实践与指南。该框架认为，企业决策层、数据治理专业人员、业务利益干系人和 IT 领导者可以共同制定决策和管理数据，从而实现数据的价值最大化和成本最小化，管理风险并确保数据管理和使用遵守法律法规与其他要求。

DGI 框架是一个十分具有实践指导意义的数据治理模型，它是从组织数据治理的目标或者需求出发进行设计的，采用 5W1H 法则，即 why、what、who、when、where、how，描述了谁可以采取什么行动来处理什么信息以及何时在什么情况下使用什么方法。该框架将数据治理分为人员与治理组织、规则、流程三个层次，共 10 个组件：数据利益相关方、数据治理办公室（DGO）和数据管理小组；数据治理愿景，数据治理目标、评估标准和推动策略，数据规则与定义，数据的决策权，数据问责制，数据管控措施；数据治理流程。DGI 数据治理框架如图 1.2 所示。

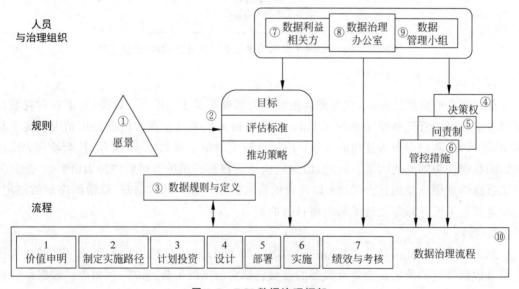

图 1.2　DGI 数据治理框架

1）why：数据治理原因

DGI 框架中的第 1~2 个组件：数据治理愿景，数据治理目标、评估标准和推动策略。这两个组件用来定义企业为什么需要数据治理，为企业数据治理指明了方向，是其他数据治理活动的总体策略。

（1）数据治理愿景。这是企业实施数据治理的最高指引，为数据治理活动指明方向。其一般包含三个部分：定义数据管理和使用规则；为相关干系人提供数据安全保护和服务；对不遵守规则引起的数据问题作出反应并解决。这三个部分定义了数据治理的使命——数据治理干什么，是最高的数据治理立法。

(2) 数据治理目标、评估标准和推动策略。数据治理从来都不是为治理数据而治理数据,而是为了解决数据利益相关方的业务痛点或实现某些业务和管理目标。企业数据治理目标一般包含但不限于：致力于政策、标准、战略制定的数据治理；致力于数据质量的数据治理；致力于隐私/合规/安全的数据治理；致力于架构/集成的数据治理；致力于数据仓库与商业智能(BI)的数据治理；致力于支持管理活动的数据治理。此外,数据治理的实施需要获得数据利益相关者的支持,参与数据治理的每个人都应该知道数据治理目标是什么,以及如何衡量是否达成目标。

2) what：数据治理内容

DGI框架中的第3~6个组件,包括数据规则与定义、数据的决策权、数据问责制、数据管控措施,这4个组件定义了数据治理到底治什么。数据规则与定义,侧重业务规则的定义,例如：相关的策略、数据标准、合规性要求等；数据的决策权,侧重数据的确权,明确数据归口和产权为数据标准的定义、数据管理制度、数据管理流程的制定奠定基础；数据问责制,侧重数据治理职责和分工的定义,明确谁应该在什么时候做什么；数据管控措施,侧重采用什么样的措施来保障数据的质量和安全,以及数据的合规使用。

(1) 数据规则与定义。定义数据相关的策略、标准、合规性要求、业务规则等。数据规则与定义即定义数据标准,是实施数据治理的基础,其主要任务包括：首先,收集数据标准需求,包括现行的数据标准、业务规则以及数据使用过程中默认的规则——厘清现状。其次,对每个数据域的实体数据定义数据标准,包含数据的业务含义、质量规则、存储标准、合规性要求等。再次,需要对齐并优先处理冲突的规则,如果数据标准存在冲突,应协调数据的利益相关方协商解决。最后,发布数据标准,在企业范围内达成共识。

(2) 数据的决策权。决策权就是数据的确权,也就是明确数据的归口管理部门/岗位。在创建任何数据标准或作出任何与数据相关的决策之前,必须先解决什么时候、使用什么流程、由谁来作出决策等问题。

(3) 数据问责制。数据治理规则/标准一经发布,就要着手实施,数据治理团队需要将相关活动执行任务分配至日常工作中。

(4) 数据管控措施。数据治理需通过建立风险管理策略,来控制和预防数据安全风险。管控措施可以是预防性的,也可以是检查或纠正性的。同时,还可以建立或改进现有数据控制措施,例如：变更管理、策略、培训、项目管理等,以支持数据治理目标的实现。

3) who：数据治理的利益干系人

DGI框架中的第7~9个组件,定义数据治理的利益干系人,主要包括：数据利益相关方、数据治理办公室和数据管理小组。DGI框架对数据治理的主导、参与的职责分工定义给出了相关参考。

(1) 数据利益相关方。数据利益相关方是可能会影响或受到所讨论数据影响的个人或团体,如某些业务组、IT团队、数据架构师等,他们对数据治理项目的目标会有一个更加准确的定位。

(2) 数据治理办公室。数据治理办公室的职责就是促进并支持数据治理和数据管理的相关活动,例如：执行数据治理程序；阐明数据治理和管理活动的价值；提供与业务和数据计划的关系,如数据质量、法规遵从性、隐私、安全性、体系结构和IT治理；从数据利益相关方收集并调整政策、标准和指南；支持和协调数据管理的相关会议；为IT项目提供数据和分析；为利益相关方提供数据治理政策的培训、宣传等活动。

(3)数据管理小组。很多企业的数据管理委员会可能会分为几个团队或工作小组,以解决特定的数据问题。数据管理小组负责特定业务域的数据质量监控和数据的安全合规使用,根据数据的一致性、正确性和完整性等质量标准检查数据集,发现并解决问题。同时,数据治理小组也有义务向 DGO 提出数据治理策略、数据标准等方面的建议或意见。

4)when:数据治理的时机选择

DGI 框架中的第 10 个组件,用来定义数据治理的实施路径、行动计划。

5)how:数据治理流程

DGI 框架中的第 10 个组件:数据治理流程,描述了数据管理的重要活动和方法。该部分强调主动、应对、持续的数据治理流程,描述数据治理的方法。数据治理的流程如下:价值申明;制定实施路径;计划投资;设计;部署;实施;绩效与考核。

6)where:组织数据治理的成熟度级别

DGI 框架外的组件,虽没有在 10 个组件之列,但却十分重要,强调明确当前企业数据治理的成熟度级别,找到企业与先进标杆的差距,是定义数据治理内容和策略的基础。

3. DAMA 数据管理框架

国际数据管理协会(Data Management Association International,DAMA)是一个由全球性数据管理和业务专业的志愿人士组成的非营利协会,致力于数据管理的研究和实践。其出版的《DAMA 数据管理知识体系指南》(简称 DAMA-DMBOK)一书目前已出版第 2 版,即 DAMA-DMBOK2。

DAMA-DMBOK2 理论框架由 11 个数据管理职能领域(图 1.3)和环境要素(图 1.4)共同构成"DAMA 数据管理知识体系"。每项数据职能领域都在七个基本环境要素约束下开展工作,按照一定的逻辑结构进行分析,保证数据治理的目标和实际商业过程的贡献。其用于指导组织的数据管理职能和数据战略的评估工作,并建议和指导组织去实施与优化数据管理。

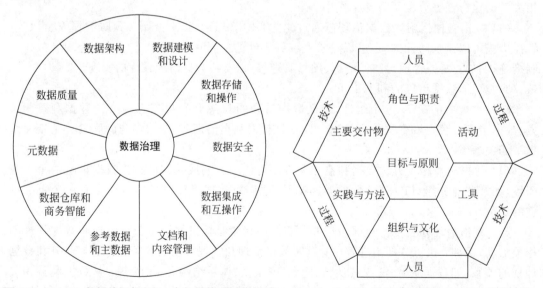

图 1.3 DAMA 数据治理框架 11 个数据管理职能领域　　图 1.4 DAMA 数据治理框架七个基本环境要素

(1) 数据管理职能领域。其包括：数据治理,数据架构,数据建模和设计,数据存储和操作,数据安全,数据集成和互操作,文档和内容管理,参考数据和主数据(master data),数据仓库和商务智能,元数据,数据质量。

数据治理：通过建立一个能够满足企业数据需求的决策体系,为数据管理提供指导和监督。

数据架构：定义了与组织战略协调的管理数据资产蓝图,以建立战略性数据需求及满足需求的总体设计。

数据建模和设计：以数据模型的精确形式,发现、分析、展示和沟通数据需求的过程。

数据存储和操作：以数据价值最大化为目标,在整个数据生命周期中,从计划到销毁的各种操作活动。

数据安全：确保数据隐私和机密性得到维护,数据不被破坏,数据被适当访问。

数据集成和互操作：包括与数据存储、应用程序和组织之间的数据移动和整合相关的过程。

文档和内容管理：用于管理非结构化媒体数据和信息的生命周期过程,包括计划、实施和控制活动,尤其是指支持法律法规遵从性要求所需的文档。

参考数据和主数据：包括核心共享数据的持续协调和维护,使关键业务实体的真实信息,以准确、及时和相关联的方式在各系统间得到一致使用。

数据仓库和商务智能：包括计划、实施和控制流程来管理决策支持数据,并使知识工作者通过分析报告从数据中获得价值。

元数据：包括规划、实施和控制活动,以便能够访问高质量的集成元数据,包括定义、模型、数据流和其他对理解数据及其创建、维护和访问系统至关重要的信息。

数据质量：包括规划和实施质量管理技术,以测量、评估和提高数据在组织内的适用性。

(2) 基本环境要素。其包括：目标与原则,活动,主要交付物,角色与职责,实践与方法,工具,组织与文化。

目标与原则：每个职能在自己主题领域里的方向性目标,以及职能指标量化的基本原则。

活动：每个职能都由一个或多个活动组成,其中有部分活动能被细化为子活动。

主要交付物：信息、物理数据库即各职能在管理过程中最终输出的文档。

角色与职责：参与执行和监督职能的业务角色和IT角色,以及其各自职能中承担的具体责任。

实践与方法：包含常见和流行的实践方法,以及交付物的执行过程和步骤。

工具：各种配套支撑技术的类别、标准和规范、产品选择的标准和常见的学习曲线。

组织与文化：主要包括管理度量指标和标准、成功和商业价值的度量指标与标准等因素。

1.2.2 国内数据治理框架

1. GB/T 34960 规定的数据治理规范

《信息技术服务 治理 第5部分：数据治理规范》是我国信息技术服务标准(ITSS)体系

中的"服务管控"领域标准,属于GB/T 34960《信息技术服务 治理》的第5部分,该国标系列共包含以下五个部分：通用要求、实施指南、绩效评价、审计导则、数据治理规范。

根据GB/T 34960.1—2017《信息技术服务治理第1部分：通用要求》中的治理理念,《信息技术服务 治理 第5部分：数据治理规范》在数据治理领域进行了细化,提出了数据治理的总则、框架,明确了数据治理的过程,可对组织数据治理现状进行评估,指导组织建立数据治理体系,并监督其运行和完善。

数据治理框架包含顶层设计、数据治理环境、数据治理域和数据治理过程四大部分,如图1.5所示。

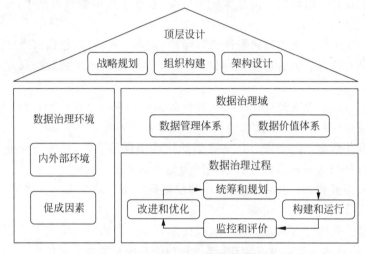

图1.5 GB/T 34960 数据治理框架

（1）顶层设计。其包含数据相关的战略规划、组织构建和架构设计,是数据治理的基础。

战略规划。数据战略规划应与业务规划、信息技术规划保持一致,并明确战略规划实施的策略,应该包括：①理解业务规划和信息技术规划,调研需求并评估数据现状、技术现状、应用现状和环境；②制定数据战略规划,包含但不限于愿景、目标、任务、内容、边界、环境和蓝图等；③指导数据治理方案的建立,包含但不限于实施主体、责权利、技术方案、管控方案、实施策略和实施路线等,并明确数据管理体系和数据价值体系；④明确风险偏好、符合性、绩效和审计等要求,监控和评价数据治理的实施并持续改进。

组织构建。组织构建应聚焦责任主体及责权利,通过完善组织机制,获得利益相关方的理解和支持,制定数据管理的流程和制度,以支撑数据治理的实施,应该包括：①建立支撑数据战略的组织机构和组织机制,明确相关的实施原则和策略；②明确决策和实施机构,设立岗位并明确角色,确保责权利的一致；③建立相关的授权、决策和沟通机制,保证利益相关方理解、接受相应的职责和权利；④实现决策、执行、控制和监督等职能,评估运行绩效并持续改进和优化。

架构设计。架构设计应关注技术架构、应用架构和架构管理体系等,通过持续的评估、改进和优化,以支撑数据的应用和服务,应该包括：①建立与战略一致的数据架构,明确技术方向、管理策略和支撑体系,以满足数据管理、数据流通、数据服务和数据洞察的应用需求；②评估数据架构设计的合理性和先进性，监督数据架构的管理和应用；③评估数据架构的管理机制和有效性，并持续改进和优化。

（2）数据治理环境。其包含内外部环境和促成因素，是数据治理实施的保障。

内外部环境。组织应分析业务、市场和利益相关方的需求，适应内外部环境变化，支撑数据治理的实施，应该包括：①遵循法律法规、行业监管和内部管控，满足数据风险控制、数据安全和隐私的要求；②遵从组织的业务战略和数据战略，满足利益相关方需求；③识别并评估市场发展、竞争地位和技术变革等变化；④规划并满足数据治理对各类资源的需求，包括人员、经费和基础设施等。

促成因素。组织应识别数据治理的促成因素，保障数据治理的实施，应该包括：①获得数据治理决策机构的授权和支持；②明确人员的业务技能及职业发展路径，开展培训和能力提升；③关注技术发展趋势和技术体系建设，开展技术研发和创新；④制定数据治理实施流程和制度，并持续改进和优化；⑤营造数据驱动的创新文化，构建数据管理体系和数据价值体系；⑥评估数据资源的管理水平和数据资产的运营能力，不断提升数据应用能力。

（3）数据治理域。其包含数据管理体系和数据价值体系，是数据治理实施的对象。

数据管理体系。组织应围绕数据标准、数据质量、数据安全、元数据管理和数据生存周期等，开展数据管理体系的治理，应该包括：①评估数据管理的现状和能力，分析和评估数据管理的成熟度；②指导数据管理体系治理方案的实施，满足数据战略和管理要求；③监督数据管理的绩效和符合性，并持续改进和优化。

数据价值体系。组织应围绕数据流通、数据服务和数据洞察等，开展数据资产运营和应用的治理，应该包括：①评估数据资产的运营和应用能力，支撑数据价值转化和实现；②指导数据价值体系治理方案的实施，满足数据资产的运营和应用要求；③监督数据价值实现的绩效和符合性，并持续改进和优化。

（4）数据治理过程。其包含：统筹和规划，构建和运行，监控和评价，改进和优化，是数据治理实施的方法。

统筹和规划。明确数据治理目标和任务，营造必要的治理环境，做好数据治理实施的准备，包括：①评估数据治理的资源、环境和人员能力等现状，分析与法律法规、行业监管、业务发展以及利益相关方需求等方面的差距，为数据治理方案的制订提供依据；②指导数据治理方案的制订，包括组织机构和责权利的规划、治理范围和任务的明确以及实施策略和流程的设计；③监督数据治理的统筹和规划过程，保证现状评估的客观性、组织机构设计的合理性以及数据治理方案的可行性。

构建和运行。构建数据治理实施的机制和路径，确保数据治理实施的有序运行，包括：①评估数据治理方案与现有资源、环境和能力的匹配程度，为数据治理实施提供指导；②制订数据治理实施的方案，包括组织机构和团队的构建、责权利的划分、实施路线图的制定、实施方法的选择以及管理制度的建立和运行等；③监督数据治理的构建和运行过程，保证数据治理实施过程与方案的符合性、治理资源的可用性和治理活动的可持续性。

监控和评价。监控数据治理的过程，评价数据治理的绩效、风险与合规，保障数据治理目标的实现，包括：①构建必要的绩效评估体系、内控体系或审计体系，制定评价机制、流程和制度；②评估数据治理成效与目标的符合性，必要时可聘请外部机构进行评估，为数据治理方案的改进和优化提供参考；③定期评价数据治理实施的有效性、合规性，确保数据及其应用符合法律法规和行业监管要求。

改进和优化。改进数据治理方案,优化数据治理实施策略、方法和流程,促进数据治理体系的完善,包括:①持续评估数据治理相关的资源、环境、能力、实施和绩效等,支撑数据治理体系的建设;②指导数据治理方案的改进,优化数据治理的实施策略、方法、流程和制度,促进数据治理体系和数据价值体系的完善;③监督数据治理的改进和优化过程,为数据资源的管理和数据价值的实现提供保障。

2. 数据管理能力成熟度评估模型

数据管理能力成熟度评估模型(Data Management Capability Maturity Assessment Model,DCMM)由全国信息安全标准化技术委员会大数据标准工作组(工业和信息化和软件服务业司主导,多家企业和研究机构共同组成)研发,并于2018年3月15日正式发布,是我国数据管理领域最佳实践的总结和提升。

DCMM按照组织、制度、流程、技术对数据管理能力进行了分析、总结,提炼出组织数据管理的八大过程域,即数据战略、数据治理、数据架构、数据应用、数据安全、数据质量、数据标准、数据生存周期(图1.6),共包含28个过程项、441项评价指标。

图1.6 数据管理能力成熟度评估模型

数据战略:数据战略规划、数据战略实施、数据战略评估。

数据治理:数据治理组织、数据制度建设、数据治理沟通。

数据架构:数据模型、数据分布、数据集成与共享、元数据管理。

数据应用:数据分析、数据开放共享、数据服务。

数据安全:数据安全策略、数据安全管理、数据安全审计。

数据质量:数据质量需求、数据质量检查、数据质量分析、数据质量提升。

数据标准:业务数据、参考数据和主数据、数据元、指标数据。

数据生存周期:数据需求、数据设计和开发、数据运维、数据退役。

与CMMI(能力成熟度模型集成)类似,DCMM将组织的数据能力成熟度划分为初始级、受管理级、稳健级、量化管理级和优化级五个发展等级,帮助组织进行数据管理能力成熟度的评价,如图1.7所示。

(1)初始级。组织没有意识到数据的重要性,存在大量的"数据孤岛",经常由于数据的问题出现低下的客户服务质量、繁重的人工维护工作等,具体的表现如下:当用户不相信数据的时候,业务管理者和IT管理者不知道问题的根源在于数据;组织在制定战略决策的时候,没有获得充分的数据支持;没有正式的数据蓝图规划、数据架构设计、数据管理组织和流程等;业务系统独自管理数据,各个业务系统之间的数据存在不一致或者冲突的现象。没有人意识到数据管理或者数据质量的重要性;数据的管理是根据项目实施的周期来进行的,没有人知道针对数据的维护、管理的成本到底是多少。

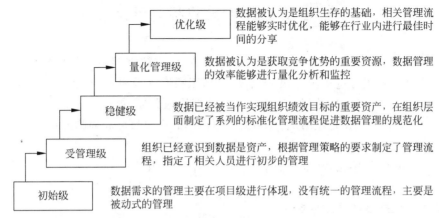

图 1.7　DCMM 数据管理能力成熟度等级

（2）受管理级。组织已经识别了数据管理、应用相关的干系人，具体的特征如下：管理者已经意识到数据的重要性，已经制定、设立了一些数据管理的规范和岗位，想要促进数据管理相关工作的规范化；已经意识到数据质量和数据的"孤岛"问题是一个重要的管理问题，在进行数据分析的过程中，发现大量的数据不一致和重复的问题，但是找不到问题的根源或者为此要负责的人；组织进行了一些数据集成的工作，尝试整合分散于各个业务系统的数据，也设计了一些数据模型和管理的岗位；开始进行一些重要数据的文档工作，对重要数据的安全、风险等方面进行一些考虑，并且设计相关的管理措施。

（3）稳健级。数据的管理者可以快速地满足跨多个业务系统、准确一致的数据要求，有详细的数据需求响应处理规范、流程。其具体的标志如下：管理者已经意识到数据的价值，在组织的层面明确了数据管理的规范和制度；数据的管理以及应用能够充分地参考组织的业务战略、经营管理需求以及外部监管需求；建立了规范的管理组织、管理流程，能够推动组织内各部门/子公司来按照流程开展工作；组织在日常的决策、业务开展过程中能够获取充足的数据支持，显著提升了工作效率；能够定期开展数据管理、应用相关的培训工作。

（4）量化管理级。组织认识到数据在流程优化、工作效率提升等方面的作用，针对数据管理方面的流程进行全面的优化，针对数据管理的岗位进行 KPI（关键绩效指标）的考核，规范和加强数据相关的管理工作，并且应用相关的业务对 KPI 考虑的工作进行支撑，具体的标志如下：管理者已经认识到数据是组织的战略资产，已经了解数据在流程优化、绩效提升等方面的作用，在制定组织业务战略的时候可以获得相关数据的支持；在组织层面建立了可量化的评价指标体系，可以准确测量数据管理流程的效率，并且可以及时进行流程优化；在数据管理、应用过程中充分借鉴了行业最佳实践、国家标准、行业标准等外部资源，促进组织本身的数据管理体系、应用体系的优化。

（5）优化级。其具体的标志如下：整个组织可以把数据作为组织的核心竞争力，可以利用数据创造更多的价值和提升组织的效率；能够参与国家、行业等方面相关标准的制定工作；能够把组织自身数据能力建设的经验作为行业的最佳实践进行推广，成为行业的标杆。

1.3 大数据治理目标与难点

当前,随着信息化的进一步推进,特别是人工智能、大数据等新一代信息技术的广泛应用,数字化和智能化进程进一步加快,大数据治理正在嵌入政府部门、企业等各个组织并推动经济社会变革。不同类型的组织有不同的大数据治理目标,数据治理的难题也不尽相同。下面以政府与事业单位和企业为例,介绍大数据治理的主要目标和面临的难点。

1.3.1 政府与事业单位大数据治理的目标与难点

1. 政府大数据治理目标与难点

党的二十大报告指出:"完善社会治理体系。健全共建共治共享的社会治理制度,提升社会治理效能。"科学、精准的社会治理离不开大数据的有力支撑。正如"大数据之父"牛津大学教授维克托·迈尔-舍恩伯格(Viktor Mayer-Schönberger)所言:"大数据对社会的好处将是无穷无尽的,它在一定程度上将解决迫在眉睫的问题,如气候变化、疾病,以及促进多元共治和经济发展。"

大数据为政府治理工作带来了更多、更有力的方法和手段,如公安机关对关键办案信息及犯罪嫌疑人精确肖像的获取、高校人事档案管理等。2022年6月《国务院关于加强数字政府建设的指导意见》的出台,标志着我国政府进一步加大在数据治理方面的投入,将有利于助推中国智慧政府建设、提升政府治理效率和治理能力、提高政府公共服务水平,同时也有利于科学决策和利用信息资源进行社会管理。当前,政府数据治理的主要目标包括以下几个方面。

(1)助力提升政府的决策能力。运用网络技术、大数据更加全面地获取决策所需信息,增强决策的科学性和精准性,提高决策质量。

(2)优化政府公共服务,助力服务型政府建设。党的十九大提出,"社会主要矛盾已经转化为人民日益增长的美好生活需要和不平衡不充分的发展之间的矛盾"。服务型政府强调以人民为中心,数字政府以用户服务为基点,这体现了两者的一致性。通过数字赋能的政府公共服务治理,以期更好地从公民需求角度出发,实现公共服务精准供给与对接,提供高质量、便捷、多样化、多层次的公共服务。

(3)助力政府更好地履行各项职能。数字政府建设驱动着政府职能转变特别是履行职能方式创新,推动简政放权、全流程优化与重塑、全过程监管、全方位服务的"放管服"改革向纵深发展。除提供公共服务外,市场监管、社会治理与环境保护等领域的职责履行,都在大数据及其技术中得以赋能增效。

(4)推进数字政府建设。政府治理的变革,需要大数据技术基础,需要技术与制度的双轮驱动。大数据时代的数字政府建设应引导政府全方位现代化转型,更加需要大数据治理的支撑。数字政府的升级发展,应该从为政府治理赋能的工具与手段的定位,转向从深层次推进政府治理体系的变革。数字政府治理效能的发挥,因受到治理结构、激励制度等方面约束,与技术的快速发展之间还存在着矛盾与差距。为此,数字政府要从运用技术为政府治理赋能增效,发展到推动政府治理体制和治理体系变革的层次。制度影响着技术的作用,也影响着数字和大数据技术作用发挥的方向与程度。数字政府的发展,必须驱动政府治理体制及制度性配套改革。

数字政府建设升级要促进政府职责体系优化。党的十九届四中全会提出,"坚持和完善中国特色社会主义行政体制,构建职责明确、依法行政的政府治理体系"。"十四五"规划提出的主要发展目标之一是,"国家行政体系更加完善,政府作用更好发挥,行政效率和公信力显著提升"。这对数字政府建设提出了更高的要求。数字政府发展最为关键的挑战并不是大数据技术本身,而是改革政府与其内部和外部多元主体之间的权力与责任、权利与义务关系,构建起符合现代发展目标的政府治理体系。

政府层级体系的进一步优化。党的十九届四中全会提出,赋予省级以下政府更多的自主权,"按照权责一致原则,规范垂直管理体制和地方分级管理体制"。大数据技术发展使时空高度压缩,数字政府建设提供的技术支撑平台,在驱动政府横向部门之间数据共享与协同共治的同时,要以技术的强大力量推动政府内部纵向体系的协同,减少政府层级。政府层级体系改革与行政区划改革密切关联。

政府大数据治理的难点在于内部管理、外部环境和数据本身三个方面。在内部管理方面,需要转变思维理念、提升数理能力等,面临着巨大挑战。在外部环境方面,政府需要解决如何打造一个开放、公平、可信任的数据环境的问题。在数据本身方面,需要解决数据质量、安全、权限等难题。这些挑战对于政府大数据治理的成功具有重要影响。

(1) 政府内部数据运用存在思维和能力上的问题。数据思维是数据治理战略定位的核心。政府数据的资产价值已得到高度认可,但在治理实践中,数据思维的运用仍存在不足。虽然所有政府都需要数据,但数据共享会使组织失去部分数据所有权,从而可能削弱组织的竞争力。因此,部分组织会担心共享数据被曲解、破坏机密性或增加自己的工作量。政府在数据治理中必须克服这些组织的阻力。总的来说,这些问题涉及组织间的利益冲突。为了消除部门数据私有化的陋习,必须改变过分强调数据收藏性和专业性的数据管理思维,开展具有前瞻性和系统性的数据管理,强调数据的连续性和综合集成,以此为基础进行数据整合、开放共享和开发利用等工作。同时,一些决策者过分追求技术至上,认为只要通过数据技术手段就可以实现社会公共服务的精准性。然而,在实际工作中,大部分的数据问题通常不是由现有的业务规则或技术本身引起的,而是数据治理不足导致的。数据治理不仅仅是技术问题,过分强调技术反而可能导致获取数据方面的不平等,造成额外的障碍,如知识可及性和"数据鸿沟"等。

此外,虽然公共部门将收集和存储大量数据视为监管职能的一部分,但并不意味着它们有能力处理这些数据。政府部门并不缺乏数据,政府数据治理的关键在于"人"。几乎所有部门都反映数据治理人才不足的问题。因此,当前,我国政府数据治理急需一支高质量、高水平的数据人才队伍。此外,政府部门还存在数据角色设置混乱的问题。要实现政府数据治理的成功,需要领导人和技术专业人员之间的密切协作。然而,在大数据时代和"开放政府数据"运动的推动下,政府部门在收集和处理政府数据方面存在人员不足、协同不足等问题。这些问题在一定程度上限制了政府的数据治理能力。

(2) 开放、公平、可信任的数据环境缺乏。政府与社会不同主体参与数据开发利用的广度、规模和深度,实际上反映了政府与社会不同主体之间数据利益的平衡。为增强各主体参与政府数据治理活动的积极性,政府部门需要制定和实施有效的规划和管理,利用政策手段鼓励和约束各利益相关者的增值利用行为。另外,也需要建立一个开放、公平的数据环境,以满足多元治理主体的需求和表达他们的数据诉求与治理能力。然而,大多数国家的政府缺乏全面的愿景和战略方针来构建与维护良好的政府数据治理环境,即如何以可持续、包容和信任的方式利用公共部门的数据来改善公民福祉。因此,建立社会信任的数据治理环境的关键是解决数据安全与保护的问题。

(3) 政府数据治理面临数据质量、真实性、安全和权限等问题。政府数据来源多元且数据量巨大,但由于缺乏规范的数据管理标准,政府在数据治理过程中经常出现数据割据、数据冗余等问题影响数据使用的现象。政府数据开放是政府数据得以开发、利用的基础,但如果没有准确、可靠和真实的数据或信息,就不可能有一个成功和可靠的开放政府。此外,隐私安全与数据权限问题也是一个重要挑战。人们在日常生活和使用电子设备的过程中创造了大量的数据,数据平台掌握了大量的个人隐私数据,政府在进行相关公共决策时也会涉及公民大量的个人隐私数据。因此,如何保证政府以及相关平台不泄露、不滥用个人隐私数据是政府数据治理的一个重要难题。治理主体应该从根本上思考什么是信息隐私以及如何有效地治理这一问题。

(4) 数据所有权问题一直是一个备受争议的话题。许多人认为,个人数据的所有权应完全归个人所有,但也有人认为这种思考方式有缺陷,并不能解决现有的问题,反而可能引起新的问题。他们认为,单独的个人数据并不是很有用,只有融合大量的个人数据进行分析,才能发挥数据的最大效用。面对这样的争论,一些学者提出建立一个框架,让人们拥有规定使用个人数据的权利,而不要求他们拥有数据的所有权。美国的数据保护法案已朝这个方向迈出了重要的一步。此外,政府部门合规和风险管理流程尚未正式化等问题,也将增加数据泄露和敏感信息泄露的风险。政府需要同时保证规范采集和使用数据,并有效地保护数据安全和隐私,这是政府数据治理创新的一个难点。

2. 事业单位大数据治理目标与难点

事业单位在日常运营中产生了大量数据,包括人员管理、物资采购、财务管理等方面的数据。事业单位大数据治理的目标是通过对日常运营中产生的大量数据进行有效采集、存储、分析和共享,提高工作效率、降低运营成本、提升服务质量等,以带来诸多好处。为了实现这一目标,需要建立完善的数据管理机构和管理流程,明确数据治理责任人,并对数据的安全保障、共享和开放、标准化、分析和挖掘等方面进行全面规划和实施。同时,需要加强对数据分析和挖掘的能力培养,建立数据分析团队和技术平台,实现对数据的深度分析和挖掘,为决策提供更准确和科学的依据。

事业单位大数据治理的难点在于面临多个方面的挑战。首先,事业单位内部的数据多样性和分散性导致数据的采集和整合存在困难;其次,由于数据涉及个人隐私等方面的保护,数据安全和隐私保护是大数据治理的一大难点;最后,由于数据分析需要高端技术和专业知识,缺乏专业人才也是事业单位大数据治理的一大瓶颈。此外,由于机构之间独立性和管理体制上的差异,跨机构数据共享和协同也是难以克服的挑战。因此,需要在政策和制度上加强对大数据治理的引导和规范,建立统一的数据标准和管理机制,同时加强对数据分析和挖掘的人才培养与技术支持,从而推进事业单位大数据治理的顺利实施。

学校存在大量的数据源,如学生的个人信息、学业成绩、教学活动记录、校园设施管理等。对这些数据的收集、存储、管理、分析和挖掘,可以实现学校数字化、智能化和信息化的转型,提高教学质量和管理效率,优化资源配置,进而提升学校竞争力。当前,学校大数据治理主要有以下目标。

(1) 教学质量管理。通过对学生学业成绩等数据进行分析,了解学生学习情况,优化教学计划,改进教学方法,提高教学质量。

(2) 资源优化配置。通过对校园设施使用情况等数据进行分析,了解资源利用率,优化资源配置,节省资金成本,提高资源利用效率。

(3) 学校安全管理。通过对校园安全监控设备等数据进行分析,了解安全状况,预测安全风险,及时处理安全事件,保障校园安全。

然而,在学校实现大数据治理过程中,也存在一些难点和挑战。

(1) 数据来源和采集。学校存在多种数据源,如学生信息管理系统、学生成绩管理系统、图书馆管理系统等,如何收集这些数据,整合并建立学校大数据平台,实现数据的一体化管理是一项难点。

(2) 数据质量管理。学校的数据存在数据质量问题,如数据的准确性、完整性、一致性和时效性等,如何进行数据质量管理,保障数据的可靠性和准确性是一项难点。

(3) 数据共享和协同。学校的各个部门之间存在"信息孤岛",数据难以共享和协同,如何实现数据共享和协同,提高数据的利用效率,避免"数据孤岛"造成资源浪费是一项难点。

(4) 数据安全和隐私保护。学校的数据存在安全问题,如数据泄露、损毁或篡改等,如何保护学校数据的安全和隐私,避免数据安全问题导致信息泄露或其他问题是一项难点。

(5) 数据分析和挖掘。学校的数据量庞大,如何通过数据分析和挖掘,提取有价值的信息,为学校提供决策支持,推动学校数字化、智能化和信息化的转型是一项难点。

1.3.2 企业大数据治理的目标与难点

习近平总书记在主持召开中央全面深化改革委员会第二十六次会议时强调,数据基础制度建设事关国家发展和安全大局,要维护国家数据安全,保护个人信息和商业秘密,促进数据高效流通使用、赋能实体经济,统筹推进数据产权、流通交易、收益分配、安全治理,加快构建数据基础制度体系。数据基础制度体系体现在国家、行业、企业、个人等不同层面,需要政府和企业协同作用,提高数据治理效能。当前,企业大数据治理主要有如下目标。

(1) 推进高效的管理决策和业务协同。一致性的大数据环境让系统应用集成、数据清理变得更加自动化,可以有效降低过程中的人工成本。同时,高质量的数据服务允许企业员工方便、及时查询到所需的数据,无须在部门与部门之间进行协调、汇报等,有效提升了业务处理效率。大数据治理是有效管理企业数据的重要举措,是实现数字化转型的必经之路,对推进高效的管理决策和业务协同具有重要意义。

(2) 助力企业创新与转型。基于数据实现企业管理的升级和业务的创新,通过数据拓展新业务、构建新业态、探索新模式是企业的目标。对于传统制造企业,利用数据治理,可以加速管理创新、产品创新、销售模式创新,例如:利用数据治理加强集团管控、基于数据实现供应链协同和优化、基于市场预测实现创新产品设计与快速上市等。对于服务行业,利用大数据探索服务的新模式,可以拓宽服务的视野,实现模式领域的横向拓展、服务精度的纵向延伸。

(3) 增强数据安全及控制数据风险。大数据治理有利于建立基于知识图谱的数据分析服务,例如360°客户画像、全息数据地图、企业关系图谱等,帮助企业实现供应链、投融资的风险控制,更好地管理公共领域的风险。有效的大数据治理可以更好地保证数据的安全防护、敏感数据保护和数据的合规使用。通过数据梳理识别敏感数据,再通过实施相应的数据安全处理技术,例如数据加密/解密、数据脱敏/脱密、数据安全传输、数据访问控制、数据分级授权等手段,实现数据的安全防护和使用合规。

许多企业在迈向数字化和推进数字化转型过程中,面临一系列大数据治理难题,包括以下几个方面。

(1) 对大数据治理的业务价值认识不足。传统数据治理是以技术为导向的,注重底层数据的标准化和操作过程的规范化。尽管以技术驱动的数据治理能够显示数据的缺陷,提升数据的质量,但由于传统以技术驱动的数据治理模式没有从解决业务的实际问题出发,企业对数据治理的业务价值普遍认识不足。为快速实现数据价值和成效,最直接的方式就是以业务价值为导向,从企业实际面临的数据应用需求和数据痛点需求出发,满足管理层和业务人员的数据需求,以实现数据的业务价值、解决具体的数据痛点和难点为驱动来推动治理工作。企业数据治理的业务价值主要体现在降低成本、提升效率、提高质量、控制风险、增强安全和赋能决策上。企业应从管理层和业务部门的痛点需求出发,将数据治理的业务价值量化,以增强管理层和业务人员对数据治理的认知与信心。数据治理必须着重于业务需求,并着重于解决让业务人员感到痛苦或他们无法解决的问题。

(2) 缺乏企业级大数据治理顶层设计。当前企业普遍都认识到数据的重要性,很多企业也开始探索数据治理。然而目前企业大量的数据治理活动都是项目级、部门级的,缺乏企业级数据治理的顶层设计以及数据治理工作和资源的统筹协调。大数据治理涉及业务的梳理、标准的制定、业务流程的优化、数据的监控、数据的集成和融合等工作,复杂度高,探索性强,如果缺乏顶层设计的指导,则在治理过程中出现偏离或失误的概率较大,而且出现偏离或失误又不能及时纠正,其不良影响将难以估计。大数据治理的顶层设计属于战略层面的策略,它关注全局性和体系性。在全局性方面,从全局视角进行设计,突破单一项目型治理的局限,促进企业主价值链各业务环节的协同,自上而下统筹规划,以点带面实施推进。在体系性方面,从组织部门、岗位设置(用户权限)、流程优化、管理方法、技术工具等入手,构建企业数据治理的组织体系、管理体系和技术体系。企业数据治理的顶层设计应站在企业战略的高度,以全局视角对所涉及的各方面、各层次、各要素进行统筹考虑,协调各种资源和关系,确定数据治理目标,并为其制定正确的策略和路径。

(3) 高层领导对大数据治理重视度不够。大数据治理是企业战略层的策略,而企业高层领导是战略制定的直接参与者,也是战略落实的执行者。数据治理的成功实施不是一个人或一个部门就能完成的,需要企业各级领导、各业务部门核心人员、信息技术骨干的共同关注和通力合作,其中企业高层领导无疑是数据治理项目实施的核心干系人。企业高层领导对大数据治理的支持不仅在于财务资金方面,其能否对数据战略的细化和实施充分授权、所能提供的资源是决定数据治理成败的关键因素。为了保证数据治理的成功实施,企业需要成立专门的组织机构,例如数据治理委员会。

(4) 数据标准不统一和数据整合困难。一方面,企业内部的数据标准不统一。随着大数据的发展,企业数据呈现出多样化、多源化的发展趋势,企业必须将不同来源、不同形式的数据集成与整合到一起,才能合理有效地利用数据,充分发挥数据的价值。然而由于缺乏统一的数据标准定义，数据集成、融合难度较大。另一方面，企业之间的数据标准不统一。各行业、各企业都倾向于依照自己的标准采集、存储和处理数据，这虽然在一定程度上起到了保护商业秘密的作用，但阻碍了企业（如位于同一产业链上的上下游企业）之间的协同发展。

（5）大数据治理的职能部门不清晰。多数企业的业务人员普遍认为数据治理属于IT部门的工作，因而对数据治理持"事不关己，高高挂起"的态度。尽管IT部门的确对数据负有很大责任，但不包括数据的定义、输入和使用。数据的定义、业务规则、数据输入及控制、数据的使用都是业务人员的职责，而这些恰恰是数据治理的关键。因此，在数字化时代，IT和业务更应当紧密融合在一起，让业务人员与IT人员一起定义数据标准、规范数据质量及合理使用数据，朝着共同的目标努力。有效的数据治理策略是实现数据驱动业务、业务融入IT的重要举措，这些举措包括数据治理的规划应与业务需求相匹配，数据治理的目标应围绕业务目标的实现而展开。

1.4 大数据治理内容体系

大数据治理内容体系主要包括大数据架构管理、元数据管理、主数据管理、大数据集成、大数据质量管理、大数据标准化、大数据资产化、大数据安全管理、大数据治理应用等。下面提供部分主要章节概要，更全面和详细的内容将在后续章节中进一步介绍。

1.4.1 大数据架构管理

大数据治理实践表明，仅仅依靠技术部门来推动和开展数据治理工作是无法取得项目立项时所期望的成果的，其原因在于数据治理涉及企业各个部门的业务和资源，只有来自更高管理者的驱动力，才能保证企业内部的高效协作。数据治理是一项需要企业通力协作的工作，而有效的组织架构是企业数据治理成功的有力保障。为达到数据战略目标，企业有必要建立体系化的组织架构，明确职责分工。

大数据架构便于企业运营决策者以数据视角分析整个企业的数据分布与业务域之间的关系，是企业了解自身价值和制定战略决策的最重要依据。大数据架构是从跨业务、跨层级、跨应用系统的视角出发，统一组织和规划数据，提高数据集中存储和跨系统数据共享的效率。大数据架构的设计，可以满足企业信息化各层级的要求：首先，经营管理更加集中，实现业务级别的集约化管理；其次，业务更加融合，按照业务主线深度集成所有业务流程，实现企业整体资源共享与业务协作；最后，决策更加智能，实现经营决策的智能分析、管理控制的智能处理、业务操作的智能作业，进一步深化数据分析利用能力，提高管理决策支持能力。

1.4.2 元数据管理

元数据管理作为大数据治理的核心基础设施，是有效管理这些海量数据的基础和前提，在数字化转型中发挥着重要作用，并且得到企业的重点关注。元数据是数据的说明书，有了完善的元数据，可通过可视化的方式展现数据上下游关系图，快速定位问题字段，可以帮助企业降低数据问题定位的难度。同时，以元数据为核心的大数据治理也被企业广泛认可和实施部署。数字化时代,企业需要知道它们拥有什么数据、数据在哪里、由谁负责,数据中的值意味着什么,数据的生命周期是什么,哪些数据安全和隐私需要保护,以及谁使用了数据、用于什么业务目的、数据的质量怎么样等,这些问题都需要通过元数据管理解决。

1.4.3 主数据管理

主数据是满足跨部门业务协同需要、反映核心业务实体状态属性的基础信息,是企业的核心数据资产。管好、用好主数据是实施企业数据治理的重要内容。构建完整的主数据管理体系可以对主数据实施统一、规范、高效的管理,确保分散的系统间数据的一致性,改进数据合规性。不仅如此,主数据还是数据标准落地的关键载体,是企业实施全面数据治理的核心基础,成功实施主数据管理可以很好地推动企业全面建设数据治理体系。主数据是企业的核心数据资产,在一定程度上,主数据质量的好坏决定了数据价值的高低。主数据不仅是实现各部门之间、各信息系统之间、各企业之间数据互联互通的基础,也是数据分析、数据挖掘的基础,这个基础如果打得不牢,企业的数字化转型将举步维艰。主数据被誉为企业数据中的"黄金数据",是业务应用、数据分析、系统集成的基础。主数据管理是企业数据治理工作中的核心内容,构建完善的主数据管理体系,统一企业核心主数据是支撑企业数字化转型的基石。

1.4.4 大数据集成

随着 IT 的不断发展,数据集成技术也在不断演进。从数据库之间的点对点(peer-to-peer,P2P)集成到基于企业服务总线(enterprise service bus,ESB)的总线型集成模式,从主数据的中央式数据集成到微服务架构分布式的集成模式,从数据仓库的结构化数据集成到数据湖的融合各类数据源的数据集成模式,每一次集成架构的变革,每一次集成技术的升级,其背后的驱动力都是越来越高的数据应用需求和越来越复杂的数据集成环境。大数据集成的核心任务是将相互关联的分布式异构数据源集成到一起,使用户以透明的方式访问这些数据源。数据集成是对企业内部各系统之间、各部门之间,以及企业与企业之间数据移动过程的有效管理。通过数据集成来横贯整个企业的异构系统、应用、数据源等,实现内部企业资源规划(ERP)、数据仓库等各异构系统的应用协同和数据共享。通过数据集成来连通企业与企业之间的数据通道,实现跨企业的数据共享,发挥数据价值。

1.4.5 大数据质量管理

2020 年 4 月发布的《中共中央 国务院关于构建更加完善的要素市场化配置体制机制的意见》中提出"提升社会数据资源价值。培育数字经济新产业、新业态和新模式……探索建立统一规范的数据管理制度、提高数据质量和规范性",说明建立统一规范的管理制度、提高大数据质量已成为数字经济发展的首要任务。大数据质量管理是针对大数据在运行生命周期中可能产生的数据质量问题,通过一系列处理和管理工作不断改善问题,从而提高大数据质量的管理水平。其主要目的是通过提高大数据的准确度和规范性,提高其价值,为企事业单位、各类社会组织和政府带来更高的效益。实际上,大数据质量管理是一个综合性解决方案,需要结合各种技术手段、业务能力和管理方法。通过有效的控制手段,对大数据进行有效的管理控制,解决大数据质量存在的问题。大数据质量管理贯穿数据生命周期的过程,覆盖大数据质量需求、大数据探查、大数据诊断、大数据质量评估、大数据监控、大数据清洗、大数据质量提升等方面。数据源不断增多,数据规模不断扩大,数据的复杂度也不断提升,这些都给大数据质量管理带来了前所未有的挑战。因此,基于大数据质量管理框架的大数据质量管理方法应包含事前计划(大数据质量需求)、事中检测(大数据质量检查和大数据质量分析)、事后评估及处理提升(大数据质量提升和大数据质量评估)四个阶段。

1.4.6 大数据标准化

大数据标准化可以提高数据的可携带性和互操作性,可能成为促进和改进数据使用的关键,有助于支持更具有竞争力和分布式的数据收集生态系统。事实上,对于将跨企业和跨行业的数据交换视作至关重要的行业而言,标准化是其运营的先决条件。同时标准化还可以创造实质性的效益。以医疗行业为例,当使用相似的指标记录患者对治疗的反应时,可以促进数据的整合,从而为临床护理、公共卫生和生物医学研究提供信息,为不同地点的人员提供更快、可互操作的病例查阅等,通过这些方式来改善医疗保健服务。大数据标准化可以让数据流动更顺畅、机器学习更优,在数据输入算法造成权利被侵害或不合理伤害发生时更容易得到监管。而对于政府而言,大数据标准规范是强化政务数据全生命周期管理、流动、应用、归档,实现融合汇聚、价值挖掘、高效协同、安全有序的重要保障。

1.4.7 大数据资产化

大数据资产化是指数据在市场中流通交易从而为使用者或所有者带来经济利益的过程。它本质上是数据交换价值的形成,而实现数据价值的核心在于资产化。从数据资产化的角度,大数据治理应更多地聚焦于数据的资产属性,要求政府以战略性方式管理数据,实现数据资产的保值、增值。因此,数据治理应从供给环节开始考虑数据质量、数据流通、数据增值加工、数据基础服务、数据安全保障等关键问题,并建立起覆盖数据采集、存储、流通、应用等全生命周期的数据优化结构。由于数据不同于通常意义上的有形实物和无形知识产权,因此大数据资产化仍然面临许多技术挑战,例如大数据资产的形态、计量和计价,数据资产流通的数据支撑等。在国家实施大数据战略的背景下,着手解决大数据资产化进程中的技术问题是推动大数据资产从概念走向实践的关键环节。

1.4.8 大数据安全管理

党的二十大报告强调,"推进国家安全体系和能力现代化","强化经济、重大基础设施、金融、网络、数据、生物、资源、核、太空、海洋等安全保障体系建设"。大数据安全管理不仅是大数据治理的重要内容,也是利用大数据赋能社会治理水平提升的重要基础。大数据安全管理贯穿数据采集、传输、存储、处理、交换、销毁等各个阶段。从数据安全管理的全局考虑,企业需要引进数据安全风险评估方法论和技术措施,制定数据应急保障流程和方法,以便在发生数据安全事件时很好地进行风险控制。传统网络安全问题解决的基本思想是"隔离",即通过在每个边界设立网关设备和网络流量控制设备,守住边界。然而,随着移动互联网、云服务的出现,网络边界实际上已经逐渐消失。数据安全的威胁正在进一步升级,在高级持续性威胁(advanced persistent threat,APT)、用户行为异常风险、网络漏洞等数据安全威胁下,传统的防御性、检测型的安全防护措施已经难以满足要求。因此,需要采用新的安全机制、措施和技术来满足新形势下大数据安全管理的要求。

1.4.9 大数据治理应用

大数据治理已经应用到社会治理的各个方面,如政府大数据治理、交通大数据治理、应急大数据治理、石油化工企业大数据治理、医疗大数据治理、养老大数据治理、药物大数据治理等。在交通拥堵和交通安全等问题普遍存在的情景下,交通大数据技术治理有效提升了城市交通系统效率,推进了城市交通绿色化、智能化发展;在应急治理备灾阶段,应急大数据治理技术可以智能、高效、精准地对危机事件进行预警监测,同时及时向政府和社会公众传递可靠的情报信息,摆脱原有应急治理模式信息收集和传递效率低下的困境;在石油化工企业运营过程中,大数据治理技术已经渗入运营的各个层面,如原油选购、排产、库存管理、设备检维修及运行;在医疗健康领域,大数据治理推进信息资源的整合、对接和共享,从而提升医疗机构信息化水平,充分发挥信息化作用;在人口老龄化问题日益严重的社会背景下,大数据治理有效促进智慧养老模式的发展;在医药行业,药物大数据技术可以有效地处理不断增长的药物数据,为整个医药行业的发展提供有效的决策支持。

本章小结

本章首先对大数据治理的内涵进行了阐述,突出了大数据治理对象和治理结构高复杂性的特点;在理解大数据治理的基础上,详细梳理了国内外大数据治理总体框架、各个组成部分以及治理标准;并以政府与事业单位和企业为例分别介绍了政府与事业单位大数据治理和企业大数据治理的主要目标以及面临的难点,简明扼要地介绍了大数据治理的内容体系。大数据技术正以前所未有的广度和深度渗透到政府与企事业单位的治理,运用大数据推动组织创新和数字治理已成为当下社会各界的共识。通过大数据治理和深度运用大数据内蕴含的信息与知识,可以充分实现大数据的价值,推动国家创新和经济社会高质量发展。

思考题

1. 数据治理与大数据治理在内涵上有何联系和区别?
2. 对数据管理能力成熟度评估模型进行简要描述。
3. 当前我国大数据治理面临的难点和挑战主要有哪些?
4. 如何理解大数据治理的业务价值?
5. 简要概括企业和政府大数据治理目标的异同。

即测即练

第 2 章
大数据架构管理

思维导图

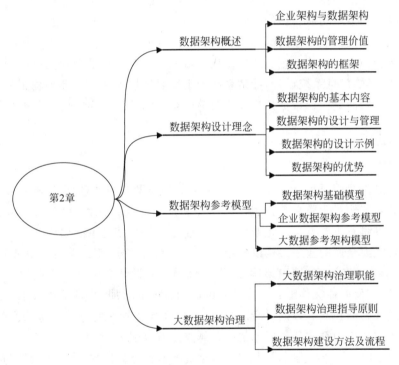

内容提要

云计算、人工智能、物联网和边缘计算等技术的快速发展与应用促进了数据规模的指数级增长,提升了组织数据管理的复杂程度,给组织管理带来了如"数据孤岛"、数据安全以及决策瓶颈等一系列挑战,使得数据治理和数据环境统一成为日益重要的优先事项。通过数据架构解决方案可以统一不同的数据系统,实现嵌入治理和加强安全措施,为用户提供更好的数据可访问性,缩小组织对客户需求、产品定位和业务流程的了解差距,作出更科学合理的决策,加速数字化转型和自动化计划的实施。本章将重点介绍大数据架构管理的基本概念、设计理念、参考模型以及数据架构治理的主要内容。

本章重点

- 掌握数据架构的基本概念。
- 理解数据架构的设计理念。
- 厘清相关数据架构参考模型。
- 了解数据架构治理的主要内容。

2.1 数据架构概述

数据架构是企业架构的一部分,要了解数据架构,首先要了解企业架构。"架构"一词是信息技术领域应用最广泛的术语之一,其思想发源于建筑学。理解建筑物的架构有助于承建商根据建筑物的使用功能、技术经济和美学要求提供合理的构造方案,指导建筑细部设计和施工。企业架构是反映企业内部不同利益相关者的问题和看法的综合视图。二者本质的原理都是从现状向目标迁移。企业快速发展会带来快速响应和平台化之间的矛盾以及需求多元化等问题,影响信息系统设计,导致系统和组织复杂性问题。企业架构正是为解决信息系统的复杂性问题而诞生。数据架构在支持整个企业的信息需要时发挥着重要作用。

2.1.1 企业架构与数据架构

企业架构是一套用于整合企业业务与IT规范的模型和构件,用以反映企业的整合和标准化需求。企业架构对于整合数据、流程、组织和技术的业务背景,提升企业资源与企业目标之间的一致性具有重要意义。企业架构包含业务架构和信息系统架构。

企业通常需要全面的业务架构以整合组织中的不同部分,使其符合自身战略目标,这可能包括业务流程、业务目标、组织架构、组织角色的通用设计和标准。企业的信息系统通常是非常复杂的,其发展往往伴随着许多独立的应用系统的增加,并且采用战术方法在各个孤立业务系统之间移动和共享数据,导致理解和维护这类复杂系统的成本越来越高。因此,根据整体结构来重构应用系统和数据库的收益越来越有吸引力。

数据架构是用于定义数据需求,指导对数据资产的整合和控制,使数据投资与业务战略相匹配的一套整体构件规范。它也是主蓝图在不同层面的抽象集成。数据架构包括正式的数据命名、全面的数据定义、有效的数据结构、精确的数据完整性规则以及健全的数据文档。数据架构在支持整个企业的信息需要时才最有价值。企业数据架构整合整个企业的数据并标准化。

数据架构技术人员通常关注企业的数据架构,并和其他企业架构技术人员一起工作,将数据架构整合进更广义的企业架构。国际标准权威组织 The Open Group(开放群组)指出,数据架构是描述一个组织的物理和逻辑数据资产,以及数据资源的结构,其价值在于通过数据架构引领数据资产形成数据资本。该组织指出数据架构主要包括:数据实体/数据组件目录,数据实体/业务功能矩阵,系统/数据矩阵,概念数据图、逻辑数据图、数据发布图、数据安全图、数据迁移图以及数据生命周期图。国际数据管理协会指出数据架构是企业架构的一部分,用来识别企业的数据需求,设计和维护总蓝图以满足这些需求,并使用总蓝图来指导数据集成,控制数据资产,使数据投资和业务战略保持一致。该协会定义数据架构的目标是：①存储和处理数据。②设计结构和计划以满足企业当前和长期的数据需求；战略性地为组织做好准备,快速发展其产品、服务和数据,以利用新兴技术中固有的商机。

我国国家标准《数据管理能力成熟度评估模型》指出,数据架构是通过组织数据模型定义数据需求,指导数据资产的分布控制和整合,部署数据的共享和应用环境,以及元数据管理的规范。数据架构将企业业务实体抽象为信息对象,将企业的业务运作模式抽象为信息对象的属性和方法,建立面向对象的企业数据模型(EDM),数据架构实现从业务模式向数据模型的转变、业务需求向信息功能的映射、企业基础数据向企业信息的抽象。数据架构应该包括元数据管理,建立创建、存储、整合和控制元数据的一系列流程；也包括构建数据模型,将业务经营、管理和决策中遇到的数据需求结构化,以及数据分布和数据集成,明确数据责任人、管控数据流、制定数据标准,达成组织内各系统、各部门的数据互联互通。华为等企业作为大数据时代的互联网行业先锋者,对数据架构有自己的理解。它们指出数据架构是以结构化的方式描述在业务运作和管理决策中所需要的各类信息及其关系的一套整体组件规范,包括数据资产目录、数据标准、企业级数据模型和数据分布4个组件。

总之,数据架构管理是定义和维护如下规范的过程：提供标准的、通用的业务术语/辞典,表达战略性的数据需求,为满足该需求概述高层次的整合设计,使企业战略和相关业务架构相一致。

2.1.2　数据架构的管理价值

业务部门和技术部门之间往往存在一些隔阂,不同部门面向相同业务对象沟通方式和流程的差异可能会降低企业的运作效率和数据竞争力。数据架构的目标是在业务战略和技术实现之间建立起一座畅通的桥梁。数据架构的价值主要体现在以下几个方面。

(1) 从企业运作的角度,数据架构定义了企业运作过程中所涉及的各类对象及其治理模式,成熟的数据架构可以迅速地将企业的业务需求转换为数据和应用需求。

(2) 从数据资产的角度,数据架构是管理数据资产的蓝图,帮助管理者梳理企业数据资产分布,将组织复杂的数据和信息传递至整个企业。

(3) 从数据管理的角度,数据架构是企业各部门的共同语言,是数据管理的高层视角,使企业不同部门在数据层面保证业务和技术的一致性,有助于整个组织实现一致性数据的标准化和数据的整合,最终为企业改革、转型和提高适应性提供支撑。

数据架构是整个企业架构中的一部分,为数据整合提供指导,其主要作用包括以下几个方面。

(1) 定义和评估新信息系统项目——企业数据架构对长期信息系统集成来说起到分区规划的作用。企业数据架构影响项目的目标,并影响项目在项目组合中的优先级。企业数据架构也影响项目的范围边界和系统(版本)的发布。

(2) 定义项目的数据需求——企业数据架构提供个别项目的企业数据需求,加速这些需求的识别和定义过程。

(3) 评估项目的数据设计——设计评审确保了概念、逻辑和物理数据模型一致,并对企业数据架构的长期实施有所贡献。

2.1.3 数据架构的框架

架构框架提供了一种思考和理解架构的方法,以及所需要架构的结构和系统。架构是复杂的,架构的框架从总体上提供了"架构的架构",通常有两类不同的架构框架。

(1) 分类框架——将指引企业架构的结构和视图组织起来。框架定义构件的标准语法来描述以上视图以及视图之间的关系。构件大多数是图形、表格和矩阵。

(2) 流程框架——规定业务和系统规划分析,以及流程的设计方法。有些 IT 规划和软件开发生命周期(SDLC)包括其自定义的复合分类。所有场景均通用的流程框架并不存在,要根据需求设计专有流程。

架构框架帮助定义软件分析和设计过程中产出的逻辑、物理和技术构件,这些构件又指导更具体明确的信息系统解决方案设计。组织机构采用架构框架用于 IT 治理和架构质量控制。组织机构有可能在批准一个系统设计之前要求 IT 部门提交特定的构件。

目前已经存在的一些框架如下。

(1) TOGAF(The Open Group Architecture Framework,开放群组架构框架)。这一框架是开放群组所开发的一套标准流程框架和软件开发生命周期方法。开放群组是一个供应商和技术中立的组织,旨在定义和推广全球互操作性公开标准的合作团体。TOGAF8 企业版可被任何机构采用,无论是否为开放群组的会员。

(2) ANSI/IEEE 1471-2000。其通常被推荐用于软件密集型系统的架构描述,它有望成为 ISO/IEC 25961 标准,是用来定义解决方案的构件。

(3) Zachman 企业框架。这是最广为人知并被广泛使用的架构框架。在约翰·扎科曼(John Zachman)于 1987 年首次发表此框架的描述之后,企业数据架构师纷纷开始采纳和使用。该框架使术语更加面向业务管理,同时在描述中保留了数据和信息系统专业人员的用词,在某种程度上使对每个简单分类的理解更加清晰。

2.2 数据架构设计理念

企业架构包括流程、业务、系统和技术架构。数据架构技术人员需要关注企业数据架构,对企业数据进行结构化、有序化治理,让企业从"数据孤岛"走向数据共享,让企业数据能够更好地被管理、流动和使用,充分释放数据价值,并将数据架构整合进更广义的企业架构。

2.2.1 数据架构的基本内容

随着数据治理理念的不断升级以及数据架构的不断完善,目前企业、数据治理组织的理论准备工作已经逐步收敛到四个方向:数据资产目录、数据标准、数据模型、数据分布,即数据架构体系的"四个基本内容"。其具体内容包括梳理企业的数据资产、制定数据标准并持续维护、建立数据模型,包括概念模型、逻辑模型和物理模型、管控数据分布,包括数据源头和流向。

1. 数据资产目录

数据治理提供了将数据作为资产进行管理所需的指导，数据资产目录即企业的数据资产地图，则是实现"指导"的具体形式。一般而言，数据资产目录可以分为主题域分组、主题域、业务对象、实体和属性五个层级。

主题域和主题域分组用于描述企业数据管理的分类依据和集群边界。主题域是互不重叠的数据分类，管理一组密切相关的业务对象，通常同一主题域有相同的数据主人。主题域分组则是依据业务管理边界对于主题域的分组，是描述公司数据管理的最高层级分类。

业务对象是数据架构搭建的基石，是业务领域中重要的人、事、物在数据架构中的代理，数据架构建设和治理是围绕业务对象和对象间关系展开的，实体是描述业务对象在某方面特征的一类属性集合，而属性则用于描述业务对象在某方面的性质和特征。

数据架构的其他组件，无论是数据标准的制定、数据模型的建立，还是数据分布的管控，无一不是建立在数据资产目录的基础之上，并以其为中心和出发点。同时，数据资产目录是企业数据资产的宏观概述，确定了数据架构的外层边界和核心骨架。

2. 数据标准

数据标准要求组织各部门使用统一化、标准化的语言描述数据，是实现企业数据一致性的关键。然而，对于传统大型企业，如数字化转型过程中的商业银行，实现数据标准统一绝非易事。它既要有面向未来的对象和属性的命名规范，也要有面对过去的留存数据的规划和既有逻辑的整合；既要适应业务部门的工作习惯，也要符合技术部门的开发原则。在这样的语境下，数据标准并非孤立一体，而是需要演变为渐进、多面的体系，包括业务术语、数据标准以及数据字典。

业务术语是由业务部门提出、对于自身业务活动的提炼，最终形成的企业各部门认可的业务词汇。业务术语代表了数据标准的初级形式，通过标准编码、业务定义、分类分级和质量规范，业务术语得以升华为数据标准。在数据标准的基础上，技术部门为了对数据模型进行管控而产生了表结构和字段定义规范，即所称的数据字典。

数据标准的统一对于数据架构的意义，不亚于语言的统一对于国家的意义。纵向上，数据标准消化了存量的历史数据，赋予它们以新的解读、应用和价值；横向上，数据标准打通了部门内的条线和组织，也打通了部门间的职能和团队，消解了由业务集群造成的数据跨集群的重复和歧义。数据标准的建设，让企业所容纳的数据真正成为企业所拥有的资产。

3. 数据模型

数据模型是最为公众所熟知的数据架构的组件，它是数据视角下对现实世界规则的抽象与概括，根据业务需求抽取信息的主要特征，反映业务对象之间的关联关系。数据模型从概念抽象到物理固化，是数据架构最重要的产出物，它完成了业务需求从自然语言到数据语言的转化。数据模型有三个阶段，分别是概念模型、逻辑模型和物理模型。

概念模型基于真实世界的关系语意，数据需求的提出者将所需的业务对象和业务流程表达厘清、简化和抽象，并表示为"实体—关系"（E-R）映射，它的实现代表了自然语言的退场；逻辑模型是技术侧对于概念模型的解读，数据逻辑在此时替代了实体关系；物理模型则是逻辑模型的落地,是对于真实数据库表的描述,包含表、视图、字段、数据类型等要素,物理模型的达成代表了业务流程与实体关系已经被固化为数据库中的表关系,可以被使用、验证、加工和维护,自此,完整的数据模型正式达成。

4. 数据分布

如果说数据架构的前三个组件是从静态角度对数据、数据关系进行的定义,那么数据分布则动态地定义了数据产生的源头和数据在各流程、各系统间的流动情况。对于数据的流动,需从以下三个方面加强管理。

(1)数据源头。其在物理上是数据源,主体上是数据主人,管理上是数据责任。数据源头需要把控数据质量,拥有源数据标准制定的权利,可以提请业务术语的新增、修订和废止,同时也是数据的责任主体。

(2)管控部门。管控部门是企业内的数据管理部门,承接数据源头,传递到数据的消费者,是企业数据流的中间人。管控部门负责协调数据标准的制定,维护业务需求到数据实现的通路。

(3)管控流程。管控流程也就是控制数据的流向。已经建立标准、明确源头的数据需在企业各组织、部门间保持一致,数据在生命周期中的流动路径、数据的取用须遵循数据安全的原则。

作为数据架构的最后一个部分,数据分布的意义在于使已经被规整的企业数据真正被使用,表现出价值,同时也保证数据在使用过程中不变形、数据在生命周期中可以被维护。数据分布的加入,使数据架构的理论得以完备,并且有了"生命"。

2.2.2 数据架构的设计与管理

在了解数据架构的组件之后,更加实际的问题是如何设计数据架构,实现理论的落地。数据架构为整个组织的重要元素定义标准术语和设计内容,其设计包括对业务数据本身的描述,以及数据的收集、存储、整合、迁移和分布。无疑,数据架构的设计因行业而异,也因企业而异,但是也有一些共性和原则,总结而言无非是:面向业务对象进行架构设计,面向业务对象实现架构落地。

面向业务对象进行架构设计要求企业数据架构设计以业务对象为基础,展现业务对象的属性特征,描摹业务对象间的关联关系。架构设计需要与业务对象紧密结合以指导企业运作、辅助企业成长。面对业务对象的架构设计,基点在于确定业务对象,参照的标准是:成为业务对象的实体须有唯一的标识信息、有属性描述、可实例化。

面向业务对象实现架构落地则是针对数据模型而言的,因为数据架构最为重要的交付产物就是数据模型。为了确保架构在落地过程中不变形,从数据模型的定义与结构来看,必须保证:其一,概念模型与逻辑模型一致,这主要通过逻辑模型从数据实体出发而实现;其二,逻辑模型与物理模型一致,这要求技术部门建模管理一体化,严格遵照逻辑模型的结构设计物理表。

设计和管理数据架构是一项需要数据管理专员和其他领域专家积极参与、数据架构师和其他数据分析师组织与支持的集体工作。数据架构师和分析师必须努力优化数据管理专员们在此项工作上所贡献的具有高价值的工作时间。数据管理经理必须保证适当人员的参与时间。对于数据架构及定义架构所做出的努力是需要业务关注的,获取这种关注的保证往往是进行持续不断的沟通。

数据架构永远不会处于完成或静止状态,它是"活的"东西。业务变化自然驱动数据架构的改变。数据架构的维护需要数据管理专员的定期修订。参考现有的数据架构以及对数据架构进行相对简单的更新,可以快速解决很多问题。解决更重大的问题则通常需要对新项目提出建议,进行评估、批准和执行。这些项目的产出就包括对数据架构的更新。

在数据管理专员参与、评审和细化数据架构,最终获得管理层批准以数据架构为系统实施的指导之前,数据架构的价值是有限的。数据治理委员会是企业数据架构的最终赞助人和批准机构。同时,许多组织会成立企业架构委员会来协调数据、流程、业务、系统和技术架构之间的关系。

2.2.3 数据架构的设计示例

数据架构可以利用数据服务和 API(应用程序接口),将来自原有系统、数据湖、数据仓库、SQL(结构化查询语言)数据库和应用程序的数据汇集在一起,提供对业务绩效的整体视图。与这些单独的数据存储系统相比,数据架构旨在为整个数据环境带来更大的流动性,应对数据存放和处理位置问题。数据架构消除数据迁移、转换和集成中技术复杂性的抽象意义,让整个企业都可以使用数据。

在具体的业务场景中,数据结构架构可以围绕平台中的数据与需要它的应用程序松散耦合的想法进行操作。一个多云环境中的数据架构示例是,一种云[如 AWS(亚马逊 Web 服务)]管理数据采集,另一个平台(如 Azure)负责监督数据转换和使用。然后可能有第三个供应商[如 IBM Cloud Pak for Data(IBM 云数据包)]来提供分析服务。数据架构将这些环境连接在一起,可以创建统一的数据视图。虽然不同企业有不同数量的云提供商,实施的数据基础架构也不尽相同,但使用这类数据架构的企业,其架构具有共性,这也是数据架构独有的特点。因此,市场咨询机构 Forrester 在"企业数据架构支持 DataOps"报告中描述了数据架构的六个基本组件,包括以下内容。

(1) 数据管理层:该层负责数据监管和数据安全。

(2) 数据采集层:开始汇总云数据,寻找结构化数据和非结构化数据之间的联系。

(3) 数据处理层:细化数据,以确保提取数据时只出现相关数据。

(4) 数据编排层:为数据架构执行一些最重要的工作——转换、集成和清理数据,供企业内部团队使用。

(5) 数据发现层:为集成不同数据源的数据提供新机会。例如,它可能找到在供应链数据市场和客户关系管理数据系统中连接数据的方法,为客户提供产品、提供新的机会或提高客户满意度的方法。

(6) 数据访问层:允许使用数据,确保一些团队拥有正确的权限,以遵守政府法规要求。此外,这一层还使用仪表板和其他数据可视化工具帮助发现相关数据。

虽然数据架构在采用方面仍处于起步阶段,但从上文可以看出其数据集成功能有助于企业发现数据,通过跨各种数据源的集成,企业及其数据科学家可以创建整体客户视图,建立企业与客户更紧密的数据联系。其他用途包括整合客户资料、欺诈识别、预防性维护分析和复工风险模型等。

2.2.4　数据架构的优势

随着数据架构提供商逐渐获得更高的市场采用率,咨询公司高德纳(Gartner)具体注意到数据架构对效率的积极作用,称它可以将"集成设计时间减少30%,部署时间减少30%,维护时间减少70%"。数据架构可以显著提高整体生产率,具体价值体现在以下几个方面。

(1) 智能集成。数据架构利用语义知识图谱、元数据管理和机器学习,统一不同数据类型和终端的数据。这可以帮助数据管理团队汇集相关数据集,以及将全新的数据源集成到企业的数据生态系统中。此功能可完全实现数据工作负载管理自动化,从而提升效率,还有助于消除数据系统中的"数据孤岛",集中数据治理实践,以及提高整体数据质量。

(2) 数据民主化。数据架构可促进自助式应用,将数据访问范围扩大至更多的技术资源,例如数据工程师、开发人员和数据分析团队。数据瓶颈的减少会提高生产率,使业务用户快速作出业务决策,并让技术用户优先执行更好地利用其技能集的任务。

(3) 更好的数据保护。扩大数据访问的范围并不意味着在数据安全和隐私措施上妥协,实际上意味着围绕访问控制设置更多的数据治理护栏,以确保特定数据仅供特定角色使用。数据架构还允许技术和安全团队围绕敏感和专有数据实施数据屏蔽与加密,进而减小数据共享和系统泄露数据的风险。

2.3　数据架构参考模型

本节主要介绍数据架构基础模型、企业数据架构参考模型和大数据参考架构模型。

2.3.1　数据架构基础模型

数据模型是数据架构模型的重要组成部分,因此,介绍数据架构模型的同时必不可少地要介绍数据模型的相关概念和示例。数据模型是一种工具,用来描述数据、数据的语义、数据之间的关系,以及数据的约束等。实体关系图经常被用来描述现实世界中的数据模型。当我们理解了实际问题的需求之后,需要用一种方法来表示这种需求,数据模型就是用来描述这种需求的。

数据模型依据抽象层次可分为概念数据模型(Conceptual Data Model)、逻辑数据模型(Logic Data Model,LDM)和物理数据模型(Physical Data Model,PDM)。概念数据模型和逻辑数据模型则是需求分析的产出,而物理数据模型则是设计活动的产出。数据模型是呈现数据需求、分析和设计的规格说明书。

数据模型中常见的术语如下。

(1) 实体(entity):现实世界中的对象,可以具体到人、事、物。对企业而言,实体是业务专家认知的某种事物,如采购订单、产品、服务、客户等。

（2）属性(attribute)：实体所具有的特性。属性用来描述实体，是组成实体的数据定义、格式和值域，如采购订单编号、产品编号、客户电话等。

（3）键属性(key attribute)：可唯一识别数据实体实例和数据库表行记录的属性，如客户编号可识别不同客户。每个实体一般都有主键属性，也可能有外键属性。

（4）关系(relationship)：实体和实体之间的关系。关系可通过连线表示，可帮助辨识主键和外键。

（5）范式(normal form)。范式规范实体中属性之间的依赖和分解关系，目前关系数据库有六种范式：第一范式到第五范式和博伊斯·科德(Boyce-Codd,BC)范式。第一范式是指数据库表的每一列都是不可分割的基本数据项，同一列中不能有多个值，即实体中的某个属性不能有多个值或者不能有重复的属性。第二范式是在第一范式的基础上建立起来的，即满足第二范式必须先满足第一范式；此外，第二范式要求实体的属性完全依赖于主关键字(完全依赖是指不能存在仅依赖主关键字一部分的属性；如果存在，那么这个属性和主关键字的这一部分应该分离出来形成一个新的实体，新实体与原实体之间是一对多的关系)。第三范式必须先满足第二范式，还要求一个数据库表中不包含在其他表中已包含的非主关键字信息。第四范式必须先满足第三范式，并且限制关系模式的属性之间不允许有非平凡且非函数依赖的多值依赖。第五范式必须先满足第四范式，并且表必须可以分解为较小的表，除非那些表在逻辑上拥有与原始表相同的主键。BC范式要求在第三范式的基础上，数据库表中如果不存在任何字段对任一候选关键字段的传递函数依赖则符合。

符合第三范式可保证数据的完整性和一致性，这是数据质量的最低要求。在特殊情况下(例如为了提高系统性能)，允许不符合第三范式，但是数据的完整性和一致性需要通过特殊控制来保证。

常见的数据架构模型包括概念数据模型、逻辑数据模型和物理数据模型。

1. 概念数据模型

概念数据模型简称概念模型，是面向数据库用户的现实世界的模型，主要用来描述世界的概念化结构，它使数据库的设计人员在设计的初始阶段，摆脱计算机系统及 DBMS(database management system,数据库管理系统)的具体技术问题，集中精力分析数据以及数据之间的联系等，与具体的数据库管理系统无关。

高阶的概念数据模型可以是数据实体和主题域的目录清单及组成关系。图 2.1 描述了产品主题域、采购主题域、库存主题域，以及各主题域包含的数据实体。

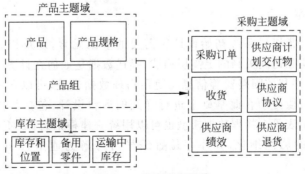

图 2.1 概念数据模型

在概念层次,主要工作是发现核心流程(产生客户价值的流程)使用的数据实体(人、事、物),将它们以清单的方式列出,并分组到对应的主题域。

2. 逻辑数据模型

逻辑数据模型是一种图形化的展现方式,一般采用面向对象的设计方法,有效组织来源多样的各种业务数据,使用统一的逻辑语言描述业务。逻辑数据模型借助相对抽象、逻辑统一且稳健的结构,实现数据仓库系统所要求的数据存储目标。支持大量的分析应用,是实现业务智能的重要基础,同时也是数据管理分析的工具和交流的有效手段。

从概念数据模型中选取与采购订单实体相关的产品及其库存和位置,分析每个实体的属性、主键和外键,可以得到简化的逻辑数据模型。

如图2.2所示,企业逻辑数据模型的实体属性包括库存位置编号、库存产品编号、库存产品数量、产品编号、供应商编号、产品描述、产品单位、采购订单编号、采购产品编号、采购产品数量。

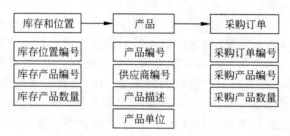

图2.2 企业逻辑数据模型的实体属性

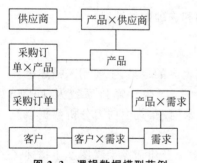

图2.3 逻辑数据模型范例

逻辑数据模型在转换为物理数据模型时,必须解决实体之间的多对多关系,常用的方法就是将多对多关系转换成关联实体(associative entity)。例如将图2.2中的采购订单和产品之间的多对多关系转换为"采购订单×产品"实体和两个一对多关系,如图2.3所示。

实体"采购订单×产品"是采购订单录入流程的主要数据源,实体"产品×供应商"是产品供应流程的数据源,实体"产品×需求"是产品开发流程的数据源,而实体"客户×需求"是客户需求分析流程的数据源。

3. 物理数据模型

物理数据模型是指提供系统初始设计所需要的基础元素,以及相关元素之间的关系。该模型用于存储结构和访问机制的更高层描述,描述数据是如何在计算机中存储的,如何表达记录结构、记录顺序和访问路径等信息。使用物理数据模型,可以在系统层实现数据库。数据库的物理设计阶段必须在此基础上进行详细的后台设计,包括数据库的存储过程、操作、触发、视图和索引表等。物理数据模型也可以用统一建模语言(UML)的类图表示,需要将逻辑数据模型中的属性细化,如库存位置编号可分解为通道(aisle)、货架(shelf)、层(level)、容器(bin)等。

物理数据模型是在逻辑数据模型的基础上,考虑各种具体的技术实现因素,进行数据库体系结构设计,真正实现数据在数据库中的存放。图 2.3 中逻辑数据模型的采购订单为了符合第三范式,需要被分解为两个实体——采购订单表头和采购订单细项。对于图 2.4 中的物理数据模型,市场上的许多数据建模工具都可生成这样的模型;例如用 SQL 的数据定义语言(data definition language,DDL)建立数据库,来支持应用系统的开发。在产生 SQL 数据定义语言之前,需要先定义属性/字段的详细信息。例如"产品编号"的数据类型是字符,长度是 10,需要将 CHAR()修改为 CHAR(10)。

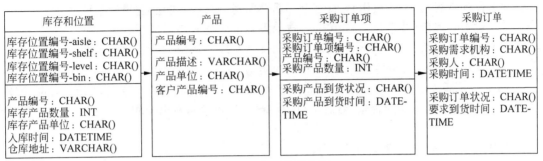

图 2.4 物理数据模型

2.3.2 企业数据架构参考模型

企业的信息系统架构有许多相关的方面,包括应用程序、硬件、网络、业务流程、技术选择和数据。如图 2.5 所示,数据架构是一组分层的模型,为战略性的计划提供坚实的基础。

(1) 数据策略(data strategy),概括了为改进集合及数据使用的业务目标。

(2) 业务流程改进。

(3) 对新的变更系统的未来的决策。

(4) 整合、数据存储及报告计划。

数据架构是一套规范和文档的集合,包括:①企业数据模型:企业整个组织内所有生产和消费的数据概览,并且能够符合行业情况。②信息的价值链分析:使数据与业务流程及其他企业架构的组件相一致。③相关数据交付架构:包括数据库架构、数据整合架构、数据仓库/商务智能架构、文档和内容架构,以及元数据架构。

图 2.5 企业数据架构模型——支持各种公共的 IT 和业务改进计划

企业数据架构最重要的就是建立一套关于业务实体及其重要属性(特征)的通用业务术语。企业数据架构是更大的企业架构中的重要组成部分,企业架构包括流程、业务、系统和技术架构。数据架构技术人员关注企业数据架构,并和其他企业架构师一起工作,将数据架构整合进更广义的企业架构。

企业数据架构一般包括三套主要设计组件。

(1) 企业数据模型,识别主题域、业务实体、控制实体元素之间关系的业务规则,以及若干重要的业务数据属性。

(2) 信息价值链分析,使数据模型组件(主题域和/或业务实体)与业务流程及其他企架构组件相一致；这些组件可能包括组织、角色、应用、目标、战略、项目和技术平台。

（3）相关的数据交付架构，包括数据技术架构、数据整合架构、数据仓库/商务智能架构、企业对内容管理的分类方法，以及元数据架构。

第一个"数据"列中的单元—现在称为"库存集"，代表常见的数据建模和设计构件。

（1）规划者视角（范围背景）：系列主题域和业务实体。

（2）所有者视角（业务概念）：表达实体间的关系的概念性数据模型。

（3）设计者视角（系统逻辑）：具有全部属性的规范化（范式化）逻辑数据模型。

（4）建造者视角（技术物理）：在既定技术限制下优化的物理模型。

（5）实施者视角（组件组装）：数据结构的具体实现，通常是 SQL 中的数据定义语言。

（6）运作的企业（运营等级）：实际实施的实例。

Zachman 框架使人既可专注于所选单元，又不会失去全局观念。它帮助设计者既聚焦于细节，又仍然看到全面的背景，然后像拼图一样一片片地构造出全貌。

2.3.3 大数据参考架构模型

本小节从传统大数据架构开始介绍，之后介绍以 Hadoop 为首的大数据平台所建立的大数据参考架构模型，如流式结构、Lambda 架构、Kappa 架构、Unifield 架构等。下文详细介绍模型架构的来源、优缺点及适用场景。

1. 传统大数据架构

传统大数据架构如图 2.6 所示，其主要定位是为了解决传统 BI 的问题。简单来说，数据分析的业务没有发生任何变化，但是数据量、性能等问题导致系统无法正常使用，需要进行升级改造。可以看到，传统大数据机构依然保留了 ETL（extract-transform-load，抽取-转换-加载，数据仓库技术）的动作，数据经过 ETL 动作后被存储。

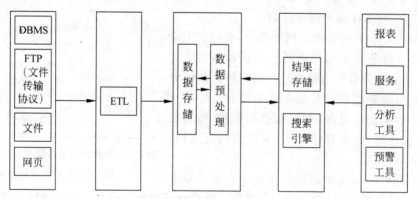

图 2.6　传统大数据架构

2. 流式架构

流式架构如图 2.7 所示，去掉了批处理，数据全程以流的形式处理，所以在数据接入端没有了 ETL，转而替换为数据通道。经过流处理加工后的数据，以消息的形式直接推送给了消费者。虽然有一个存储部分，但是该存储更多地以窗口的形式进行存储，所以该存储并非发生在数据湖,而是发生在外围系统。

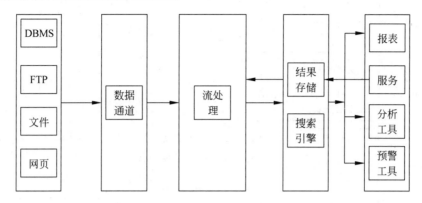

图 2.7 流式架构

3. Lambda 架构

Lambda 架构如图 2.8 所示,是大数据系统里面非常重要的架构,大多数架构基本是 Lambda 架构或者基于其变种的架构。Lambda 的数据通道分为两条分支:实时流和离线。实时流依照流式架构,保障了其实时性,而离线则以批处理方式为主,保障了最终一致性。

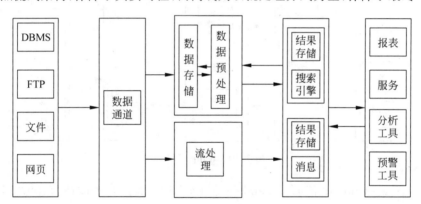

图 2.8 Lambda 架构

流式通道处理为保障实效性更多地以增量计算为主辅助参考,而批处理层则对数据进行全量运算,保障其最终的一致性,因此 Lambda 最外层有一个实时层和离线层合并的动作,此动作是 Lambda 里非常重要的一个动作,大概的合并思路如图 2.9 所示。

4. Kappa 架构

Kappa 架构如图 2.10 所示,在 Lambda 的基础上进行了优化,对实时和流部分进行了合并,将数据通道以消息队列进行替代。因此对于 Kappa 架构来说,依旧以流处理为主,但是数据却在数据湖层面进行了存储,当需要进行离线分析或者再次计算的时候,则将数据湖的数据再次经过消息队列重播一次即可。

5. Unifield 架构

上述几种架构都以海量数据处理为主,而 Unifield 架构将机器学习和数据处理糅为一

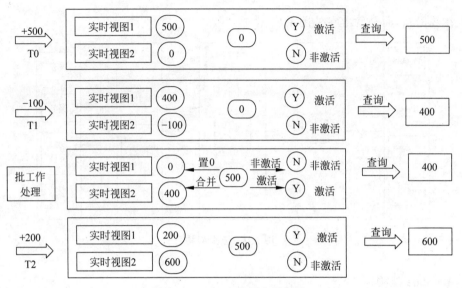

图 2.9　Lambda 架构合并思路

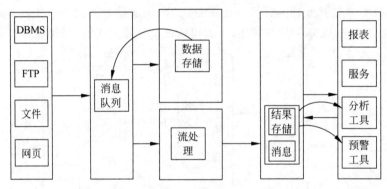

图 2.10　Kappa 架构

体,从核心上来说,Unifield 依旧以 Lambda 为主,不过对其进行了改造,在流处理层新增了机器学习层。如图 2.11 所示,可以看到数据在经过数据通道进入数据湖后,新增了模型训练部分,并且将其在流式层进行使用。同时流式层不仅使用模型,也包含对模型的持续训练。

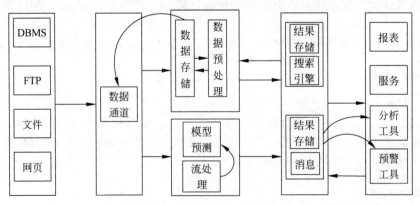

图 2.11　Unifield 架构

最后,总结一下以上五种架构的优缺点及适用场景,如表 2.1 所示。

表 2.1　五种架构的优缺点及适用场景

架　　构	优　　点	缺　　点	适用场景
传统大数据架构	简单,易懂,对于 BI 系统来说,基本思想没有发生变化,变化的仅仅是技术选型,用大数据架构替换掉 BI 的组件	对于大数据来说,没有 BI 下如此完备的 Cube 架构,虽然目前有 kylin,但是 kylin 的局限性非常明显,远远没有 BI 下的 Cube 的灵活度和稳定度,因此对业务支撑的灵活度不够,对于存在大量报表,或者复杂的钻取的场景,需要太多的手工定制化,同时该架构依旧以批处理为主,缺乏实时的支撑	数据分析需求依旧以 BI 场景为主,但是因为数据量、性能等问题无法满足日常使用要求
流式架构	没有臃肿的 ETL 过程,数据的实效性非常高	对于流式架构来说,不存在批处理,因此对于数据的重播和历史统计无法很好地支撑。对于离线分析仅仅支撑窗口之内的分析	预警,监控,对数据有有效期要求的情况
Lambda 架构	既有实时又有离线,对于数据分析场景涵盖得非常到位	离线层和实时流虽然面临的场景不相同,但是其内部处理的逻辑却相同,因此有大量冗余和重复的模块存在	同时存在实时和离线需求的情况
Kappa 架构	解决了 Lambda 架构里面的冗余部分,以数据可重播的超凡脱俗的思想进行了设计,整个架构非常简洁	虽然 Kappa 架构看起来简洁,但是实施难度相对较高,尤其是对于数据重播部分	和 Lambda 类似,该架构是针对 Lambda 的优化
Unifield 架构	提供了一套数据分析和机器学习结合的架构方案,非常好地解决了机器学习如何与数据平台进行结合的问题	实施复杂度更高,对于机器学习架构来说,从软件包到硬件部署都和数据分析平台有着非常大的差别,因此在实施过程中的难度系数更高	有大量数据需要分析,同时对机器学习方便又有非常大的需求或者有规划

2.4　大数据架构治理

本节主要从职能、指导原则以及案例的角度来探究大数据架构治理。

2.4.1 大数据架构治理职能

1. 理解企业信息需求

数据模型是获取和定义企业信息需求与数据需求的一种方法。它表述了企业范围内数据整合的主蓝图，是所有未来系统开发的关键，也是数据需求分析和数据建模的基础。在设计企业数据模型时，要使用可以有效体现数据实体、数据属性和计算的系统文档与材料对参与者进行访谈。这些内容以业务单元和主题域的形式予以体现，便于参与者审核，以确保其适用性和完整性。

2. 开发和维护企业数据模型

业务实体是企业真实的事物、人员、地点的概念和类别（分类）。数据是一系列采集的关于业务实体的事实。数据模型定义的是业务实体以及其应用所需的事实（数据属性）。因此，数据模型可用于定义和分析数据需求，设计满足这些数据要求的逻辑和物理数据结构，是规范和相关图表。

企业数据模型是企业范围内的整合、面向主题的数据模型，用来定义关键的数据生产者和消费者。

（1）整合。组织中所有数据和规则都被描述一次并无缝配合，是一个整体。不管组织内如何划分业务和职能，就数据来说只有一个版本，一个唯一的名字、定义，并规定同一个词在不同业务实体下的不同含义。

（2）面向主题。数据模型可以分解为跨多个业务流程和应用系统的共识主题域，主题域关注的是业务实体。

（3）关键数据。企业的数据模型不能定义组织内的全部数据，应该关注关键的数据需求。这些需求可能是共享的，也可能只是单个系统生产和使用。但不管现在如何，随着时间的推移，企业的重要数据都会发生变化。关键数据的范畴会随着企业的变化而变化，应保持同步。

企业数据模型可以自建，也可以外购。不同的企业数据模型在细节上差异较大，但成功的企业数据模型经常是通过递增和迭代开发出来或者是分层次建造的。企业数据模型层级如图 2.12 所示。

1) 主题域模型

主题域模型是一种"范围"视角，在企业数据模型中起着引领性作用，是通过一系列主要的主题域来共同表达企业最关键的领域，可以使用纲要（层级结构）和图形来表达。

一般主题域与中心业务实体用同样的名称，主要主题域必须与之匹配。非主要的主题域可以围绕解决中心业务实体的主要主题域问题。

主题域是数据管理制度和数据治理的重要工具，它被用来确定基于主题域的数据管理制度团队的责任范围。

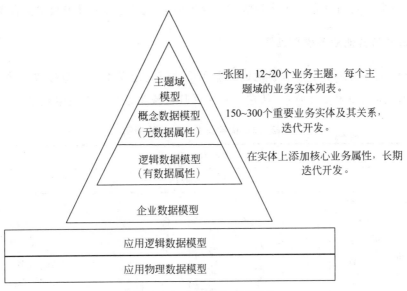

图 2.12 企业数据模型层级

2) 概念数据模型

概念数据模型定义业务实体及这些实体间关系,不包括业务实体的数据属性,也不会对数据进行规范化。

业务实体的命名方式采用业务术语。业务实体会出现在若干主题域的范围内,不同主题域范围的边界经常会相互重叠。对于数据治理和数据管理专员来说,业务实体的管理目标是:每个业务实体都应该由一个主要的主题域决定这个实体的主版本。(明确规定业务实体的生产方或者管理方)。

企业概念数据模型需要提供一个词汇表,用以明确业务定义与所有业务实体及其相关联的其他元数据。其他元数据包括同义词、实例样本以及数据安全等级分类等。概念数据模型可以促进对业务的理解,以及有利于确保语义上的一致性。

3) 逻辑数据模型

逻辑数据模型是在概念数据模型下,增加更多细节来反映每个实体的关键数据属性。它用以识别每个业务实体实例(业务实体的一个例子,可以理解为一个类的运行实例)所需的数据。逻辑数据模型仍然反映企业视角,但一般是中立的且不依赖于任何特定的需求、用途和应用背景。

逻辑数据模型只包含部分属性,不可能定义所有的数据实体和数据属性,可以在某种程度上规范化。逻辑数据模型也应该包括所有业务定义的词汇表,以及其他相关业务实体及其数据属性的元数据。

4) 其他组件

(1) 数据管理专员负责的工作,如主题域、实体、属性和参考数据值集合。

(2) 有效的参考数值:代码、标签及其业务含义的受控值集合。

(3) 关键数据属性的数据质量要求和规范。

（4）实体生命周期对业务实体各状态的合理值集（见"定义和维护数据整合架构"）。

3. 分析并与其他业务模型匹配

信息价值链分析来源于业务价值链。业务价值链是定义组织中直接或间接贡献于组织最高目标的职能。如表2.2所示，从左到右体现其依赖关系和事件发生顺序。

表2.2 保险业业务价值链举例

战略和治理							
法律服务							
精算分析及产品开发	市场营销	经销商管理	经销和承销	政策服务	开票及应收账款	投资管理	理赔服务
						损失控制	
应付账款、总账、税务会计							
信息技术							
人力资源							

信息价值链分析映射出企业模型元素和其他业务模型的关系，是数据架构的输出，其每个矩阵是某一业务流程、组织或应用架构的一部分，是企业架构中不同类型的模型的黏合剂，需要数据管理领域不同角色共同负责。

4. 定义和维护数据技术架构

数据技术架构指导数据相关技术选择和整合，定义了标准的工具分类、每类中首选工具、技术标准以及技术整合协议等。坚持创新驱动，积极运用大数据、云计算、人工智能等技术，探索构建互联融通的平台架构，支撑新技术、新应用、新功能的无缝对接，能够随技术发展变化持续升级和灵活扩展。

5. 定义和维护数据整合架构

数据整合架构定义了数据如何在各系统中流转，又称为数据血缘关系或数据流。每个模型元素之间的关系，如同元素自身之间的关系一样重要。可以通过一系列的二维矩阵描述这些关系。除流程以外，该架构还包括以下几个方面。

（1）业务角色相关数据：描述哪些角色在哪些业务实体上负责创建、更新、删除和使用数据。

（2）关于这些职责的特定业务组织数据。

(3) 关于跨业务职能的应用数据。

(4) 关于存在区域差异的不同区域数据。

矩阵是传统的企业建模方法。企业信息工厂（CIF）概念是数据整合架构的例子。一般来说，数据整合架构划分为支持商务智能的数据仓库、临时数据库、数据集市以及支持交易处理和操作型报表的源数据库、操作数据存储（ODS）、主数据管理和参考数据/编码管理。

数据/流程关系矩阵可以有不同的细节层次。主题域、业务实体，甚至关键数据属性都可以在不同的层次上表达数据。高层的职能、中层的活动、底层的任务都代表了业务流程。通过数据整合架构对数据流的梳理，可以明确地体现出不同业务实体的生命周期状态及状态转换。

6．定义和维护数据仓库与商务智能

数据仓库架构关注数据变化，主要着眼于快照如何在数据仓库系统中存储以达到最大可用性和最高性能。数据整合架构显示了数据从源系统通过临时数据库进入数据仓库和数据集市的过程。商务智能架构定义了如何将数据用于决策支持，包括工具的选择和使用。

7．定义和维护企业分类方法和命名空间

分类方法为话题提供大纲的层级结构，以便组织和查找。全面的企业数据架构应包括组织的分类方法。这样的分类使用的术语定义应与企业数据模型以及其他模型和分类系统一致。

8．定义和维护元数据架构

元数据架构定义元数据的受控流程，定义元数据如何创建、整合、控制和访问。元数据存储是元数据架构的核心。

元数据架构是关于元数据如何在各类软件工具、数据存储、目录、术语和数据词典中的整合设计。数据整合架构关注如何确保参考数据、主数据、商务智能数据的质量、整合和有效使用。元数据架构则关注如何确保元数据的质量、整合和有效使用。

2.4.2 数据架构治理指导原则

通常，把数据架构管理职能融入一个组织需要遵循以下指导原则。

数据架构是一系列规范构件（主蓝图）的整合，用于定义数据需求、指导数据整合、控制数据资产，使数据投资与业务战略相一致。

企业数据架构，与流程架构、业务架构、系统架构和技术架构一起，是整个企业架构的一部分。

企业数据架构包括三个主要的规范，即企业数据模型、信息价值链分析和数据交付架构。

企业数据架构不仅涉及数据，它还采用通用的业务术语来帮助建立企业内的语义。

企业数据模型是整合的面向主题的数据模型，定义了跨越整个组织的关键数据。按照层级关系来建立一个企业数据模型，包括主题域总览、实体的概念视图，每个主题域之间的关系，以及更细节的、相同主题域的属性级别视图。

信息价值链分析定义数据、流程、角色、机构以及其他企业元素之间的关键关系。

数据交付架构定义数据如何在数据库和应用之间流转的主蓝图。它保障数据质量和完善性，以支持事务的业务处理和商务智能报告分析。

如 TOGAF 和 Zachman 之类的架构框架在组织关于架构的集体思考上有很大帮助。这可以让不同目标和视角的人群共同工作并达成对共同利益的诉求。

2.4.3 数据架构建设方法及流程

本小节结合企业管理支持系统（management support system，MSS）具体案例介绍数据架构建设方法论。其主要分为五个步骤：架构现状分析、数据实体梳理、数据主题域划分、数据概念模型及数据分布规划。

1. 架构现状分析

每个企业面临的数据架构问题都是不一样的，这里给出某企业管理信息域面临的信息架构挑战，主要包括两个方面。

（1）跨组织数据管理职责不明确。管理信息域数据缺乏统一的数据分布规划，数据认责不明确，各个部门只负责自己业务范围内的数据管理，对于跨组织、跨部门的数据管理职责没有明确定义。

（2）系统间数据不一致。管理信息域数据分散在众多小系统中，每个系统都在局部进行数据定义、数据分类、数据主题域划分、数据模型维护，缺乏统一、全局视角的数据视图。这导致多个系统间数据不一致，难以支撑跨系统、跨部门的数据分析。

2. 数据实体梳理

根据应用功能架构，列出核心数据实体，描述核心实体的主要信息内容，根据应用框架，考察数据实体完整性，寻找差异点，弥补空白点。

第一步：依据应用蓝图，从功能模块中提炼核心数据实体，同时可参考业界最佳实践，对缺失数据实体做有效补充，如图 2.13 所示。如果企业应用蓝图不全面，那这一步的梳理工作就比较艰难。

第二步：依据应用蓝图所划分的领域，对核心数据实体做初步归并，识别管理信息域核心实体类别，如表 2.3 所示。

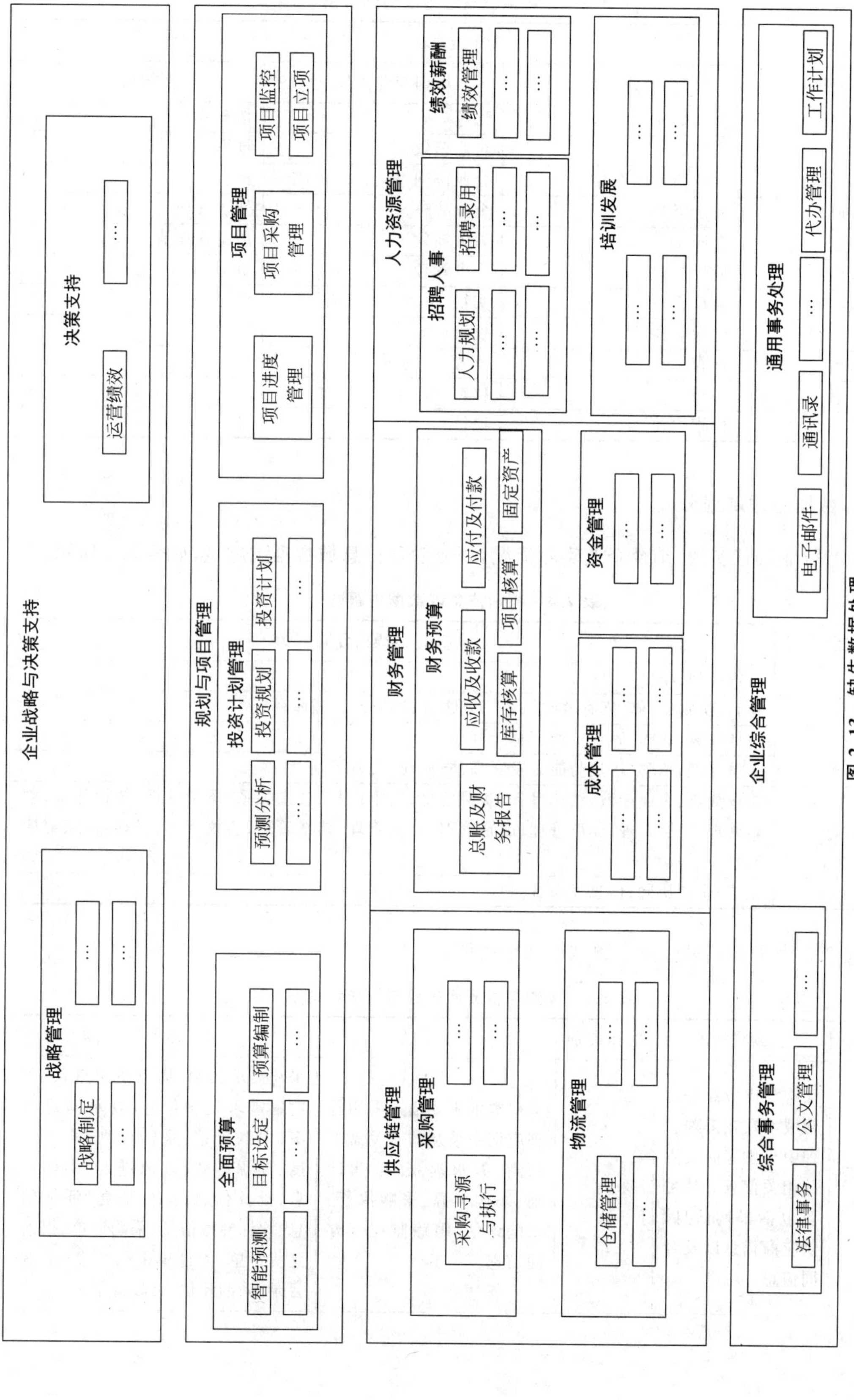

企业战略与决策支持
战略管理
战略制定
…
决策支持
运营绩效
…
规划与项目管理
全面预算
智能预测
目标设定
预算编制
…
投资计划管理
预测分析
投资规划
投资计划
…
项目管理
项目进度管理
项目采购管理
项目监控
项目立项
供应链管理
采购管理
采购寻源与执行
…
物流管理
仓储管理
…
财务管理
财务预算
总账及财务报告
应收及收款
库存核算
应付及付款
项目核算
固定资产
成本管理
…
资金管理
…
人力资源管理
招聘人事
人力规划
招聘录用
…
绩效薪酬
绩效管理
…
培训发展
…
企业综合管理
综合事务管理
法律事务
公文管理
…
通用事务处理
电子邮件
通讯录
…
代办管理
工作计划

图 2.13　缺失数据处理

表 2.3　管理信息域核心实体类别

实体类别			
财务核算	公共关系	培训与能力发展	薪酬福利
采购	公文管理	配送	信息发布
仓储	供应商	企业绩效	预算
成本	供应商管理库存	企业协同	招聘
创新管理	固定资产	企业战略	知识管理
党群管理	合同	人力绩效	质量管理信息
档案管理	后勤管理	人事管理	资金
第三方物流	会议管理	实物	
督察督办	纪检监察	投资计划	
法律事务	库存	位置	
安保信息	门户	物料	
工会管理	内审内控	项目	

3. 数据主题域划分

参考行业最佳实践，结合企业实际情况，划分管理信息域数据主题域，如表 2.4 所示。

表 2.4　管理信息域数据主题域

采购与供应商	供应商、采购、合同
项目	投资计划、项目
物资	物料、实物、仓储、库存、配送、第三方物流、供应商管理库存
财务与资产	财务核算、成本、固定资产、预算、资金
人力资源	人事管理、招聘、培训与能力发展、薪酬福利、人力绩效
企业综合	企业战略、企业绩效、法律事务、安保信息、内审内控、公共关系、质量管理、知识管理、创新管理、工会管理、党群管理、后勤管理、公文管理、档案管理、会议管理、督察督办、纪检监察
通用业务	位置、企业协同、信息发布、门户

表 2.5 为采购与供应商主题域的详细说明。

表 2.5　采购与供应商主题域的详细说明

主题域	主题域描述	实体类别	实体描述	实体名称
采购与供应商	采购与供应商主题领域涉及在采购管理中与供应商发生的相关信息。其主要包括采购信息、供应商信息以及合同信息	采购	采购类别主要描述采购管理应用中涉及的有关需求预测、需求提报、采购计划、采购寻源、采购执行、采购评估、跟踪监控等方面信息	采购需求预测、物料使用量预测、物料需求提报信息、物料满足方案、采购申请、采购计划、采购进度、寻源方式、寻源进度、中标信息、投标信息、招标信息、评标信息、评标专家信息、采购订单、提前到货订单、无订单采购信息、采购目录、采购评估、暂收订单

续表

主题域	主题域描述	实体类别	实体描述	实体名称
采购与供应商	采购与供应商主题领域涉及在采购管理中与供应商发生的相关信息。其主要包括采购信息、供应商信息以及合同信息	供应商	供应商类别描述供应商相关信息,主要包括供应商基本信息、供应商绩效、供应商分级等	供应商基本信息、供应商绩效、供应商认证信息、供应商评级、潜在供应商信息
		合同	合同类别主要描述与供应商发生的具有法律强制效力的合同信息,以及在合同履行过程中发生的违约、纠纷等信息	合同模板、合同基本信息、合同审批信息、合同立项审核信息、合同财务审核信息、合同法律审核信息、合同违约与争议、合同变更、合同解除、合同跟踪信息

4. 数据概念模型

数据概念模型描述了数据实体及其关系,能够体现企业运营和管理过程中涉及的所有业务概念和逻辑规则。图 2.14 为数据概念模型示例。

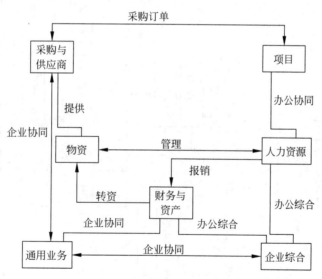

图 2.14 数据概念模型示例

图 2.15 为采购与供应商主题域概念模型。

5. 数据分布规划

数据分布规划描述企业数据模型在企业信息系统如何分布,通过了解数据分布可以清楚定义企业数据在信息系统中如何产生和使用。

第一步:明确数据主题域所归属的系统,系统及模块如表 2.6 所示。

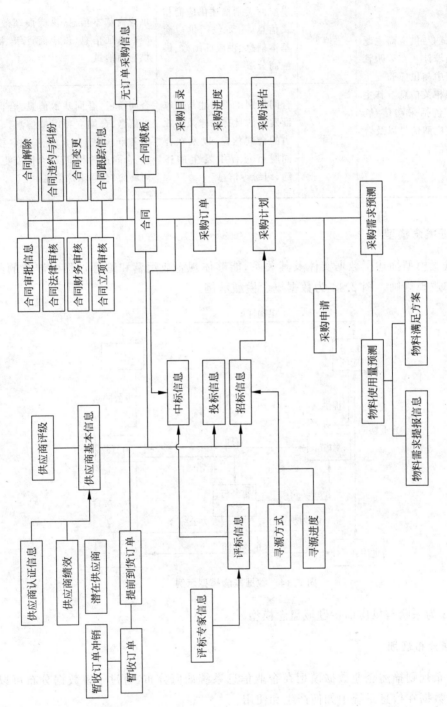

图 2.15 采购与供应商主题域概念模型

表 2.6 系统及模块

系统	企业门户	规划与项目管理系统		供应链管理系统		MIS(管理信息系统)		财务管理系统			人力系统	企业综合管理系统		
模块	门户	全面预算	投资计划	供应商管理	采购管理	HR(人力资源)MIS	财务MIS	作业成本管理	综合查询	资金管理	人力绩效	战略管理	内审内控	知识管理
采购与供应商				√	√									
财务与资产		√					√	√	√	√				
人力资源						√					√			
项目			√											
企业综合												√	√	√
通用业务	√													

第二步：明确 CRUD。CRUD 是建立(create)、读取(read)、更新(update)及删除(delete)这四项操作的缩写,即系统中的核心数据由哪些系统产生,哪些系统有权利去读取这些数据,这些数据的更新权和删除权又属于哪些系统,通过数据 CRUD 规划,确保数据的安全以及在数据不一致时很容易确定以哪个系统的数据为准。表 2.7 为采购与供应商主题域 CRUD 规划的示例。

表 2.7 采购与供应商主题域 CRUD 规划的示例

主题域	实体类别	实体名称	项目管理	供应商管理	采购管理	物流管理	合同管理	财务MIS	内审内控	综合办公	协同工作	决策支持
采购与供应商	供应商	供应商基本信息	R	R	R	R	R	CRUD			R	R
		潜在供应商信息			CRUD							R
		供应商绩效			CRUD			R				R
		供应商认证信息			CRUD							R
		供应商评级			CRUD			R				R
	合同	合同模板					CRUD					R
		合同基本信息	R		R	R	CRUD	R	R	R		R
		合同审批信息					CRUD					R
		合同立项审核信息	CRUD				R					R
		合同财务审核信息					R	CRUD				R
		合同法律审核信息					R		CRUD			R
		合同违约与争议					CRUD		R			R
		合同变更	R		R	R	CRUD	R	R	R		R
		合同解除	R		R	R	CRUD	R	R	R		R
		合同跟踪信息	R		R		CRUD					R

本章小结

本章首先对架构、企业架构和数据架构进行了概括性阐述,从不同的管理角度出发,对数据架构的价值以及主要作用进行了介绍,并梳理了现存的一些架构框架。在理解数据架构的基础上,对数据架构的基本内容进行了系统性描述,介绍了数据架构的设计与落地,并列举了在具体业务场景中的数据架构设计示例,明晰了数据架构的具体价值。之后重点介绍了作为数据架构模型重要组成部分的数据模型的概念以及模型示例,明确了数据架构治理的职能、指导原则、建设方法及流程。新一代信息技术的发展与应用所带来的数据管理问题给组织管理带来了一系列挑战,数据架构解决方案能够切实解决组织管理"数据孤岛"、数据安全以及决策瓶颈等问题。

思考题

1. 数据架构与企业架构的关系是什么?
2. 数据架构包括哪些基本内容?
3. 数据架构有哪些优势?
4. 简述关系数据库第一范式、第二范式及第三范式的内容。
5. 简述以 Hadoop 为首的大数据平台所建立的大数据参考架构模型,如流式结构、Lambda 架构、Kappa 架构、Unifield 架构。
6. 简述数据架构建设方法及流程。

即测即练

第 3 章 元数据管理

思维导图

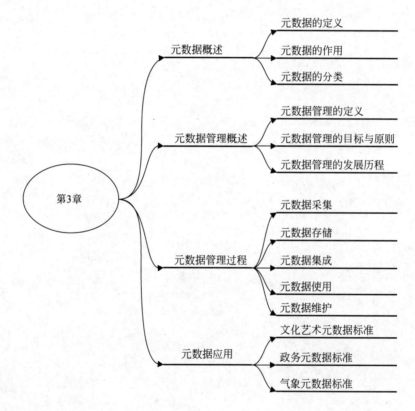

内容提要

习近平总书记在党的二十大报告中明确提出要"加快建设制造强国、质量强国、航天强国、交通强国、网络强国、数字中国","强化经济、重大基础设施、金融、网络、数据、生物、资源、核、太空、海洋等安全保障体系建设"。国家层面对构建数据基础制度、数据要素市场、数据安全保障体系的高度重视,表明了数据管理和数据治理是我国构建新发展格局、新安全格局的重要内容。元数据是数据全生命周期管理的重要组成部分,学习元数据管理对响应国家战略要求、适应市场需求有重要意义。本章将在学习元数据的定义、作用和分类的基础上,从元数据管理概述、元数据管理过程以及元数据应用三个方面阐释大数据治理背景下的元数据管理。

 本章重点

- ◆ 理解元数据的定义、作用和分类。
- ◆ 掌握元数据管理的定义、目标与原则。
- ◆ 理解元数据管理的内涵。
- ◆ 厘清元数据管理的过程。
- ◆ 了解元数据的主要应用场景。

3.1 元数据概述

当前,以数据驱动为核心特征的数字化转型发展呈现蓬勃态势,海量数据的组织、检索、管理、共享与利用都有赖于良好的元数据管理。元数据管理可以帮助业务分析师、系统架构师、数据仓库工程师和软件开发工程师等数据管理相关人员清楚地知道组织拥有什么数据,它们存储在哪里,如何抽取、清理、维护这些数据并指导用户使用。

3.1.1 元数据的定义

元数据最常见的定义是"关于数据的数据",即元数据是描述数据的数据,同时也是关于数据的结构化数据。这一定义精确而形象地勾勒出元数据的本质特征。元数据是关于数据的组织、数据域及其关系的信息,它对信息资源进行描述和解释,促进信息资源的检索、管理和利用。元数据可以为各种形态的信息资源提供规范的描述方案和检索服务,为大数据时代下分布、由多种异构信息资源组成的系统提供整合的关系和纽带。

元数据的描述对象涵盖了各类数字化和非数字化信息资源,随着数字化时代的发展,其描述数字化资源的功能愈加受到重视。此外,元数据也是一种数据,它本身也可以是被描述的对象。元数据与数据的区别在于,它比一般意义上的数据涵盖范围更广,不仅包括数据的类型、名称、值、业务流程、数据规则和约束等信息,还提供数据间的关系、数据的所属业务域、取值范围、业务规则、数据来源、逻辑数据结构与物理数据结构等。区别于数据对特定的实例或记录进行描述,元数据描述了数据本身(如数据库、数据元素和数据模型)、数据表示的概念(如业务流程、应用系统、软件代码和技术基础设施)以及数据与概念之间的联系。

元数据的使用范围如表 3.1 所示。

表 3.1 元数据的使用范围

元数据出现范围	实 例
数据内部	网页中包含的 title(题名)和 key-words(关键词)标签
独立于数据	MARC(有限元分析软件)元数据记录与图书分开存放
伴随着数据	数字图像文件中的文件大小、分辨率等信息

此处以都柏林核心(Dublin Core,DC)元数据为例,对元数据的数据单元进行说明。DC元数据包括三种类别,共 15 个可选择、可重复和可拓展的数据单元,如表 3.2 所示。

表 3.2 DC 元数据的数据单元

元素类别	数据单元	定义
资源内容描述类元素	题名(title)	赋予资源的名称
	主题(subject)	有关资源内容的主题描述
	描述(description)	对资源内容的说明
	来源(source)	对一个资源的参照,当前资源来源于这一个参照资源
	语种(language)	描述资源知识内容的语种
	关联(relation)	对相关资源的参照
	覆盖范围(coverage)	资源内容所涉及的外延与覆盖范围
资源知识产权描述类元素	创作者(creator)	创建资源内容的主要责任者
	出版者(publisher)	使资源成为可以获得的利用状态的责任者
	其他责任者(contributors)	对资源内容创建作出贡献的其他责任者
	权限管理(rights)	有关资源本身所有的或被赋予的权限信息
资源外部属性描述类元素	日期(date)	与资源的创建或可获得性相关的日期
	类型(type)	有关资源内容的种类或类型
	格式(format)	资源的物理或数字表现形式
	资源标识符(identifier)	在给定的文本环境中对资源的参照作用

3.1.2 元数据的作用

元数据的主要作用是对数据对象进行描述、定位、检索、管理、评估和交互。

1. 数据描述

对数据对象的内容、属性的描述是元数据的基本功能,元数据通过对信息资源的描述,揭示出信息资源的内容特征和外部特征。

2. 数据定位

数据定位是有关数据资源位置方面的信息描述,如数据存储位置、URL(统一资源定位器)等记录,能够帮助组织了解组织内部已有的数据以及数据的来源、去向和加工路径等,可以帮助用户快速找到数据资源,有利于信息的发现、检索和获取。

3. 数据检索

元数据在网络信息检索中能够起到以下作用:①管理大量低网络带宽的数据;②支持有效的网络信息资源的发现和检索;③分享和集成异构的信息资源;④控制限定检索的信息。元数据、分面分类等数据组织形式为信息检索提供了新的方向。

随着大数据的发展,互联网成为人们获取信息的重要途径。如何从数量巨大的非结构化或半结构化的文本中寻找合适的信息成为一大挑战。一方面,现在的搜索引擎技术都是基于字符串的全文检索匹配方式,在信息检索中的弊端凸显。因为这种技术仅能与提问式中的字符串进行匹配,而无法智能地回答提问式的问题。另一方面,文本本身的结构降低了检索结果的可信度。网络上的文本多是非结构化或半结构化的,这种信息组织方式严重地阻碍了信息的提取。如果能将文本转换成结构化的文本,将文本内容对应为一个二维的关系表,文本中的属性(如题名)与属性值一一对应,那么在检索过程中不仅能检索到文本中的字符信息,而且能回答是什么、为什么、怎么办等类型的问题。

4. 数据管理

元数据除了对数据进行描述、定位和检索之外,还包括对数据对象的版本、权利管理和使用权限等管理方面的信息描述。通过元数据对数据进行管理,能够方便信息对象的管理和使用。

在大数据治理的背景下,相比结构化数据的管理,元数据对非结构化数据的管理来说更为重要。非结构化数据相比结构化数据,更加难以被计算机理解。非结构化数据的管理除了需要管理文件对象的标题、格式等基本特征和定义外,还需对数据内容的客观理解进行管理,如标签、相似性检索等,以便用户搜索和消费使用。因此,非结构化数据的治理核心是对其基本特征与内容进行提取,并通过元数据的落地应用来开展。

5. 数据评估

由于元数据对数据的描述功能,用户在不浏览具体数据对象的情况下,也能进行统计分析等操作,从而对数据对象的版本、使用和保存管理等信息产生直观的认识。元数据还方便用户对数据资源的建立、管理和评价,能够起到组织数据资源、评估数据时效性和重要性的作用。

6. 数据交互

元数据对数据的逻辑结构和物理结构、数据之间关系的描述方便了数据资源在不同部门、不同系统之间的流通和流转。元数据的统一性,能够确保流转过程中数据标准的一致性,减轻了数据维护的负担,提高了数据资源使用的容错率。同时,元数据可以很容易地通过机器进行处理,提高了信息资源的互操作性,通过各类元数据之间的映射,解决资源的互操作问题,可以很好地实现数据资源的交互、复用与转换。

可靠且良好地管理元数据有助于解决以下问题。

(1) 通过提供上下文语境和执行数据质量检查提高数据的可信度。

(2) 通过元数据管理建立安全隐私治理及风险管理方案。元数据承载数据的管理要求、信息安全要求、隐私、网络安全要求等管理元素,可以用来组织、描述安全隐私管理策略和约束,能够确保组织识别私有的或敏感的数据,能够管理数据的生命周期,以实现自身利益,满足合规要求,并减小风险敞口。治理安全隐私方案的思路,就是在数据治理和元数据管理的基础上,构建对数据共享业务影响低且非介入式的治理框架。

(3) 通过扩展用途增加战略信息(如主数据)的价值。

(4) 通过识别冗余数据和流程提高运营效率。

(5) 防止使用过时或不正确的数据。

(6) 减少数据的研究时间。

(7) 改善数据使用者和 IT 专业人员之间的沟通。

(8) 创建准确的影响分析,从而降低项目失败的风险。

(9) 通过缩短系统开发生命周期缩短产品上市时间。基于元数据模型的数据应用规

扩展阅读 3-1
华为如何实现以元数据为基础的安全隐私治理

划、设计和开发是组织数据应用的一个高级阶段。当组织元数据管理实现自动化管理后,组织中各类数据实体模型、数据关系模型、数据服务模型、数据应用模型的元数据可以统一在元数据平台进行管理,并自动更新数据间的关联关系。基于元数据、可扩展的模型驱动架构(model driven architecture,MDA),是快速满足组织数据应用个性化定制需求的最好解决方案。将大量的业务进行模型抽象,使用元数据进行业务描述,并采用相应的模型驱动引擎,使用高度抽象的领域业务模型作为构件,完成代码转换,动态生成相关代码,降低开发成本,应对复杂需求变更。

(10) 通过全面记录数据背景、历史和来源降低培训成本与员工流动的影响。

(11) 满足监管要求,符合规定。

3.1.3 元数据的分类

元数据按其描述对象的不同可以分为三种类型:业务元数据、技术元数据和操作元数据。

1. 业务元数据

业务元数据代表了组织使用数据的需要,是用户访问数据时了解业务含义的途径,描述了数据的业务含义、业务规则等。明确业务元数据可以让人们更容易理解和使用业务数据。元数据消除了数据二义性,让人们对数据有一致的认知,避免"自说自话",进而为数据分析和应用提供支撑。业务元数据主要关注数据的内容和条件以及与数据治理相关的详细信息。业务元数据包括主题域、概念、实体、属性的非技术名称和定义、属性的数据类型和其他特征,如资产目录、拥有者、数据密级、范围描述、计算公式、算法和业务规则、有效的域值及其定义,等等。

业务元数据的示例包括:

(1) 数据集、表和字段的定义和描述;

(2) 业务规则、转换规则、计算公式和推导公式;

(3) 数据模型;

(4) 数据质量规则和核检结果;

(5) 数据的更新计划;

(6) 数据溯源和数据血缘;

(7) 数据标准;

(8) 特定的数据元素记录系统;

(9) 有效值约束;

(10) 利益相关方联系信息(如数据所有者、数据管理专员);

(11) 数据的安全/隐私级别;

(12) 已知的数据问题;

(13) 数据使用说明。

2. 技术元数据

技术元数据代表了组织管理数据库的需要,是实施人员开发系统时使用的数据,提供了有关数据的技术细节、存储数据的系统以及在系统内和系统之间数据流转过程的信息。技术元数据是结构化处理后的数据,包括物理模型的表与字段、ETL 规则、集成关系等,方便计算机或数据库对数据进行识别、存储、传输和交换。技术元数据可以服务于开发人员,让开发人员更加明确数据的存储、结构,从而为应用开发和系统集成奠定基础。技术元数据也可服务于业务人员,厘清数据关系,让业务人员更快速地找到想要的数据,进而对数据的来源和去向进行分析,支持数据血缘追溯和影响分析。

技术元数据的示例包括:

(1) 物理数据库表名和字段名;
(2) 字段属性;
(3) 数据库对象的属性;
(4) 访问权限;
(5) 数据 CRUD 规则;
(6) 物理数据模型,包括数据表名、键和索引;
(7) 记录数据模型与实物资产之间的关系;
(8) ETL 作业详细信息;
(9) 文件格式模式定义;
(10) 源到目标的映射文档;
(11) 数据血缘文档,包括上游和下游变更影响的信息;
(12) 程序和应用的名称与描述;
(13) 周期作业(内容更新)的调度计划和依赖;
(14) 恢复和备份规则;
(15) 数据访问的权限、组、角色。

3. 操作元数据

操作元数据描述了处理和访问数据的细节,是数据处理日志及运营情况数据,包括调度频度、访问记录等。操作元数据描述数据的操作属性,包括管理部门、管理责任人等。明确管理属性有利于将数据管理责任落实到部门和个人,是数据安全管理的基础。

操作元数据示例包括:

(1) 批处理程序的作业执行日志;
(2) 抽取历史和结果;
(3) 调度异常处理;
(4) 审计、平衡、控制度量的结果;
(5) 错误日志;
(6) 报表和查询的访问模式、频率和执行时间;
(7) 补丁和版本的维护计划和执行情况,以及当前的补丁级别;
(8) 备份、保留、创建日期、灾备恢复预案;
(9) 服务水平协议(SLA)要求和规定;
(10) 容量和使用模式;
(11) 数据归档、保留规则和相关归档文件;

(12) 清洗标准；

(13) 数据共享规则和协议；

(14) 技术人员的角色、职责和联系信息。

除了按功能进行分类，也有学者将元数据划分为描述性元数据、管理性元数据和应用性元数据，其中，描述性元数据是指用来描述或标识对象内容和外观特征的元数据，可以划分为核心元素、本地核心元素、个别元素三个层次；管理性元数据是指用于管理复合对象的元数据，主要由上下文信息、出处信息、验证信息和评价信息四个元素组成；应用性元数据是为特定应用设立的元数据项，例如，在地理信息系统中，可以设立空间项和时间项来描述资源对象的地理时空属性。

此外，还可以按照元数据所描述的不同资源类别对其进行分类，比如表 3.3 所示的分类。

表 3.3 按描述的资源类型分类

资源类型/应用领域	元数据方案
网络资源	Dublin Core、IAFA Template、CDF、Web Collections、DPLA、ROADS
数字图书馆	METS
文献资料	MARC、Dublin Core、EELS、PICA+
人文科学	TEI Header
社会科学数据集	ICPSR SGML Codebook
博物馆与艺术作品	LIDO、EDM、CIMI、CDWA、RLG REACH Element Set、VRA Core
政府信息	GILS、E-GMS、AGLS、DCAT、GB/T 21063.3—2007
地理空间信息	FGDC/CSDGM
气象信息	QX/T 627—2021
数字图像	MOA2 metadata、WH/T 51—2012、CDL metadata、Open Archives Format、VRA Core、NISO/CLIR/RLG Technical Metadata for Images
档案库与资源集合	EAD
技术报告	RFC 1807
连续图像	MPEG-7

3.2 元数据管理概述

3.2.1 元数据管理的定义

元数据以数字化方式描述组织的数据、流程和应用程序，为数字资产的内容提供了上下文背景信息，使得数据更容易被理解、查找、管理和使用。准确的元数据是必不可少的，也是迅速、有效地对数据去粗取精的关键。因此，对于元数据的有效管理是组织数据治理的基础。

元数据管理是指为了确保数据定义的一致性而采取的与元数据正确创建、存储与控制有关的一系列活动。元数据管理是对涉及的业务元数据、技术元数据、操作元数据进行盘点、集成和管理。采用科学有效的机制对元数据进行管理,并面向开发人员、业务用户提供元数据服务,可以满足用户的业务需求,为组织业务系统和数据分析的开发、维护等过程提供支持。

可以从业务、技术和应用三个角度理解元数据管理。

(1)业务角度。元数据管理着组织的业务术语表、业务规则、质量规则、安全策略以及表的加工策略、表的生命周期信息等业务数据。

(2)技术角度。元数据管理着组织的数据源系统、数据平台、数据仓库、数据模型、数据库、表、字段以及字段间的数据关系等技术数据。

(3)应用角度。元数据管理为数据提供了完整的加工处理全链路跟踪,方便数据的溯源和审计,这对于数据的合规使用越来越重要。通过数据血缘分析,追溯发生数据质量问题和其他错误的根本原因,并对更改后的元数据进行影响分析。

元数据管理的主要活动包括:创建并记录主题领域的实体和属性的数据定义;识别数据对象之间的业务规则和关系;证明数据内容的准确性、完整性及及时性;利用元数据的数据血缘、数据影响的全链路跟踪分析等应用,建立和记录内容的上下文;为多样化的数据用户提供一系列上下文理解,包括用于合规性、内部控制和更好决策的可信数据;为技术人员提供元数据信息,支持数据库或应用的开发。

尽管元数据管理的重要性越来越被认可,但是在实际的数据治理过程中,元数据管理的实施仍面临着很多挑战,这些挑战包括但不限于以下几点。

1. 局部的元数据管理

虽然很多组织机构已经意识到元数据管理能够创建对数据的统一描述并确保数据的一致性,但是,目前的元数据管理多数是建立在新建系统或数据仓库项目的局部治理上,而不是组织级的元数据管理,特别是对于套装软件的治理显得十分薄弱。该问题产生的主要原因是,要将中央元数据仓库的元数据与套装软件产生的元数据进行匹配和映射,需要做大量工作,导致有的元数据管理平台成为摆设,或者只有部分IT人员在用,很少甚至完全没有尝试在整个组织中使用和推广集中化的元数据,这在一定程度上限制了数据资产的共享或重用。因此,元数据管理需要全局、集中化的管理策略。

2. 手动的元数据管理

在元数据管理项目的实施中,需要花费很长的时间来完成元数据的梳理和定义、元数据适配器的开发、元数据的采集、元数据的维护等任务。这些任务绝大多数是需要人工手动处理的,手动的元数据管理和维护十分烦琐且容易出错,这使得项目的成本提高,交付的周期变长。因此,元数据管理需要更加有效的方法和自动化程度更高的工具。

3. 日趋复杂的数据环境

在大数据时代,随着越来越多的非结构化、半结构化数据渗透到数字环境中,采用传统的元数据管理方式来采集、处理和检索元数据变得越来越具有挑战性。尤其是在处理复杂的数据关系时,虽然人们很容易根据认知关联来判断两个或多个事物是否相关,但目前的元数据管理工具却常常无法做到。因此,元数据管理需要更智能化的技术。

4. 数据的频繁变化

数据是在数据供应链中不断移动的。这里所说的数据供应链,是指从数据创建到数据的加工处理、存储使用的整个生命周期链条。随着数据的不断创建、抽取和转换,有关数据来源、血缘、转换过程、质量级别以及与其他数据的关系的元数据也会随时变化。因此,需要将自动化算法和规则应用于数据资产管理中,自动识别和生成元数据,减少手动维护的情况,从而确保元数据描述准确、可靠。

3.2.2 元数据管理的目标与原则

1. 元数据管理的目标

元数据管理的主要目标如下。

1) 构建数据质量稽核体系

记录和管理与数据相关的业务术语的知识体系,以确保人们理解和使用数据内容的一致性;推广或强制使用技术元数据标准,实现数据交换,收集和整合不同来源的元数据,以确保人们了解来自组织不同部门的数据之间的相似与差异;通过非冗余、非重复的元数据信息提高数据完整性、准确性。元数据管理解决的问题是如何将业务系统中的数据分门别类地进行管理,并建立报警、监控机制,以便出现故障时能及时发现问题,为数据仓库的数据质量监控提供支撑。

2) 建立数据指标解释体系

在确保元数据质量、安全、一致性和及时性的基础上,为满足用户对业务和数据理解的需求,建立标准的组织内部知识传承的信息承载平台,并提供元数据访问的标准途径,建立业务分析知识库,在人员、系统和流程等元数据使用者之间实现知识共享。

3) 提高数据溯源能力

让用户能够清晰地了解数据仓库中数据流的来龙去脉、业务处理规则、转换情况等,提高数据溯源能力,支持数据仓库的成长需求,降低员工换岗造成的影响。元数据的典型应用有数据血缘分析、影响分析和全链路分析等。

2. 元数据管理的原则

(1) 组织承诺。确保组织对元数据管理的承诺(高级管理层的支持和资金),将元数据管理作为组织整体战略的一部分,将数据作为组织资产进行管理。

(2) 战略。制定元数据战略,考虑如何创建、维护、集成和访问元数据。战略能推动需求,这些需求应在评估、购买和安装元数据管理产品之前定义。元数据战略必须与业务优先级保持一致。

(3) 组织视角。从组织视角确保未来的可扩展性,但是要通过迭代和增量交付来实现,以带来价值。

(4) 潜移默化。宣导元数据的必要性和每种元数据的用途,潜移默化其价值将鼓励业务使用元数据,同时也为业务提供知识辅助。

（5）访问。确保员工了解如何访问和使用元数据。

（6）质量。认识到元数据通常是通过现有流程生成的，各个流程对应的管理人员应对元数据的质量负责。

（7）审计。制定、实施和审核元数据标准，以简化元数据的集成和使用。

（8）改进。创建反馈机制，以便数据使用者可以将错误或过时的元数据反馈给元数据管理团队。

3.2.3 元数据管理的发展历程

元数据管理主要经历了四个发展阶段：分布式桥接、中央存储库、元数据仓库、智能化管理。当前，大部分组织机构的元数据管理处于中央存储库和元数据仓库这两个阶段。

1. 分布式桥接

分布式的元数据管理使用元数据桥实现不同工具间的元数据集成，这是一种点到点的元数据体系结构。分布式的桥接方式自然会导致分布式的元数据分发机制，这违背了数据仓库"集中存储，统一视图"的处理原则，也是它的主要弱点。用这种方式集成元数据会大幅增加开发和维护费用，而且通常将一种格式的元数据转换为另一种格式时，都会有一定的信息损失。

分布式的元数据结构需要对互相共享元数据的数据库进行同步，尤其是重复元数据的更新须被检测并通告，以保持一致性。

2. 中央存储库

建立具有特定目标和需求的元数据中央存储库，由它来统一采集、存储、控制和分发元数据，CRM（customer relationship management，客户关系管理）、SCM（supply chain management，供应链管理）等应用系统从中央存储库中检索、使用元数据。

在这种模式下，元数据依然在局部产生和被获取，但会集中到中央存储库进行存储，业务元数据会被录入中央存储库中，技术元数据分散在文档中的部分也通过手工录入中央存储库中，而散落在各个中间件和业务系统中的技术元数据则通过数据集成的方式被读取到中央存储库中。业务元数据和技术元数据之间实现了全部或部分关联。

每个应用系统都必须实现它自己的数据库访问层（另一种形式的桥接），各大 BI 工具厂商通常都保证它们的工具本身就能够支持元数据管理，例如咨科和信有限责任公司（Informatica）的 Metadata Manager、IBM 公司的 Meta Stage 等。然而在具体实现中，它们的工具只是提供桥梁，从甲骨文公司（Oracle）等关系数据库管理系统、Hyperion Essbase 等多维数据库、Business Objects 等报表工具、ERWin 等数据建模工具中提取信息，然后将提取的信息存储到一个集中式的中央存储库中。

使用元数据中央存储库可以在一定程度上满足定义全局可用且被广泛理解的元数据的需求，使元数据在整个组织层面可被感知和搜索，极大地方便元数据的获取和查找。但这并没有根除问题：元数据仍然在各业务系统上维护，然后更新到中央存储库，各业务部门仍然使用不同的命名方法，经常会造成相同的名字代表不同意义的对象，而同一个对象则使用了多个不同的名字，有些没有纳入业务系统管理的元数据则容易缺失。中央存储库仍然需要使用元数据桥，无法根除受制于特定的工具厂商的问题。

3. 元数据仓库

元数据仓库遵循基于公共仓库元模型（Common Warehouse Metamodel，CWM）的元数据管理策略。公共仓库元模型是用来输入、输出共享公共仓库元数据的一个完全的语法和语义规范，提供了一个描述数据源、数据目标、转换、分析和处理的元数据管理基础框架，为不同工具和产品的元数据共享与交换提供了一个切实可行的标准。

通过构建基于公共仓库元模型的元数据仓库，数据源、ETL 工具、各类报表和 BI 工具、各类数据库系统的元数据有了一致的标准，各软件工具只需要建立一个与元数据仓库连接的公共仓库元模型适配器，就能实现相互之间的元数据交换或共享。

与中央存储库模式相比，基于公共仓库元模型的元数据仓库模式更新数据更加及时，并支持增量元数据的版本管理，而中央存储库的元数据更新周期通常在一天以上，并且需要将所有不同时期的元数据都存储下来才能支持元数据版本管理。但本质上，元数据仓库模式并没有多大变化，业务元数据仍然需要手动补录，业务元数据和技术元数据之间大多还是需要通过手工方式进行映射，因此管理成本无法降低很多。

4. 智能化管理

在这个阶段，元数据管理的特点是自动化和智能化，通过与人工智能、机器学习等技术融合，实现元数据提取、整合、维护等多个过程的自动化和智能化。

（1）元数据提取：对于半结构化、非结构化的数据，如文本文件、音视频文件，采用文本识别、图像识别、语音识别、自然语言处理等技术，自动发现和提取其元数据，形成有价值的数据资源池。

（2）元数据整合：在元数据的整合方面，通过语义模型，标签体系自动采集相关的技术元数据和业务元数据，自动建立技术元数据与业务元数据的关系，并将其存储进元数据存储库中。

（3）元数据维护：在人工智能技术的帮助下，元数据的管理和维护更加智能，例如：通过自定义规则探查元数据的一致性，并自动提醒更新和维护，确保元数据质量；通过语义分析为元数据自动打标签，实现元数据的自动化编目等。

在元数据的智能化管理阶段，逻辑层次元数据的变更会被传播到物理层次，同样，物理层次变更时，逻辑层次将被更新。元数据中的任何变化都会触发业务工作流，以便其他业务系统进行相应的修改。

3.3 元数据管理过程

从元数据管理生命周期的角度来看，元数据管理过程包括元数据采集、元数据存储、元数据集成、元数据使用和元数据维护。

3.3.1 元数据采集

在数据治理项目中,常见的元数据包括关于数据源的元数据、关于数据加工处理过程的元数据、关于数据仓库或数据主题库的元数据、关于数据应用层的元数据、关于数据接口服务的元数据等。大多数元数据是在处理数据时生成的,可以从数据库对象中采集大部分操作元数据及技术元数据。业务元数据可以通过对现有系统中的数据进行逆向工程,并从现有数据字典、模型和流程文档中收集。值得注意的是,元数据应该作为有明确定义流程的产品而创建,使用可以保障整体质量的工具,管理员和其他数据管理专业人员应确保有适当的流程来维护与这些流程相关的元数据,数据资源管理者需要在数据采集之前对元数据进行完善明晰的定义,以减少数据采集的工作量。技术元数据和业务元数据,可以作为项目工作的一部分进行收集和开发。例如,数据建模过程需要讨论数据元素的含义以及它们之间的关系。应记录和整理讨论过程中共享的知识,以便在数据字典、业务术语表和其他存储库中使用。数据模型本身包含数据物理特征的重要细节,应在这些工作上分配足够的时间,以确保项目产出物包含符合组织标准的高质量元数据。

元数据采集服务提供各类适配器来满足以上各类元数据的采集需求,并将元数据整合处理后统一存储于中央元数据仓库,实现元数据的统一管理。在这个过程中,数据采集适配器十分重要,元数据采集不仅要适配各种数据库、各类 ETL、各类数据仓库和报表产品,还要适配各类结构化或半结构化数据源。

元数据的采集方式主要有人工采集和自动化采集两种。人工采集主要针对业务元数据,需要工作人员对表、视图、存储过程、数据结构的业务含义进行识别,以补齐现有数据的业务元数据,规划统一的元数据定义和采集标准,解决业务系统竖井化建设过程中的数据标准问题。自动化采集主要通过元数据管理工具提供的各类适配器进行元数据采集,而目前市场上的主流元数据产品中尚不存在"万能适配",在实际应用过程中需要根据数据源类型和元数据桥来选择适应的适配器。在 Oracle、DB2、SQL Server、MySQL、Teradata、Sybase 等关系型数据库中,一般提供以 JDBC(Java Database Connectivity,Java 数据库连接)或 RDBMS(relational database management system,关系数据库管理系统)为主的元数据桥接器,可实现库表结构、视图、存储过程等元数据信息的快速读取;在 MongoDB、CouchDB、Redis、Neo4j、HBase 等 NoSQL 数据库中,适配器利用自身管理和查询 Schema 的能力采集元数据;对于主流的数据仓库,可以利用专业的元数据采集工具来采集数据仓库系统的元数据,也可以基于其内在的查询脚本,定制开发相应的适配器,对其元数据进行采集,例如 MPP 数据库 Greenplum,其核心元数据都存储在 pg_database、pg_namespace、pg_class、pg_attribute、pg_proc 这几张表中,通过 SQL 脚本就可以对其元数据进行采集;云端组织元数据管理可以通过各种上下文改善信息访问,并将实时元数据管理、机器学习模型、元数据 API 推进流数据管道,以便更好地管理组织数据资产。除上述介绍的采集方式及工具外,PowerDesigner、ERwin、ER/Studio、EA 等建模工具适配器,PowerCenter、DataStage、Kettle 等 ETL 工具适配器,Cognos、Power BI 等前端工具中的二维报表元数据采集适配器,采集 Excel 格式文件的元数据适配器等都可以通过自动化的方式对组织各类数据源的元数据进行统一采集和管理。

3.3.2 元数据存储

定义良好的元数据可以被重复使用,组织应将元数据的存储和集成作为元数据管理的重要一环,以实现元数据的重复使用。在元数据存储的过程中,可以通过建立系统清单,以相同的系统标识符对系统相关的元数据进行标记。此外,在数据存储过程中,应确保有一个合适的变更管理,以保持元数据的最新状态。

以下是与元数据存储相关的技术。

1. 元数据存储库

元数据存储库指存储元数据的物理表,这些表通常内置在建模工具、BI工具和其他应用程序中。随着组织元数据管理成熟度的提升,可以将不同应用程序中的元数据集成,以便数据使用者查看各种信息。

2. 业务术语表

业务术语表的作用是记录和存储组织的业务概念、术语、定义以及这些术语之间的关系。业务术语表可以自主构建或外部购买,构建业务术语表需要满足业务用户、数据管理者以及技术用户这三类核心用户的功能需求。此外,业务术语表最重要的特征是其包含足够完整和高质量的信息,它的实施应有一组支持治理过程的基本报告,并动态规划。

在许多组织中,业务术语表仅仅是一个电子表格。但是,随着组织的日渐成熟,它们会经常购买或构建术语表,这些术语表包含健壮的信息以及跟随时间变化的管理能力。与所有面向数据的系统一样,设计业务术语表应考虑具有不同角色和职责的硬件、软件、数据库、流程和人力资源。业务词汇表应用程序的构建需满足三个核心用户的功能需求。

(1)业务用户。其包括数据分析师、研究分析师、管理人员和使用业务术语表来理解术语和数据的其他人员。

(2)数据管理专员。数据管理专员使用业务术语表管理和定义术语的生命周期,并通过将数据资产与术语表相关联增加企业知识,如将术语与业务指标、报告、数据质量分析或技术组件相关联。数据管理员收集术语和使用中的问题,以帮助缩小整个组织的认识差异。

(3)技术用户。技术用户使用业务术语表设计架构、设计系统和开发决策,并进行影响分析。

业务术语表应包含业务术语属性,例如:

(1)术语名称、定义、缩写或简称,以及任何同义词;

(2)负责管理与术语相关的数据的业务部门和/或应用程序;

(3)维护术语的人员姓名和更新日期;

(4)术语的分类或分类间的关联关系(业务功能关联);

(5)需要解决的冲突定义、问题的性质、行动时间表;

(6)常见的误解;

(7)支持定义的算法;

(8)数据血缘;

(9)支持该术语的官方或权威数据来源。

每个业务术语表的实施都应该有一组支持治理过程的基本报告。建议组织不要"打印术语表",因为术语表的内容不是静态的。数据管理专员通常负责词汇表的开发、使用、操作和报告。报告包括:跟踪尚未审核的新术语和定义、处于挂起状态的术语和缺少定义或其他属性的术语。

易用性和功能性会背道而驰,业务术语表的搜索便捷性越高,越容易推广使用。但是,术语表最重要的特征是它包含足够完整和高质量的信息。

3. 数据字典

数据字典定义数据集的结构和内容,通常用于单个数据库、应用程序或数据仓库。数据字典用于管理数据模型中每个元素的名称、描述、结构、特征、存储要求、默认值、关系、唯一性和其他属性。它还应包含表或文件定义。数据字典嵌入在数据库工具中,用于创建操作和处理其中包含的数据,数据使用者如需使用这类元数据,则必须从数据库或建模工具中进行提取。在数据模型的开发过程中,会解释许多关键业务流程、关系和术语。当将物理结构部署到生产环境中时,通常会丢失在逻辑数据模型中捕获的部分信息。数据字典可以帮助组织确保此信息不会完全丢失,以及在生产部署之后逻辑模型与物理模型保持一致。

需要强调的是,数据库管理和系统目录存储了许多操作元数据属性,数据映射管理工具具有版本控制和变更分析的功能,以及多种格式的清单,如事件注册表、源列表或接口、代码集、词典、时空模式、空间参考、数字地理数据集的分发、存储库和业务规则等都是元数据的重要存储方式。

3.3.3 元数据集成

在数据采集和存储之后,需建立元数据查询、访问的统一接口规范,以将组织核心元数据完整、准确地提取到元数据仓库中进行集中管理和统一共享。因此,数据集成应提供合适的应用程序接口,并允许外部元数据存储库提取血缘关系信息和临时文件元数据,由此可为任何数据元素生成全局数据地图。数据集成也应提供数据集成作业执行的元数据,包括上次成功运行、持续时间和作业状态,以方便元数据存储库提取数据元素、元数据以及其集成运行时的统计信息。元数据接口规范主要包括接口编码方式、接口响应格式、接口协议、接口安全、连接方式、接口地址等方面的内容。现举例如下。

接口编码方式:接口编码方式必须在接口的头信息中注明,常用的接口编码方式有UTF-8、GBK、GB2312、ISO-8859-1。

接口响应格式:元数据接口常用的报文格式为 XML(可扩展标记语言)或 JSON (JavaScript Object Notation,JavaScript 对象表示法)。

接口协议:REST/SOAP 协议。

接口安全:Token 身份认证。

连接方式:POST。

接口地址:http://url/service?[query]。

3.3.4 元数据使用

1. 元模型管理

元模型管理即基于元数据平台构建符合公共仓库元模型规范的元数据仓库,实现元模型统一、集中化管理,提供元模型的查询、增加、修改、删除、元数据关系管理、权限设置等功能,支持概念模型、逻辑模型、物理模型的采集和管理,让用户直观地了解已有元模型的分类、统计、使用情况、变更追溯,以及每个元模型的生命周期,同时支持应用开发。

元模型生命周期中有三个状态,分别是设计态、测试态和生产态。

（1）设计态的元数据模型,通常由 ERWin、PowerDesigner 等设计工具产生。

（2）测试态的元数据模型,通常是关系型数据库,如 Oracle、DB2、MySQL、Teradata 等;或者是非关系型数据库,如 MongoDB、HBase、Hive 等。

（3）生产态的元数据模型,本质上与测试态元数据模型差异不大。

元数据平台对应用开发三种状态进行统一管理和对比分析,能够有效降低元数据变更带来的风险,为下游 ODS、DW(data warehouse,数据仓库)的数据应用提供支撑。

2. 元数据审核

元数据审核主要是审核已采集到元数据仓库中,但还未正式发布到数据资源目录中的元数据。审核过程中支持对数据进行有效性验证并修复一些问题,例如缺乏语义描述、缺少字段、类型错误、编码缺失或不可识别的字符编码等。

3. 元数据分析

基于元数据构建组织数据资源全景视图,以及对元数据进行清晰的血缘分析、影响分析、差异分析、关联分析和指标一致性分析等是数据资产管理的重要一环。元数据分析能够帮助组织更好地对数据资产进行管理,厘清数据之间的关系,是组织提升数据质量的基础,也是组织数据治理中的关键环节。

1）数据资产地图

按数据域对组织拥有的数据资源进行全面盘点和分类,并根据元数据字典自动生成数据资产全景地图。该地图可以帮助管理者了解数据资产的内容、数据资产的位置和数据资产的用途。数据资产地图应当支持以拓扑图的形式可视化展示各类元数据和数据处理过程,通过不同层次的图形展现粒度控制,满足业务上不同应用场景的图形查询和辅助分析需要。

2）元数据血缘分析

元数据血缘分析会对数据的源头和加工过程进行回溯,其价值在于当发现数据问题时可以通过数据的血缘关系追根溯源,快速定位到问题数据的来源和加工过程,减少和降低数据问题排查分析的时间与难度。

3）元数据影响分析

元数据影响分析可以表征出数据的经流路径及其加工过程,其价值在于当发现数据问题时可以通过数据的关联关系向下追踪,快速找到有哪些应用或数据库使用了这个数据,从而最大限度地减小数据问题带来的影响。这个功能常用于数据源的元数据变更对下游 ETL、ODS、DW 等应用的影响分析。

血缘分析是向上追溯,影响分析是向下追踪,这是这两个功能的区别。

4）元数据冷热度分析

元数据冷热度分析能够区分显示出组织的热数据、温数据和冷数据,其价值在于可视化数据的活跃程度,以便组织中的业务人员、管理人员更好地驾驭数据,处置或激活冷数据,从而为数据的自助式分析提供支撑。

5）元数据关联度分析

元数据关联度分析聚焦于数据与其他数据的关系，以及它们之间建立了怎样的关系。关联度分析是从某一实体关联的其他实体及其参与的处理过程两个角度来查看具体数据的使用情况，形成一张由实体和所参与处理过程作为节点的网络，如表与 ETL 程序、表与分析应用、表与其他表的关联情况等，从而进一步了解该实体的重要程度。

3.3.5 元数据维护

元数据维护就是对信息对象的基本信息、属性、被依赖关系、依赖关系和组合关系等元数据进行新增、修改、删除、查询和发布等操作，支持根据元数据字典创建数据目录，打印目录结构，根据目录发现并查找元数据，查看元数据的内容。元数据维护是最基本的元数据管理功能之一，技术人员和业务人员都会使用这个功能查看元数据的基本信息。组织应该选择打造组织内部的元数据中心，管理元数据产生、采集和注册的全过程，通过元数据的整合和分发传递，实现元数据维护。

元数据维护通过对元数据进行分析，发现数据注册、设计、使用的现状及问题，确保元数据的完整、准确。通过数据资产分析，了解各区域或领域的数据注册情况，进而发现数据在各信息系统使用过程中存在的问题。通过业务元数据与技术元数据的关联分析，反向校验架构设计与落地的实施情况，检查组织数据管理政策的执行情况。

从元数据版本管理的角度来看，当元数据处于相对完整、稳定或者一个里程碑结束时期，可以对元数据定版以发布一个基线版本，以便日后对存异或错误的元数据进行追溯、检查和恢复。

从元数据变更管理的角度来看，用户可以自行订阅元数据，当订阅的元数据发生变更时，系统将自动通知用户，用户可根据指引进一步在系统中查询到变更的具体内容及相关的影响分析。元数据管理平台提供元数据监控功能，一旦监控到元数据发生变更，就应该在第一时间通知用户。

3.4 元数据应用

在大数据时代，为应对成倍增长的数据量带来的复杂管理问题，元数据已经被广泛应用于诸多行业和领域，如文化艺术、科学技术、数字媒体、政务管理等，主要表现形式为各个行业与领域中制定的元数据标准或规范，这些元数据标准或规范结合了各个行业和领域中信息资源的特点与使用需求。不同类型信息资源的管理对元数据的格式要求也有所差异，本节将简要介绍文化艺术、政务和气象领域的部分元数据标准。

3.4.1 文化艺术元数据标准

1. 欧洲数字遗产合作项目 Europeana 中的元数据

欧洲数字遗产合作项目 Europeana（欧洲数字图书馆）由欧洲管理发展基金会、欧洲远程电子学习网络协会和聚合商论坛这三个相互关联的专家组织合作实现,旨在助力文化遗产部门的数字化转型,使人们能更容易将文化遗产用于教育、研究、创作和娱乐。该项目可以追溯到 2005 年法国总统雅克·希拉克(Jacques Chirac)和其他 5 位国家元首签署的关于要求欧盟官员支持欧洲数字图书馆发展的一封信。Europeana 网站于 2008 年 11 月 20 日正式投入使用,除图书馆之外,还加入博物馆、音像档案馆和画廊,创造了一个了解欧洲文化遗产的共同入口。截至 2022 年 12 月,Europeana 网站通过复杂的搜索和筛选工具提供对 5 000 万个数字对象(如书籍、音乐、艺术品等)的访问。

扩展阅读 3-2
数字化,让文物遗产重生

该项目使用的元数据 EDM 超越了特定领域的元数据标准,同时适应于许多数字遗产相关的其他元数据标准,如博物馆的 LIDO(Lightweight Information Describing Objects,轻量级信息描述对象)、档案馆的 EAD(Encoded Archival Description,档案描述编码方案)或数字图书馆的 METS(Minimal Encoding and Transmission Standard,最小编码与传输标准)。EDM 是一种更发达的数据模型,适用于文学、历史、艺术、电影和音乐等多种资源,支持从一系列选定的权威来源丰富数据内容,可以有效整合分散的欧洲文化遗产数据。该元数据结构包括类、属性、定义,其中类包括代理者、集合、对象、事件、信息资源、非信息资源、实物、地点、被提供的文化遗产对象、时间范围、网页资源。

为了响应国家的文化强国战略,我国许多学者也将精力投入数字遗产元数据标准的相关研究中,提出了一系列适用于中国国情的元数据标准,比如由北京大学承担的"文物数字化保护元数据标准研究"研究课题中就设计了《文物描述元数据应用规范》等 62 项相关的元数据标准规范。

2. 美国数字公共图书馆项目中的元数据

美国数字公共图书馆(Digital Public Library of America,DPLA)项目于 2013 年 4 月 19 日正式开始运行,汇集了美国的图书馆、档案馆、博物馆、艺廊、文化遗产中心等海量数字资源,包括图书、照片及影音资料等多种数据形式,目前已拥有千万个数字化资源内容条目可供浏览或检索,是美国全国性非营利的数字公共图书馆,是美国的数字信息中心。DPLA 一直致力于成为可供所有人信赖、免费开放的知识共享来源,将筛选的优质内容免费提供给全世界的公众,同时也达到了保存文化遗产和共享文明成果的目标。该项目使用的元数据标准核心类元素主要涵盖了源资源、网络资源、集合以及版权说明,如表 3.4 所示。

表 3.4 DPLA 元数据核心类元素

元素分类	元素名称
源资源	替代标题、集合、贡献者、创建者、日期、描述、范围、格式、识别符、语言、地点、发行者、关系、替代品、代替、版权所有者、主题、子类型、时间范围、标题、类型
网络资源	文件格式、版权声明、IIIF(国际图像互操作性框架)清单、IIIF 基本 URL
集合	聚合的源资源、数据提供者、数字资源原始记录、观点、中间提供者、显示、对象、预览、提供者、版权说明
版权说明	版权说明、定义、注释

3. 艺术作品著录类目

艺术作品著录类目（Categories for the Description of Works of Art，CDWA）由艺术信息任务组（Art Information Task Force，AITF）于 1996 年开发，主要为提供和使用艺术信息的团体（如博物馆和档案馆）描述艺术作品（包括其图像）提供结构化工具，其最新修订版本于 2022 年 6 月发布。它的描述重点在于"可动"的对象，包括来自不同时期和地理范围的油画、雕刻、陶艺、金属制品、家具、设计和表演艺术等。CDWA 尝试从六个维度对任意艺术品进行描述，包括"地名/位置规范""人名/团体规范""通用概念规范""主题规范""相关视觉文件"和"相关文本文件"。基于这一理念，CDWA 共提出了 540 余项不同层级的类目，其中核心类目有 28 项，如表 3.5 所示。

表 3.5 CDWA 核心类目

相关维度	类目名称
对象、体系架构或群组	目录级别、对象/工作类型、分类术语、标题或名称、测量说明、材料和技术描述、创作者描述、创建者身份、创建者角色、创建日期、主题索引术语、当前存储库/地理位置、当前存储库编号
人名/团体规范	姓名、传记、出生日期、死亡日期、国籍/文化/种族、生活角色、相关人员/法人团体
地名/位置规范	地名、地点类型、相关地点
通用概念规范	术语、相关通用概念、范围注释
主题规范	主题名称、相关主题

习近平总书记在中国文学艺术界联合会第十一次全国代表大会、中国作家协会第十次全国代表大会开幕式上的重要讲话中提道："广大文艺工作者要深刻把握民族复兴的时代主题，把人生追求、艺术生命同国家前途、民族命运、人民愿望紧密结合起来，以文弘业、以文培元、以文立心、以文铸魂，把文艺创造写到民族复兴的历史上、写在人民奋斗的征程中。"而革命文物恰恰记录着民族复兴的历史和人民奋斗的征程，是文艺创造工作的灵感来源之一。CDWA 为文物艺术品领域提供了直接支持，练洁等学者就以 CDWA 为基础开展了革命文物元数据标准研究，从"文物信息维度""文物历史维度"和"文物数字化维度"三个方面对革命类文物的元数据信息进行划分，构建了包含核心维度 3 项、一级类目 19 项、二级类目 59 项的革命类文物元数据标准，如表 3.6 所示。

扩展阅读 3-3
数字化赋能让红色文化资源"活"起来！

表 3.6 革命类文物元数据标准类目

相关维度	一级类目	二级类目
文物信息维度	编号	藏品总登记号、藏品辅助账号、藏品一普 ID（身份标识号）、藏品一普编码、藏品其他编号
	名称	藏品名称、曾用名称
	位置	藏品所在省份、藏品所在市县、藏品所在村镇、藏品所在机构、机构编码
	时间	时间段、时间点
	质地	一级质地、二级质地、三级质地、交叉质地
	数量	藏品套件、实际数量

续表

相关维度	一级类目	二级类目
文物信息维度	度量	尺寸单位、藏品长度、藏品宽度、藏品高度、重量单位、实际重量
	来源	藏品来源、流传经历
	级别	藏品级别
	完残	完残程度、完残状况
	创建	创建者、创建日期、修改者、修改日期
文物历史维度	相关人物	文件持有人、文件相关人
	相关机构	文物持有机构、文物相关机构
	相关事件	微观事件、宏观事件
	相关空间	微观空间、宏观空间
	相关时间	历史时期
文物数字化维度	数字化基本信息	数字化编号、数字化类别、数字化名称、数字化规格、数字化视图、数字化储存路径
	数字化采集信息	数字化采集人、数字化采集时间、数字化采集方式、数字化采集设备、数字化采集格式、数字化采集精度
	数字化应用信息	数字化调用人、数字化调用时间、数字化授权用途

4. 可视资源委员会核心元数据

美国可视资源委员会(Visual Resources Association, VRA)为了规范描述可视文化作品及其图像资源,颁布了此项标准,2007年已经出版到第四版。可视作品主要指绘画、雕塑、表演、乐曲、文艺作品、建筑物、建筑设计或其他含有文化含义的物品等,这些物品可以独立存在,也可以由多个部分组成。元数据描述的对象可以是这些物品的复制品或代表物,可以是幻灯片、照片、录像或各种数字化形式。一个作品可以拥有多个数字化形式。该方案含有 19 个核心元素,部分核心元素还包含子元素,如表 3.7 所示。

表 3.7 VRA 元素

核心元素	子元素
作品、合集及图像	—
责任者	名称、文化、日期、角色、归属
文化背景	—
日期	起始日期、终止日期
描述	—
题刻或铭文	作者、位置、文字
地点	名称、参考识别码
材料	—
度量	—
关系	—
版权	版权持有者、文本
资料来源	名称、参考识别码
阶段和版本	名称、描述
风格时期	—

续表

核心元素	子元素
主题	术语
技术	—
参考文献	名称、参考识别码
标题	—
作品类别	—

5.《图像元数据规范》

《图像元数据规范》(WH/T 51—2012)由中华人民共和国文化部在2012年提出。该标准规定了图像资源(包括所有原生和派生的图像资源)的内容和外观描述,给出图像资源定位与管理的一般性方法,适用于描述数字形态的图像资源,也可用于描述其他载体形态的图像资源。拓片、地图(舆图)以及古文献图像资源不属该标准描述的对象,由另行制定的专门元数据规范所描述。《图像元数据规范》涉及的图像资源元数据元素集共有22个元素,分别为题名、创建者、主题、描述、出版者、出版地、其他责任者、日期、类型、格式、标识符、来源、语种、关联、时空范围、权限、版本、受众、收藏机构、背景、源载体和收藏历史。

3.4.2 政务元数据标准

1. 美国政府资源索引服务定位记录

美国政府资源索引服务(Government Information Locator Service,GILS)是一种支持公众搜寻、获取和使用政府公开信息资源的分布式信息资源利用体系。借助该索引服务可以定义元数据、获取政务信息的描述信息,并且能够获取使用政务资源的方式。GILS定位记录是该索引服务使用的元数据标准,由若干核心元素组成,并含有应用系统自定义元素与具体应用系统相容的其他Z39.50属性规范中定义的元素,主要用来描述信息资源的内容、位置、服务方式、存取方法等。

GILS定位记录可以包含URL链接,同时可指向实际文件,公众可以在网上对该记录进行搜索和获取所需政务信息和资源。通过使用GILS,政府信息可以得到更快、更广泛的传播,这有利于加深与加大公众对政府各项工作的理解和关注,也为各政府部门之间实现数据信息资源的共享提供了可行的方案。

GILS元数据核心元素共有28个,根据功能可以将其划分为四个维度:资源内容信息、资源管理信息、资源发布信息以及资源的责任者,如表3.8所示。

表3.8 GILS元数据核心元素

相关维度	元素名称
资源内容信息	题名、资源语言、摘要、规范主题索引、非规范主题索引、空间域、数据来源、方法、补充信息、目的、机构项目、参照、记录语言
资源管理信息	目录号、控制标识符、原始控制标识符、记录源、最后修改日期、记录审查日期
资源发布信息	出版日期、出版地、获取方式、时间
资源的责任者	创始者、贡献者、获取限制、使用限制、联系点

2. 英国电子政务元数据标准

电子政务元数据标准(e-Government Metadata Standard,e-GMS)是英国政府基于都柏林核心集于2000年初建立的电子政务互操作性框架的一部分。该标准针对元素、抽取元素和元数据的编码规则进行设计,定义了公共部门使用的管理元数据的结构和规则,包括25个核心元素、几十个限定元素及其编码模式,以使网页和文档信息更易于管理、查找和共享。除了DC元数据的15个元素外,新增的10个元素主要负责记录管理功能、数据保护和基本的保存信息等,分别为可访问性、受众、数字签名、物理存储位置、授权、长期保存信息、状态、资源接受者、聚合和处理支配指令。

在政务信息资源管理中,e-GMS可以大大降低工作复杂度,从而提升政府工作效率。除此之外,e-GMS也能为普通民众提供服务。通过使用该元数据,用户可以快捷地获取所需信息和社会服务,而不需要事先熟悉政府部门职能。

3. 澳大利亚政府元数据

澳大利亚政府元数据(Australia Government Locator Service,AGLS)是澳大利亚政府在DC元数据的基础上,结合国内实际情况建立的政府信息资源元数据标准,旨在通过提供标准化的基于网络的资源说明,使用户能够找到他们所需的信息或服务,从而提高政府信息和服务的可见性、可用性和互操作性。该标准制定了19个元素,包括原始的15个都柏林核心元素和4个专为澳大利亚语境设计的附加元素(受众、命令、功能、可获取性)。AGLS的属性允许重复,对属性值的赋予也没有很多约束,属性值可以包含任何数量的单词或数字,并且对属性值的长度通常没有固定的限制。

4. 数据目录词汇表

数据目录词汇表(Data Catalog Vocabulary,DCAT)是由国际组织政府关联数据工作组在2014年1月16日发布的政府开放数据元数据标准,最新版本为2020年2月4日修订的第二版。DCAT是支持数据目录之间的互操作性的RDF(资源描述框架)词汇表,基于6个主要类别,分别为数据目录、数据集、数据资源、目录记录、数据服务和数据分布。DCAT可以提高数据目录中数据集的可发现性,使多个数据目录的元数据能够被程序访问并使用,从而实现目录的分散发布,并促进跨站点的联合数据集搜索,因此各国及各地区大都选择基于DCAT对本国(本地区)开放政府数据的元数据进行整合。

5. 政务信息资源目录体系

扩展阅读 3-4
政务大数据的逻辑模型

2022年6月23日,国务院发布《国务院关于加强数字政府建设的指导意见》,其中明确提出要构建开放共享的数据资源体系,加快推进全国一体化政务大数据体系建设,加强数据治理,依法依规促进数据高效共享和有序开发利用,充分释放数据要素价值,确保各类数据和个人信息安全。政务元数据标准的建立正是实现政务数据高效共享的基础性工作之一。

政务信息资源目录体系由国务院信息化工作办公室在2007年提出,其中第3部分的主题是核心元数据。《政务信息资源目录体系 第3部分:核心元数据》(GB/T 21063.3—

2007)规定了描述政务信息资源特征所需的核心元数据及其表示方式,给出了各核心元数据的定义和著录规则。该元数据标准规定了6个必选核心元数据和6个可选核心元数据,如表3.9所示,用以描述政务信息资源的标识、内容、管理等信息,并给出了核心元数据的扩展原则和方法,适用于政务信息资源目录的编目、建库、发布和查询。

表 3.9 GB/T 21063.3—2007 核心元数据

必选元素	可选元素
信息资源名称	信息资源发布名称
信息资源摘要	关键字说明
信息资源提供方	在线资源链接地址
信息资源分类	服务信息
信息资源标识符	元数据维护方
元数据标识符	元数据更新日期

3.4.3 气象元数据标准

1.《气象观测元数据》

《气象观测元数据》(QX/T 627—2021)由我国全国气象仪器与观测方法标准化技术委员会(SAC/TC 507)在2021年提出。该标准规定了气象观测元数据的基本要求,给出了气象观测元数据的质量控制、类别、要素描述和要素信息,适用于气象观测元数据的采集、整理、汇交、存储、服务和交换。气象观测元数据主要由10个类别构成:观测变量,观测目的,台站,台站环境,观测仪器和观测方法,数据采样,数据处理和报告,数据质量,数据所有权与政策,联系人。

2.《气象台站元数据》

《气象台站元数据》(QX/T 543—2020)由我国全国气象基本信息标准化技术委员会(SAC/TC 346)在2020年提出。该标准规定了气象台站元数据的描述方法和内容,适用于地面、高空、气象辐射、农业气象、大气成分、酸雨等气象台站元数据的采集、存储、服务和交换。气象台站元数据主要包括台站标识、地理位置、周边环境、所属站网、观测要素和设备、建站和撤站时间等数据,主要分为五类:元数据标识信息、负责方信息、台站地理位置、台站周边环境和台站所属气象站类别。

3.《气象数据发现元数据》

《气象数据发现元数据》(QX/T 544—2020)由我国全国气象基本信息标准化技术委员会(SAC/TC 346)于2020年提出。该标准规定了气象数据发现元数据的描述方法、内容与结构、XML格式元数据编码规则以及扩展原则与方法,适用于气象数据服务与交换、气象数据集汇编与管理。

《气象数据发现元数据》主要包含以下几类内容:①对元数据自身的描述,包括元数据的标识、语言、制作日期、标准名、版本、负责方和维护情况等;②对数据内容的描述,包括名称、摘要、分类、关键词、来源、更新频率、时空覆盖范围和参考系等；③对数据知识产权的相关描述，包括法律限制、使用限制和安全限制等；④对数据外形的描述，包括数据标识、数据语种、数据字符集、数据格式、数据完成日期和分发格式等；⑤对数据应用的描述，包括数据质量、应用指南、引用文献和科学问题等。

4.《气象档案元数据》

《气象档案元数据》(QX/T 514—2019)由我国全国气象基本信息标准化技术委员会(SAC/TC 346)于2019年提出。该标准规定了气象档案元数据的组成、描述方式和元数据文件格式等，适用于气象档案的管理与应用。该标准按照气象档案聚合层次将档案元数据划分为三个层级，自上而下分别是类别元数据、案卷元数据、文件元数据。类别元数据用于描述同类档案的属性特征、状态等基本情况，其属性和特征可由该类档案的案卷元数据继承；案卷元数据用于描述每卷气象档案的属性、特征、状态等的基本情况，其属性和特征可由该案卷的卷内文件元数据继承；文件元数据则用于描述每个文件的属性、特征和状态等情况，其描述对象文件为档案的最小单元。

5.《气象数据集核心元数据》

《气象数据集核心元数据》(QX/T 39—2005)由中国气象局在2005年12月21日发布。该标准规定了完整描述一个气象数据集时所需要的数据项集合、各数据项语义定义和著录规则等，提供了有关气象数据集的标识、内容、分发、数据质量、数据表现、参照和限制等信息，适用于气象数据集核心元数据整理、建库、汇编、服务和交换。气象数据集核心元数据包含26项数据单元，主要分为四类：对元数据实体的描述、对数据集内容的描述、对数据集知识产权的相关描述以及对数据集外形的描述。

本章小结

本章首先对元数据进行了概述，通过元数据定义将其与其他数据区分开来，简明扼要解释元数据的本质特征及其划定范围；本章对元数据的作用进行了系统性描述，明晰了元数据在数据治理过程中的重要意义，并从不同数据治理的需求角度出发，对元数据的分类方法进行了综合介绍。在理解元数据的基础上，对元数据管理的概述和管理过程进行了详细的介绍，数据管理者应根据战略需求，明确元数据管理的目标、原则以及管理过程中的各项活动。目前，随着大数据治理的蓬勃发展，各行各业都制定了专属的元数据标准，在学习这些元数据应用实例的过程中，能够对元数据及元数据管理产生更加清晰具体的理解，并在此基础上，能够切实根据自身需求定义组织的元数据管理活动。

思考题

1. 元数据管理在数据治理的过程中扮演了什么样的角色？
2. 简述不同的元数据分类方法。
3. 元数据在不同领域中的应用有哪些？
4. 元数据的管理过程随着大数据时代的到来产生了哪些新的变化？
5. 元数据管理是如何服务于数据全生命周期管理的？

6. 元数据管理未来的发展方向在哪里？

即测即练

第 4 章　主数据管理

 思维导图

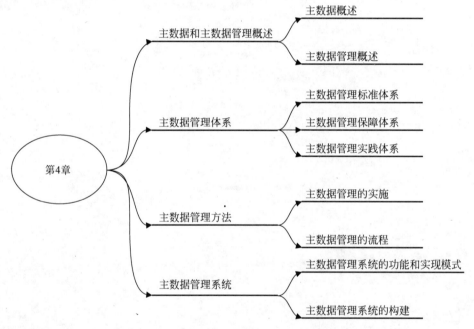

 内容提要

  主数据是反映组织业务情况的核心数据,是组织活动有序进行的基础数据,需要进行统一、专门化的管理。主数据管理的主要目标是提高主数据的可用性和复用性,在保证主数据准确的前提下在各个系统之间进行共享,对组织的业务流程升级和数字化转型升级具有重要意义。本章主要包括主数据管理的基本知识、管理体系、管理方法、管理系统等内容。

 本章重点

- ◆ 了解什么是主数据,对主数据的定义、特征、作用等有清晰的认知。
- ◆ 掌握主数据管理的内容、目标和原则。
- ◆ 了解主数据管理体系,尤其是保障体系。
- ◆ 掌握主数据管理的方法和流程,理解组织如何构建主数据管理系统。

4.1 主数据和主数据管理概述

4.1.1 主数据概述

1. 主数据的定义

本书采用国家标准 GB/T 36073—2018《数据管理能力成熟度评估模型》中对主数据的定义：主数据是组织中需要跨系统、跨部门进行共享的核心业务实体数据。

主数据是企业中描述核心业务实体的基础数据，包括状态属性、实体信息以及它们之间的相互关系。主数据的建立打破了各系统之间的信息交互壁垒，建立了共享数据的基础语言，从而支撑各种基础数据在多个系统之间的充分共享和高效重复使用。通过制定主数据标准，可以规范数据标准的使用，为业务报表编制和数据统计分析等实践提供基础条件。主数据的建设简化了数据共享架构，降低了与复杂环境相关的成本和风险。通过提高主数据质量，还可以支撑大数据分析，对于大数据治理具有重要意义。因此，主数据建设可以为组织奠定数据应用管理的基础，提高数据管理的效率和准确性。

不同的组织根据自身对主数据的管理和利用的实际需求，从不同的侧面对主数据进行了定义，以下列举部分权威机构及主流企业对主数据概念的理解以供参考。

（1）国际数据管理协会认为主数据是关于业务实体的数据，这些实体为业务交易提供关联环境。业务规则通常规定了主数据格式和允许的取值范围。主数据是关于关键业务实体权威的、最准确的数据，可用于建立交易数据的关联环境。

（2）维基百科将主数据定义为：在企业中用来定义业务对象的、具有持续性的、非交易类的数据，在整个企业组织内具有或应该具有一致的视图。在主数据的概念出现以前，该类数据还经常被称为"关键业务对象"或"业务实体"。主数据包含元数据、属性、定义、角色、关联关系、分类方法等内容，被不同的应用所使用，涉及企业多数组织及业务单元。最常见的主数据类型有：产品、物料、客户、供应商、员工、会计科目、组织机构和合同。

（3）IBM 公司在 *Master Data Management：Rapid Deployment Package for MDM* 一书中将主数据定义为有关客户、供应商、产品和账户的企业关键信息。

主数据与组织机构的业务性质密切相关，业务规则通常规定了主数据的格式和取值范围，表 4.1 列举了不同系统中的主数据内容。

表 4.1 不同系统中的主数据内容

系统类型	主数据内容
人事管理系统	工号、名称、所属部门等员工基本信息
物资管理系统	物资类别、编码、规格等
设备管理系统	设备编码、规格、类别等
财务系统	会计科目的基本信息、编码、科目等
GPS(全球定位系统)	经纬度坐标、高程、地址等位置信息
产品和服务系统	产品类别、名称、版本等

主数据可分为两种类型：配置型主数据和核心主数据。配置型主数据描述业务或核心主

数据属性分类的参考信息,一般基于国际标准、国家标准、行业标准、企业标准和相关规范等,在系统中一次性配置使用的基础数据,如国家、民族和性别等规范性表述。这类数据相对稳定,不容易变化。核心主数据则用于描述企业核心业务实体,是企业核心业务对象和交易业务的执行主体,例如产品、物资、设备、组织机构、员工、供应商、客户和会计科目等。核心主数据是企业信息系统的神经中枢,是业务运行和决策分析的基础。这类数据相对固定,变化缓慢。

数据治理专家马尔科姆·奇斯霍尔姆(Malcolm Chisholm)提出了一种六层的数据分类法,包括元数据、参考数据、企业结构数据、交易结构数据、交易活动数据和交易审计数据。在这种分类法中,他将主数据定义为参考数据、企业结构数据和交易结构数据的聚合。

不同类型的数据在组织中扮演不同的角色,也有不同的管理要求,而将不同种类的数据与主数据进行区分并明确其关系,对主数据管理至关重要。

1) 主数据和元数据

与元数据不同的是,主数据不仅包括表头信息,而且包括实例数据。主数据是从元数据中挑选出来的,一般用于表征公司业务运行的关键、通用型数据,是一个相对主观的概念。主数据管理系统通常还需要引入元数据管理来标准化主数据的表示。

2) 主数据和交易数据

主数据相对交易数据而言,属性比较稳定,准确度要求更高,而交易数据则是实时变化的数据,往往描述的是某一个时间点所发生的交易行为。一个主数据可能会跟多个交易数据有关联,而一个交易数据可能又会对主数据产生影响。

3) 主数据和参考数据

从概念上来说,参考数据和主数据有着相似的用途。两者都为交易数据的创建和使用提供重要的上下文信息(参考数据也为主数据提供上下文信息),以便使用者理解数据的含义。但参考数据的数据集通常会比主数据集小、复杂程度低,拥有的列和行也更少,并且参考数据的管理不会面临实体解析的挑战。参考数据和主数据的管理重点也不尽相同。参考数据管理(reference data management,RDM)是为了确保组织能够访问每个概念的一整套准确且最新的值;主数据管理(master data management,MDM)是为了确保当前值的准确性和可用性,同时降低实体和实例一对多或多对一引发的相关风险。

4) 主数据和关系数据

主数据包括关系数据,用以描述主数据之间的关系,如客户与产品的关系、客户与客户的关系等。

5) 主数据和基础数据

主数据属于基础数据,两者都是在业务事件发生之前预先定义。但不同之处在于,主数据的取值不受限于预先定义的数据范围,而且主数据的记录增加和减少通常不会影响流程和IT系统的变化。

2. 主数据的特征

主数据的特征是识别与判定主数据的重要依据和标准。

(1) 核心性。主数据是组织和管理业务数据与分析数据的基础,记录着最核心的业务实体数据。

(2) 长期有效性和稳定性。主数据反映对象的状态属性,它是业务对象完整流程的不变要素。主数据在业务对象的整个生命周期甚至更长时间内通常不会频繁变化。只要该主数据描述的对象特征不变,主数据及其特征就会保持长期的有效性和稳定性,无论业务活动如何变化。

(3) 准确性。主数据的错误可能导致成百上千的事务数据错误,因此主数据在使用过程中需要确保同源多用,并进行数据内容的校验,由相关系统提供并动态维护,可以保证数据的准确性。

(4) 时效性。主数据一旦被记录到数据库中,就需要经常对其进行维护,从而确保其时效性。

(5) 跨系统性。主数据是满足跨部门业务协同需要的,是各个职能部门在开展业务过程中都需要的数据,是所有职能部门及其业务过程的"最大公约数据"。

(6) 可重用性。经过管理的主数据能够在各个业务系统或业务部门重复使用。

(7) 特征一致性。尽管主数据会分散在企业众多前端和后端,彼此隔离的系统之中,但主数据的特征都应该保持一致,如数据属性和赋值等。

(8) 识别唯一性。在一个系统、一个平台,甚至一个企业范围内,同一主数据实体要求具有唯一的数据标识,即数据编码。

(9) 相互关联性。主数据之间还有着直接或间接的关联关系。例如,某一物料可能有多个供货商,不同的客户群可能由企业不同的部分提供服务,每个客户可能关联一个或多个指定的销售员工,生产部门还可能需要产品与原料间的关联关系。

(10) 多样性。作为主数据的信息会根据行业和组织的不同而有所差异,也会根据组织信息化的深度和广度不断扩展。

4.1.2 主数据管理概述

当今数据成为资产和生产要素已经是共识,主数据作为一种高价值的基础数据,其管理是大数据治理中一个重要主题,对数字化转型升级和数字经济的发展具有重要意义。随着组织规模的不断扩大和数字化建设的不断深入,组织内的各系统应用数量会增加,组织运作中产生的数据量也会迅速膨胀。但组织在使用这些不断生成的数据时,同样还面临"数据孤岛"的难题,即这些包含丰富信息的海量数据都分散在不同系统中被孤立地存储,这些数据的整合统筹十分复杂,对其分析和利用也面临巨大挑战。

主数据作为高价值的基础数据,在多个异构或同构的系统中被跨业务共享、重复利用和互相关联,因此需要在整个组织范围内保持一致性、完整性和可控性。为了实现这一目标,就需要进行主数据管理。为了明确数据的来源、提高数据的利用效率,主数据管理提出了跨业务协同和跨系统共享的管理实施模式。

扩展阅读 4-1
A study on challenges and opportunities in master data management

1. 主数据管理的定义、内容和意义

1) 主数据管理的定义

主数据管理是大数据治理领域的关键话题之一。高德纳将主数据管理定义为:"一个技术支持的知识领域,在这个过程中业务和技术协同工作,以确保主数据资产的统一性、准确性、管理性、语义一致性和问责性。主数据管理融合于业务应用系统、信息管理方法和数据管理工具之中,来辅助体现企业的政策及规章,支持企业流程、服务及基础架构。在技术上支持主数据的抽取、整合与分享利用,提供准确、及时、一致和完整的主数据。"

扩展阅读 4-2
主数据全生命周期管理

主数据管理通过一系列规则、应用和技术,对主数据的值和标识符进行控制,来协调和管理与组织的核心业务实体相关的系统记录数据。主数据管理旨在降低数据共享的成本和复杂度,并通过将软件技术与数据管理相结合,从组织的多个业务系统中整合最核心、最需要共享的数据,推动组织跨部门、跨系统、一致地使用核心业务实体中最准确、最及时的数据。而主数据全生命周期管理的内容主要包括主数据申请管理、主数据审核管理、主数据变更管理、主数据集成和分发管理、主数据归档管理五个部分。

基于此,本书对主数据管理的定义是:主数据管理是通过一套规范和方案,指导生成主数据并维护主数据的整个生命周期,以保证主数据的完整性、一致性和准确性,并创造和维护支持业务互动的主数据视图的活动。

2) 主数据管理的内容

主数据管理的主要内容包括"三体系、一系统",即建立主数据管理标准体系、主数据管理保障体系、主数据管理实践体系和主数据管理系统。

在主数据管理活动中,首先需要建立业务标准和主数据模型标准,以及主数据创建、变更的流程审批机制;其次需要确定组织对主数据整合的需求,对主数据及其来源进行识别,定义并维护数据匹配规则和数据整合架构;最后是集成和共享,这是主数据管理活动中最重要的阶段。在集成和共享阶段,主数据管理面临的主要挑战是实体解析(也称为身份管理),它是识别和管理来自不同系统与流程的数据间关联的过程。在该阶段需要根据实际需求,对收集到的主数据进行集中清洗和完善,以确保数据质量。通过主数据管理系统把统一、完整、准确和具有权威性的主数据分发给组织内需要使用这些数据的各个系统,将各个关联系统与主数据存储库数据同步,并监控、更新关联系统主数据的变化,从而达到主数据管理的目标。

值得注意的是,相对于数据仓库的单向集成,主数据管理注重将主数据的变化同步发布到各个关联的业务系统中。主数据管理是双向的,不但需要从各个系统中获取原始数据并进行加工,还包括最终数据的分发。主数据的管理重点是确保同源多用、进行数据内容的校验等,以便跨系统、一致地使用核心业务实体中最准确、最及时的数据。

3) 主数据管理的意义

在大数据治理领域,主数据管理是最基础的部分,因为主数据是可以跨业务、跨组织、跨系统被重复利用的数据。通过构建准确、唯一、权威的数据来源,建立企业主数据标准管理体系,是提高企事业单位数据质量和数据资产价值的关键因素。

主数据管理的意义主要有以下几个方面。

(1) 满足组织的数据需求。主数据管理是实体标签画像的基础,主数据管理把组织中最核心、最需要共享的数据集中管理,便捷、全面地获取各部门或业务的信息,加深数据挖掘与透视。进一步可以通过接口集成等方式将受管理的主数据向其他业务系统分发,还可以按设置好的规则由其他系统对主数据进行更新维护操作,确保主数据的一致性和实时性。

(2) 提升数据质量,消除数据冗余。数据的质量问题和差异均会导致决策错误或丧失机会。主数据管理提高了主数据质量,为后期数据集成和数据整合打下良好的基础。主数据管理通过使用统一的标识来定义对组织至关重要的实体,可以消除数据冗余,减少信息碎块,避免重复工作,从而提升数据处理效率。

(3) 简化数据共享架构,减少数据集成的成本。在没有主数据的情况下,将新数据源集成到一个已经很融杂的环境中成本会更高,主数据管理将企业的数据标准化、编码化,把散落在各处的数据集中起来,以发挥数据的最大价值,从而降低了与复杂环境相关的成本和风险。

(4) 完善组织数据管理体系,推动组织数字化建设。主数据管理是数据资产管理的重要组成部分。有效的主数据管理可以让组织拥有统一的主数据访问接口,为各部门或系统提供一致、完整的共享信息平台。从主数据入手开展的数据资产管理实践目标明确、建设周期较短,能够大力推动组织的数字化建设。

(5) 提高组织战略协同力。主数据管理可以作为一个企业的数据标准,强化对各业务系统的共性数据实体和模型的管理,避免大的业务概念不一致,减少"应用孤岛""数据孤岛"的出现,从根本上保证系统之间实现数据的较好共享,增强各系统的互动,提高组织的战略协同力。对企业而言,主数据管理为业务流程和经营决策提供了一个可靠的支撑载体,更好地为企业信息集成做铺垫,提升企业竞争力的敏捷性,进而提升企业的运营效益。

2. 主数据管理的目标和原则

1) 主数据管理的目标

主数据管理的目标主要有以下几点。

(1) 提高主数据准确性。主数据管理实现共用数据的统一管理,按照数据生命周期实现多环节数据维护审核机制,确保数据维护更新规范,保证数据准确性。确保组织在各个流程中都拥有完整、一致且权威的主数据,及其当前值的时效性和可用性。

(2) 建立集中统一、准确干净的数据中心。为各部门和应用系统提供一致完整、可信赖的共享数据,促使企业在各业务单元和各应用系统之间共享主数据,实现同一组织甚至同一行业内主数据的统一管理和有效维护。

(3) 降低信息利用成本。主数据管理最大限度地实现数据共享和信息共享,各个业务系统不需要独自建立基础数据的采集更新机制,只需要使用主数据系统提供的相关服务,采用标准、通用的数据模型和整合模式对数据信息进行获取和管理,这样能够有效降低系统建设、数据使用和数据整合的成本及复杂性。

(4) 降低由不明确的标识符引发的相关风险。每行主数据表示的实体、实例在不同的系统中有不同的表示方式,这使实体和实例可能出现一对多或多对一的情况,而主数据管理工作就是为了消除这些差异,以便在不同环境中识别单个实体、实例(如特定客户、产品等)。需注意,必须对这个过程进行持续的管理,以便让这些主数据实体、实例的标识保持一致。

(5) 提高数据安全水平。通过主数据管理系统,可以实现数据的备份和容灾机制,制定完善的标准体系和数据管理规范,确保基础数据完整、可靠。

2) 主数据管理的原则

主数据管理需要遵循以下原则。

(1) 数据持续共享。需要将主数据进行集中管理并在组织中实现广泛的共享。

(2) 全局的组织管理。主数据的所有权属于整个组织,因此需要建立全局的组织管理体系。

（3）确保数据质量。主数据需要持续的数据质量监控和治理，有必要的情况下，与主数据关联的参照数据或其他主数据也需要纳入。

（4）管理职责明确。需要建立管理制度体系，数据管理专员对控制和保证参考数据的质量负责。

（5）数据变更可控。应当明确数据变更的流程，主数据的添加、删除和变更都是被持续监督且可追溯的。

（6）需求驱动管理。充分参考组织的业务需求，制定合适的管理方案、策略。

3. 主数据管理的发展现状及问题

随着大数据、云计算和人工智能等新兴技术的发展与变革，主数据管理迎来了新的机遇，同样也面临着诸多挑战。大数据存储和计算技术提高了主数据存储与检索的效率，为主数据管理提供了便捷的环境。云计算为主数据管理工具提供了能够满足"共享服务"功能的架构模式，保证了主数据管理工具的高可用性、稳定性和易用性。人工智能为主数据清洗提供了自动化思路，利用自然语言处理及主数据标准库提升主数据质量。相应地，主数据管理也为大数据分析和应用提供了良好的标准化环境。

扩展阅读 4-3
Master data management for manufacturing big data: a method of evaluation for data network

主数据管理是数据资产化管理的基石之一，往往也会遇到重重障碍。首先，主数据的概念尚未普及，部分组织对主数据管理没有给予足够的重视，缺乏顶层设计和标准、制度的制定。对这类组织而言，开展主数据管理是一种突破性的举措，需要耗费大量人力、财力修改现有的相关业务过程和系统。其次，由于大多组织的信息化建设尚未成熟，尤其是建设年代跨度较大的组织，数字化建设还处于起步阶段，长期以来，这类组织内错综复杂的数据共享网络和冗余庞杂的数据管理系统使主数据管理的推进变得十分困难。最后，对于政府或相关组织，部分主数据的获取渠道有限，缺乏可靠且便捷的数据来源，这也是阻碍该类组织推进主数据管理的因素之一。

目前，主数据的管理还处于发展探索阶段，不同组织的主数据管理成熟度参差不齐，部分组织在该方面已经取得了一定的成绩，并且已经有 SAP（思爱普）、IBM 等公司提供相关方面的技术支持。但大多数组织的主数据管理还存在很多不足，包括但不限于以下几点。

（1）体系建设不完善。标准体系不完善会导致主数据管理缺少执行的参考依据和标准；组织体系不完善会导致各部门或系统职责不明确，难以确定问责对象；评价体系不完善会导致缺少反馈，进而削弱推进主数据管理的动力。

（2）所需技术不成熟。在数据存储和处理过程中，数据的清洗、去重技术不成熟会造成数据冗余，从而降低主数据的准确性和唯一性。在数据共享过程中，数据溯源、同步技术不成熟会造成各系统获得的不是最新、最可靠的主数据，从而降低主数据的实效性和一致性。技术的成熟度与主数据管理的成熟度息息相关。

（3）流程细粒度不合理。流程细粒度过大就会缺少明确的目标，但细粒度过小也会导致方案执行起来过于烦琐。

（4）需求分析不到位。主数据管理需要考虑到组织业务开展的实际情况，组织的实际需求分析不到位、业务场景考虑不全面，主数据管理就难以推进。

4.2 主数据管理体系

主数据管理体系包括主数据管理标准体系、主数据管理保障体系和主数据管理实践体系,覆盖了数据需求规划、管理标准化、组织架构、制度设立、流程管控、系统构建、技术工具、评估考核以及业务应用等一系列领域。其中,主数据管理标准体系是主数据管理工作的重中之重,主数据管理保障体系为主数据管理保驾护航,主数据管理实践体系确保主数据管理的落地应用,这三个体系在组织中相互作用并共同构建起完整的主数据管理体系。

扩展阅读 4-4
Changes in roles, responsibilities and ownership in organizing master data management

4.2.1 主数据管理标准体系

标准化是组织开展主数据管理的基础,主数据管理标准体系的建设要适合组织的实际情况,适应组织的发展。主数据管理标准体系包含主数据业务标准和主数据模型标准。

1. 主数据业务标准

主数据业务标准是对主数据业务含义的统一解释及要求,例如主数据来源、主数据的管理级次、统一管理的基础数据项、数据项在相关业务环境中产生过程的描述及含义解释、数据之间的制约关系、数据产生过程中所要遵循的业务规则等。主数据业务标准主要包括主数据的编码规则、分类规则和描述规则等,其中,编码规则和分类规则是主数据标准中最基础的标准。

(1) 编码规则。主数据编码就是在信息分类的基础上,为信息对象赋予有一定规律性、易于计算机和人识别与处理的符号,主数据业务标准中需要统一设定主数据代码的编码规则。

(2) 分类规则。主数据分类是根据主数据的属性或特征,将其按一定的原则和方法进行区分和归类,并建立起一定的分类系统和排列顺序,以便管理和使用。主数据业务标准需要依据相关业务环境和管理需求形成对应的主数据分类规则。

(3) 描述规则。描述规则又称命名规范,主数据业务标准需要规范主数据在相关业务环境过程中产生的描述。

2. 主数据模型标准

主数据模型标准可以通过抽取多系统、部门间的共性属性和核心属性后剔除掉单一业务属性进行构建,根据前期的调研、梳理和评估,定义出每个主数据的元模型,例如明确主数据的属性组成、字段类型、长度、是否唯一、是否必填以及校验规则等。

主数据模型标准包含主数据逻辑模型和主数据物理模型。主数据逻辑模型是以主数据实体/属性及其关系的形式,在逻辑层面上详细表达高级业务概念的一种实现方式,通常以实体关系图的形式展示。主数据物理模型则是主数据在应用环境中对数据的统一技术要求,包括数据长度、类型、格式、缺省值、是否为空的定义、索引、约束关系等设计要素。主数据物理模型保证了数据模型设计的落地实现,并为系统初始设计提供了基础元素和元素间关系的定义。

主数据资产目录是主数据管理标准体系的重要组成部分,它是一份描述主数据代码种类、名称、属性、标识以及代码建设情况的清单表。它是主数据管理的重要工具之一,能够帮助组织有效地管理主数据,并提供主数据代码查询和应用的依据。

扩展阅读 4-5
自然资源三维立体时空主数据库设计方案出炉

以生态环境领域为例,2021 年中国自然资源部办公厅印发的《自然资源三维立体时空数据库主数据库设计方案(2021 版)》设计了国家级自然资源综合管理业务总体技术路线、数据库内容、数据模型、数据库概念模型、逻辑模型、物理模型、管理系统以及数据库更新运维等内容,用于规范国家级主数据库建设。通过建立基于自然资源三维立体时空数据模型,实现全国自然资源调查监测核心数据的集成管理,为国土空间规划、耕地保护、确权登记、资产清查、用途管制、生态修复、矿产管理、海域海岛和监督执法等业务化应用提供数据服务。① 党的二十大报告对提升生态环境综合治理能力高度重视,提出"健全现代环境治理体系",构建自然资源三维立体时空数据库主数据库提升了国土空间体系的质量,对于自然资源监测的环境基础设施体系建设具有重要意义。

4.2.2 主数据管理保障体系

主数据管理保障体系为主数据管理保驾护航,主要包括组织体系、制度体系、流程体系、技术体系、数据运维体系、评价体系和安全体系七个部分,由主数据管理组织统一领导,由各类对应职能部门共同支撑。组织体系、制度体系和流程体系主要确定主数据管理的指导思想、目标和任务,协调解决主数据管理相关的重大问题;数据运维体系和技术体系主要为主数据管理提供工具和技术支持;评价体系和安全体系则对主数据管理成果作出反馈并监控、规避风险。

1. 组织体系

有效的主数据管控组织结构是提高主数据管理质量的关键所在,组织体系的构建不仅需要设立完善的组织架构,还要明确主数据管理中各部门的岗位、分工以及职责,建立有效的管控制度。由于主数据管理涉及组织内的各个部门和系统,因此主数据管理组织体系的构建应该依据组织本身的发展战略和目标来确定。

典型的主数据管理组织是自上而下的体系架构,主要包含决策层、管理层、执行层,如图 4.1 所示。

(1)决策层。决策层直接领导可以确保整个管控体系的高效运行,是主数据管理工作顺利进行的主要驱动力之一。主数据领导小组能够对主数据管理工作(尤其是标准、制度的设立)进行有效的指导和统筹,确定主数据管理的指导思想、目标和任务。通常决策层由标准体系制定负责人和各职能部门主管组成。前者负责领导管理整个数据标准化和管理制度

---

① 陈琛. 自然资源三维立体时空主数据库设计方案出炉[N]. 中国自然资源报,2021-10-18(1).

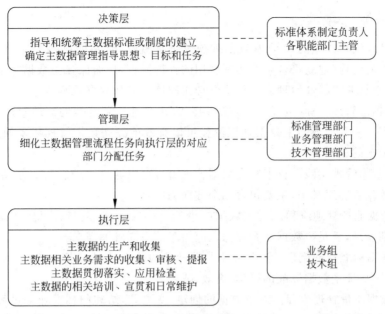

图 4.1 主数据管理的组织体系

的制定工作,后者为数据标准化工作和管理制度制定提供相应的支持。

(2)管理层。标准管理部门是主数据标准化的归口管理部门,主要负责主数据标准化的统一规划、综合管理,还负责监督、检查统一发布的主数据标准。业务管理部门负责统筹业务需求收集、应用情况监督、检查等工作。技术管理部门主要负责统筹日常数据运维和技术支持,并与业务管理部门一起负责提出主数据标准制修订的技术方案,还负责标准在各业务系统中的应用和贯彻。

(3)执行层。该层次由业务组和技术组共同组成,各部门根据决策层的指导和统筹、管理层的监督和分工,结合数据专家及 IT 部门的支持,直接参与具体的主数据管理工作。

2. 制度体系

制度体系是确保对主数据管理进行有效实施的认责制度,其建设是主数据管理成功实施的重要保障。主数据管理制度规定了主数据管理工作的内容、程序、章程及方法,是主数据管理人员的行为规范和准则,主要包含各种管理办法、规范、细则、手册等。可供参考的主数据管理制度主要包含《主数据管理办法》《主数据标准规范》《主数据提案指南》《主数据维护细则》和《主数据管理工具操作手册》等。

数据从创建到流转,各个环节都要严格执行组织制定的主数据标准和规范,因此建立主数据管理制度体系最重要的任务是明确主数据的归口部门和岗位并明确岗位职责。其次需要建立主数据管控机制,对主数据申请过程设立指标,如响应周期、关键数据准确性等,通过标准化使各涉及系统主数据在接收申请时反馈时间、关键信息等,提高跨系统流转效率。

3. 流程体系

主数据管理流程体系通过梳理数据维护及管理流程,旨在明确每个主数据的申请、审批、变更、共享的流程,建立符合企业实际应用的管理流程,从而保障主数据标准规范的有效执行,实现主数据的持续性治理。主数据管理流程体系应从数据规划入手,按不同的数据管控维度,将数据的管控目标、责任、考核联系起来,并通过一套有效的沟通及反馈机制,形成一个闭环流程。一套清晰的主数据管控流程可以有效地提高数据管控体系的效率,并且降低数据管控带来的成本。

根据《主数据管理实践白皮书》,主数据管理流程可以通过管理制度的方式存在,也可以直接嵌入主数据管理工具中,主要包含三个方面的内容。

(1) 主数据业务管理流程。对主数据的申请、校验、审核、发布、变更、冻结和归档等进行全生命周期管理,满足主数据在企业深入应用时的不同管理需求。

(2) 主数据标准管理流程。通过对主数据标准的分析、制定、审核、发布、应用与反馈等流程进行设计,保证主数据标准的科学、有效、适用。

(3) 主数据质量管理流程。对主数据的创建、变更、冻结和归档等业务过程进行质量管理,设计数据质量评价体系,实现数据质量的量化考核,保障主数据的安全、可靠。

4. 技术体系

主数据管理技术体系的建设应从应用层面和技术层面考虑。在应用层面,主数据管理平台需具备元数据(即数据模型管理)、数据管理、数据清洗、数据质量、数据集成、权限控制和数据关联分析,以及数据的映射(mapping)、转换(transforming)和装载(loading)的能力。在技术层面,则需要重点考虑系统架构、接口规范和技术标准。

5. 数据运维体系

数据运维体系的建立可以保障主数据的存储、运营、维护工作正常进行,并对主数据的质量进行定期检查、清洗和整合,实现数据质量的不断优化和提升。

扩展阅读 4-6
主数据管理成熟度

主数据的维护模式分为集中式维护和分布式维护,组织需要基于主数据管理的成熟度及不同的主数据类型选用不同的模式。

(1) 集中式维护。业务部门系统外提出维护需求,由统一的部门维护数据,多在主数据管理初期使用。其优点是数据质量可控,缺点是需要增加专岗人员来操作。

(2) 分布式维护。各业务部门提出数据维护申请后即可生成主数据,多在主数据管理成熟的情况下使用。其优点是业务部门自身管理无额外维护成本,缺点是对业务人员要求高,数据质量不易管控。

根据钱鹏程等的观点,合适的主数据存储方案使主数据能够有效地在组织内和组织间起协调作用。主数据存储部署模式通常可以分为集中式存储、"分布式存储+同步式存储"和仓储参照式存储,应综合组织的服务器配置、网络连接速度、服务器容量、服务器预期负载等各种因素进行选择。

(1) 集中式存储。由一个单独的数据存储负责所有主数据和非主数据的保存。业务系统对主数据和非主数据的访问必须通过主数据存储获得数据，相当于一个简单的单数据源的数据系统。其优点是数据集中存储、维护方便，而且不需要进行数据源之间的映射，修改数据方便，只需要对单数据源进行改动，并且数据的格式统一，不需要进行数据转换。其缺点是每次数据访问时都要通过数据交换中心，会带来负载过重的问题。另外，如果将数据交换中心作为数据存放的唯一数据源，一旦出现网络中断或者硬件错误，就不能保证业务系统对数据存储的访问产生及时正确的响应。

（2）"分布式存储＋同步式存储"。主数据可以部分集中存储在一个数据源中，而其他数据可能分散存放在不同的数据源中，因此需要主数据管理系统来确保数据之间的同步。这种方式可以在同一台机器上实现应用系统的业务逻辑和数据，从而加快数据处理速度，但更新数据和检验数据一致性需要一定时间。

（3）仓储参照式存储。提供一个参照数据源，在该数据源上只记录元数据信息以及数据存放位置，数据在各数据源可能存在重复存储的关系，主数据中实体主属性以外的部分通过外键映射到主数据中。其优点是可以实现负载均衡，并使网络访问转为本地访问。其缺点是数据的存放是异地的，有时可能出现同一个实体的不同属性值被存放到不同机器上的情况，各业务系统也可能会出现获取其他系统中大量数据实例的情况，网络消耗非常大。

6．评价体系

主数据管理评价体系通过建立定性或定量的主数据管理评价考核指标，评估及考核主数据相关责任人职责的履行情况及数据管理标准和数据政策的执行情况，加强组织对主数据管理相关责任、标准与政策执行的掌控能力。建立主数据管理评价体系是保持并提高整体主数据质量、衡量主数据管控工作效率的重要手段。

主数据管理的评价指标需要根据组织的业务需求制定，通常有：

（1）数据标准是否满足业务应用需求并执行；

（2）主数据质量是否符合预期，数据流转、共享是否顺利等；

（3）主数据管理各体系是否正常运转，如责任落实、任务执行情况。

7．安全体系

主数据管理安全体系是主数据管理保障体系中最重要的体系之一，其建设包括以下几个方面。

（1）数据安全。主数据平台提供的数据加密存储、加密传输、脱敏脱密功能，是保证主数据安全的重要措施。

（2）接口安全。接口安全即接口数据的传输安全。由于主数据解决的是异构系统的数据一致性问题，需要保证主数据在向异构系统同步数据的过程的数据安全。主数据平台须具备接口的访问控制和加密传输的能力。

（3）应用安全。主数据平台的身份认证、访问控制、分级授权、安全审计功能是保障系统应用安全的重要功能。

（4）网络安全。尤其是混合云下的数据安全，是当前客户最关注的问题。这里建议基于混合云部署的主数据系统采用单向数据流控制，即只允许公有云数据向内流入，不允许私有云数据向外流出。

4.2.3 主数据管理实践体系

1. 应用体系

主数据管理本身不是最终目标,最终目标应该是主数据成功落地应用,为具体的业务服务,因此,建立主数据管理应用体系有助于最大化主数据的价值。

扩展阅读 4-7
主数据驱动视角下的企业档案数据资产管理

首先,应当制定主数据应用管理制度规范,对主数据的应用范围、应用规则作出明确规定。每一类主数据都要有适用范围的规定,具体应用时必须按照适用范围来执行,对应用中出现的不适用情况要有应对机制。

其次,应当依靠便捷、可靠的主数据服务为主数据应用提供保障,包括主数据查询、主数据同步、主数据申请和主数据调用等。将主数据服务深入业务流程,通过应用驱动主数据管理和服务,形成管理和应用的有机协同。

扩展阅读 4-8
主数据管理驱动的高校信息化 SOA 建设

主数据是企业的"黄金数据",是企业的核心数据资产。既然是"资产"就一定有其变现的能力,主数据变现主要有以下几个方面。

(1)整合协同、降本增效。各系统主数据的标准统一,解决数据重复、不一致、不正确、不准确和不完整的问题,打通企业的采购、生产、制造、营销和财务管理等各个环节,大大提升业务之间协作的效率,降低数据不一致引起的沟通成本。

(2)增加收入、提升盈利。建立全景式的客户主数据视图,建立客户关系模型,支撑企业精准营销,提升盈利水平、增加销售收入。

(3)数据驱动、智能决策。相比基于本能、假设或认知偏见而作出的决策,基于数据的决策更可靠。以主数据为基础,通过数据驱动的方法判断趋势,从而展开有效行动,可以帮助组织发现问题,推动创新或解决方案出现。

(4)数据即服务、资产。一方面通过主数据优化内部运营管理和客户服务水平,另一方面通过对主数据进行匿名化和整合,结合各种不同的用户场景提供给客户或供应商,从而实现整个产业链的打通。

2. 业务支撑体系

业务支撑体系的建设目标是在主数据的全生命管理周期内,对于每一个主数据及其属性都能够明确地回答是由哪个部门、哪个岗位在什么场景和什么时间依据什么进行数据管理和维护的。

举例来说,华为以主数据的集成消费为出发点,建立了"数据消费层—主数据服务实施层—主数据服务设计层—管控层"的业务支撑体系。其中,数据消费层包括所有消费数据的 IT 产品团队,负责提出数据集成需求和集成接口实施;主数据服务实施层负责主数据集成解决方案的落地,包括数据服务的 IT 实施和数据服务的配置管理;主数据服务设计层为需要集成主数据的 IT 产品团队提供咨询和方案服务,负责受理主数据集成需求,制订主数据集成解决方案,维护主数据的通用数据模型;管控层由信息架构专家组组成,负责主数据规则的制定与发布,以及主数据集成争议或例外的决策。

4.3 主数据管理方法

4.3.1 主数据管理的实施

1. 主数据管理的主要活动

主数据管理的主要活动包括识别驱动因素和需求、评估数据源、定义架构方法、整合和建模主数据、明确管理职责和推动主数据使用六个部分。

1) 识别驱动因素和需求

受系统的数量和类型、使用年限、支持的业务流程以及交易和分析中数据使用方式的影响,每个组织都有不同的主数据管理驱动因素和障碍。驱动因素通常包括改善客户服务和提高运营效率,以及减小与隐私和法律法规有关的风险。障碍包括系统之间在数据含义和结构上的差异等。

在应用程序内部定义主数据的需求相对容易。跨应用程序定义主数据标准需求则比较困难。大多数组织都希望一次只针对一个主题域甚至一个实体来开展主数据工作。根据改进建议的成本和收益以及主数据主题域的相对复杂性等因素,对主数据工作进行优先级排序,从最简单的类别开始,在过程中逐步积累经验。

2) 评估数据源

准确、高质量的主数据是主数据管理工作的基础,应将评估数据质量及其与主数据环境适配性的工作常态化。评估数据源的目标之一是根据主数据的属性来了解数据的完整性,这个过程包括阐明这些属性的定义和粒度。另一个目标是了解数据的质量,数据质量问题会使主数据项目复杂化,因此评估过程应该包括找出造成数据质量问题的根本原因并解决相应问题。

3) 定义架构方法

主数据管理的架构方法取决于业务战略、现行数据源平台以及数据本身,特别是数据的血缘和波动性以及高延迟或低延迟的影响。

4) 整合和建模主数据

主数据管理是一个数据整合的过程。为了实现一致的结果,并在组织扩展时管理新资源的整合,必须在主题域内为数据建模,在数据共享中心的主题域上定义逻辑或规范模型,建立主题域中实体和属性的企业级定义。

当主数据没有清晰的记录系统时,多个系统会提供数据。一个系统的新数据或更新数据可以与另一个系统已经提供的数据相融合。数据共享中心成为数据仓库或数据集市中主数据的数据源,降低了数据提取的复杂性,并减少了数据转换、修复及融合的处理时间。此外,数据仓库必须反映对数据共享中心所做的所有更改,而数据共享中心本身可能只需要反映实体的当前状态。

5）明确管理职责

主数据管理需要多个部门协同合作,因此需要根据4.2节所述的主数据管理组织体系和制度体系,明确主数据的归口部门和岗位以及岗位职责。

6）推动主数据使用

主数据管理可以让各个系统把主数据值和标识符作为通用的输入,在系统之间建立单向的闭环,保持系统之间值的一致性,从而推动主数据跨系统、跨部门地使用。

2. 主数据管理的实施要点

主数据管理的主要活动不仅包括统一标准、统一流程和统一管理体系等纲领性的设计,而且包括数据采集、数据清洗、数据对接和应用集成等技术手段的实施。

以华为公司的主数据管理策略为例,其主数据管理的重点包括:确保主数据的唯一性,重复创建实例会导致数据的不一致,进而导致业务流程中的一系列问题;确立主数据联邦管控的政策、标准和模型;确保"单一数据源",为每个属性的创建、更新和读取都确定一个系统作为其数据源;形成数据、流程、IT协同的管理体系,从而确保组织范围内的主数据质量、促进主数据管理的应用落地;事前制定数据质量策略,未雨绸缪,在数据创建阶段就对主数据质量给予足够重视。

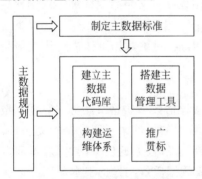

图4.2 主数据管理实施要点

参考《主数据管理实践白皮书》,主数据管理实施要点主要包含:主数据规划、制定主数据标准、建立主数据代码库、搭建主数据管理工具、构建运维体系及推广贯标六大部分,如图4.2所示。

(1) 主数据规划。主数据规划是主数据管理的顶层设计,运用方法论并结合企业实际情况,制定主数据整体实施路线图。

(2) 制定主数据标准。制定主数据标准是基础,确定数据范围,与业务部门共同制定主数据标准,标准内容包括确定分类规范、编码结构、数据模型、属性描述等。

(3) 建立主数据代码库。建立主数据代码库是过程,按照主数据标准进行数据检查、数据排重、数据编码、数据加载等,建立符合数据标准和规范的主数据代码库。

(4) 搭建主数据管理工具。搭建主数据管理工具是技术手段,搭建主数据管理工具,为主数据的管理提供技术支持,实现主数据查询、申请、修改、审核、发布、冻结、归档等全生命周期管理。

(5) 构建运维体系。构建运维体系是前提,建立主数据管理和标准管理的运维组织、管理流程、考核机制等,保证主数据标准规范得到有效执行。

(6) 推广贯标。推广贯标是持续保障,统一执行主数据标准规范,扩大主数据标准的应用范围,实现信息系统间的互联互通及共享利用。

4.3.2 主数据管理的流程

主数据管理的流程主要包括以下几个方面。

1. 主数据规划

主数据规划是主数据管理的第一步,提供一系列方法和流程来保证企业核心主数据的准确性、完整性和一致性。需求分析是系统建模的基础,而业务调研又是需求分析的前提,因此在进行主数据规划的时候,需要将需求分析与系统建模紧密结合。

2. 数据资源普查和主数据识别

数据资源普查是指在既定的数据范围内,明确组织主数据的管理情况、数据标准情况、数据质量情况、数据共享情况以及可能的数据来源。主数据是组织中众多数据的一部分,在实施主数据管理之前,需要先识别出组织的主数据有哪些并定义企业主数据实施的范围。

主数据识别的工作内容一般包括:确定主数据识别指标,基于主数据识别指标构建评分体系、确定指标权重,根据业务调研和数据普查结果确定主数据参评范围,依据评分标准识别出主数据。基于主数据的定义和特点,可以为主数据建立一致性、唯一性、有效性和稳定性四种分析指标。识别主数据主要使用多因素分析方法,研究主数据的多个因素间的关系,对具有这些因素的个体之间的分值进行统计分析,确定影响分析目标的各因素与该目标的关系。

3. 建立主数据管理体系

主数据管理体系包括标准体系以及一系列保障体系和实践体系。

制定主数据标准是建立主数据代码库的基础工作,保障主数据管理工具开发运维以实现系统之间数据共享,也是主数据管理组织及流程顺利开展的关键阶段。制定主数据标准一般遵循简单性、唯一性、可扩展性等相关原则,既要迎合当前应用系统的需求,又要考虑未来信息系统发展的需求。此外,制定主数据标准还要根据业务需求的紧急程度分期建设,紧密围绕主数据管理标准体系的主要内容去开展,即结合业务需求统筹梳理业务标准(编码规则、分类规则、描述规则等)、构建统一的主数据模型标准。

通过主数据管理数据标准和管理规范的常态化贯彻,可以实现对主数据的新增、变更、使用等过程的规范和主数据维护过程中的细则,配合相关制度体系,结合企业实际情况,明确主数据管理组织体系中各部门的职责,从而从源头上控制好数据的质量,建立企业运维体系,为主数据的长效规范运行奠定坚实基础。

4. 搭建主数据管理工具

主数据管理工具能够为主数据的管理提供技术支持,实现主数据标准文本发布、主数据全生命周期管理等功能。

首先需要配置主数据管理工具标准功能模块,梳理关键业务流程,并分析核心管理领域和业务领域的主数据管理需求,从业务层面和系统层面进行主数据管理需求调研,进而搭建主数据管理工具。主数据管理工具包括数据整合工具、数据修复工具、操作型数据存储、数据共享中心或专门的主数据管理系统,本章将在 4.4 节着重介绍主数据管理系统这一重要工具。

5. 主数据接入

主数据接入是将主数据从数据源系统汇集到主数据平台的过程。常用的数据汇集方式包括ETL抽取、文件传输以及借助ESB(enterprise service bus,企业服务总线)的消息推送、接口推送和内容爬虫。在数据接入后需要进行数据验证、清洗、标准化和数据丰富,即识别错误数据,确保数据内容符合标准参考数据值、标准的格式或字段。此外,实体解析包括实例提取、实例准备、实例解析、身份管理和关系分析等一系列活动,这些活动能够使实体、实例的身份以及实体、实例之间的关系持续地被管理,因此主数据接入后还需要添加可以改进实体解析服务的属性。

6. 主数据代码库构建

建立主数据代码库,首先要按照一定的标准规则对原始数据进行清洗,通过数据清洗保证主数据的唯一、精确、完整、一致和有效。然后分别从数据的完整性、规范性、一致性、准确性、唯一性及关联性等多个维度,通过系统校验、查重及人工比对、筛查、核实等多种手段对主数据代码的质量进行多轮检查,对历史主数据进行转换、映射、去重、合并和编码。通过一系列数据处理操作,保证主数据的完整性、准确性和唯一性,形成一套规范的、可信任的主数据代码库。

7. 主数据接出和推广

主数据接出和推广是将标准化的可信主数据分发共享给下游线上、线下各业务系统。其所使用的技术与数据汇集技术基本一致,在组织实施主数据管理过程中则需要根据不同场景选择不同的集成方式。主数据应用推广直接关系到各信息系统互联互通的实现,通过应用推广扩大数据标准应用范围,实现主数据统一编码、描述、维护和应用,建立起规范可靠的主数据代码库,为信息系统之间数据共享打下良好的基础。

8. 主数据管理能力评估

主数据管理能力评估是主数据管理流程中不可或缺的步骤,可以全面评估整个组织的主数据管理活动,建立或加强可持续的组织范围数据管理计划,以支持运营和战略目标。根据评估标准和模型对当前的主数据管理能力进行评估,还可以让组织清晰地认识到当前主数据管理所处的发展阶段,在当前阶段采用新技术、新方法的可行性,以及面临的相关问题和挑战,并且有助于分析应该采取何种措施提升主数据管理能力。

4.4 主数据管理系统

4.4.1 主数据管理系统的功能和实现模式

1. 主数据管理系统的功能

主数据管理系统的建立,为组织进行关键主数据管理建立了一体化的管理平台。其作用主要有三点：一是将分散在组织内部的主数据进行汇总以进行统一管理，有效提升组织主数据管理的效率；二是优化主数据的数据结构，规范各个子系统的信息组织模式，为组织之间、组织内部各个系统之间的数据共享和综合数据分析建立良好的基础，为组织的决策提供更有效的支持；三是打通主数据标注的一体化统一管理，促进应用管理平台的标准化。

因此在项目实施的过程中，主数据管理流程设计的核心目标和出发点在于有利于确保主数据管理标准与规范的有效贯彻及落实。这就要求组织在建立自身的主数据管理系统时牢牢树立"集中、协同、精细、智能"的理念，从对组织的业务流程和管理模式的深刻理解和把控出发，构建高效易用的主数据管理系统，为组织的管理注入新的活力。

2. 主数据管理系统的实现模式

在实现主数据管理时，选择一种与业务流程相契合的主数据管理实现模式尤为重要。著名的咨询公司高德纳总结了四种主数据管理的实现模式，分别是整合模式、注册模式、共存模式和事务模式。

1）整合模式

在整合模式下，各个系统独立保存自身的主数据，同时还需将主数据复制一份存储到主数据管理系统中。当源系统中的主数据发生变化时，可通过预设的事件将变化的数据更新到主数据管理系统中。各个系统的主数据没有统一的标准规范，因此在主数据管理系统创建和更新的过程中，主数据管理系统会按照设置好的规则对数据进行转换，从而保证进入主数据管理系统中的数据是统一标准的，但主数据管理系统中的数据版本不能保证是最新的，这种模式只存储数据，并不分发数据给外围子系统，因此这种模式主要应用于报表分析的场景。

2）注册模式

在使用注册模式的主数据管理中，各源系统负责管理和存储自身系统的基础数据，主数据管理系统仅保存主数据在各自源系统中的索引值并负责把各系统的索引值关联起来。在这种模式下，主数据管理系统不保存主数据的具体内容，同一主数据在企业中只能存储在一个系统中，不可在多个系统中同时存在。当某系统需要查询主数据信息时，需在主数据管理系统中得到相应的索引值，再到对应的源系统中查询具体数据。

3）共存模式

共存模式下的主数据保存在各自的源系统中，同时也保存在主数据管理系统中。主数据管理系统可以查询和更新主数据，更新后的主数据可以分发给各源系统，源系统中的更新数据也可以发给主数据管理系统。由于各系统均可以对数据进行更新，因此主数据管理系统中的数据不能保证是最新的。整合模式常常会进化到共存模式，二者的区别是共存模式下主数据保存在主数据管理系统中并可分发给外围子系统。

4）事务模式

在这种模式下，主数据存储在主数据管理系统中，并只可由主数据管理系统对数据进行维护，所有的更新由主数据管理系统分发给其他各系统。事务模式的优点是保证了数据的统一管理，但缺少了数据更新的便利性。

4.4.2 主数据管理系统的构建

主数据在组织生产运行中的作用极为重要,主数据管理系统也因此成为组织管理信息系统建设的基础设施。在系统构建的过程中,重点在于保证主数据传输的准确性、更新的及时性和操作的严谨性。只有从源头上把握数据本身,才能保证系统的稳定运行。主数据管理系统作为基础资源,为组织决策分析提供数据支撑,应当服务并在级别上高于其他业务信息系统,并保持相对独立性。随着数据管理技术的不断进步,主数据的组织、检索、传输、保护等技术也在不断进步,主数据管理系统也应当与时俱进、不断优化,组织需要建立专门的长效建设机制以不断完善管理系统的功能。

1. 基本原则

主数据管理系统的设计和规划需要充分考虑到主数据的数据特征、组织的业务流程和战略目标、技术手段等因素,遵循"战略驱动和业务导向"的原则,从组织的实际应用需求出发,在细粒度的系统模型设计的基础上尽可能选择前沿的技术,从而搭建出准确、稳定、易用、高效的主数据管理系统。

主数据管理系统的构建要点如下。

1) 遵循合适的主数据体系架构

主数据在系统内部并非长期静态存储,其频繁地跨系统流动和共享性是其区别于其他数据的最显著的特征,因此对主数据进行管理的重点在于定义并遵循适当的主数据架构方法,包括数据的存储结构、完整性约束、延迟处理、共享模型、整合方法、维护工具等。

主数据的存储结构设计主要基于主数据的特征一致性和可重用性。尽管主数据分散在彼此隔离的不同业务系统中,但指向同一现实实体的主数据所包含的特征(属性、属性值和关系等)都应当保持一致。因此主数据管理系统中定义的主数据的存储结构应当包含数据所对应的现实实体的所有特征,在向分系统进行数据分发时可以只包含分系统所关注的数据特征,确保数据在各个业务系统和部门间的复用性。

在选择设计主数据的整合方法时,需要将各个分系统的数量和每个系统所使用的平台纳入综合考量。若组织的分系统所使用的平台技术实现存在差异,还需要将各个系统发出的数据进行格式转换和综合处理后再进行统一管理。此外,组织的规模和子系统的地域分布也是整合数据过程中需要考虑的因素,比如小型组织可以采用交易中心的方式,具有多个系统的大型组织更有可能采用注册表模式。在数据的共享和传输过程中要着重完整性约束条件,充分保证各个系统中数据的准确性,对数据延迟产生的影响、共享分发方式和维护工具等则根据组织的实际运行状况来选择。

2) 建立统一的数据共享协议

扩展阅读 4-9
大数据条件下企业数据共享实现方式及选择

数据共享的方式根据分享的时间分为两种:一种是定期数据共享,一般采用 ETL 或接口方式定期将主数据抽取到业务系统指定的数据表中;另一种是实时数据共享,一般采用消息订阅的方式,通过数据接口将主数据推送给业务系统。数据在系统之间进行共享涉及各个系统间的协作。为了有效保证系统的稳定性和数据的准确性,需要建立所有系统均遵守的数据共享协议,明确规定何种类型的数据可以共享、在什么条件下数据可以被共享、数据共享的方式以及级联的操作等内容。完善的协议可以帮助解决在复杂的共享情境下产生的各种数据质量以及数据时效性问题。而辅助发现各类问题的有效方式是监控相关数据流,通过展现数据延迟情况以及系统中的数据继承关系,从整体把握整合技术的运行情况以及整个组织中数据共享和使用的方式,为数据操作规则和标准的制定提供实践参考。这项工作可能涉及数据架构师、应用开发人员、数据管理员、信息安全人员和业务分析人员等的共同协作,需要综合采用数据治理的方案来实施。

3) 与组织的战略和文化相契合

主数据管理系统的建设是组织变革的重要组成部分,意味着子系统需要放弃一部分对数据完整控制的权利,为创建数据共享资源让步。这就会涉及额外的工作任务以及具体工作流程的改变,需要组织结合自身基础情况、业务需求以及未来愿景进行综合规划,如组建专门的业务改革部门、确定决策发出部门、安排针对具体业务人员的培训工作等。建设主数据管理系统在提升主数据的质量和利用效率的同时,其所涉及组织文化变革和人员变动相关的工作也需要引起足够的重视。充分调动相关人员的积极性以及协调好各部门之间的关系,对于主数据管理系统的建设和稳定运行都十分重要。

4) 具备良好的兼容性和可扩展性

主数据管理系统应当具备良好的兼容性。组织已有的子系统已经运行了一段时间,无论是更换还是进行系统更新都会产生较大的成本,并对组织已有的业务活动造成影响。这就要求主数据管理系统在建设时不但采用前沿的技术,还提供多种标准类型的接口与已有的各个子系统相互兼容,能在不影响现有系统的情况下与已有的子系统进行连接和数据交换,尽可能减少建设的成本。

主数据管理系统还要具备良好的可扩展性。主数据的重要作用是满足组织跨部门业务协同需要,作为所有业务的"最大公约数据"需要在不同的系统间不断流动,因此主数据管理系统可以根据不同的子系统需要向不同的版本进行平滑过渡,支持跨硬件、跨数据库、跨系统的复杂信息交换,采用统一的开发技术标准建设一个开放、易拓展、安全和统一的管理系统。

2. 系统架构

根据主数据管理系统对主数据的生命周期管理的功能需求,系统架构可以分为主数据处理层、主数据管理层、主数据存储和服务层、系统管理层,如图4.3所示。

1) 主数据处理层

主数据处理层是业务系统与主数据管理系统相衔接的中间接口层,其功能主要是对进入系统的数据进行清洗和提炼。由于组织内部不同的业务子系统涉及的业务范围不同,使用的系统版本也有差异,其发送至主数据管理系统的数据可能出现重复、格式不一致、数据类型定义不同等情况,需要主数据处理模块按照预先定义好的整合方法和数据标准对传入的数据进行检验、清洗、汇总和提炼,将传入数据处理为规范化、可信任、统一的标准主数据后再进入主数据管理系统。

2) 主数据管理层

主数据管理层的主要功能是按照设计好的主数据管理标准和管理流程,实现对主数据

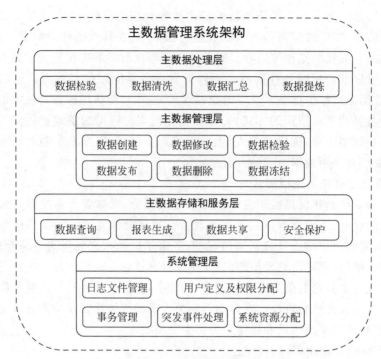

图 4.3 主数据管理系统架构

的创建、修改、检验、发布、删除和冻结等，完成对主数据的全生命周期管理。同时，主数据管理层还负责对数据字典进行维护，存储并更新所有主数据类型和属性的定义，以及对数据进行操作时涉及的各种级联动作等，保证数据的完整性、一致性、准确性和时效性。

3）主数据存储和服务层

主数据存储和服务层的主要功能是存储各类主数据并提供数据共享服务。从各个业务系统收集的主数据经过整合后被集中存储在主数据管理系统的数据库中，主数据存储和服务层包含数据查询与报表生成的功能，并可以通过流程驱动和消息驱动的标准化接口提供消息分发与数据共享服务。值得注意的是，主数据的存储系统应当具备足够的安全保证和敏感数据保护性能，对申请数据访问的系统或用户进行权限检查，必要时进行身份校验，有效防止组织敏感数据外溢的风险。此外，数据库应当及时进行备份或建设镜像系统，在数据库出现问题时保证组织正常的业务活动不受影响以及数据的安全。

4）系统管理层

系统管理层主要实现对系统中基础数据和资源的配置，如日志文件管理、用户定义及权限分配、系统资源分配、事务管理、突发事件处理等。该层的主要作用是通过一系列的事务流程规划以有效保证整个系统的可靠、稳定和安全运行，减少维护系统所需人力资源的耗费。

扩展阅读 4-10
企业主数据建设方法论与实践案例

3. 实施流程

主数据管理系统构建是一项复杂的工程，需要各个部门高效协同和对接工作。顶层设计的工作显得尤为重要，是解决好统一标准、流程和管理体系问题的前提。主数据管理系统建设的流程主要包含制定整体规划、主数据体系架构制定、代码库建设、管理工具搭建、运行维护体系构建五大步骤。

1）制定整体规划

制定整体规划是主数据管理系统项目建设的第一步，同样也是至关重要的一步，要求企业结合实际情况和建设目标制定项目的整体实现路线。在进行系统建设路径规划的过程中，首先要对组织的各个职能部门进行需求分析和业务调研，需求分析是系统建模的基础，而业务调研又是需求分析的前提，由此明确部门和部门之间的需求情况与具体业务流程，从而识别出相应阶段的主数据构成以及主数据的跨部门流动情况，为后续的数据模型和架构体系的设计奠定基础。其次，在进行主数据的规划过程中，组织可以在结合自身实际情况的基础上，参照已有的标准，如国际标准、国家标准、行业标准等，保证组织的主数据模型既符合国家相关规定，又结合自身实际业务情况体现自身的需求特色，减少后续修改的成本。此外，本步骤还要完成后续开发和运营的管理制度的制定，明确各个部门的权责范围。

2）主数据体系架构制定

主数据体系架构设计是后续代码库建设的基础工作。主数据管理的重点在于定义并遵循适当的主数据架构方法，包括数据的存储结构、完整性约束、延迟处理、共享模型、整合方法和维护工具等。设计主数据的体系架构主要遵循完整性、唯一性、一致性和简单性的原则，需要涵盖组织所使用的所有主数据的种类，既要满足组织现阶段的应用需求，又要对未来的发展具有足够的扩展性。制定体系架构的过程中，首先要基于先前的需求调研，梳理各个业务流程所需的数据范围；其次对标行业模范系统建设，结合组织自身的实际情况和业务范围归纳出核心领域主数据；最后与开发部门共同制定出主数据的体系架构，包括编码方式、数据结构、描述模型、属性分类、取值范围等，同时衍生出主数据资产目录或代码体系表。

3）代码库建设

主数据代码库建设的重点工作在于根据主数据体系架构对组织内部的历史主数据进行清洗、去重、分类和编码，去除数据中错误和不一致的地方，保证主数据的完整性、时效性、准确性和唯一性，从而建立一套规范、可靠、安全和高质量的主数据代码库，为后续的具体开发过程提供标准的代码表。在进行数据处理的过程中采用计算机处理，必要时采用人工比对、筛查的方式，通过多轮检查保证数据处理的质量。

4）管理工具搭建

这部分的工作在于搭建主数据管理系统，为主数据管理的具体流程提供技术支持，以实现对主数据的全生命周期管理、信息服务等功能。根据先前的调研制定系统需求规格说明书，制作系统原型，然后根据实际使用情况进行功能定制，为组织已有的业务系统开放相应的功能接口。系统开发完毕后进行相应的测试调试，确保功能需求的满足，同时组织关键用户进行业务培训，进一步发现问题并优化使用。

5）运行维护体系构建

主数据管理系统上线运行之后，需要进行系统维护以提供后续运行保障。组织应当建立专门化部门，制定统一的系统运维管理细则，明确岗位职责和主数据管理制度，构建完善的运维体系为系统的长期运行和更新奠定基础。

《中华人民共和国国民经济和社会发展第十四个五年规划和2035年远景目标纲要》中明确提出"加快建设数字经济、数字社会、数字政府，以数字化转型整体驱动生产方式、生活方式和治理方式变革"。可见进行数字化转型已然是大势所趋。2022年中国电子信息行业联合会评选出102个数字化转型解决方案的优秀案例,其中,某企业提出的"制造业主数据治理解决方案"作为企业主数据系统建设的优秀代表而入选。该主数据解决方案对人力资源、财务、物资、销售、设备、设计、工艺、生产和物流运输等主数据进行标准化管理,完成人力资源、财务、采购、营销、指标及其他基础六大类主数据建设,为我国企业信息化建设及数字化转型提供了良好范例。

与此同时,以国家铁路局印发的《"十四五"铁路科技创新规划》为指导,由国家能源集团牵头构建铁路调度信息系统实现对全集团铁路数据的集中管理和统一共享,实现了铁路产业主数据共享模型的构建,优化企业数据管理模式,大大提升了数据的管理效率,有力推进了国有企业改革进程。铁路产业主数据共享模型将有力地推进大数据协同共享、促进铁路领域数字经济发展、提升铁路智能化水平,从而在一定程度上推动铁路高质量发展,支撑科技强国、交通强国建设。

由此可见,主数据管理系统建设已经成为企业数字化转型和管理信息化、智能化建设的重要组成部分,重视对主数据的规范管理理应成为大数据治理所必备的思维方式和素养。

本章小结

主数据管理是大数据治理领域的关键话题之一,通过一系列规则、应用和技术,对主数据的值和标识符进行控制,来协调和管理与组织核心业务实体相关的系统记录数据,旨在降低数据共享的成本和复杂度,并通过将软件技术与数据管理相结合,从组织的多个业务系统中整合最核心的、最需要共享的数据,有力推动组织各部门的协同工作和数字化转型。主数据管理需要建立包括组织、制度、流程、技术、数据运维、评价、安全等方面的保障体系,从顶层按照数据生命周期管理的思想建立完善的管理方案,并建立统一集成的主数据管理系统以完成包含数据采集、数据清洗、数据对接和应用集成等功能的技术实现,为建立或加强可持续的数据管理计划以支持运营和战略目标奠定基础。

思考题

1. 为什么要进行主数据管理?主数据管理的重点和难点是什么?
2. 主数据管理体系主要包括哪些部分?分别对应什么功能?
3. 主数据管理的实施方法和实施流程是什么?
4. 如何做好主数据的全生命周期管理?
5. 为什么要对主数据管理成熟度进行评估?如何利用评估结果推动组织的主数据建设?

即测即练

第 5 章
大数据集成

 思维导图

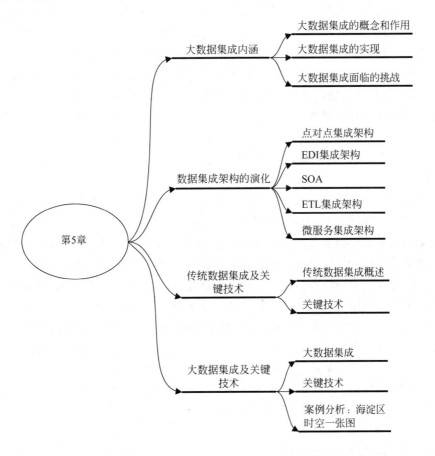

 内容提要

不同数据进行连接和融合会使数据的价值爆炸性地增大,因而大数据集成问题是在各领域内实现大数据美好愿景的关键。大数据集成是把不同来源、格式、特点性质的数据在逻辑上或物理上有机地集中,可以为企业提供全面的数据共享,也能使用户以透明的方式访问数据源,解决企业"信息孤岛"问题,提高信息共享和利用的效率。本章描述了大数据集成的概念、大数据集成带来的特定挑战以及数据集成架构演化;同时介绍了传统数据集成与大数据集成的概念及关键技术,并且给出实现的详细案例说明。

 本章重点

- ◆ 掌握大数据集成的内涵。
- ◆ 了解数据集成架构的演化。
- ◆ 掌握传统数据集成概念及关键技术。
- ◆ 了解传统数据集成与跨组织大数据集成的异同。

5.1 大数据集成内涵

大数据集成实际是大数据时代下的技术产物。随着信息技术飞速发展与应用领域不断拓宽,不同领域会产生异构的、运行在不同的软硬件平台上的信息系统,这些不同系统的数据源彼此独立,难以在系统之间交流、共享和融合,从而形成了"信息孤岛"。大数据集成可以把这些不同来源、类型的超大规模数据有机地融通、关联和深度聚合,提供全面的数据共享,以便充分开发利用大数据资源,辅助生产和生活活动,支持精细化管理和科学决策,促进智能社会治理和经济社会高质量发展。

5.1.1 大数据集成的概念和作用

大数据集成是把不同来源、格式、特点性质的大规模数据资源在逻辑上或物理上有机地融通、整合、关联和深度聚合,为组织提供全面的数据共享和数据服务。大数据集成的核心任务是将互相关联的异构数据资源聚合到一起,使用户能够方便快捷地使用这些数据资源,维护数据源整体上的一致性,解决"信息孤岛"问题,提高信息共享和利用效率。

随着行业智能化、政府决策科学化、社会信息化、信息系统的互联互通,多源和多维度的大数据集成需求呈现爆发式增长。从政府的便民服务、"一个窗口""最多跑一次",到智能城市的"数据大脑""智慧治理"和"智慧生活",到商业的"企业上云""产品智能化""全方位生命周期管理",企业与合作伙伴的"智能产业链""数字营销平台"等,背后都蕴含着大数据集成的旺盛需求。组织建立大数据集成计划可以帮助改善现有系统的协作和统一,节省数据收集的时间,减少错误和返工。同时,随着时间的推移,集成后的业务数据价值将会进一步提高,为精准大数据分析和个性化服务奠定基础。

5.1.2 大数据集成的实现

通常大数据集成最困难的问题是将数据转换为统一的格式。来自多个不同数据源、不同格式的数据需要被转换为统一的目标数据集。大数据集成的实现包括大数据迁移和大数据应用。

(1)大数据迁移。在组织内部,当一个应用被新的定制应用或者新购买的软件包所替换时,就需要将旧系统中的数据迁移到新的应用中。如果新应用已经在生产环境下使用,此时只需要增加这些额外的数据；如果新应用还没有正式使用，就需要给予空数据结构以增加这些新增的数据。如图5.1所示，大数据转换过程同时与源和目标应用系统打交道，将按源系统的技术格式定义的数据移动并转换为目标系统所需要的格式和结构。这仅允许拥有数据的代码进行数据更新操作，而不是直接更新目标数据结构，这是最佳实践之一。然而，也有不少情况下，数据迁移进程直接与源或者目标数据结构交互，而不是通过应用接口。

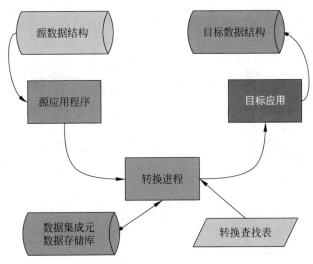

图5.1　将数据从一个应用迁移到另一个应用

（2）大数据应用。不管大数据存储是基于传统技术以及数据库管理系统、新兴技术或者其他结构如文档、消息或者音频文件，对于组织来说重要的是这些应用之间能共享信息。那些不与组织内部其他系统共享数据的单个孤立的应用系统将逐渐边缘化。大数据集成方案的实施往往伴随着大数据持久化方案的实施，如数据仓库、主数据管理、商务智能以及元数据存储库。虽然传统意义上的数据接口通常在两个系统之间用点对点的方式构建，即一个发送数据、另一个接收数据，但在实际大数据使用过程中往往是多个应用系统需要在多个来自其他应用系统的数据发生更新时被实时通知。这使点对点的大数据集成难以满足现实需求，造成集成方案异常复杂且难以管理。因此，大数据集成的实现往往采用专有集成架构，如图5.2所示，通过设计特殊的大数据管理方案，对特定用途的大数据资源进行集中，这样简化和标准化了组织的数据集成，如数据仓库和主数据管理。实时大数据集成策略和方案则需要以一种迥然不同于点对点的方式去设计数据的移动。

5.1.3　大数据集成面临的挑战

大数据集成面临异构性、异地分布性、自治性等一系列挑战。

（1）异构性。被集成的数据源通常是独立开发的，数据模型异构给集成带来很大困难。这些异构性主要表现在：数据语义、相同语义数据的表达形式、数据源的使用环境等。

（2）异地分布性。数据源是异地分布的，依赖网络传输数据，存在网络传输的性能和安全性等问题。

（3）自治性。各个数据源有很强的自治性，它们可以在不通知集成系统的前提下改变自身的结构和数据,向数据集成系统的鲁棒性提出挑战。

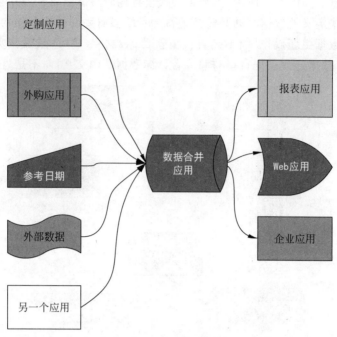

图 5.2　将数据移入/移出中央合并点

5.2　数据集成架构的演化

纵览企业信息化建设的历史可以发现,随着企业信息系统的发展和演变,企业应用集成技术也相应产生和进步。企业的价值取向是推动应用集成技术发展的动力,而应用集成技术所实现的价值也反过来促进了企业竞争优势的提高。随着新技术的发展和企业业务需求的变化,数据集成架构也跟着发生变迁。数据集成架构的发展可以分为五个阶段:点对点集成架构、EDI(电子数据交换)集成架构、SOA(Service-Oriented Architecture,面向服务的架构)、ETL集成架构及微服务集成架构。

5.2.1　点对点集成架构

点对点技术是一种网际网络技术,其架构体现了一个重要的概念:无须中心服务器,而是依赖于用户群(peers)之间的信息交换来实现互联网的功能。P2P网络的作用是减少网络传输中的节点数量,以降低资料丢失的风险。与中心化的网络系统不同,P2P网络的每个用户端都是一个节点并具有服务器的功能。任何一个节点都不能直接找到其他节点,必须依靠用户群进行信息交流。

点对点集成是最早、最简单、最高效的应用集成模式之一,通过采用点对点的方式开发接口程序,将需要进行信息交换的系统进行一对一的集成,实现整合应用的目标。在连接对象较少时,点对点连接方式具有开发周期短、技术难度低的优势,但随着连接对象增多,连接路径将呈指数级增长。

如图 5.3 所示,连接路径数与连接对象数之间的关系是

连接路径数＝[连接对象数 ×(连接对象数－1)]÷2

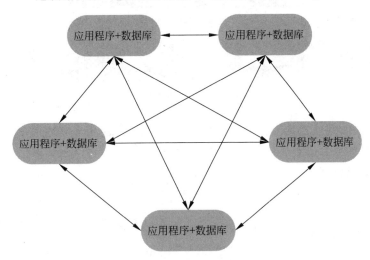

图 5.3　点对点集成架构

点对点集成存在以下缺陷。

(1) 当连接的应用系统数量增加时,点对点集成会导致整个企业信息系统接口混乱且难以管理。

(2) 点对点集成无法集中管理和监控接口服务,仅支持一对一的数据交换。如果交换协议不一致,开发将变得非常困难,因为每个连接方都必须同时支持和维护多种连接方式。

(3) 点对点集成是紧耦合的,当一个连接发生变化时,所有相关的接口程序都需要重新开发或调试。在多点互连的情况下,点对点连接方式成本高,可用性和可维护性低。

5.2.2　EDI 集成架构

随着应用集成技术的发展,点对点的集成模式逐渐被基于 EDI 中间件的方式所取代。EDI 中间件通过定义和执行集成规则,建立了 Hub(集线器)型的星型结构或总线结构,取代了无规则网状的点对点集成拓扑结构。EDI 不仅仅是用户之间的简单数据交换,发送方需要按照国际通用的消息格式发送信息,接收方需要按照国际统一规定的语法规则对消息进行处理,从而实现其他相关系统的 EDI 综合处理。标准化的 EDI 格式转换保证了不同国家、不同地区、不同企业的各种商业文件(如单证、回执、载货清单、验收通知、出口许可证、原产地证等)得以无障碍电子化交换,促进了国际贸易的发展。EDI 集成架构如图 5.4 所示。

与点对点集成架构相比,采用 EDI 的 Hub 型集成架构可以显著减少编写的专用集成代码量,提升集成接口的可管理性。Hub 连接方式可以完全屏蔽不同连接对象之间的差异,实现连接对象之间的透明性,无须连接对象关心连接方式的差异。Hub 的连接方式最早在硬件设计中得到广泛应用,如数据总线、交换机和集线器等,可以将原本复杂的网状结构转换

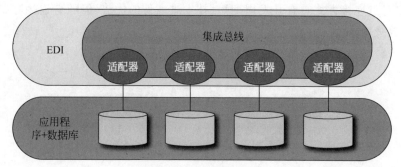

图 5.4 EDI 集成架构

成简单的星型结构,从而提高硬件的可靠性和可用性。然而,由于缺乏标准,各个厂商的中间件均采用自己的专有协议或接口规范,开放程度非常低。一旦采用,则信息系统的升级和完善成本非常高,周期很长,导致企业管理流程固化,随着信息化应用的深入而变得被动和僵化。此外,由于中间件的具体产品功能的限制,业务流程集成逻辑需要在中间件上通过编程完成定义和执行,技术难度和复杂度都很高,难以实现复杂的流程集成,无法迅速满足随业务变化而来的信息系统调整需求。

5.2.3 SOA

SOA 是一种在计算机环境中设计、开发、部署和管理离散模型的方法。在 SOA 模型中,所有的功能都被定义成了独立的服务,所有的服务通过服务总线或流程管理器来连接。这种松散耦合的结构能够以最小的代价整合已经存在的各种异构系统,但由于需要实现对各种异构系统的适配(通常使用 ESB 来完成不同系统之间的协议转换及数据格式转换),其本身也会引入更多的复杂性。

随着 Web 服务规范的日渐成熟,Web 技术被应用于企业内部的应用集成,SOA 成为企业应用集成的主流。SOA 的主要特征是基于一系列 Web 标准或规范[UDDI(统一描述、发现和集成)、SOAP(简单对象访问协议)、WSDL(网页服务描述语言)、XML 等]来开发接口程序,并采用支持这些规范的中间件产品作为集成平台,从而实现一种开放而富有弹性的应用集成方式。SOA 是一种开发思想,是一种松耦合的框架,其主要特点如下。

(1) SOA 是实现 IT 和业务同步的先进技术,它将企业应用中离散的业务功能提取出来,并组织成可互动的、基于标准的服务。

(2) SOA 以提供服务的方式向企业提供了灵活、快捷的系统整合选择,它将模块化、便携化的服务在复合应用中组合和重用,以更为快速地满足业务需求。

(3) SOA 本身配备的完整、成熟的安全管理保障体系满足了客户进行松耦合集成实施时所提出的安全需求。

在 SOA 中,ESB 扮演着重要的角色,被普遍认为是 SOA 落地的基础,ESB 能够将企业中各个不同的服务连接在一起。由于多元服务的异构性,缺乏统一标准,各个异构系统对外提供的接口类型多样,通过使用 ESB 来屏蔽异构系统对外提供的不同接口,以此来达到服务间高效的互联互通。ESB 提供了服务注册、服务编排、服务路由、消息传输、协议转换、服务监控等核心功能,支持将不同应用系统的服务接口统一连接到 ESB 上,进行集中管理和监控,为信息系统的真正松耦合提供了架构保障,并降低了企业整个信息系统的复杂性,提高了信息系统架构的灵活性,降低了企业内部信息共享的成本。基于 ESB 的典型 SOA 如图 5.5 所示。

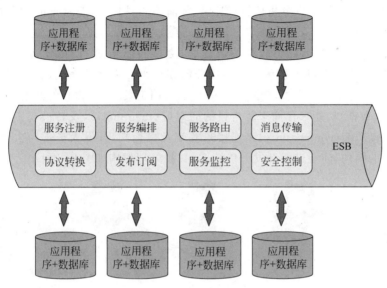

图 5.5　基于 ESB 的典型 SOA

ESB 具有以下特点。

第一,ESB 是一个服务管理中心,服务的消费方无须关心服务的实际生产方,服务的名称、物理位置、传输协议和接口定义等内容都由 ESB 平台进行统一封装,并对外提供服务。

第二,ESB 是服务的中介平台,提供服务的可靠性保证、负载均衡、流量控制、缓存、事务控制,支持服务的监控异常处理、服务调用及消息数据记录、系统及服务的状态监控等。

第三,ESB 是一个转换和解耦的平台,支持协议转换,如 Web Service(Web 服务)、HTTP(超文本传输协议)、JMS(Java 消息服务)等;支持消息转换,如消息的转换、过滤、填充等;支持消息路由,如同步/异步、发布/订阅、基于内容路由、分支与聚合等。

第四,ESB 是一个服务编排和重组的平台,支持按业务的要求将多个服务编排为一个新服务。正是 ESB 的这种灵活的服务编排功能使得 ESB 具备了良好的适配性。

ESB 将多个业务子系统的公共调用部分抽离并整合为一个共用系统,降低了调用链路的复杂性,其服务编排能力提升了业务随需而变的灵活性。但是 ESB 本质上是一个总线型或星型的结构,所有服务的对接依赖于中心化的总线,在数据量过大时会成为性能瓶颈,ESB 宕机会导致多个系统无法正常提供服务。

5.2.4　ETL 集成架构

ETL 即数据的抽取、转换和加载,是数据集成的核心功能。从当前存储数据的地方获取数据之后,将其转换为目标系统所兼容的格式,最后将其导入目标系统中。不管是批处理/实时处理,还是同步处理/异步处理,都围绕着这些基本步骤展开。

在传统数据集成的语境下,批量数据集成,通常是指基于 ETL 工具的离线数据集成。ETL 是数据仓库的核心,能够按照统一的规则集成并提高数据的价值,是负责完成数据从数据源向目标数据仓库转化的过程,是实施数据仓库的重要步骤。ETL 将业务系统的数据经过抽取、清洗转换之后加载到数据仓库,目的是将组织中分散、零乱、标准不统一的数据整合到一起,为组织的决策提供分析依据。ETL 所描述的过程,一般常见的做法包含 ETL 或是 ELT(extract-load-transform,抽取—加载—转换),并且混合使用。通常对于数据规模大、转换逻辑复杂、目标端运算力较强的数据库,更偏向使用 ELT,以便运用目标端数据库的平行处理能力。ETL/ELT 的流程可以用任何编程语言去开发完成,由于 ETL 是极为复杂的过程,而手写程序不易管理,越来越多的组织采用工具协助 ETL 的开发,并运用其内置的 metadata(元数据)功能来存储来源与目的的对应(mapping)以及转换规则。工具可以提供较强大的连接功能(connectivity)来连接来源端及目标端,开发人员不用去熟悉各种相异的平台及数据的结构,亦能进行开发。传统 ETL 批处理架构如图 5.6 所示。

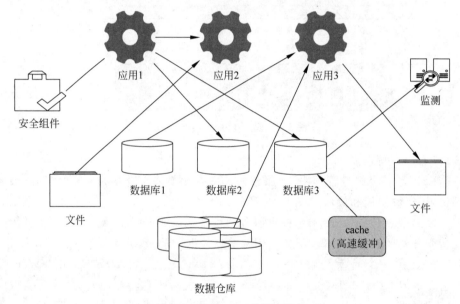

图 5.6 传统 ETL 批处理架构

但是当上游数据源和下游应用的数量增加时,这种架构就会变得极其复杂,无法管理。此架构带来的问题有:

(1) 系统之间的数据处理是以批处理的方式进行的,时效性较差;

(2) 越来越多的公司希望能实时分析、处理数据,如日志、传感器数据、监控数据等,但传统的 ETL 工具对这类数据的支持并不好;

(3) 传统的 ETL 处理流程效率较低,并且很消耗资源;

(4) 数据建模过程中很难创建一个全局统一的 schema(模式);

(5) 数据处理的业务逻辑(SQL、存储过程等)和数据源耦合在一起,如有变更,可能影响整个 ETL 流程。

目前出现了一些新的技术如 Kafka、ActiveMQ、Spark、Flink 等,可以搭建一套高性能、易扩展、易管理的流式 ETL 平台来解决上述问题。同时处理异构数据源所产生的不同结构的数据,每次数据的 CRUD 操作可以看作一个事件用于记录每次的数据变更。以 Kafka 技术为例,Kafka 将所有的事件当作消息保存,因此被定义为一个分布式的消息队列,下游的报表、BI 等传统应用需要先加载回数据仓库中进行转换操作才能消费其中的数据。随着 Kafka 技术的迭代演化,其逐步摆脱了单纯消息队列的特征,向流式数据库演进,可以直接通过类 SQL 语言去做数据的聚合、过滤、排序等常见的转换,因此很多应用可以直接使用转换后的数据,真正地实现流式 ETL,如图 5.7 所示。

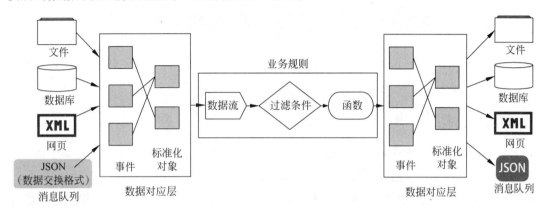

图 5.7 流式 ETL 处理架构

流式 ETL 平台有统一清晰的数据总线,便于维护和监控管理;数据处理逻辑和源端、目标端解耦,通过事件将来自不同数据源的数据转换成统一的格式来存储、处理;通过单独的连接,可以连接各种不同的数据源,比如关系型数据库、文件、日志系统、HTTP 请求等;提供了强大的类 SQL 语言,可以对数据进行实时的加工处理,如关联、过滤、聚合、排序等操作;可以方便地在不影响现有组件的情况下,增加业务逻辑。

5.2.5 微服务集成架构

随着互联网和移动互联网的发展,为加快 Web 和移动应用的开发进程,出现了一种去中心化的新型架构——微服务集成架构。微服务集成架构强调"业务需求彻底组件化及服务化",这将成为企业 IT 架构的发展方向。原来的单个业务系统会被拆分为多个可以独立开发、设计、部署运行的小应用,这些小应用通过 API 网关进行管理,通过服务化进行交互,如图 5.8 所示。

与 SOA 相比,微服务集成架构最大的特点是它可以独立部署、独立运行,不依赖于其他服务,并且是一个分布式架构。各个微服务独立完成任务,出现单点故障时不会对其他微服务造成影响,提供了更好的可靠性。SOA 注重服务的重用,但微服务本质是对服务的重写,尽管微服务也需要集成。微服务通常由重写一个模块开始,企业向微服务迁移的时候通常从耦合度最低的模块或对扩展性要求最高的模块开始,用敏捷方法、微服务技术逐个进行重写,然后单独部署。微服务集成架构提升了全局稳定性。由于每个服务负责的功能单一,各服务的资源需求相对较低,因此可以将服务部署到多台中低配服务器上,而不是一台高配服务器上。如果某台机器上的服务出现故障,如内存泄露,故障只会影响到该机器上的某一个或几个服务,对全局影响不大。

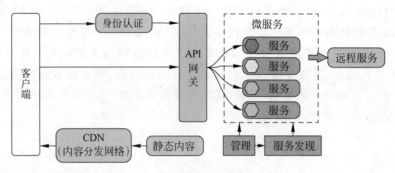

图 5.8 微服务集成架构

微服务的集成主要涉及以下四个层面。

1. 接口集成

接口集成是服务之间集成的最常见手段，通常基于业务逻辑的需要进行集成。RPC（远端程序呼叫）、REST（雷达电子扫描技术）、消息传递和服务总线都可以归为这种集成方式。微服务使用 REST API 和轻量级消息系统实现系统集成。其中，消息系统仅提供可靠的异步消息传输通道，既不参与消息路由、编排、转换等环节，也不包含业务逻辑。

2. 数据集成

数据集成同样可以用于微服务之间的交互。可以选择用联邦数据库，也可以通过数据复制的方式实现数据集成。

3. 界面集成

由于微服务是一个能够独立运行的整体，有些微服务会包含一些 UI（用户界面），这意味着微服务之间也可以通过 UI 进行集成。

4. 外部集成

外部集成的出现，是因为现实中许多服务之间的集成需求来自外部服务的依赖和整合，在集成方式上可以综合采用接口集成、数据集成和界面集成。

5.3 传统数据集成及关键技术

大数据集成是两大重要工作的结合：一个是传统的"数据集成"工作，另一个是面向"大数据"的工作。只要存在人们要将多个数据集连接并融合起来以提升它们价值的情况，数据集成就必不可少。早在计算机科学家开始研究这一领域之前，统计学家们就已经取得了许多进展，因为他们迫切需要关联和分析随时间不断积累的普查数据集。为了有效地应对数据集成的挑战，在过去几十年里，数据集成研究者已经在一些基础问题（如模式对齐、记录链接和数据融合），尤其是结构化数据的研究上，取得了巨大进步。本节介绍相对较老的"数据集成"工作,即传统的数据集成。

5.3.1 传统数据集成概述

数据集成的目标是为多个自治数据源中的数据提供统一的存取。在实践中,传统的数据集成是针对少量结构化数据源,其方法是为了解决语义歧义性、实例表示歧义性和数据不一致性带来的挑战时使用的一种流水线体系结构,主要包含三个步骤,如图 5.9 所示。

图 5.9 传统数据集成的体系结构

(1) 模式对齐。其正式的定义如下:给定某一领域内的一组数据源模式,不同的模式用不同的方式描述该领域。它主要针对的是语义歧义性带来的问题,目标是理解哪些属性具有相同的含义而哪些属性的含义不同。不同数据源可以用差异化的模式描述同一领域。

模式对齐步骤生成以下三种输出。

① 中间模式:为不同数据源提供一个统一的视图,并描述了给定领域的突出方面。
② 属性匹配:将每个源模式中的属性匹配到中间模式的相应属性。
③ 模式映射:每个源模式和中间模式之间的映射用来说明数据源的内容和中间数据的内容之间的语义关系。结果模式映射被用来在查询问答中将一个用户查询重新表达成一组底层数据源上的查询。

(2) 记录链接。其正式的定义如下:给定一组数据源,每个包含了定义在一组属性上的一组记录。它主要针对的是实例表示歧义性所造成的问题,目标是理解哪些记录表示相同的实体而哪些不是。记录链接是计算出记录集上的一个划分,使得每个划分类包含描述同一实体的记录。即使已经完成了模式对齐,记录链接仍然很有挑战。不同的数据源会用不同的方式描述同一实体。另外,不同数据源可能使用不同的形式表示相同的信息。最后,在数据库记录中使用两两比较的方法来判定两条记录是否描述同一实体的方法是不可行的。

(3) 数据融合。其正式的定义如下:给定一组数据项,以及为其中一些数据项提供值的一组数据源。数据融合决定每个数据项正确的值。它主要针对的是数据质量带来的挑战,目标是理解在数据源提供相互冲突的数据值时在集成起来的数据中应该使用哪个值。许多种原因都可能造成数据冲突,如输入错误、计算错误、过时的信息等。

5.3.2 关键技术

传统的数据集成方法通常可以分为两种类型:数据复制和模式集成(schema integration)。

1. 数据复制

数据复制会将各个数据源的数据复制到其他相关的数据源中,并保持数据源的整体一致性,以提高信息共享和利用的效率。数据复制可以是整个数据源的复制,也可以只复制变化的数据。这种方法可以降低用户访问异构数据源时的数据访问量,提高数据集成系统的性能。其中最常见的数据复制方法是数据仓库方法,即将各个数据源的数据复制到同一个数据仓库中,然后用户直接访问数据仓库来获取数据。这种方法既可用于数据集成,也可用于决策支持查询。但是,对数据仓库的间接访问,会导致数据更新不及时和数据重复存储的问题。斯坦福大学 DB Group(数据库组)的数据集成方案是数据复制方法的典型代表。然而,在应用领域中,信息源数据通常包含企业商业机密信息或政府部门机密信息,因此数据集成系统无法访问这些信息或基表。

2. 模式集成

人们最早采用的数据集成方法是模式集成,它也是其他数据集成方法的基础。其基本思想是,在构建集成系统时,将各数据源共享的数据视图集成为全局模式(global schema),用户可以按照全局模式透明地访问各数据源的数据。相比其他方法,模式集成不需要重复存储大量数据,能保证查询到最新的数据,比较适合集成数据多且更新变化快的异构数据源集成。

在进行模式集成时,需要解决两个基本问题:构建全局模式与数据源共享数据视图间的映射关系,以及处理用户在全局模式基础上的查询请求。模式集成过程需要将原来异构的数据视图做适当的转换,消除数据源间的异构性,并将其映射成全局模式。全局模式与数据源数据视图间映射的构建方法有两种:全局视图法和局部视图法。全局视图法中的全局模式是在数据源数据视图基础上建立的,它由一系列元素组成,每个元素对应数据源的一个查询,表示相应数据源的数据结构和操作;局部视图法先构建全局模式,数据源的数据视图则是在全局模式基础上定义,由全局模式按照一定的规则推理得到。模式集成方法主要有以下三种。

1) 联邦数据库

联邦数据库是一种早期采用的数据集成方法,其基本思想是将各个数据源共享的一部分数据模式形成一个联邦模式。联邦数据库系统可以根据集成度的不同分为两类:紧密耦合联邦数据库系统和松散耦合联邦数据库系统。紧密耦合联邦数据库系统采用统一的全局模式,将各个数据源的数据模式映射到全局数据模式上,从而解决了数据源之间的异构性问题。这种方法的集成度较高,用户参与较少,但是构建全局数据模式的算法比较复杂,扩展性较差。而松散耦合联邦数据库系统则不需要全局模式,而是提供统一的查询语言,将异构性问题留给用户自己解决。虽然松散耦合方法的集成度较低,但是数据源的自治性强,动态性能好。

2) 中间件集成

中间件集成是一种模式集成方法,与联邦数据库不同,它使用全局数据模式,不仅能够集成结构化数据源信息,还可以集成半结构化或非结构化数据源中的信息。中间件集成系统包括中间件和包装器,其中每个数据源对应一个包装器,中间件通过包装器和各个数据源交互。用户向中间件发出查询请求,在全局数据模式的基础上进行查询。中间件处理查询请求,将其转换成各个数据源能够处理的子查询请求,并对此过程进行优化以提高查询处理的并发性和减少响应时间。包装器对特定数据源进行封装,将其数据模型转换为系统所采用的通用模型,并提供一致的访问机制。中间件将各个子查询请求发送给包装器,由包装器来和其封装的数据源交互,执行子查询请求,并将结果返回给中间件。相对于联邦数据库系统,中间件集成的优势在于:它能够集成非数据库形式的数据源,有很好的查询性能,自治性强。中间件集成的缺点在于它通常是只读的,而联邦数据库对读写都支持。

3) P2P 数据集成

P2P 数据集成方法是一种基于 P2P 计算技术的模式集成方法扩展。P2P 是一种对等网络架构,将计算机系统结构从传统的集中式发展为松散耦合分布式的新模式。在 P2P 数据集成方法中,每个参与集成的数据源节点被视为一端,并将本地数据模式的一部分映射成端共享模式,向其他节点共享其数据。纯粹的 P2P 数据集成方法没有全局数据模式,各节点可以直接使用其他节点共享的数据模式,形成对等的数据共享和访问机制。由于其基于对等网络的结构,P2P 数据集成方法已成为当前数据集成研究的热点。

5.4 大数据集成及关键技术

大数据集成主要目标是集成跨界、跨组织、跨系统的多个信息源数据,从逻辑和物理以及规范上进行融通、集中和整合,通过集成具有不同特征的数据集成为一个新的、大规模的数据集。新的数据集成应该表达与以前相同的含义,甚至挖掘出一些潜在的规则和知识。本节主要介绍跨界数据集成的实现过程及关键技术。

5.4.1 大数据集成

我国政府高度重视数据开放共享对经济增长的促进作用。在 2015 年国务院出台的《促进大数据发展行动纲要》中,就明确指出加快数据资源的开放共享是促进大数据发展的主要任务。党的十九届四中全会决议再次强调,要继续加强数据有序共享。2022 年 1 月,国务院办公厅印发《要素市场化配置综合改革试点总体方案》,将完善公共数据开放共享机制列为探索数据要素市场化配置的关键环节。数据集成要响应产业跨界发展的趋势,推进跨企业、跨区域、跨产业的数据集成,实现更广泛的建模分析。传统数据集成和大数据集成的区别在于大数据集成是对各个领域的知识抽取而不是领域内的模式映射,如图 5.10 所示。

5.4.2 关键技术

大数据集成是指将不同领域、不同来源的大规模复杂数据资源进行融通、聚合、知识抽取和知识融合的过程。这个过程中,跨界数据集成不仅需要整合数据,还需要将其中的知识提取出来,为后续的数据分析和挖掘提供支持。在知识抽取的过程中,需要通过自然语言处理、信息抽取等技术来提取出有价值的知识。而在知识融合的过程中,则需要将不同来源的知识进行整合、映射和协调,以形成一个更加全面、准确、一致的知识库。

1. 知识抽取

知识抽取是指从半结构化和非结构化文本中提取信息与知识的一种关键技术。通过将

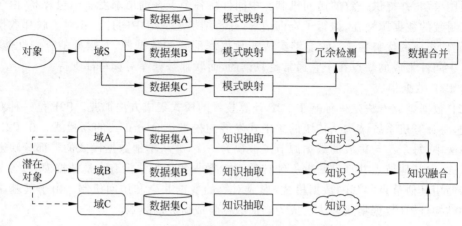

图 5.10　传统数据集成与大数据集成的区别

文本转化为结构化的知识元素,可以让计算机更好地理解文本内容,提高文本处理的效率和准确性。在知识抽取的过程中,NLP(神经语言程序学)处理技术发挥着重要作用,包括形态分析、语法分析、语义分析和语用分析等。通过这些技术,可以对文本进行不同粒度的分析,例如对词、句子、段落和篇章的分析,并且结合领域知识库等资源,提高抽取的准确性和可靠性。下面详细介绍知识抽取所用到的方法。

1) 词典标引法

词典标引法是一种基于预先构建的词典进行信息检索的方法。该方法利用已有的词典来进行文本匹配,将文本中的词语与词典中的词语进行匹配,从而实现信息的检索和查询。该方法的基本思想是:首先需要构建一个包含常用词语的词典,可以根据领域特点和实际需求进行选择和补充。其次,将词典中的每个词语进行切分和标记,即将词语分解为若干个基本单元,如字母、汉字等,并为每个基本单元打上相应的标记,如词性、频率等。最后,将待查询的文本中的词语与词典中的词语进行匹配,找出相应的词语和匹配结果,从而实现信息检索和查询。

2) 切分标记标引法

切分标记标引法是一种基于文本切分和标记的信息检索方法,其目的是断开句子或表示汉字之间联系的汉字集合组合成切分标记词典输入计算机,以便更好地搜索和检索相关信息。该方法主要利用分词技术和标注技术,对文本进行分析和处理,将文本转换为机器可识别的形式,并为每个词语打上相应的标记。切分标记标引法的优点在于可以更好地保留文本信息的完整性和准确性,适用于各种语种和文化背景的文本。此外,由于切分标记标引法可以为每个词语打上相应的标记,因此可以更好地满足用户的个性化需求,提供更加精准的信息检索服务。

3) 语义分析标引法

语义分析标引法是一种将语义分析应用于信息检索领域的技术。它旨在通过理解语言的含义来帮助用户更准确地搜索所需的信息。该技术通过自然语言处理、机器学习和人工智能等技术手段,将文本转换为计算机能够理解的形式,并通过语义分析技术,将文本中的实体、关系、主题等重要信息提取出来,构建出一个基于语义的索引。与传统的关键词检索不同,语义分析标引法的索引是基于文本的语义信息构建的,因此它具有更高的准确性和可靠性。通过将文本中的实体、关系、主题等信息提取出来,并将其与已有的知识库进行对比,语义分析标引法可以更好地理解文本中的含义,从而帮助用户找到更精准的搜索结果。语义分析标引法的主要应用领域包括搜索引擎、智能客服、机器翻译、知识图谱等。在搜索引擎中,语义分析标引法可以通过理解用户的搜索意图,提供更符合用户需求的搜索结果;在智能客服中,它可以帮助机器人理解用户的问题,并提供更精准的答案;在机器翻译中,它可以更好地理解原始文本的含义,从而提高翻译质量;在知识图谱中,它可以帮助构建知识图谱的关系链,从而更好地呈现知识的关系和结构。

4)人工智能标引法

人工智能标引法是一种基于人工智能技术的信息检索方法,其目的是通过分析文本内容,自动为文本添加一些关键词、主题词等标识符,以便更快、更准确地搜索和检索相关信息。该方法利用自然语言处理、机器学习等技术,对文本内容进行自动分析,从中提取出相关信息,并为这些信息添加标识符。人工智能标引法的实现过程通常分为以下几步:①文本预处理:将文本内容进行清洗和规范化处理,去除无用信息,将文本转换为机器可识别的形式。②特征提取:通过自然语言处理技术,从文本中提取出一些特征,如词频、词性、词义、主题等信息。③关键词提取:根据文本特征,利用机器学习等算法自动为文本添加关键词、主题词等标识符。④标引结果评估:评估标引结果的准确性和完整性,对标引结果进行修正和调整。人工智能标引法的优点在于可以提高信息检索的效率和准确性,节省人力资源成本。与传统的手动标引方法相比,人工智能标引法可以处理大量的文本数据,并且可以自动学习和优化标引结果,从而更好地适应不同领域的文本内容。此外,由于人工智能标引法可以根据不同的需求对标引结果进行优化,因此可以为用户提供更加个性化、精准的信息检索服务。

2. 知识融合

知识融合是指将不同来源的知识进行整合、合并、推理和推断,生成更全面、准确和可靠的知识体系的过程。在现实生活中,人们获取到的信息通常来自多个渠道,例如社交媒体、新闻报道、学术文献等,这些信息可能存在冲突、重复或不完整等问题。知识融合的目的就是将从不同数据源中抽取的信息进行整合,形成更加全面的实体信息,形成知识。其主要技术包括实体链接、知识合并、知识加工。

(1)实体链接。实体链接是自然语言处理领域中一项重要的任务,其目的是将自然语言文本中的实体链接到知识库中的实体,并且在语义上将其与其他实体区分开来。集成实体链接利用实体的共现关系,同时将多个实体链接到知识库中,主要流程包括:①文本解析:将文本输入系统中,系统首先需要进行文本解析,将其转换为计算机可处理的形式,如词袋模型、词向量等。②候选实体生成:在文本中识别所有可能的实体,并为其生成候选实体集合。候选实体的生成可以通过多种方式实现,如基于词典匹配、基于语义相似度、基于实体类型等。③实体消歧:将候选实体与知识库中的实体进行比对和匹配,找出最可能的匹配结果,并确定其对应的实体。实体消歧通常使用一些特征来衡量实体之间的相似度,如实体名称相似度、实体类型匹配度、实体描述相似度等。④实体链接:将文本中的实体与知识库中的实体进行链接,建立文本实体与知识库实体之间的关系。链接的过程中,需要考虑多个实体的链接冲突问题,即如何处理文本中存在多个可能的实体链接的情况。⑤实体链接后处理:对实体链接的结果进行后处理,如实体链接的正确性检查、链接结果的过滤和排序等。

(2)知识合并。知识合并是知识图谱中重要的任务之一,其目的是从多个不同的数据源中合并知识,并将其组合成一个完整的知识图谱。知识合并可以提高知识图谱的完整性、准确性和可靠性,是构建高质量知识图谱的重要手段。常见的知识合并需求有两个:一个是合并外部知识库,另一个是合并关系数据库。知识合并技术面临的挑战包括异构数据整合、重复和矛盾关系消除、属性合并等,需要通过不断的技术创新和改进来提高知识合并的效果和性能。

(3)知识加工。知识加工是一种将人类专家的知识和经验转化为计算机程序的过程。它是人工智能领域的重要研究方向,旨在通过计算机程序来模拟人类专家的决策过程和思维方式,从而实现自动化的知识处理和决策。下面是知识加工的主要流程:①知识获取:收集、提取专家知识和经验,通常包括面谈、问卷调查、文献阅读等方式,目的是建立一个知识库,其中包含了专家的知识和经验。②知识表示:将收集到的知识和经验表示为计算机程序可以理解和处理的形式,通常使用逻辑表达式、规则、决策树等形式来表示。③知识推理:通过逻辑推理、规则匹配等方式来实现对知识的推理和推断,得出一些新的知识和结论。④知识验证:对知识库中的知识进行验证,确保它们的正确性和可靠性,并对不准确或不可靠的知识进行修正和更新。⑤知识维护:对知识库中的知识进行维护和更新,以保证知识库中的知识始终保持最新和最有效的状态。⑥知识应用:将知识库中的知识应用到实际问题中,帮助决策和解决问题。

5.4.3 案例分析: 海淀区时空一张图

1. 案例概述

"海淀区时空一张图"涵盖了时空数据资源库、时空资源平台、标准规范体系和共享服务体系四部分建设内容。面向城市大脑提供时空大数据和GIS(地理信息系统)功能服务,对全区时空信息数据进行统一管理、同步更新建成全区一张底图,面向区各委办局、街镇提供实时、标准化的地理空间服务,作为城市大脑时空信息的重要载体和基础支撑平台,具体内容如下。

(1)时空数据资源库:融合了基础地理信息、社会服务、三维数据、物联网及专题领域图层等数据,数据涵盖二、三维多种数据格式,实现了数据一体化管理。

(2)时空资源平台:包括时空信息资源门户和时空信息资源云平台后台管理系统。时空信息资源门户主要建设内容包括运营中心、图层资源、服务资源、应用案例、时空分析、开发中心、个人中心等。时空信息资源云平台后台管理系统主要建设内容包括资源管理、系统管理、数据管理等。

(3)标准规范体系:依据国家(行业)或地方的标准、国际或发达地区的相关标准与规范,结合海淀区的实际情况和平台应用需要制定相关的标准与规范。

(4)共享服务体系:统一时空基准的数据资源服务、多样化的交互调用、大数据可视化服务、政务网实时路况服务、丰富的三维服务及方便快捷的应用场景搭建服务。

2. 数据集成任务需求

1) 多源异构大数据汇集整合，标准化，统一坐标系

使用分布式集群存储，支持城市级超大规模数据集合，实时对接各个单位、各个系统的业务数据，统一管理，并对数据进行整理转换，形成标准化的时空数据，然后在地图服务器发布符合OGC（开放地理空间信息联盟）标准的标准地图服务，将服务注册到时空资源云平台中，进行统一管理。通过后台的用户、权限、审核等流程的设计管理能力与网关控制能力，实现资源的权限控制，访问鉴权，提供基础服务、接口服务和时空分析服务，实现资源的上图与共享，赋能委办局应用系统建设需求。

2) 多源异构数据融合一体化

需要整合海量、多源、异构结构化数据和非结构化数据，统一时空标签，一体化存储，结合多源异构数据协同运算能力，全方位掌控城市综合态势。平台数据包含基础地理信息数据、各委办局数据、业务数据、社会化数据等，需要采用分布式数据库集群、微服务架构，系统具有高可用性、高扩展性。

3) 基于聚合算法的渲染模式切换（点图层）

需要提供点图层的聚合样式和普通模式的切换显示能力，以行政区划为聚合单元，可以清晰地展示出每个行政区划的要素量，方便管理。

4) 矢量数据的图层融合服务

需要提供专题图层在线融合能力，支持点、线、面标绘信息与专题图层之间的融合操作，并提供融合图层的申请调用能力。

5) 采用微服务高可用架构

为保证系统安全稳定不间断地运行，需要时空一张图系统使用八台云服务器集群，所有服务全部采用高可用方案部署，微服务架构，做双机热备、负载均衡、数据库主从配置，系统具有高可用性、提供高并发的支持。

3. 解决方案与应用场景

1) 解决方案

（1）方案整体框架和技术特点。本项目的层次化结构模型划分为时空云服务层、时空数据管理层、支撑层，如图5.11所示。

支撑层是政务云平台。时空数据管理层主要包括时空信息资源库、物联网信息资源库、专题信息资源库、政务信息库、社会资源库。时空云服务层包括时空信息服务，二维地图引擎，三维地图引擎，二、三维一体化，时空数据管理和资源目录。时空数据管理围绕数据采集、数据存储、数据集成、数据处理和数据服务等环节，规范数据管理过程，结合数据管理目录、数据交换共享和数据质量管理等技术手段，构建数据管理平台，形成时空数据全生命周期管理体系。

技术特点：海淀区时空一张图采用B/S（Browser/Server，浏览器/服务器）架构，是一种比较简洁并支持跨平台运行的架构，通用性强，用户可以通过浏览器实现对程序的使用和控制，大大减少了系统升级和系统维护的工作量。本系统采用前后端分离的松耦合设计，实现

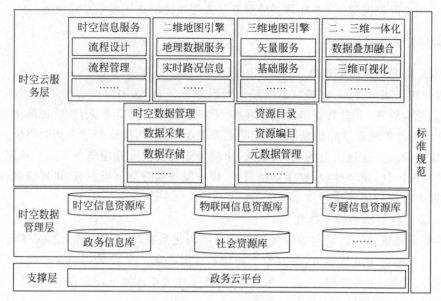

图 5.11 方案总体框架

前后端的并行开发,提升开发效率,前后端可分开部署,有利于系统的迭代开发升级。

(2) 地图服务端。以微服务的理念,二、三维数据服务发布采用二、三维服务器分离的设计,可以避免服务集中造成的一个服务故障导致二维、三维都不可用的情况,二维服务器故障不会影响三维地图服务,三维服务器故障不会影响二维地图服务。

(3) GIS 二、三维数据处理。二、三维数据处理采用 SuperMap iDesktop 桌面 GIS 应用与开发软件,具备二、三维一体化的数据管理与处理、编辑、制图、分析及二、三维标绘等功能,支持海图,支持在线地图服务访问及云端资源协同共享,提供可视化建模,可用于空间数据的生产、加工、分析和行业应用系统快速定制开发。

(4) 后端。后端即服务端,提供系统接口服务,采用 Spring Cloud 微服务框架,数据库采用 PostgreSQL 开源数据库。微服务架构通过将功能分解到各个离散的服务中以实现对大型系统解决方案的解耦,提高系统的可扩展性、可维护性,各微服务可独立开发、独立部署、独立发布,去中心化管理,支持高并发、高可用,可通过分布式集群部署提升系统的负载性能。

(5) 前端。前端框架采用 React 框架,UI 框架采用 ant Design Pro 框架;前端地图引擎采用二维 OpenLayers、三维地图引擎 iClient JavaScript 及 iClient3D for WebGL(Web 图形库);百度服务二维地图应用采用百度地图引擎 JS(脚本语言)API。

2) 应用场景

"海淀区时空一张图"已持续为城市交通、城市管理、公共安全、生态环境、街镇应用五大领域提供实时高效的地理空间服务。比如,基于时空信息对各类重点车辆进行研判与分析,固化违法证据,通过物联网传感器、高点视频监控、精确点位消火栓以及周边消防站等信息提供安全领域的空间防控能力等。

4. 案例总结

整合海量、多源、异构结构化数据和非结构化数据,结合多源异构数据协同运算能力,对数据统一管理、分析，建立了平台与应用系统之间数据回流能力，实现数据共享交换。一方面平台向业务部门进行数据和能力赋能，支撑业务应用；另一方面通过数据上图工具业务系统产生的新数据回流至"时空一张图"平台，不断丰富"时空一张图"内容，更好地提供服务，在平台和应用之间形成数据质量和内容螺旋上升的良性循环。基于时空数据云平台的大数据管理平台的数据采集清洗转换能力，对接委办局的业务系统，打通数据流，实时更新数据。实现互联网数据引入政务网，提高了业务支撑能力。

本章小结

本章阐述了大数据集成的概念、大数据集成面临的挑战以及数据集成结构的演化，并介绍了传统数据集成和大数据集成及其关键技术，最后通过海淀区时空一张图的案例进行了详细说明。大数据技术正以前所未有的广度和深度渗透到政府与企业治理的方方面面，运用大数据推动政府和企业治理创新已成为当下各界的共识。通过大数据治理，能够使大数据使用者深度运用大数据内蕴含的信息与知识，充分实现大数据治理带来的最大的价值。

思考题

1. 简述数据集成是如何实现的。
2. 数据集成的架构有哪些？并进行简要描述。
3. 简述 SOA 的特点。
4. 传统数据集成有哪些关键技术和方法？
5. 简要概括传统数据集成和大数据集成的区别与联系。
6. 简述大数据集成的关键技术在某一领域的应用。

即测即练

第 6 章 数据质量管理

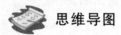 **思维导图**

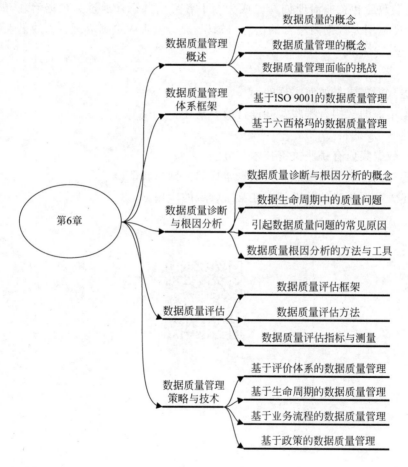

 内容提要

在大数据时代,数据质量问题会被不断放大,引发不可恢复的数据质量灾难。因此,开展数据质量管理,解决数据质量问题变得比以往任何时候都重要。本章重点介绍数据质量管理的相关概念、数据质量管理体系框架、数据质量诊断与根因分析、数据质量评估以及数据质量管理策略与技术等。

本章重点

- 掌握数据质量与数据质量管理的概念。
- 了解基于 ISO 9001 与六西格玛(6 Sigma)的数据质量管理体系框架。
- 掌握数据质量诊断的概念与方法。
- 厘清数据质量各阶段的问题与产生原因。
- 掌握数据质量根因分析方法与工具。
- 掌握数据质量评估框架、方法、指标与测量。
- 了解数据质量管理策略与技术。

6.1 数据质量管理概述

数据质量会影响系统运行和业务效率,数据质量差会导致决策失败,数据质量的重要性显而易见。本节将介绍数据质量的概念,数据质量管理的概念,以及数据质量管理面临的挑战。

6.1.1 数据质量的概念

1. 数据质量的演进

数据质量的研究始于 20 世纪 70 年代前后,经过 50 多年的发展,至今已经形成了一系列经典的理论、技术和方法。20 世纪 70—90 年代是数据质量研究的萌芽阶段,这个时期也正是电子计算机技术高速发展的时期,人们在使用计算机的过程中,意识到数据的重要性,也感受到不良数据对计算任务运行的影响,但这个时期还没有形成一个比较完整的关于数据质量的知识体系。20 世纪 90 年代后,随着以麻省理工学院(MIT)为代表的学界对数据质量问题研究的深入,全面数据质量管理(TDQM)被提出,标志着人们对数据质量的认知进入一个构筑理论、探索方法的阶段。进入 21 世纪后,数据质量研究随着电子商务的高速发展而逐步走向一个新的阶段,伴随着大量电子交易数据的出现以及互联网在全球的普及,数据进入"大数据"时代,对数据质量的认知和研究越来越受到理论界与实业界的重视。

2. 数据质量的定义

在不同阶段,数据质量本身存在不同的概念含义和标准要求。从狭义上讲,数据质量也称为本征质量,认为提高数据质量就是加强数据方面的准确性,基本是指在数据实际生产过程中产生的质量情况,包括精度情况、一致性情况、完整性情况等方面。周东教授认为数据质量本身是通过数据的一致性特点、准确性特点及相关性特点等具体参数共同决定。陈远教授等指出数据质量能够根据正确性特点、准确性特点、不矛盾性特点、一致性特点、完整性特点和集成性特点进行描述。

然而随着数据资源信息的不断积累与广泛应用,数据质量本身含义不断发展,数据质量的相关概念得到扩展,对其定义的认识也开始从狭义层次向广义层次转变。从广义上讲,数据质量的准确性不再作为衡量数据质量本身的唯一可靠标准,而对广大用户要求的使用满意程度正在成为衡量数据实际质量的关键指标,要求从各类数据实际提供者、生产者和广大用户等多个研究角度共同确定数据质量的使用标准。Strong 教授等指出,数据质量本身就是要求数据能够有效适合使用。数据质量内部概念研究分析主要涵盖两个方面。首先,关注从数据实践方面开展衡量数据质量情况,也就是通过用户角度实施判定,适应广大用户的满意度,同时从数据实际生产者和管理者角度考虑;其次,关注从面向数据系统的角度开展具体评价,数据质量本身属于综合性概念,作为一个具有多维度的抽象概念,应该从多方面开展衡量数据的各项基本质量要素。

3. 数据质量的表征维度

扩展阅读 6-1
数据质量的表征维度分类

数据质量表征维度是一组表达数据质量构成或者数据质量单一方面的数据质量属性,是数据质量评估的基础。一方面,通过表征维度可以对数据质量进行量化;另一方面,通过改进数据质量维度可以提高数据质量。针对不同的数据集,数据质量维度可能不同。本书在现有研究对数据质量维度划分的成果基础上,参考数据管理协会对数据质量维度及其指标应具备可度量性、可控性、可跟踪性的原则,按照由低至高的层级思路,将数据质量的表征维度分为数据值层次的质量维度、数据集层次的质量维度、数据应用层次的质量维度。

4. 数据质量的重要性

扩展阅读 6-2
数据质量差造成的后果

在任何组织中,合理地说明数据质量的重要程度都是非常关键的。对于企业来说,糟糕的数据可能会带来重大的业务后果,IBM 公司的一份经常编辑的估算显示,2016 年美国数据质量问题的年度成本达到 3.1 万亿美元。在 2017 年《麻省理工学院斯隆管理评论》(*MIT Sloan Management Review*)上,数据质量顾问托马斯·雷德曼(Thomas Redman)在一篇文章中估计,纠正数据错误和处理不良数据导致的业务问题平均会使公司的年收入减少 15%~25%。总而言之,质量差的数据往往被认为是经济损失、名誉受损、决策失误、运营风险的根源,具体可见扩展阅读。

6.1.2 数据质量管理的概念

1. 数据质量管理的定义

数据管理协会把数据管理定义为制定和执行用来获取控制保护、提供和增强数据的价值的计划、策略、实践和项目的业务职能,主张数据管理是信息技术部门中的数据管理专业人士和业务数据管理员的共同责任。托尼·费雪(Tony Fisher)把数据质量管理定义为确保整个组织及时地部署可信的数据的一致方法,因此,在启动一个数据质量项目时,必须要评估数据的状况,并且具备改进和测量的方法来追踪项目的进展程度。《数据质量管理基础》一书中指出数据质量管理是对数据从计划、获取、存储、共享、维护、应用到消亡生命周期的每个阶段里可能引发的各类数据质量问题,进行识别、度量、监控、预警等一系列管理活动,并通过改善和提高组织的管理水平使数据质量进一步提高。我们可以简单地将数据质量管理理解为一种业务原则,需要将合适的人员、流程和技术进行有机整合,改进数据质量各维度的数据问题,提高数据质量,最终帮助组织实现其战略目标。

2. 数据质量管理的内容

数据质量管理是一个需要持久进行的过程。DAMA 认为,数据质量管理的内容至少应该包括以下七个方面:①定义什么是高质量的数据,且定义应该和业务目标紧密联系;②定义数据质量策略,比如如何来评估和提高数据的质量;③确定关键数据和业务规则,任何一个组织都会有大量的数据,数据质量的管理应该从对业务最关键的数据入手,并制定相应的业务规则;④执行初始数据质量评估,在开展数据质量工作之前,应该做一次初始评估,以了解目前的状况;⑤确定数据质量管理的内容,并按照优先级别来排序各项工作,这样可以在较短的时间内看到部分的效果;⑥定义数据质量改进的目标,这些目标应该和业务一致,并需要能够量化;⑦开发和部署数据质量的具体工作,数据质量的管理不只是一个项目,更是一个贯穿数据生命周期的过程,同时也需要和业务保持一致。

6.1.3 数据质量管理面临的挑战

随着三网融合、移动互联网、云计算、物联网的快速发展,数据的生产者、生产环节都在急速攀升,快速产生的数据呈指数级增长。在大数据时代下,企业要想保证数据的高质量却并非易事,容易被忽视的数据质量问题在大数据环境下会被不断放大,甚至引发不可恢复的数据质量灾难。数据质量管理在当下显得尤为重要,《中共中央 国务院关于构建数据基础制度更好发挥数据要素作用的意见》指出,数据基础制度建设事关国家发展和安全大局,要探索建立统一规范的数据管理制度,提高数据质量和规范性。根据数据生命周期理论,大数据环境下数据质量管理面临的挑战主要体现在数据收集、数据存储和数据使用三个阶段。

扩展阅读 6-3
数据质量管理三个阶段的挑战

6.2 数据质量管理体系框架

数据质量管理体系框架是对数据质量管理的系统性总结和归纳,能够为数据质量管理提供指导和参考。目前国际上适用于数据质量管理的有 ISO 9001、六西格玛等经典体系,已经非常成熟。

6.2.1 基于 ISO 9001 的数据质量管理

ISO 9001 作为世界范围内被最广泛采用的质量管理体系标准,已经让全球数百万的组织受益。加快增长、提升效率、提高客户满意度和保持度,这是企业体验到的 ISO 9001 所能带来的益处。基于 1SO 9001 的质量管理体系,以客户需求为中心,以提高数据质量、提升客户满意度为目标,制定企业数据质量方针,实施企业数据质量管理的 PDCA(策划、支持和运行、绩效评价、改进)。基于 ISO 9001,企业能够建立全面的数据质量管理体系,从而支持数据质量的持续提升。

ISO 9001 质量管理体系由 ISO/TC176/SC2（国际标准化组织质量管理和质量保证技术委员会）负责制定和修订，旨在为组织质量管理体系的建设提供指导。采用质量管理体系是组织的一项战略决策，能够帮助其提高整体绩效，为推动可持续发展奠定良好基础。

扩展阅读 6-4
ISO 9001 在数据质量管理中的应用

ISO 9001 质量管理体系结合了 PDCA 循环与基于风险的思维，能够帮助企业策划其质量管理和持续优化的过程（图 6.1）。PDCA 循环使企业能够对质量管理的过程进行恰当管理，提供充足资源，确定改进机会并采取行动。基于风险的思维使企业能确定可能导致质量管理体系偏离策划结果的各种因素，进而采取预防控制，最大限度地减小不利影响。ISO 9001 质量管理体系同样适用于企业对数据质量的管理。

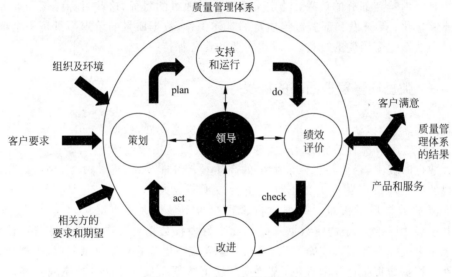

图 6.1　ISO 9001 质量管理体系

ISO 9001 质量管理体系的核心思想是以客户为中心，强调领导作用、过程方法、持续改进、循证决策和关系管理。

6.2.2　基于六西格玛的数据质量管理

基于六西格玛的 DMAIC 模型为企业的数据质量管理提供了一系列原则、思路、方法和工具，它通过对数据质量的定义、测量、分析、改进和控制等一系列过程的闭环管理，形成了企业数据质量管理的完整参考框架。

六西格玛是一个在传统行业广泛应用的全面质量管理体系，而数据质量管理相对于传统行业来说还是非常新的领域，管理的理论和方法都比较匮乏，六西格玛为企业数据质量管理体系的建设提供了可参考的完整视角。实施六西格玛会涉及生产和计划流程的所有方面，可能会产生僵化和官僚主义，也可能增加企业的数据管理成本，甚至影响企业的创新能力。

因此在实际应用中，企业需要探索一种敏捷的、精益的六西格玛数据治理模式，在可控的成本范围之内，实现数据质量管理的利润最大化。

六西格玛是基于度量的过程改进策略，是一种改善企业质量流程管理的技术，它以客户为导向，以业界最佳为目标，以数据为基础，以事实为依据，以流程绩效和财务评价为结果，持续改进企业经营管理的思想方法、实践活动和文化理念。它是一套追求"零缺陷"的质量管理体系。

扩展阅读 6-5
六西格玛在数据质量管理中的应用

DMAIC 模型是实施六西格玛的一套操作方法。DMAIC 是指定义（define）、测量（measure）、分析（analyze）、改进（improve）、控制（control）五个阶段，它是用于改进、优化和维护业务流程与设计的一种基于数据的改进循环，如图 6.2 所示。

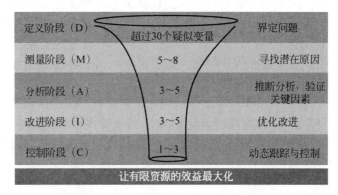

图 6.2　DMAIC 模型（六西格玛实施方法论）

6.3　数据质量诊断与根因分析

数据质量管理最行之有效的方法就是找出发生数据质量问题的根本原因，那么先要对数据质量进行诊断，再对诊断结果进行根因分析，最后采取相应的策略进行解决。因此，在本节中，我们首先将学习数据质量诊断的概念和方法，明确如何对数据质量进行诊断。其次明确数据生命周期的不同阶段存在着什么质量问题，以此来确定引起这些问题的根本原因。最后，通过学习数据质量根因分析的方法和工具，来找到引起数据质量问题的相关因素，并区分它们的优先次序，形成解决这些问题的具体改进建议，制订和实施改进方案，预防未来数据质量问题的发生。

6.3.1　数据质量诊断与根因分析的概念

数据质量诊断是基于数据剖析的结果来审核数据的质量，用来发现数据可能存在的问题。而每个问题的发生都必有其根本原因，数据质量管理的核心是找到发生质量问题的根本原因，并对其采取改进措施，保证数据处理与应用的准确性和高效率。

扩展阅读 6-6
进行根因分析的原因

所谓根因分析，就是分析导致数据质量问题的最基本原因。引起数据质量问题的原因通常有很多，比如环境条件、人为因素、系统行为、流程因素等，因此要通过科学分析找到问题发生的根源性原因。根因分析是一个系统化的问题处理过程，包括确定和分析问题原因,找出适当的问题解决方案,并制定问题预防措施。

6.3.2 数据生命周期中的质量问题

数据的"一生"要经历规划设计、数据创建、数据使用、数据老化、数据消亡等阶段,每个阶段都有可能发生问题。企业数据质量管理应关注数据生命周期的每个阶段。

在规划设计阶段,主要是对数据进行定义与设计。若定义或设计不当,会产生数据歧义、数据项含混不清、数据冲突等数据质量问题。

在数据创建阶段,主要是对数据进行录入。数据录入不当会导致数据缺失、数据错位、数据重复等数据质量问题。如数据拼写错误、丢失数据记录、从列表中选择了错误的阈值等。

在数据使用阶段,主要是对数据正确使用和解释。若对数据使用不当,会导致数据丢失、数据错位、数据不一致等数据质量问题。如在数据的集成和传输过程中,数据的值可能不规则、丢失或放错位置。

在数据老化阶段,数据面临着过时失效的问题。就像每个人的手机号码可能会变更,企业应该注意保持数据是最新的,数据过期失效,将会对业务产生很大影响。

在数据消亡阶段,主要是对使用完的数据进行归档及销毁操作。若操作不当,将导致数据丢失、数据质量下降,甚至发生数据泄露等数据安全问题。

6.3.3 引起数据质量问题的常见原因

数据在其生命周期内要经历人员采集、程序处理、传输、存储等操作步骤,每一环节都可能引入误差而导致数据质量问题并产生数据异常。数据研究机构 Experian Data Quality 的一项研究发现,在数据不准确的主要原因中 59% 是人为因素,其中 31% 是部门之间缺乏沟通,24% 是数据管理策略不充分。

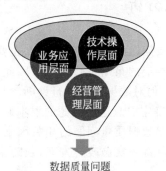

图 6.3 产生数据质量问题的三个层面

引起数据质量问题的原因主要集中在经营管理、业务应用和技术操作三个层面,如图 6.3 所示。具体而言,经营管理层面,主要包括企业发展和并购过程中出现数据质量问题,或者是企业缺乏有效的管理策略、缺乏统一的数据标准导致。业务应用层面,主要是由于数据需求模糊不清或是录入数据不规范。技术操作层面,主要是在数据设计、传输、迁移的过程中产生数据质量问题。

6.3.4 数据质量根因分析的方法与工具

根因分析是一项结构化的问题处理法,用以逐步找出问题的根本原因并加以解决,而不是仅仅关注问题的表征。对于数据质量问题的剖析,本书采用根因分析法,这是一种常见的因果问题分析方法,它有助于深入挖掘并找到有效的解决方案。采用根因分析法进行数据质量问题分析主要有四个步骤,如图 6.4 所示。

扩展阅读 6-7 根因分析具体步骤

第6章 数据质量管理

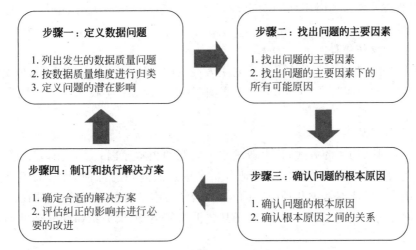

图 6.4 数据问题根因分析步骤

我们在进行数据质量问题的根因分析时,可以使用的工具有很多,常用的有鱼骨图、5why图、故障树图、帕累托图等。

1. 鱼骨图

1) 鱼骨图的概念

鱼骨图又叫石川图或因果图,是因果分析中常用的工具,最早由日本管理大师石川馨提出,是一种透过现象看本质的分析方法,有助于探索阻碍结果的因素。鱼骨图包含特性、主骨、大骨、中骨、小骨、主因等组成部分,具体如图 6.5 所示。

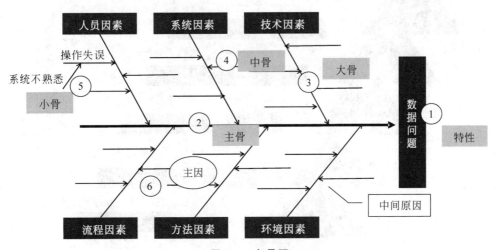

图 6.5 鱼骨图

鱼骨图的特性就是"问题的结果",例如,同一客户不能唯一标识;主骨用来引出问题,"问题"写在右端,用方框框起来,主骨用粗线画,加箭头标志;大骨用来表示问题的直接原因,如图 6.5 中的人员因素、系统因素、技术因素、流程因素、方法因素和环境因素;中骨用来描述事实,例如业务操作不当、操作失误等;小骨用来描述为什么会那样,如对系统操作不熟悉、随意性输入等；主因用椭圆圈定,不一定发生在末级,在大骨、中骨、小骨每一级均有可能发生。

2) 鱼骨图的操作流程

鱼骨图的操作流程为：①从多个维度对引发问题的直接原因进行归集；②依次列出直接原因所导致的问题"事实"；③分析每一个"事实"发生的原因；④找到导致问题发生的根本原因。

3) 鱼骨图的优缺点

优点：①通过结构性的方式,找出造成某个问题的根本原因；②运用有序的、便于理解的图标格式阐明因果关系；③可以全面地分析考虑造成问题的各种原因,而不是只看某些明显的表面因素；④能够考虑几种问题的实质内容,而不是问题的历史或不同的个人观点。

缺点：鱼骨图禁锢于五个因素中,对于某些极端复杂、因果关系错综复杂的问题分析成效不大。

2. 5why 图

1) 5why 图的概念

5why 图,也称 5why 分析法或丰田 5 问法,首创者是丰田公司的大野耐一。简单来说,5why 分析法的精髓就是多问几个为什么,鼓励解决问题的人努力避开主观假设和逻辑陷阱,从结果着手,沿着因果关系链条顺藤摸瓜,穿越不同的抽象层面,直至找出原有问题的根本原因,如图 6.6 所示。

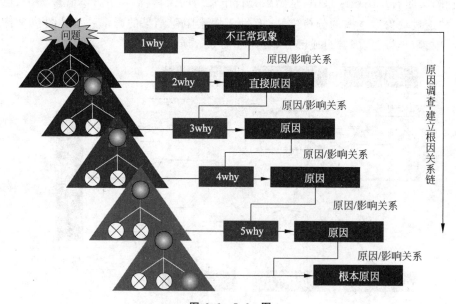

图 6.6　5why 图

2) 5why 图的操作流程

其操作流程为：①说明问题并描述相关信息；②问"为什么"直到找出根本原因；③制定对策并执行；④执行后,验证有效性；如：有效进行定置/标准化/经验总结。

扩展阅读 6-8
5why 分析法实例

3) 5why 图的优缺点

优点：5why 图不仅可以问 5 个为什么，也可以是 4 个、6 个，只需要找到问题的根本原因并解决问题就可以。5why 图方法简便，且有助于找出问题的根源。

缺点：对原因的追求牵涉到了人的心理面，会受到推论者主观思想、情绪以及知识储备的影响，还有可能陷入逻辑陷阱。

3. 故障树图

1) 故障树图的概念

故障树图是一种逻辑因果关系图，是故障事件在一定条件下的逻辑推理方法。故障树从问题的顶部开始，而可能的原因在下面，是一种自上而下的推演方法，如图 6.7 所示。

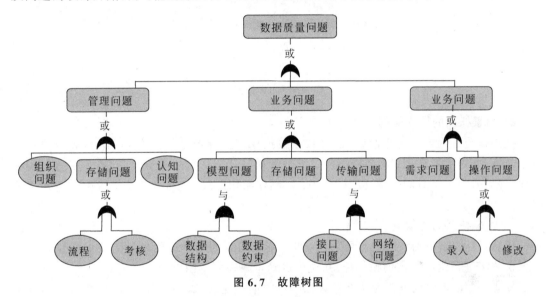

图 6.7 故障树图

2) 故障树图的操作流程

其操作流程为：①分析顶事件发生的直接原因，将顶事件作为逻辑的输出事件，将所有引起顶事件的直接原因作为输入事件，将它们之间的逻辑关系用适当的逻辑连接起来。②对每一个中间问题用同样的方法逐级向下分析，直到所有的输入问题都不需要再分解（找到问题的根本原因）为止。

3) 故障树图的优缺点

优点：直观明了，思路清晰，逻辑性强，既可以进行定性分析，也可以进行定量分析。它体现了以系统工程方法研究安全问题的系统性、准确性和预测性。

缺点：主要是建树烦琐，工作量大，易导致错漏，对分析人员的要求也较高，这在一定程度上限制了它的推广和普及。

4. 帕累托图

1) 帕累托图的概念

帕累托图是条形图和折线图的组合，条形图的长度代表问题的频率，折线表示累积频率。横坐标表示影响质量的各项因素,按影响程度的大小(出现频数)从左到右排列,如图 6.8 所示。通过对排列图的观察分析可以抓住影响质量的主要因素,进而确定问题的优先级。帕累托图是基于 80/20 法则的分析,即 80% 的问题是由 20% 的原因导致的。这意味着如果有针对主要问题的解决方案,则可以解决大部分的数据质量问题。

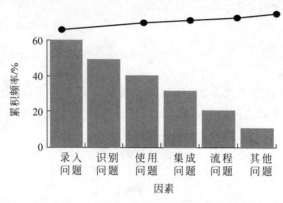

图 6.8　帕累托图

2) 帕累托图的操作流程

其操作流程为:①收集数据;②将数据根据原因及内容进行分类;③根据分类项目来整理数据,并做成计算表;④制作图表中纵轴和横轴;⑤制作柱状图,以发生频率由大到小排序,用插入图形工具画帕累托图柱状图;⑥制作累积曲线;⑦制作累积比率;⑧记入必要事项。

3) 帕累托图的优缺点

优点:有助于识别和确定主要原因,即缺陷或问题的根本原因。缺陷从最高优先级到最低优先级进行组织。借助帕累托图,还可以确定缺陷的累积影响。

缺点:①根本原因分析无法在帕累托分析中单独完成,需要一种工具,即根本原因分析工具来确定或识别缺陷的根本原因或主要原因;②不代表缺陷或任何问题的严重性;③仅显示定性数据;④仅关注损坏已经发生的过去数据。

6.4　数据质量评估

"十四五"规划指出:"迎接数字时代,激活数据要素潜能,推进网络强国建设,加快建设数字经济、数字社会、数字政府,以数字化转型整体驱动生产方式、生活方式和治理方式变革。"数据质量评估与保障是实现上述"十四五"规划内容的根基,对于有效改善各级政府部门和组织的管理、决策与绩效至关重要。

6.4.1　数据质量评估框架

1. DQAF 简介

DQAF(Data Quality Assessment Framework,数据质量评估框架)是国际货币基金组

织(IMF)以联合国政府统计基本原则为基础构建的数据质量评估框架体系,于2003年7月正式发布。

DQAF最初的目的是建立一种测量数据质量的方法,为数据消费者提供有意义的数据测量结果,并帮助提高数据质量。DQAF对数据质量内涵的界定比较完整,归纳性也比较强,同时提供了具体的数据质量测量类型和数据质量指标,并给出了相应的详细解释,这些因素使该框架的可操作性较强。

DQAF给定了数据质量的测量基本框架,如图6.9所示。

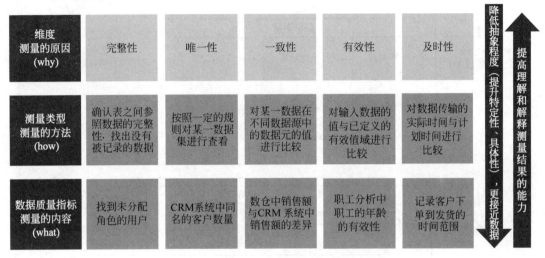

图6.9　DQAF数据质量的测量基本框架

(1) 测量的原因(why):数据测量维度,用来确定测量数据的哪些方面,并且通过什么来对其进行量化。DQAF中探讨的维度包括完整性、唯一性、一致性、有效性和及时性。数据质量维度非常重要,因为它使人们能够理解为什么要测量数据。

(2) 测量的方法(how):有持续测量和定期测量两种。

持续测量即对关键的或有风险的数据源实施联机持续测量,目的是维持数据质量,它有三个任务:一是监控数据的状况并为数据在某种程度上符合预期提供保障;二是监控和发现数据质量问题;三是确定改进的机会。

定期测量即对非关键性数据和不适合持续测量的数据进行定期重新评估,为数据所处状态符合预期提供一定程度的保证。定期评估可以确保参考数据保持最新,预防业务和技术演进导致意外的数据更改。

(3) 测量的内容(what):数据质量测量的内容通常称为数据质量的指标,即衡量数据质量目标的参数,预期中要达到的指数、规格、标准,一般用数据表示。特定的数据质量指标在某种程度上是不言自明的,它们定义了测量的特定数据应采取的特定方法。

2. DQAF的应用

DQAF最初被研发出来是为了描述联机数据质量测量,这些测量可以在数据仓库或其他大型系统中作为数据处理的一部分来持续执行。在数据生命周期的不同时点分别执行数据质量评估,

扩展阅读6-9
DQAF的数据质量测量流程详解

效果会更好。在特定的数据治理或数据质量改进项目中,通过联机测量、监控和控制,执行应用系统数据质量的持续评估。DQAF数据质量测量流程如图6.10所示。

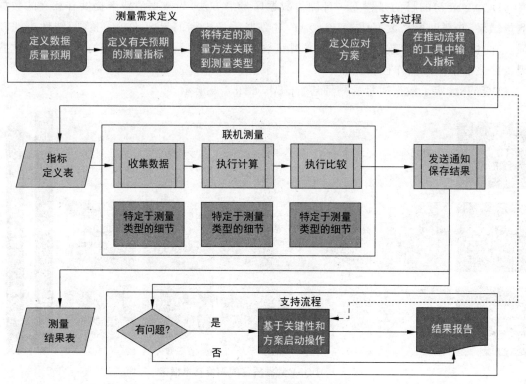

图 6.10　DQAF 的数据质量测量流程

3. DQAF 应用总结

DQAF采用的是级联式结构,从综合评估框架中所描述的全部数据集共有的质量维度,延伸到专项评估框架中适用于特定数据集的更为详细的内容,即对数据质量评估标准从一般到具体再到更为详尽的描述过程。

作为一个权威性的国际规范,DQAF所采用的标准定义、概念和良好统计实践可以用于全面、客观地评估统计数据的质量,为企业的数据质量管理提供可借鉴的范本。

6.4.2　数据质量评估方法

在数据质量项目中,数据质量评估提供了一整套方法,包括制定基准并定期对比跨数据库、利益相关方和相关部门的现状等。该方法不仅是识别改善数据质量的关键领域的基础性步骤,还将为企业全面启动数据质量项目奠定坚实的基础。

我们将分别介绍三种评估数据质量的技术,重点说明这些评估技术是如何应用于实际中,并形成不同的数据质量评估方法的。这三种技术分别是:

(1) 数据质量调查法(data quality survey);

(2) 数据质量指标量化法(quantifiable data quality metrics);

(3) 全面数据质量管理(total data quality management，TDQM)周期中的数据完整性分析法(data integrity analysis)。

在上述三种技术中,数据质量调查法将得出不同利益相关者对不同数据质量维度的评估,其结果反映了每个受访者对数据质量的感知。数据质量指标量化法是一种评价数据质量的客观测量工具。在使用质量维度之前,组织需要为每个质量维度设定经由集体商定的指标,而后这些指标将被反复使用。数据完整性分析法则是直接判断数据库中的数据是否符合完整性约束,而这些结果将在后面数据质量管理周期中执行。在实践中,因为数据库一般都要求输入的数据符合完整性约束,包括用户定义的完整性约束,所以该技术对系统的影响较小,并且一般不需要用户的直接参与。

企业可以使用上述技术或者基于上述技术组合而成的不同策略来评估数据质量。下面介绍三种方法及其实际应用。

第一种方法是对比法,由 Pipino、Lee 和 Wang(2002)提出。对比法基于数据质量调查和量化的数据质量指标,将调查中收集的数据与量化指标的结果进行对比。对比的结果可以用来诊断需要改善的关键领域。因为这种方法有诊断的特性,为了与另一种对比法区分,这种对比法又称为诊断对比法。

第二种方法属于广义范畴的目标质量(AIMQ)方法。采用数据质量调查的汇总结果来分析需要优先改善的关键领域,这种方法包括差距分析和基准分析。这里的对比不是两种技术的对比,而是利用调查技术,将利益相关者(数据采集者、数据管理者和数据消费者)的观点与产业、行业标准或者最佳先进企业的基准相对比。

第三种方法由 Lee 等(2004)提出,该方法将数据完整性分析嵌入面向过程的 TDQM 周期。通过记录不同时间采集的数据完整性分析结果,利用历史记录帮助企业适应环境的变化,并支持一个持续的数据质量改善项目。

所有这些技术都可以根据组织的需求和目标作出调整、进行定制。

1. 对比法

数据质量评估的诊断对比法包括三个步骤。

步骤一:实施数据质量调查,使用数据质量指标测量数据质量维度。

步骤二:对比两种评价的结果,分析两者的差距,并确定差距产生的根源。

步骤三:确定并实施必要的改善行动。

在理想情况下,分析人员应该已知接受评估的组织的一些信息,包括组织内数据质量保障机制的使用程度、不同的利益相关方对这些机制的熟悉程度。虽然这些信息不是必需的,但是它们能够增强对比分析和差距评价,有助于寻找产生差距的根源。

在实施数据质量调查的过程中,需要采集某些特定数据质量指标的调查结果,而后对比测量的结果。为此,接受评估的组织需要明确不同数据质量指标(变量)之间的重要性和优先级,并定量地设计指标,以便调查时尽可能客观地测量这些指标。

基于测量结果,可以使用一个 2×2 的矩阵来描述调查结果和测量指标的对比分析结果,如图 6.11 所示。理想的对比结果应该落入第四象限,如果对比结果处于第一、二、三象限,则必须进一步探查产生差异的根源并采取改正措施。对于落入不同象限的情况,整改措施不尽相同。例如对某一指标来说,如果评价指标显示数据是高质量的,而调查结果却认为数据是低质量的,即对比结果落入第三象限,那么显然需要调查导致这种差异的原因。一种可能的解释是,过去的数据质量差,即使现在的数据质量确实大幅度提高了,数据质量差的印象仍然存留在受访者的脑海中,因而出现了差异;另一种解释是,客观测量的对象与利益相关者的关注点不一致,或者是数据或测量的内容存在问题。类似的信息都有助于诊断问题。

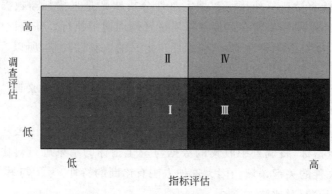

图 6.11 调查和指标评估

2. 目标质量法

1) 信息质量评价调查

信息质量评价(information quality assessment,IQA)调查[CRG(变更评审组),1997a]的目的是获取受访者对数据质量的主观评价,以及受访者对现有的数据质量过程、数据质量项目和数据质量方法的了解,受访者应该包括数据采集者、数据管理者和数据消费者。

IQA 调查通过 IQA 问卷完成。问卷基于利克特(Likert)模式设计,对问题的回答采用 0~10 的刻度描述,其中 0 表示"根本不",10 表示"完全是"。调查问卷共有八个部分。第一部分确定被评价的数据源的特点和受访者所扮演的利益相关方的角色(数据采集者、数据管理者、数据消费者)。注意,某种角色个体组成的小组的管理者,也应被看作该小组的成员,而非其他角色。第二部分评价数据质量的各个指标。第三部分收集受访者相关知识的信息,涉及数据质量环境(包括是否熟悉现有的数据质量项目,谁对数据质量负责,使用哪些数据质量工具、技术等)。第四部分采集数据质量问题的背景信息。第五部分至第七部分调查受访者对数据采集、管理和使用方面的了解(包括是什么、怎么做和为什么三个层面)。第八部分是受访者对数据质量指标重要性的评级。

第一部分采集受访人的基本信息,这在随后的分析和诊断中十分重要,它是第二部分至第八部分获取的信息的背景。特别是当进行跨角色、跨数据库的对比评价时,背景信息更加有用,第二部分至第八部分的信息可以提高任何分析和诊断的水平。所有这些信息都将作为输入的一部分,用作对比分析、探寻差异根源并解决差异。

2) 差距分析技术

信息质量评价调查使我们可以在具体维度层面上评价数据质量,可以实现使用该问卷的企业与竞争对手(或者基准企业)相比较,还可以实现企业中不同的利益相关角色、个体相比较。这里介绍两种比较方法:基准差距分析和角色差距分析。这两种分析方法对于识别数据质量问题都十分有用(Lee et al., 2002)。

(1) 基准差距分析。任何企业都关心这个问题：与其他企业相比如何？基准差距分析就是为了满足这一需求。通过 IQA 调查，可以获得任何指定时间的数据质量状况。最佳企业的 IQA 结果可以作为其他企业数据质量评级的基准。

基准差距分析是对接受评估的企业的数据质量维度与基准企业的对应维度进行比较。在分析基准差距时，有三项指标需要考虑：①差距区域的大小；②差距定位：差距在纵轴的位置；③差距的大小沿横轴的变化。

(2) 角色差距分析。角色差距分析是对来自不同利益相关方的受访者，如数据管理者和数据消费者给出的数据质量评级进行比较。角色差距分析是一项十分有用的诊断技术，能够判断角色差距是否基准差距的来源之一。跨越角色的评级和对比有助于识别数据质量问题，并进一步为改善数据质量奠定基础。在分析角色差距时，也有三项指标需要考虑：①差距区域的大小；②差距定位；③差距的方向（正或负）。

很大的正差距意味着数据管理者没有意识到数据消费者面临的问题。通常有很大的正差距的企业需要促使数据管理者和数据消费者之间达成共识。如果差距比较小则说明两者对现有的数据质量水平的分歧较小，那么此时应该进一步检查差距中点的定位，把重点放在改善数据质量上。若差距中点的定位较高，则意味着数据质量较高，适合采取渐进式改进方法；相反，若定位较低，则采取大力提高质量的措施有望得到很好的收效。

3. 数据完整性评价

数据质量评估的第三项技术是将数据完整性评价融入业务流程中，它是数据整体性原则的评价与面向过程的全面数据质量管理周期相结合的产物。

为了保证数据整体性原则能够反映真实的外部环境动态和全球化的现状，任何企业都需要建立一套流程来指导从真实世界的状况到数据整体性原则的转换。对此，一种解决方法是将数据整体性原则嵌入全面数据质量管理周期中(CRG, 1997b)。

改善数据质量的步骤包括：①定义数据质量对该企业的数据和环境意味着什么，并由此建立数据整体性原则。②根据这些整体性原则测量数据质量。测量可能只涉及简单的指标，比如违反原则的比例，也可能涉及更详细的指标，比如实际数据和指定的数据质量标准之间的差距。③分析问题的根本原因，进而提出改善数据质量、使数据符合数据整体性原则的计划。另外，当所谓的"冲突数据"实际上是正确数据时，数据整体性原则要重新定义。这种重定义操作对于持续改善数据质量是最为重要的，它的存在使得这个过程不再是简单的迭代。

该方法的特点是将数据完整性评价嵌入业务流程中，从而使所使用的数据完整性工具与数据管理流程紧密相关。这是令数据整体性原则更加突出、更加鲜明的一个有效方法，促进组织成员反思规则，也利于成员间、部门间的沟通。因此，此方法支持数据动态性、全球性的特征。

6.4.3 数据质量评估指标与测量

数据质量是分析和利用数据的前提，是获取数据价值的重要保障。业界比较通用的方式是基于完整性、一致性、及时性和准确性四个维度来评估数据质量。本节将在技术基础上，从数据质量评估的技术指标和业务指标对数据质量评估进行更深入的分析。

1. 数据质量评估技术指标

数据质量评估技术指标是从技术角度对企业数据进行评估，主要包括唯一性、完整性、相关性、有效性、及时性、非重复记录指标。

扩展阅读 6-10
数据质量评估技术指标列表

唯一性是指存储在不同系统中的同一个数据是一致的，此项主要明确企业所有系统中的数据是否一致，是否有重复数据。完整性是指数据信息不能存在缺失的情况，数据缺失的情况可能是整个数据记载缺失，也可能是数据中某个字段信息的记载缺失。相关性是指数据之间的关联程度，此项指标主要明确不同数据元之间的数据的关联程度。有效性是指数据应遵循预定的语法规则的程度，应符合其定义，比如数据的类型取值范围等，此项指标主要明确企业系统里所有的数据值是否都在对应的字段里。及时性是指数据从产生到可以查看的时间间隔，也叫数据的延时时长，如果数据延时超出统计的要求，则可能导致分析得出的结论失去意义，此项指标主要明确当需要数据时是否可以即时拿到。非重复记录用于度量哪些数据是重复数据或者数据的哪些属性是重复的。此项指标主要明确企业系统中的数据是否存在多个记录表现同一实体的现象。

2. 数据质量评估业务指标

数据质量评估业务指标是从业务角度对企业数据进行评估，主要包括真实性、精确性、一致性、可理解性、可用性指标。

扩展阅读 6-11
数据质量评估业务指标

真实性是指数据库中的实体必须与对应的现实世界中的对象一致，以样本数据的真实数据为衡量标准。精确性是指数据精度符合业务需要，以样本数据满足业务对精度需求的比率为衡量标准。一致性是指数据与其他系统（或者系统内部）一致，以样本数据不同存储的匹配率为衡量标准。可理解性是指数据含义明确和易于理解，以样本数据易于理解的记录比率为衡量标准。可用性是指数据可获得，可满足业务使用，以样本数据可获得记录的比率为衡量标准。

6.5 数据质量管理策略与技术

《国务院关于加强数字政府建设的指导意见》中指出："加强数据治理和全生命周期质量管理，确保政务数据真实、准确、完整。建立健全数据质量管理机制，完善数据治理标准规范，制定数据分类分级标准，提升数据治理水平和管理能力。"本节基于评价体系、生命周期、业务流程，采用不同策略和技术对数据质量进行管理，以保障数据质量并在此基础上实现数据质量的持续提升。

6.5.1 基于评价体系的数据质量管理

基于评价体系的数据质量管理是通过从数据的不同维度建立数据质量评价体系对数据质量进行管理的策略。评价体系的建立首先需要确定评估方向,其次使用可以量化、程序化识别的指标来衡量,如数据的完整性、一致性、准确性、及时性等指标。通过量化指标,我们就可以了解到当前数据质量,以及采取修正措施之后数据质量的改进程度。

通过建立数据质量评价体系,对整个流通链条上的数据质量进行量化指标输出,后续进行问题数据的预警,可以明确数据的哪些维度存在问题,便于进行问题的定位和解决,最终可以实现在哪个环节出现就在哪个环节解决,避免了将问题数据带到后端及其质量问题扩大,可以有针对性地对特定的数据维度的质量进行提升。但是该方法也存在一定局限性,较大程度上依赖于维度的选择,不同的评价体系会得到不同的结果。

6.5.2 基于生命周期的数据质量管理

基于生命周期的数据质量管理从数据全生命周期考虑,对数据采集、存储、传输、处理、分析等不同阶段任何有可能出现的数据质量问题进行管理与预防。

(1) 数据采集阶段,采集的数据源数量和质量将影响生命周期后续各时期的数据状态。可采用以下质量控制策略:明确数据采集需求并形成确认单;数据采集过程和模型的标准化;数据源提供准确、及时、完整的数据;将数据的新增和更改以消息的方式及时广播到其他应用程序;确保数据采集的详细程度或粒度满足业务的需要;定义采集数据的每个数据元的可接受值域范围;确保数据采集工具、采集方法、采集流程已通过验证。

(2) 数据存储阶段,质量控制策略有选择适当的数据库系统、设计合理的数据表;将数据以适当的颗粒度进行存储;建立适当的数据保留时间表;建立适当的数据所有权和查询权限;明确访问和查询数据的准则与方法。

(3) 数据传输阶段,质量控制策略有明确数据传输边界或数据传输限制;保证数据传输的及时性、完整性、安全性;保证数据传输过程的可靠性,确保传输过程数据不会被篡改;明确数据传输技术和工具对数据质量的影响。

(4) 数据处理阶段,质量控制策略有合理处理数据,确保数据处理符合业务目标;重复值的处理;缺失值的处理;异常值的处理;不一致数据的处理。

(5) 数据分析阶段,质量控制策略有确保数据分析的算法、公式和分析系统有效且准确;确保要分析的数据完整且有效;在可重现的情况下分析数据;基于适当的颗粒度分析数据;显示适当的数据比较和关系。

基于生命周期的数据质量管理较为全面,对不同阶段进行针对性的细粒度管理,能够提升数据质量管理效果与效率。

6.5.3 基于业务流程的数据质量管理

基于业务流程的数据质量管理是从业务需求定义、数据质量测量、根本原因分析、实施改进方案、控制数据质量等业务流程角度考虑，对不同的流程可能出现的质量问题进行预防和管理。

（1）业务需求定义流程，首先，将企业的业务目标对应到数据质量管理策略和计划中。其次，让业务人员深度参与甚至主导数据质量管理，从而更好地定义数据质量参数。最后，将业务问题定义清楚，才能分析出数据质量问题的根本原因，进而制订合理的解决方案。

扩展阅读 6-12
数据质量测量的具体步骤

（2）数据质量测量流程，围绕业务需求设计数据评估维度和指标，利用数据质量管理工具完成对相关数据源的数据质量情况的评估，并根据测量结果归类数据问题、分析引起数据问题的原因。

（3）根本原因分析流程，抓住影响数据质量的关键因素，设置质量管理点或质量控制点，从数据的源头抓起，从根本上解决数据质量问题。

（4）实施改进方案流程，没有一种通用的方案来保证企业每个业务每类数据的准确性和完整性。企业需要结合产生数据问题的根本原因以及数据对业务的影响程度，来定义数据质量规则和数据质量指标，形成一个符合企业业务需求的数据质量改进方案。

（5）控制数据质量流程，在企业的数据环境中设置一道数据质量"防火墙"，以预防不良数据的产生。根据数据问题的根因分析和问题处理策略，在发生数据问题的入口设置数据问题测量和监控程序，在数据环境的源头或者上游进行数据问题防治。

对不同的业务流程可能出现的质量问题进行预防和管理，可以确保业务的实施，保障数据的质量，提升企业的协同能力。

扩展阅读 6-13
商业银行数字化转型——浦东发展银行数据质量管理实践

6.5.4 基于政策的数据质量管理

基于政策的数据质量管理，是通过制定相关的数据质量管理政策，来保障数据质量。

首先，在制定政策时，要确保数据质量政策及其流程与企业战略、经营方针和业务流程一致。数据的主要功能是支持组织的业务活动。要实现数据对业务活动的支撑，数据质量政策就必须与组织的业务政策相呼应。设计一种均衡的数据质量政策的前提是以一种综合的、超越部门职能的视角来审视每项政策。如果数据质量政策不适应组织的战略、方针或业务流程，或者在制定政策时局限于细节或狭隘的视角，那么不仅很可能导致数据质量问题，而且会危害到组织本身，因为这种失序会诱发更多本可避免的冲突。

其次，要制定相应的政策为数据质量工作进行明确的角色和责任划分。基本的功能划分应该包括数据采集者、数据管理者和数据消费者。在组织中，这些角色都应该被清楚地识别出来并且要令组织成员明白地意识到他们自己以及其他人所扮演的角色。相关数据质量角色可以上至高级管理人员，下到一般的数据分析师和信息技术人员、程序员。

数据质量政策本质上是组织业务政策的反映，也是对组织的业务政策的支撑。依靠政策的制定，可以更好地对人员进行管理，从而保障数据的质量。

本章小结

数据质量影响的不仅是信息化建设的成败，更是企业业务协同、管理创新、决策支持的核心要素。数据质量管理在当下显得尤为重要,通过本章的学习,进一步明确数据质量管理的概念,依托现有成熟的 ISO 9001、六西格玛等数据质量管理体系,建立完善的数据质量管理框架。对数据质量进行诊断与根因分析,有效评估数据质量,采用不同策略和技术对数据全生命周期质量进行管理,以保障数据质量并在此基础上实现数据质量的持续提升。尽管可能没有一种真正的万无一失的方法来防止所有数据质量问题,但是使数据质量成为企业数据环境 DNA(脱氧核糖核酸)的一部分将在很大程度上能够获得业务用户和领导的信任。随着大数据的发展,企业的数据应用需求与日俱增,解决数据质量问题变得比以往任何时候都重要。技术的发展、业务的变化、数据的增加让企业的数据环境日益复杂多变。数据质量管理是一个持续的过程,需要企业全员参与,逐步培养起全员的数据质量意识和数据思维,及时并有效地管理数据质量,从而最大化地发挥数据要素的价值。

思考题

1. 当前我国数据质量管理面临的挑战有哪些?
2. 对 ISO 9001 数据质量管理体系框架进行简要描述。
3. 六西格玛在数据质量管理中的应用有哪些?
4. 可以使用哪些方法进行数据质量诊断?
5. 引起数据质量问题的常见原因有哪些?
6. 对数据质量评估指标进行简要描述。
7. 简要概括数据质量管理的策略与技术。

即测即练

第 7 章
数据标准化

 **思维导图**

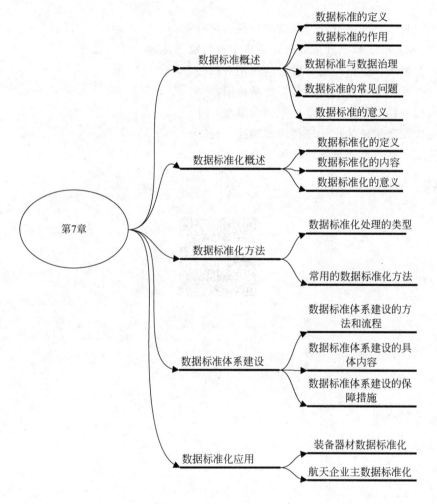

📖 **内容提要**

数据标准是为企业的数字化环境"建章立制"的过程,数据标准化是企业业务和管理活动中所涉及数据的规范化定义与统一解释,适用于业务信息描述、应用系统开发、数据管理和分析,是企业数据治理的重要组成部分。本章主要介绍什么是数据标准、什么是数据标准化、数据标准化方法、数据标准体系建设以及数据标准化应用。

本章重点

◆ 掌握数据标准的定义和作用。
◆ 理解数据标准化的内容。
◆ 掌握数据标准化的方法。
◆ 理解数据标准体系建设。
◆ 了解数据标准化应用。

7.1 数据标准概述

数据标准是进行数据标准化的主要依据,构建一套完整的数据标准体系是开展数据标准管理工作的良好基础,有利于提升数据底层的互通性和数据的可用性。本节主要阐述了数据标准的定义、数据标准的作用、数据标准与数据治理、数据标准的常见问题以及数据标准的意义。

7.1.1 数据标准的定义

"数据标准"并非一个专有名词,而是一系列规范性约束的抽象。数据标准的具体形态通常是一个或多个数据元的集合。对于数据标准的定义,不同学者、机构具有多种理解和解释:数据标准是各部门之间关于通用业务术语的定义,以及这些术语数据中的命名和表示方式的协议;数据标准是一组数据元的组合,可以描述如何存储、交换、格式化及显示数据;数据标准是一组用于定义业务规则和达成协议的政策与程序,标准的本质不仅是元数据的合并、数据的形式描述框架,还是数据定义和治理的规则;数据标准是企业各个利益干系人希望共同发展的一种共同语言。数据标准是用于数据集成和共享的单一数据集,是数据分析和应用的基础。本章节采用中国信息通信研究院在《数据标准管理实践白皮书》中对数据标准给出的定义:"数据标准是指保障数据的内外部使用与交换的一致性和准确性的规范性约束。在数字化过程中,数据是业务活动在信息系统中的真实反映,由于业务对象在信息系统中以数据的形式存在,数据标准相关管理活动均需以业务为基础,并以标准的形式规范业务对象在各信息系统中的统一定义和应用,以提升企业在业务协同、监管合规、数据共享开放、数据分析应用等各方面的能力。"

7.1.2 数据标准的作用

数据标准适用于业务数据描述、信息管理及应用系统开发,既可作为经营管理中所涉及数据的规范化定义和统一解释,也可作为数据管理的基础,同时也是在应用系统开发时进行数据定义的依据。以下以客户数据模型为例,解释数据标准在数据使用中的作用。

示例

在一个数据库中,客户数据模型允许存储三个地址:交货地址、账单地址和备用联系人地址。前两个字段填充了实际地址,但第三个字段一直为空。由于某些业务需要,一段时间后第三个字段成为维护客户的注释信息,例如"免税""现金支付"等。实际上,仔细检查就会发现,在名称字段中也嵌入类似的注释。

采用这种模式,久而久之就造成了数据的重复、不完整、不准确等诸多问题。

一种解决方案是清理数据,即直接对名称、地址等字段进行清理,删除多余的数据。但在这种方式下,清理客户主数据的名称和地址会给业务人员带来困扰,因为有时候它们是有意义的。

因此在创建"客户"这个数据模型时,需要对模型涉及的每个字段进行定义,明确每个数据属性的语义、用途、结构、业务规则及填写规范。这就是数据标准的用武之地,这将有助于防止数据对象、数据属性的定义之间的冲突。

在组织的数据管理和数据应用中,数据标准除了能防止数据对象、数据属性的定义之间的冲突,还对组织应用系统的集成和数据分析挖掘具有以下重要的作用。

(1)数据标准可以增强各业务部门对数据理解的一致性,提升沟通效率。

(2)数据标准可以减少数据转换,促进系统集成和信息资源的共享。数据标准可以促进企业级单一数据视图的形成,支持数据管理能力的发展。

(3)数据标准有助于对数据进行统一规范的管理,消除各部门间的数据壁垒,支持业务流程的规范化。

(4)数据标准有利于提高数据质量。可以基于数据标准的规范化定义对企业数据质量进行检查,找出有问题的数据,出具数据质检报告。

(5)数据标准有利于规范化管理数据资产。数据标准是数据资产梳理和定义的基础。对于一家拥有大量数据资产或者要实现数据资产交易的企业而言,构建数据标准是一件必须做的事情。

7.1.3 数据标准与数据治理

数据标准化实现了组织对数据统一理解的定义规范。数据标准通过对业务属性、技术属性、管理属性的规范化,可统一组织在业务过程中的业务术语定义、报表口径规范、数据交互标准。数据标准与数据治理其他域息息相关,是数据治理的基础。图7.1为数据标准与数据治理其他域的关系。

1. 数据标准与主数据的关系

从范围上看,数据标准包含主数据与参考数据标准。主数据标准包括主数据分类、主数据编码和主数据模型等。同时,在主数据管理过程中还会涉及主数据的清洗标准、主数据的管理标准、主数据的接口标准等。

2. 数据标准与元数据的关系

组织在制定数据标准的时候最先需要明确的就是数据实体的属性,包括属性的定义、业

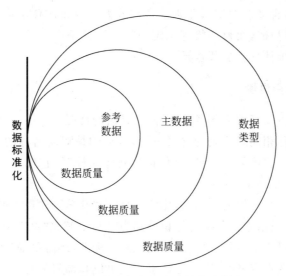

图 7.1　数据标准与数据治理其他域的关系

务规则、关系等，这些信息在元数据管理中被称为业务元数据。

在组织的数据治理实施中，数据标准管理更多的是管理数据实体的业务元数据，例如业务术语标准、基础数据元标准、指标数据标准等。数据标准为业务规则和IT实现之间提供了清晰、标准的语义转换，提高业务和IT之间的一致性，保障IT系统能够真实反映业务事实，并为业务系统的集成提供支撑。

3. 数据标准与数据质量的关系

标准化是信息化的前提，是组织实施数据质量管理的基础。通过对数据标准的统一定义，明确数据的归口部门和责任主体，为组织的数据质量和数据安全提供基础保障。这个过程需要对数据对象、对象之间关系、数据的各个属性和数据质量的规则进行标准化定义，确保数据的质量校验和稽核有据可依、有法可循。

另外，数据标准对隐私数据的识别、数据的分类分级等数据安全管理要求也十分重要。因此，一般认为数据标准是数据治理的基础。

7.1.4　数据标准的常见问题

在数据标准管理过程中经常会遇到各种问题和挑战，例如：在制定数据标准的过程中，各业务部门基于自身需求设计或实施数据标准，因而难以形成统一的数据标准；再如，不同语境下的数据定义存在歧义，数据标准的制定与使用脱节等，造成数据标准在实际业务中难以为继。具体而言，数据标准管理问题有：数据语义不清晰，数据定义和使用语境，标准的制定和使用脱节。

1. 数据语义不清晰

当独立使用一个系统时，相关业务术语、相关联语义可能是一致的，但如果需要在两个或多个环境之间比较，含义上的细微差别就会被放大。例如，CRM 系统中的"客户"数据是包含意向客户、潜在客户的，而财务管理系统中的"客户"是产生了财务往来的"客户"，两个系统的"客户数据量"统计具有显著差异。

2. 数据定义和使用语境

数据定义的歧义主要表现为同名异义、同义异名的情况。

同名异义是指名称相同但代表的含义不同，常见的是相同名称的数据在不同的语境中所代表的含义是不同的。比如"黑色"，用作描述物体属性时，它代表一种颜色，而用来形容人心时，它就代表邪恶或伪善。

同义异名是指含义相同但命名不同，比如，同样的"姓名"有"员工姓名"和"职工姓名"两种叫法，很可能开发人员给它们定义的标识分别为"YGXM"和"ZGXM"。

在数据标准化的过程中，不仅要定义数据元素的标准，还需要描述该数据元素使用的语境。因此组织在进行数据定义时，需广泛征求相关单位和部门的意见，确保数据定义的准确有效，以便提升组织对数据标准化，以及组织相关人员对数据语义的共同理解和认知。

3. 标准的制定和使用脱节

数据标准是数据一致性、完整性、准确性的保证，是数据分析、数据集成的基础。数据标准的建立需要经过审批、发布，再在被治理系统中进行推广和使用。同时，还需要评估数据标准的落地情况，通过评估定位数据问题并进行整改，以保证制定出的数据标准被正确使用，避免标准制定和标准执行脱节。

7.1.5 数据标准的意义

数据标准管理的目标是为业务、技术和管理提供服务与支持。图 7.2 为数据标准的意义。

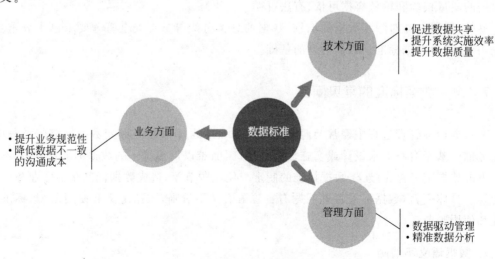

图 7.2 数据标准的意义

1. 业务方面

数据标准是解决数据不一致、不完整、不准确等问题的基础，各业务部门只有对数据形成一个统一的认知和理解，消除数据的"二义性"，才能提升业务的规范性，降低数据不一致的沟通成本，从而提升业务处理的效率。

2. 技术方面

统一、标准的数据及数据结构是组织信息共享的基础。标准的数据模型和标准数据元为新建系统提供支撑，提升应用系统开发及信息系统集成的实施效率。同时，数据标准为数据质量规则的建立、稽核提供依据，是数据质量管理的重要输入。

3. 管理方面

如前文所述，数字化的特点是"数据驱动"，而实现"数据驱动"的前提是数据是标准、规范且消除了大部分数据质量问题的。通过对业务术语、主数据和参考数据、指标数据等定义统一标准，为精准数据分析奠定了基础。统一的数据标准能够让业务人员易于获取数据，从而为业务人员自助式地进行数据分析、数据探索提供可能。因此，数据标准是实现数据驱动管理和数据驱动创新的基础。

7.2 数据标准化概述

数据标准化是数据挖掘的一项基础工作，不同评价指标往往具有不同的量纲和量纲单位，这样的情况会影响到数据分析的结果，为了消除指标之间的量纲影响，需要进行数据标准化处理，以提升数据指标之间的可比性。本节主要阐述了数据标准化的定义、数据标准化的内容以及数据标准化的意义。

7.2.1 数据标准化的定义

数据标准化是指研究、制定和推广应用统一的数据分类分级、记录格式及转换、编码等技术标准的过程。但数据的分类分级、记录格式及转换、编码以及与其相关的管理制度、流程等编制成文件并不等于完整的数据标准化。组织数据的标准化更多的是一组涉及数据标准制定、数据标准管理流程和制度、数据标准管理技术和工具的解决方案。

数据标准化是建立各部门数据共识的过程，是各业务部门之间沟通和各系统之间数据整合的基础。

1. 数据标准化是建立各部门数据共识的过程

数据标准化是将标准的数据在组织各部门之间、各系统之间进行同步共享或交换，使不同参与者对数据标准化达成共识，并使他们积极参与定义和管理数据标准的过程。我们对一系列的业务术语、数据字典、数据模型、数据交换包进行标准化定义，帮助组织解决业务中沟通不畅的问题，提升沟通效率。

2. 数据标准化是各系统数据整合的基础

以客户资料为例：对一家企业来说，"客户资料"可能分别存储在不同的系统中，比如CRM系统、ERP系统，而这两个系统往往是独立建设的，开发商不同，数据库不同，数据存储结构也有差异。要保证CRM系统中的"A客户"与ERP系统中的"A客户"是同一个客户，就需要建设"客户数据标准"来整合这两个系统所产生的客户信息。

因此，数据标准化其实就是在数据治理平台之间实现数据标准，并将各个系统产生的数据经过清洗、转换后加载到治理平台的数据模型中的过程，是系统数据整合的基础。

7.2.2 数据标准化的内容

一套完整的数据标准体系是组织数据管理和应用的基础，有利于打通数据底层、提升数据的可用性、消除数据业务歧义。组织的数据标准化一般包含四方面内容：数据模型标准化、基础数据标准化、主数据与参考数据标准化、指标数据标准化。

1. 数据模型标准化

数据模型标准化是对每个数据元素的业务描述、数据结构、业务规则、质量规则、管理规则、采集规则进行清晰的定义，让数据可理解、可访问、可获取、可使用。数据模型反映的是对业务的理解和定义，能够帮助组织建立内部和跨组织沟通的桥梁。数据模型可以用于识别丢失和冗余的数据，并且有助于在ETL过程中记录数据映射。

数据模型标准通过技术元数据、业务元数据进行模型描述，将业务信息和技术信息完整体现在数据模型中，并确保数据模型能够准确、完整地反映业务需求和相关技术约束。图7.3为数据模型标准化的过程。

数据模型要准确反映业务需求。如果数据模型不能够准确反映业务需求，会令整个数据模型的实用性和价值大打折扣，难以达到预期效果。数据模型标准设计需要重点考虑以下四个方面。

（1）数据模型规范化。要考虑数据模型的设计是否符合模型设计的规范（如第三范式等）。应从业务需求、应用范围、数据结构、实体属性设计、实体关系设计等方面来进行规范化评价，例如主键是否唯一、索引是否重复、主外键关联是否合理等。

（2）数据模型标准性。要考虑数据模型是否遵循统一的命名规则，包括包名称、数据表名称、属性名称等。统一的命名规则能够规范模型，避免名称不一致造成的概念混淆，省去内容标准程度、完整性等方面的确认。

（3）数据模型一致性。要考虑数据模型中的元数据和数据是否一致；数据模型中的实体、属性含义等是否定义清晰、完整、准确；数据模型中的术语、标准、用法、属性和业务规则是否与实际情况保持一致，例如数据名称、数据属性、业务规则、属性格式及规则、外键与主键是否与实际情况保持一致。

（4）数据模型可读性。要考虑数据模型可查阅性、布局合理性、易用性。模型方面确保大而复杂的模型被分成多个子模型，模型中不包含过多层级的继承关系。实体方面包括合理的颜色及布局、关键实体的重点标注等。属性方面涉及名称和归类。

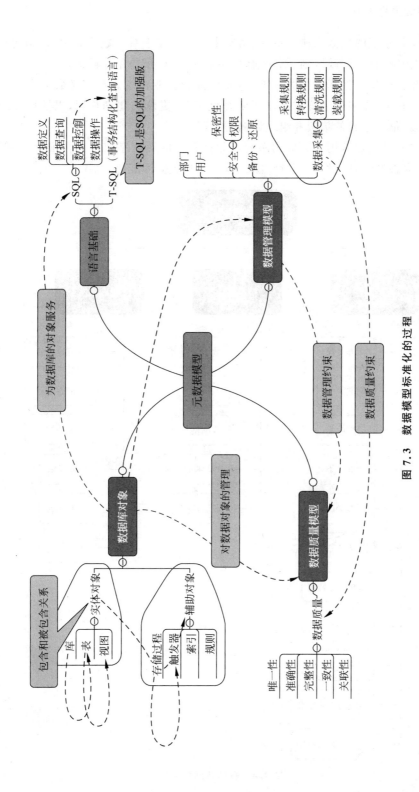

图 7.3 数据模型标准化的过程

2. 基础数据标准化

基础数据是系统的数据字典,在系统初始化时就存在于系统数据库中,是结构性或功能性的支撑,如国家地区、行政区划、邮政编码、性别代码、计量单位代码等。

基础数据标准化往往基于国际标准、国家标准和行业标准。在定义数据实体或元素时可以引用相关标准,再根据组织的需求不断补充完善、更新优化和积累,以便更好地支撑业务应用的开发、信息系统的集成和组织数据的管理。

基础数据标准化通常用来对应用系统或数据仓库的数据字典进行标准化,一般包含业务属性、技术属性和管理属性三部分。图7.4为基础数据标准化。

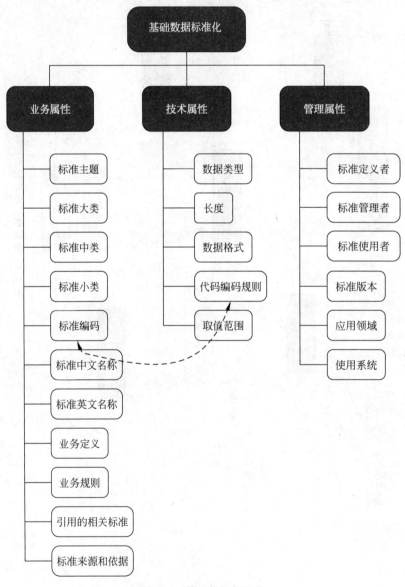

图 7.4 基础数据标准化

业务属性用来描述基础数据的业务信息,以方便业务人员理解,如标准主题、标准分类、标准编码、标准中文名称、标准英文名称、业务定义、业务规则、引用的相关标准、标准来源和依据等。

技术属性用来描述基础数据的技术信息,支持系统的实现,例如数据类型、长度、数据格式、代码编码规则、取值范围等。

管理属性用来描述基础数据的管理信息,支持对数据的管理和操作,例如标准定义者、标准管理者、标准使用者,以及标准版本、应用领域、使用系统等。

基础数据标准化的稳定性较强,一经发布,一般不会轻易变更,它属于组织各系统之间共享的公共代码。表7.1给出了某企业基础数据标准化的实例,展示了性别公共代码标准。

表 7.1 某企业基础数据标准化:性别公共代码标准

标准编号	CD 190004	
中文名称	性别代码	
英文名称	codes for sexual distinction of human	
代码描述	描述人的性别代码	
定义原则	采用外部标准	
引用标准代号及名称	GB/T 226.1—2003《个人基本信息分类与代码 第1部分:人的性别代码》	
代码编码规则	1级2位编码(1,2),采用国标编码	
技术属性	CHAR(字符类型)(2)	
版本日期	2019/11/18	
标准类别	标准	
代码值	代码描述	业务说明
01	男性	
02	女性	
99	未说明的性别	

3. 主数据与参考数据标准化

主数据是用来描述组织核心业务实体的数据,如客户、供应商、员工、产品、物料等。它是具有高业务价值、可以在组织内跨业务部门被重复使用的数据,被誉为组织的"黄金数据"。

参考数据是用于将其他数据进行分类或目录整编的数据,用于规定数据属性的域值范围。参考数据一般以国际标准、国家标准或行业标准为依据,是固定不变的数据。

主数据标准包含主数据分类、主数据编码和主数据模型。

(1) 主数据分类。主数据分类是根据主数据的属性或特征,将其按一定的原则和方法进行区分与归类,并建立起一定的分类体系和排列顺序。

(2) 主数据编码。主数据编码是为事物或概念(编码对象)赋予具有一定规律、易于计算机和人识别处理的符号,形成代码元素集合。对各类主数据概念的正确理解依赖于主数据分类,对各类主数据作出唯一表示依赖于主数据编码。

(3) 主数据模型。主数据模型即基于主数据属性的逻辑模型或物理模型,包括每个属性的名称、属性性质、类型、质量规则、取值范围等。

表7.2为人员主数据模型标准示例。

表 7.2 人员主数据模型标准示例

主数据	人 员			
定义	人员主数据是指所有与企业签署了正式劳动合同的人员,人员主数据是从企业管理视角出发的人员实体的数字化描述			
序号	属性名称	属性性质	类型	取值范围
1	人员编码	系统自动生成	字符型	系统自动生成的7位流水码
2	姓名	必填项	字符型	集团员工姓名,同身份证上的名称一致,必须保证姓名输入准确
3	身份证号	必填项	字符型	位数为15位或18位的身份证号码(港澳台及外籍除外)
4	性别	必填项	枚举型	男;女
5	出生日期	必填项	日期型	须与身份证上的出生日期保持一致
6	民族	必填项	参照型	参照民族档案
7	电子邮件	必填项	字符型	不能为空,格式:zhangsan@
8	办公电话		字符型	区号加6~8位电话号码(+分机号),中间以"-"连接,如 010-12345678 或 010-12345678-8888
9	手机	必填项	字符型	位数默认为11位(港澳台及国外除外),不得以其他符号代替
10	学历		枚举型	小学、初中、高中、大专、本科、研究生
11	状态	必填项	枚举型	在职;离职
12	备注		字符型	

需要注意的是,基础数据元标准和主数据与参考数据标准有着一定程度的重合,如表7.1基础数据元标准中的"性别"是一个公共代码,而表7.2中人员的"性别"是个参考数据。产生该问题的原因,主要是不同行业对于数据标准的分类方式和习惯不同。以上两类数据标准统称为企业基础数据标准。

4. 指标数据标准化

组织的各业务域、各部门均有其相应的业务指标,这些指标有的名称相同却有着不同的业务含义,而有的虽然名称差异很大,但在业务上却是同一个指标。如果不对指标数据进行标准化,对于同一指标,不同系统的指标统计结果可能是不同的,且难以区分;每次有新分析主题构建或旧分析主题变更时,都需要从所涉及的各个系统、库表中重新定义指标,成本很高。另外,目前大数据分析都提倡业务人员自助分析,如果没有指标数据标准化,业务人员几乎不可能从不同系统中拿到自己想要的数据,自助式分析将无从谈起。

指标数据标准化是在实体数据基础之上增加了统计维度、计算方式、分析规则等信息加工后的数据,它是对组织业务指标所涉及指标项的统一定义和管理。指标数据标准化与基础数据标准化类似,也包含业务属性、技术属性和管理属性三部分。图7.5为指标数据标准化。

业务属性一般包括指标编码、指标中文名称、指标英文名称、指标主题、指标分类、指标类型、业务定义、业务规则、数据来源、取数规则、统计维度、计算公式、显示精度、相关基础数据标准等。

第 7 章 数据标准化

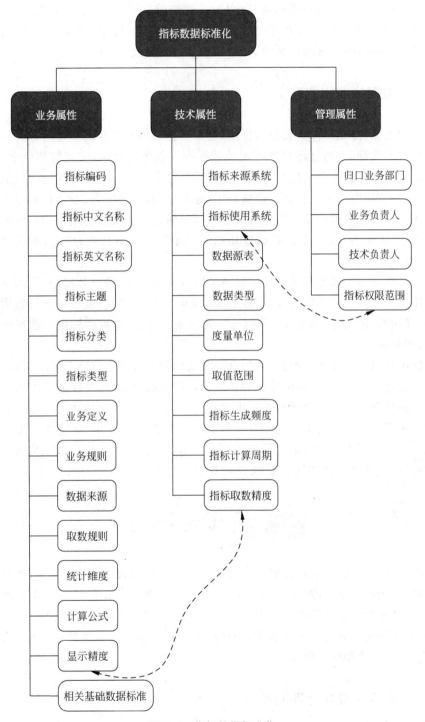

图 7.5 指标数据标准化

技术属性一般包括指标来源系统、指标使用系统、数据源表、数据类型、度量单位、取值范围、指标生成频度、指标计算周期、指标取数精度等。

管理属性一般包括归口业务部门、业务负责人、技术负责人、指标权限范围等。

指标数据标准化需要收集指标的基本信息、管理信息、统计规则定义及维度信息等,适用于业务数据描述、数据管理及数据分析和可视化。指标数据标准的统一能够明确指标的业务含义、统计口径,使业务部门之间、业务和技术之间形成统一认识。

7.2.3 数据标准化的意义

对一个组织而言,要发挥其数据的价值,必须整合和加工现有或新建的各种信息系统或者业务应用中的数据,并通过将经过处理的数据嵌入业务流程中,实现智慧化生产、智慧化管理。数据资产管理就是在上述从数据产生到数据整合、加工、使用的端到端价值实现过程中,管理各个环节的数据定义、格式、值域范围、业务规则、加工逻辑、安全权限以及数据之间的加工依赖关系等一系列事项。数据资产管理的目的是让数据的使用者能够清楚地认识数据和数据关系,进而用好数据;让数据应用的管理者能够洞察数据、应用、系统之间的复杂依赖关系,进而管好数据。

数据标准化是为了规范系统建设时对业务的统一理解,增强业务部门、技术部门对数据定义与使用的一致性。新系统建设应遵照数据标准(如自主开发)或尽可能与数据标准贴近(如外购软件包);对于现有系统,应贯彻统一的业务定义,通过数据转换来满足统一的技术要求,与数据标准接轨。

数据标准化适用于业务数据描述、信息管理及应用系统开发,可作为经营管理中所涉及数据的规范化定义和统一解释,也可作为信息管理的基础,同时也是作为应用系统开发时进行数据定义的依据。数据标准化对系统集成和信息资源共享具有以下重要意义:①增强业务部门和技术部门对数据定义与使用的一致性。②减少数据转换,促进系统集成。③促进信息资源共享。④促进企业级单一数据视图的形成,支持管理信息能力的发展。⑤建立统一的数据标准。⑥提高数据质量。⑦支持数据资产管理。

7.3 数据标准化方法

在数据标准应用之前,通常需要根据数据量纲的不同以及分析方法的需要对数据进行各种预处理,即数据标准化/规范化(normalization)。数据标准化的目的是使数据的总体符合某种要求,如使数据总体符合正态分布以方便参数检验、使数据范围相同以方便比较分析、使数据分布均匀以方便作图展示等,为此必须知道不同标准化方法的内涵,从而在实际研究中选择正确的数据标准化方法。

7.3.1 数据标准化处理的类型

数据标准化指的是统计数据的指数化,其主要分为数据同趋化处理和数据无量纲化处理两个方面。数据同趋化处理主要解决不同性质数据问题,对不同性质指标直接加总不能正确反映不同作用力的综合结果,须先考虑改变逆指标数据性质,使所有指标对测评方案的作用力同趋化,再加总才能得出正确结果。数据无量纲化处理主要解决数据的可比性问题。

数据的标准化,是通过一定的数学变换方式,将原始数据按照一定的比例进行转换,使之落入一个小的特定区间内,如 0~1 或 −1~1 的区间内,消除不同变量之间性质、量纲、数量级等特征属性的差异,将其转化为一个无量纲的相对数值,也就是标准化数值,使各指标的数值都处于同一个数量级别上,从而便于不同单位或数量级的指标进行综合分析和比较。

1. 数据同趋化处理

数据同趋化处理,主要解决数据之间不同性质的问题。例如医疗领域患者满意率、药物周转速度,汽车领域车辆使用寿命、车辆完整性等指标数据。另外,例如医疗领域住院时长、患者死亡率,汽车领域车辆百公里油耗、车辆机械磨损等指标数据却是越小越好。在这种情况下,可以看出当我们评价医院医疗或者汽车寿命保养等问题的时候,不能将其影响因素简单地加总,而是要通过一定手段将其一致化以便分析与理解。

逆指标一致化处理的方法主要有倒数一致化和减法一致化。倒数一致化的主要思想是将其中一类指标数据取倒数,然后让其达到与另一组指标数据有同类型的变化效果。减法一致化的主要思想是将其中一类指标数据可接受的指标数据上限减去原数据,然后让其达到与另一组指标数据有同类型的变化效果。

2. 数据无量纲化处理

数据无量纲化处理,主要解决数据之间可比性的问题,这也是对数据进行标准化处理最主要的一个目的。在实际数据分析过程中,例如汽车寿命和汽车行驶公里数两个指标数据,汽车寿命的单位是年,而汽车行驶公里数单位是千米,前者的量级为 0~10,而后者在 100~100 000,显然在分析时,两个数据的量级和量纲都不同,不能简单进行加总或者是分析,这就需要对分析数据进行无量纲化处理,因此,消除量纲、变量自身变异和数值大小的影响,比较不同变量之间的相对作用,进而便于数据分析与运用。

7.3.2 常用的数据标准化方法

1. 极差标准化法

极差标准化法,是利用原始数据本身的特征标准化的方法,是解决量纲和量级问题并且影响最小、最简单的方法。极差标准化法的操作方法为:首先找出原始数据的最大值(X_{max})和最小值(X_{min}),并计算最大值和最小值的极差 $R(R=X_{max}-X_{min})$,然后用原始数据的每一个值(X)减去最小值(X_{min}),再除以原始数据的极差 R,即

$$X'=(X-X_{min})/(X_{max}-X_{min})$$

原始数据经过极差标准化方法处理后,可将原始数据的所有值包括正原始数据和负原始数据都化为范围为 $0\leqslant X'\leqslant 1$ 的正指标,便于分析与运用。但是一旦原始数据有改动,这将可能引入新的最大值和最小值,需要再次以极差标准化法进行处理。

2. Z-score 标准化

Z-score 标准化方法,是一种标准差标准化法。当遇见原始数据的最大值和最小值无法

确定或者估算,或者原始数据中存在一些超出接受范围或者差距巨大的数据时,极差标准化法将失效,这时候可利用 Z-score 标准化方法。Z-score 标准化方法具体的操作为:将原始数据处理成标准正态分布,原始数据处理之后的变化范围为 $-1 \leqslant X' \leqslant 1$,更加便于分析和理解。

3. 小数定标 decimal scaling 标准化

这种方法通过移动原始数据的小数点位置、扩大或者缩小原始数据源来进行标准化。其具体操作步骤为:将原始数据除以大于其绝对值最小的 10 的整数倍,或者将原始数据乘以大于其绝对值最小的 10 的整数倍,将原始数据扩大或者缩小,来达到便于分析的目的。例如 $-2\,022$ 就可化为 $-0.202\,2$、$0.101\,1$ 化为 $1\,011$ 等。此方法完全改变了原始数据的量级,分析时需注意原始数据的变化。

4. 线性比例标准化法

1) 极大化法

如果原始数据为正,取原始数据的最大值 X_{max},然后用原始数据的每一个值除以其中的最大值,即 $X'=X/X_{max}$,$X \geqslant 0$。

2) 极小化法

如果原始数据为负,取原始数据的最小值 X_{min},然后用最小值除以其中的原始数据的每一个值,即 $X'=X_{min}/X$,$X \geqslant 0$。

5. log 函数标准化方法

log 函数标准化方法是首先取原数据的以 10 为底的 log 值,然后再除以该原数据最大值(X_{max})以 10 为底的 log 值,即

$X'=\log_{10} X / \log_{10} X_{max}$(根据对数函数的基本性质,要求 $X \geqslant 1$)。

6. 反正切函数标准化法

反正切函数标准化法就是利用反正切函数实现数据的标准化转换,计算方法如下:

$$X'=\arctan(X) \times 2/\pi$$

当原始数据存在正实数数据和负实数数据,且变化加大不便于作图观察时,可利用该方法将其标准化后的数据区间变成 $-1 \leqslant X' \leqslant 1$。若要得到 $0 \leqslant X' \leqslant 1$ 区间,则原始数据应大于等于 0;若要得到 $-1 \geqslant X' \geqslant 0$ 区间,则原始数据应小于等于 0。

7.4 数据标准体系建设

数据标准化涉及制定与数据价值链相关的标准。例如,标准可以与要收集的数据的属性有关,与数据集的术语、结构和组织有关,与数据存储的各个方面(位置等)有关,或与其使用(包括数据可携带性协议)有关。目前已知的数据标准是第二次世界大战结束时制定的,旨在应对 1948 年柏林空运后勤的复杂性。当时机场的地面工作人员需要检查每架飞机所

携带的货物清单,导致飞机卸载出现了瓶颈,阻碍了空中交通。为解决这个问题,人们创建了标准化的编码系统,使飞机在着陆前可以以电子方式报告货运通知。

构建数据标准体系的目标是通过统一的数据标准制定和发布,结合制度约束、系统控制等手段,实现企业内部数据的完整性、有效性、一致性、规范性、开放性和共享性管理,为数据治理工作打下坚实的基础,为数据资产管理活动提供规范有效依据。

7.4.1 数据标准体系建设的方法和流程

数据标准体系建设的方法和流程主要包括：数据标准分类规划、数据标准设计制定、数据标准评审发布、数据标准落地执行以及数据标准落地维护五个阶段。

1. 数据标准分类规划

在数据管理部门进行针对各种数据项的标准化过程中,结合实际工作情况,一般可以将标准规范分为两类：一类是基础数据标准,一类是指标数据标准,以两类细分规范来进行更进一步的管理,为后续的各种数据管理工作提供便利。

(1) 基础数据标准。基础数据标准是基于业务开展过程中直接产生的数据,未经过加工和处理的基础业务信息制定的标准化规范。

(2) 指标数据标准。指标数据标准是指按使用场景分类,为满足内部分析管理需要以及外部监管需求,对基础类数据加工产生的指标数据制定的标准化规范。

基础数据标准和指标数据标准根据各自业务主题进行细分,应尽可能涵盖组织的主要业务,并且覆盖组织生产系统中产生的所有业务数据。以银行为例,基础数据标准分为客户数据标准、产品数据标准、协议数据标准、渠道数据标准、交易数据标准、财务数据标准、公共代码数据标准、机构数据标准、员工数据标准、地域数据标准、地点数据标准等。指标数据标准包括监管合规指标、客户管理指标、风险管理指标、资产负债指标、营销管理指标、综合经营指标等,如表 7.3 所示。

表 7.3 银行业典型基础数据标准和指标数据标准

基础数据标准		指标数据标准
客户数据标准	产品数据标准	监管合规指标
协议数据标准	渠道数据标准	客户管理指标
交易数据标准	财务数据标准	风险管理指标
资产数据标准	公共代码数据标准	资产负债指标
机构数据标准	地域数据标准	营销管理指标
员工数据标准	地点数据标准	综合经营指标

2. 数据标准设计制定

标准制定是指在完成标准分类规划的基础上,定义数据标准及相关规则,是对数据标准的主题、信息大类、信息小类、信息项、数据类型、数据长度、数据定义、数据规则等进行规划设计。数据标准是指企业为保障数据的内外部使用和交换的一致性与准确性而制定的规范性约束。而数据标准管理则是一套由管理制度、管控流程、技术工具共同组成的体系，是通过这套体系的推广，应用统一的数据定义、数据分类、记录格式和转换、编码等实现数据的标准化。数据标准管理的目标是通过统一的数据标准制定和发布，结合制度约束、系统控制等手段，实现数据的完整性、有效性、一致性、规范性、开放性和共享性管理，为数据资产管理提供管理依据。数据标准的定义应遵循共享性、唯一性、稳定性、可扩展性、前瞻性和可行性六大原则。

3. 数据标准评审发布

数据标准评审发布工作是保证数据标准可用性、易用性的关键环节。标准编制完成后，为保证数据标准的完整、规范，还需要对数据标准进行评审，在数据标准定义工作初步完成后，数据标准定义需要征询数据管理部门（国家、省级或其他数据管理部门）、数据标准部门以及相关业务部门的意见，对数据标准进行修订和完善。完善后的数据标准经过领导审批通过后，即可发布到全企业，形成正式的数据标准。在完成意见分析和标准修订后，进行标准发布。

4. 数据标准落地执行

在实际工作中，由于历史系统存在无法改造的可能性，新数据标准无法实施，因此需在确定数据标准落地策略和落地范围基础上，制订相应的落地方案，推动数据标准落地方案的执行，然后对标准落地情况进行跟踪并评估成效。确定执行原则时，要充分考虑业务需求和实施难度，针对不同类型系统制定相应策略，并设定合理阶段性目标，数据标准落地执行过程中应加强对业务人员的数据标准培训、宣贯工作，帮助业务人员更好地理解系统中数据的业务含义，同时也涉及信息系统的建设和改造。

5. 数据标准落地维护

应该结合数据管理需求和机制，设立相关的组织机构、策略流程和规章制度，实现相关工作人员配备，利用管理工具对数据标准进行维护和更新，并监控其执行情况。维护机构：经地方标准化行政主管部门授权对某项标准实施动态维护管理的组织；动态维护：维护机构根据需求，对特定标准的内容按规定的规则连续不断地进行相关需求采集、加工和处理，把结果及时地纳入标准并对外公布。数据维护请求：对特定标准中的某个具体内容进行变更（增加、删除、修改）的申请技术评审。对数据维护请求进行评估，以确定其是否符合有关规定的过程。

7.4.2 数据标准体系建设的具体内容

数据标准体系建设的内容是数据标准体系建设的主要工作。一个科学、全面的数据标准体系内容主要包括数据模型体系、数据质量标准体系、数据安全标准体系、数据交换标准体系。

1. 数据模型体系

数据模型体系是数据的核心部分，也是数据生命周期的起点。数据模型体系包括编码体系(指编码规则)、分类体系(指分类结构)、信息模型体系。其中,信息模型体系包括:物资数据模型、客户数据模型和供应商数据模型等;每一类模型又可分为编码属性、其他公有属性(除编码属性外的公有基础属性和公有业务属性)和私有属性(分业务系统和组织机构两个角度)。

2. 数据质量标准体系

数据质量标准体系是指对数据质量进行约束的技术标准和行为标准集合,技术标准包括诸如针对单属性字段的格式、符号、取值上下限等规范,针对多属性间的关联验证规范;行为标准包括根据业务场景进行人为的数据质量判断的标准及数据生成后数据质量的日常监测标准,如由专业的人维护并判断其专业领域数据的质量。

3. 数据安全标准体系

数据安全标准体系是指数据在全生命周期过程中的安全管控的标准集合,包括数据生产安全(指设计、录入、加工数据过程中的安全)、数据交换安全(指数据对外交换过程中的安全)、数据存储安全(指数据存储过程中的安全)、数据访问安全(指数据被访问过程中的安全)四部分,如表7.4所示。

表7.4 数据安全标准体系

数据生产安全	管理用户名、密码、维护等
数据交换安全	数据接口配置、交换日志管理、过程验证
数据存储安全	异地备份、密码保护、日志管理等
数据访问安全	数据库访问权限、用户查询权限等

4. 数据交换标准体系

数据交换是指数据在业务系统间进行采集、分发等的过程,数据交换标准是指数据在交换过程中需要遵循的规范、原则。数据交换标准体系主要包括系统连接、数据交互、数据信息的传输管理、信息传递的逻辑约束、信息传递的监控、数据交换的维护和异常处理等要遵循的一系列规范。数据交换标准体系与数据质量标准体系、数据安全标准体系、数据模型体系紧密相关。

7.4.3 数据标准体系建设的保障措施

开展数据标准体系的规划设计,需相应的保障措施。组建数据管理组织、制定数据管理制度和流程都属于保障措施。它包括:划分组织内的相关职责,制定数据管理制度的总则、细则、考核办法,明确各类数据的维护、审核流程等。

1. 数据管理组织架构

以"先组建虚拟组织,然后根据企业实际情况逐步转为实体组织"为原则,建立数据管理的组织保障体系,并明确组织内相关人员的责任。数据在其整个生命周期内都应有对应的业务牵头部门负责。应充分调研企业现有数据管理制度,结合未来数据管理的要求和目标确立企业数据管理组织架构。

数据管理组织可根据需要命名,这里以"数据标准化委员会"为例,由数据标准化委员会领导小组、工作小组(申请、审核小组和内部专家团队)以及专家小组(外部专家)组成。

2. 数据管理制度体系

数据管理制度应涵盖企业数据管理机构人员的构成及职责、数据管理标准、数据运维流程、监督及考核机制。要利用外部先进管理思想,结合企业数据管理现状及管控要求,实现"统一管理、多级维护、分级审核"的数据管控机制。同时,要结合企业不同业务域对数据的管理要求,制定数据管理权限体系,明确不同数据视图的管控机制,如共享(特征)数据管理权限、机制,财务数据管理权限、机制,仓库数据管理权限、机制等。要厘清各类数据在相应单位的管理权限和应用权限,明确责任。

3. 数据管理流程

数据管理流程应涵盖数据的维护、审核、变更、停用等,是对企业数据整个生命周期的流程管控。要制定各数据的详细管理流程,明确流程中各环节对数据的操作权限、操作责任人、操作要求等内容。数据管理组织、制度和流程体系应形成文档并发布。

7.5 数据标准化应用

数据标准化主要体现在对数据信息的分类和编码上。对数据信息的分类是指根据一定的分类指标形成相应的若干层次目录,构成一个有层次的逐级展开的分类体系。数据的编码设计是在分类体系基础上进行的,数据编码要坚持系统性、唯一性、可行性、简单性、一致性、稳定性、可操作性和标准化的原则,统一安排编码结构和码位数据标准是数据共享与系统集成的重要前提,数据标准化可以节省费用、提高效率和方便应用,有利于系统推广应用,实现数据共享,减少数据采集费用。数据标准化广泛应用于农业、制造业、互联网行业、军工业以及航空航天业,不仅利于数据分类、集成和管理,也让产业链运转变得更加迅捷、高效。

7.5.1 装备器材数据标准化

装备是装备保障工作的重要物质基础,是提高部队战斗力、组织作战任务顺利完成的前提。随着装备保障工作的不断推进,装备数据规模日益扩大,对军事信息化建设的需求日益增加。设备和设备数据的标准化管理和分析非常重要。我军开展物资编目研究和相关数据标准化建设多年,经过不断尝试取得了一定的成果,《军用物资和装备分类》(GJB 7000—2010)、《军用物资和装备品种标识代码编制规则》(GJB 7001—2010)等标准的制定为装备器材数据标准化管理奠定了理论基础。

1. 基准名称制定方法

对装备采用线性分类方法来建立装备参考名称,包括三个步骤:类别选择、参考名称选择和参考名称补充。装备类别选择形成基线名称预处理集,为后续步骤奠定基础。具体筛选方法:基准名称预处理集、补充基准名称预处理集、基准名称选取、基准名称补充。

2. 装备器材数据模型

数据模型是用于描述装备保障工作中装备、单位、供应商、产品的属性数据及其相互关系的数据模型。数据模型可以规范各种数据的描述,规范各业务部门填写数据的形式,为建立数据管理系统提供理论依据。下面依次介绍了装备器材数据模型的组成结构、描述方法和具体内容。

(1)组成结构。装备器材数据模型由 6 个子数据模型组成,分别描述了五类不同的数据,装备、单位、供应商、产品分别对应其数据模型,具体组成结构如图 7.6 所示。图中实线表示了实体-实体对应关系和实体-数据模型对应关系。

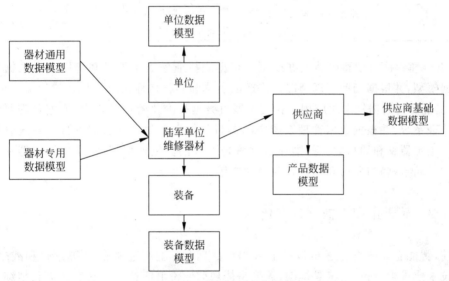

图 7.6 装备器材数据模型

(2)描述方法。数据模型主要通过概念数据模型、逻辑数据模型和物理数据模型描述,通过数据元字典、属性代码表补充说明。

(3)具体内容。下面具体阐述了数据模型各子模型的模型元和数据元组成。

① 装备数据模型和单位数据模型。装备数据模型和单位数据模型基本沿用常见数据治理方法构建的数据模型,依据装备保障业务场景对数据元进行调整。装备数据模型和单位数据模型具体见表 7.5。

表 7.5 装备数据模型和单位数据模型

数据模型	模型单元	数据单元
装备数据模型	装备基础数据模型元	装备名称、装备代码、装备型号、生产厂家等
	装备业务数据模型元	装备类别、使用年限、装备用途等
单位数据模型	单位基础数据模型元	单位名称、单位代码、详细地址等
	单位业务数据模型元	上级单位、部队番号、联系人等

②装备器材数据模型。装备器材数据模型由通用数据模型和专用数据模型组成。通用数据模型描述了设备的一般属性信息,而专用数据模型则描述了某种类型的特定属性信息。不同类型的设备构建不同的专用数据模型元。装备器材数据模型具体见表7.6。

表7.6 装备器材数据模型

数据模型	模型单元	数据单元
通用数据模型	基本标识数据模型元	器材名称、器材代码、装备名称、装备代码、物资大类、物资大类代码、物资小类、物资小类代码、基准名称、基准名称代码等
	相关单位数据模型元	存储单位名称、供应商名称、供应商代码等
	通用管理数据模型元	价格、计量单位等
	通用技术数据模型元	质量、用途等
	相关器材数据模型元	相关器材名称、相关器材代码等
专用数据模型	电阻器专用技术数据模型元	额定功率、阻值、精度等
	电阻器专用管理数据模型元	质量等级、采用标准等

③供应商数据模型和产品数据模型。根据支持业务需求重新制定供应商数据模型和产品数据模型,并根据当前管理情况允许产品名称和器材名称相同。

④装备器材数据标准化应用。在装备器材数据标准化管理过程中,根据管理要求构建了数据管理系统,并根据数据管理系统中的器材数据规范对器材数据进行了系统管理。本节具体介绍了器材和器材数据标准在数据管理系统的数据模型管理(主要针对器材、单位、供应商和产品数据)与器材和器材管理中的应用。

7.5.2 航天企业主数据标准化

当前,智能企业建设正逐步被提上日程。数据和信息是企业的经济命脉和战略资产。在信息技术建设中,信息系统是框架,数据是体现商业价值的核心。它们在提高精细化管理水平、提高企业运营效率、增强企业核心竞争力和决策能力方面发挥着重要作用。因此,数据治理已经成为企业发展的制胜因素之一。航天企业具有小批量、精细化、分散化的特点。为了支持企业的发展需求,进行了信息化建设,从会计电算化、数字企业、信息企业到当前的智能企业建设。企业在金融、科研生产、市场管理、人力资源等多个领域建立了信息系统。随着企业信息支持能力的发展,各种系统之间的数据互操作问题日益严重。因此,有必要提出适合航天企业的数据标准化治理方法来解决此类问题。

1. 主数据解决方案

1)主数据的概念

主数据是指需要在整个企业的各个系统(包括操作/事务应用系统和分析系统)之间共享的相对静态的数据,以描述企业的核心业务实体。这些数据存在于整个企业的信息系统中,并伴随着企业业务发展的整个过程。由于不同领域企业的主数据不同,主数据横跨企业的各个业务部门,分布在多个不同的系统中,如企业资源规划、客户关系管理、商业智能系统、主机系统、合作伙伴和供应商系统。与交易数据和分析数据相比,主数据具有共享性、唯一性、独创性和稳定性等基本特征。

2) 主数据标准化治理方法论

主数据管理体系的搭建通常包括管理组织、管理流程、管理制度、数据标准(分类标准、编码标准、填写规范等)、数据质量(唯一性、准确性、完整性等)。管理组织的设置是数据标准化工作的前提,管理流程是要形成一套涵盖从申请到业务审核、数据生效、数据发布的完整流程,管理制度的落实是维持主数据管理各项工作有序、规范、正常运转的基本保障。数据分类标准用于满足各层级的管控和统计需求。数据编码标准用于满足统一规则的主数据编码方式。

2. 航天企业主数据标准化治理体系的设计与应用

1) 成立组织体系

主数据组织体系包括四层:指导办公室、管理办公室、专家组和数据责任组。指导办公室由企业高层领导组成,主要负责制订目标和决策事项;管理办公室由业务部门负责人组成;专家组由内部和外部的专家组成,主要负责确定编码规则、管理流程、协调资源等;数据责任组由企业数据运营支持人员组成,主要负责日常数据审核、问答、系统功能开发、运维等工作。

2) 制定数据标准

企业主数据管理可以从内部管理和外部管理角度进行分类。在分类的基础上,可以根据业务职能部门的需要,进一步汇总主数据的信息。企业内部管理主要可分为人力管理、财务管理和物力管理;企业外部管理主要可以分为对供应商和客户等业务伙伴的管理。K集团是一家集研发、制造、贸易、投资于一体的大型战略控制集团企业,研发、制造和销售占很大比例。借鉴外部研发装备制造企业的主要业务流程,考虑军工行业特点,结合内部研究,梳理出的主要数据包括九类机构、客户、产品和项目,同时明确了九类数据的编码规则、控制属性和控制流程。

3) 清理数据

根据主数据管理模式,数据清理由总部和二级单位数据组联合进行。整个数据按照数据清理准备、数据清理执行、数据转换、数据新增四个阶段逐步开展,具体流程如图7.7所示。

4) 搭建平台

主数据管理平台是各种数据标准的固化,依靠强大的平台支持是主数据管理成功的主要因素之一。K集团的主数据管理平台采用"两级部署、多级应用架构模型"。总部和各二级单位部署主数据管理系统,通过企业服务总线进行数据分发,为后续业务平台建设提供数据保护,实现关键数据的群控。平台架构如图7.8所示。

5) 贯标应用

为验证主数据标准化治理成果的有效性,总部组织7家试点单位进行应用。每家试点单位都根据集团的主数据控制要求建立了数据库存储结构。通过集成渠道和自适应数据库存储结构,成功获取了集团的主数据,并在此基础上建立了长期稳定的数据分发渠道,及时获取后续有效的主数据。相关的主数据通过集成通道分发到每个二级单元的主数据管理平台。各二级单位及其相关应用系统(ERP系统等)建立数据分发渠道,按要求及时向各应用系统分发数据,记录数据分发和应用情况,监控和管理数据的完整流程,确保集团主数据在各应用系统中的渗透和使用。

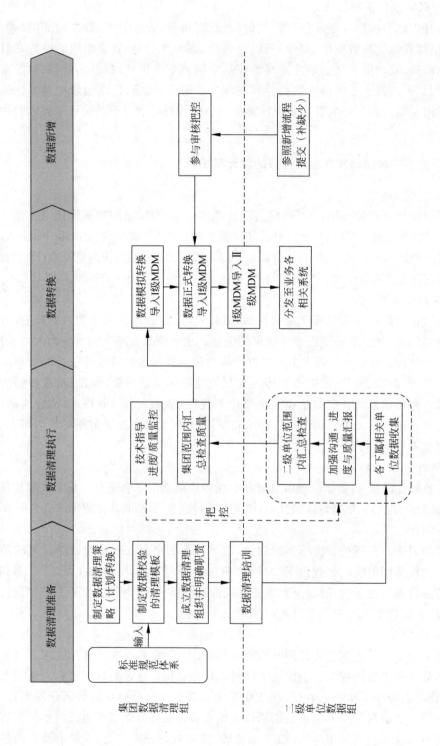

图 7.7 清理数据

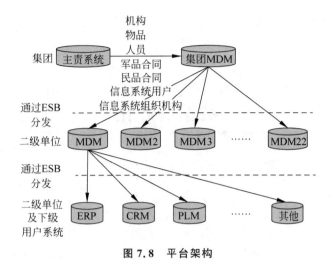

图 7.8　平台架构

在全面实施 ERP 和智慧企业建设的背景下，各种应用系统已经实现了互连并消除了系统之间的"信息孤岛"。试点单位的应用验证了数据标准化治理的有效性和指导性，为集团公司战略目标的实现提供重要支撑，为数据标准统一、信息集成共享、集中管控、高效运营提供基础保障。主数据管理可以帮助企业实现快速的数据流动，从而挖掘海量数据的价值，实现科学决策。

本章小结

本章首先概述了数据标准的定义、作用以及常见问题等，其次阐述了数据标准化的定义、内容和意义，列举了数据标准化的各种方法，并介绍了数据标准体系建设和数据标准化在装备器材和航天企业中的应用。数据治理为数据发挥应用价值奠定了良好的基础。数据标准化对于提高数据的科学性、统一性和规范性，实现数据的高度共享与应用，以及提升企业的数据治理能力具有非常重要的意义。

思考题

1. 数据标准与数据标准化的区别是什么？
2. 简述数据标准与数据治理的关系。
3. 简述数据标准化的作用及意义。
4. 数据标准化方法之间的区别是什么？
5. 为什么强调数据标准体系建设？
6. 数据标准化还有哪些应用方面？

即测即练

第8章
数据资产化

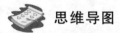 **思维导图**

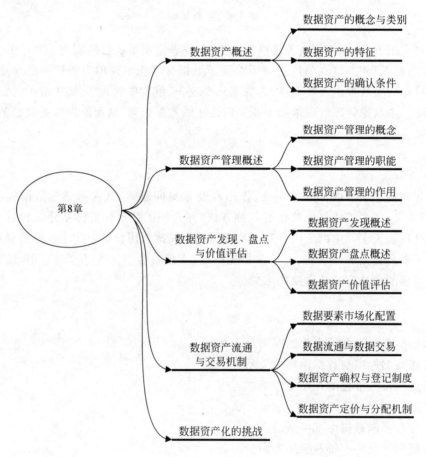

内容提要

随着第四次工业革命走向纵深,数据成为重要的基础性战略资源,引发新的生产要素变革,深刻调整全球生产组织和贸易结构,重新定义生产力和生产关系。数据资产化是实现数据要素价值的核心。构建良好的数据资产管理体系和更加完善的数据要素市场化配置体制机制是现阶段实现经济转向高质量发展的重要工作内容。本章将首先阐述数据资产的概念与特征,概述数据资产管理的主要内容,然后重点阐述数据资产发现与价值评估、交易与定价等数据资产化的核心内容,最后总结当前数据资产化面临的主要挑战。

本章重点
- ◆ 了解数据资产的内涵。
- ◆ 掌握数据资产管理的主要职能。
- ◆ 掌握数据资产价值评估方法。
- ◆ 了解数据资产流通与交易机制。

8.1 数据资产概述

随着支撑数据交换共享和数据服务应用的技术发展,不断积淀的数据开始逐渐发挥它的价值。数据资产化成为数字化转型、发挥数据要素的引领作用的重要驱动力。随着国家和地方政府层面与数据资产相关政策的陆续出台,人们对数据资产的概念、类别、主要特征和确认条件等认识已基本达成一致。

8.1.1 数据资产的概念与类别

随着大数据时代的到来,人们对数据的认识在不断加深,"数据"结合"资产""资源""资本"与"经济"等形成了多组名词,其中"数据资产"的概念逐渐普及,但对数据资产的定义却并不统一。有学者基于宏观经济核算的视角,指出数据具备成为资产所需的明确的经济所有权归属和收益性,将数据资产定义为拥有应用场景且在生产过程中被反复或连续使用一年以上的数据。有研究基于会计核算的视角,在无形资产定义的基础上将数据资产定义为由企业拥有或控制的具有数据化形态的可辨认非货币性资产。有研究结合数据属性,将数据资产定义为拥有数据权属(勘探权、使用权、所有权)、有价值、可计量、可读取的网络空间中的数据集。

根据《企业会计准则——基本准则》对资产的确认准则,结合中国信息通信研究院对数据资产的定义,本书认为数据资产是指由组织(政府机构、企事业单位等)合法拥有或控制的数据资源,以电子或其他方式记录,例如文本、图像、语音、视频、网页、数据库、传感信号等结构化或非结构化数据,可进行计量或交易,能直接或间接带来经济效益和社会效益。

数据资产依据不同的划分标准可以形成不同的类别。按数据应用的行业,数据资产分为金融行业数据资产、电信行业数据资产、政府数据资产、交通行业数据资产以及其他行业数据资产。按数据应用的阶段,数据资产分为原始数据、粗加工后数据、精加工后数据、初探应用场景的数据、实现商业化的数据等。按数据价值实现的阶段,数据资产分为资源性数据资产和经营性数据资产。资源性数据资产是指当原始数据经过加工处理后形成可带来经济利益的但尚未进行市场交易的数据资源,经营性数据资产是组织持有的可作为商品合法合规地进行市场交易并产生经济利益的数据产品或服务。

8.1.2 数据资产的特征

数据资产作为一种新型资产,其所具备的价值易变性、依托性、易复制性和时间属性使其兼具无形资产、有形资产、流动资产和长期资产的特征。

（1）数据资产的价值易变性表现出无形资产的特征。数据资产的价值体现在其内在的无形信息，但无形信息的价值受多种因素影响，包括技术因素、数据容量、数据价值密度、数据应用的商业模式和其他因素等。这些因素随时间推移不断变化，导致数据资产价值具备易变性和不确定性。

（2）数据资产不具备实物形态，需要依托实物载体存在，这种依托性体现出数据资产具备有形资产的特征。数据必须存储在一定的介质里。介质多种多样，例如纸、磁盘、磁带、光盘、硬盘等，甚至可以是化学介质或者生物介质。同一数据可以以不同形式同时存储于多种介质里。例如，数据库作为企业的一种典型的数据资产，它既是电子化的信息记录，也是实体的物理空间存在，不能简单归类为无形资产。

（3）数据资产易复制的特性体现出数据资产具备流动资产的特征。数据极易复制，一份数据可以被复制成多份数据质量毫无差异的副本，并在同一时间为多方使用，不会因一方占用而影响他人使用，而且数据的复制成本远低于生产成本，这使得数据具有极好的流动性。在一个会计年度内数据资产可以随意地流通和使用，体现了数据资产的流动性。

（4）数据的时间属性使数据资产具备长期资产的特征。数据的时间属性体现在数据本身不会老化，只要不断地更换存储数据的载体，数据就可以一直存在于网络空间中。而且数据在使用过程中不易发生损耗，一定条件下是可以长期存在并使用的，体现了数据资产的长期性。

8.1.3 数据资产的确认条件

企业数据多种多样，并非所有数据都能成为数据资产。数据若要被确认为一项资产，就应该满足企业会计相应的确认准则。综合我国《企业会计准则——基本准则》和相关行业及地方标准，数据资产确认需要同时满足四个条件：交易或事项形成、有效控制、可靠计量和预期价值流入。

1. 交易或事项形成

（1）数据资源由会计主体的交易或事项形成。

（2）数据资料来源包括自主生产、授权采集和交易等合法合规途径。

（3）数据资料来源清晰，可追踪、可溯源。

2. 有效控制

（1）数据资源应是该会计主体合法拥有或者控制的，即享有数据资源的所有权，或者虽然不享有所有权，但实际控制该项数据资源。

（2）利用安全相关技术对数据资源进行有效管控，保证合法用户的可控使用，防止非法用户的窃取或滥用。

（3）达不到有效控制条件的数据资源不可确认为数据资产。

3. 可靠计量

（1）可择优选择历史成本法、公允价值法、数据因素法、评估计量法等进行价格计量。

（2）自行开发的数据资产，其成本包括至达到预定用途前所发生的支出总额。投资者投入数据资产的成本，应按照投资合同或协议约定的价值确定，但合同或协议约定价值不公允的除外。交易数据资产的成本，包括购买价款、相关税费以及直接归属于使该项资产达到预定用途所发生的其他支出。

（3）在公允价值计量下，数据资产和负债按照市场参与者在计量日发生的有序交易中，出售数据资产所能收到或者转移负债所需支付的价格计量。

（4）在数据因素计量下，按数据资产特性，对不同维度的计量数值和对应维度的价值权重，做加权估价。

（5）在评估计量下，数据资产和负债按照资产评估机构接受委托对评估基准日特定目的下的数据资产价值进行评定和估算而出具的资产评估报告中的金额计量。

（6）无法进行计量的数据资源不可确认为数据资产。

4．预期价值流入

（1）数据资源预期会给会计主体带来经济利益，具备直接或者间接导致现金和现金等价物流入的潜力。

（2）数据资源预期会提高公共服务水平，具备直接或间接提高社会生产效率的潜力。

（3）在判断数据资产产生的经济利益或社会价值是否很可能流入时，应对数据资产在预计使用寿命内可能存在的各种经济或社会因素作出合理估计，并且应有明确证据支持。

（4）预期没有价值流入的数据资源不可确认为资产。

8.2 数据资产管理概述

在数据资产化背景下，数据资产管理成为激发数据要素活力、推动数据资源流通、加速数据价值释放的关键。本节将围绕数据资产管理的定义与内涵、10 项基本职能以及数据资产管理的作用进行介绍。

8.2.1 数据资产管理的概念

数据资产管理既是管理数据的过程，也是管理资产的过程。基于数据层面的管理工作，数据资产管理更加强调数据的资产属性，需要组织将数据视为一种同实物资产、知识资产和人力资产一样能够为组织创造价值的全新资产形态，将数据资产的成本收益、保值增值、配置使用和评估处置等层面都纳入管理范畴，提高数据资产的经济效益和社会效益。

数据资产管理作为数据管理的延伸与发展，从管理层面看，可以被定义为一组管理职能。数据资产管理是指规划、控制和提供数据及信息资产的一组业务职能，包括开发、执行和监督有关数据的计划、政策、方案、项目、流程、方法和程序，从而控制、保护、交付和提高数据资产的价值。

从管理体系的角度，数据资产管理体系包含管理职能和保障措施两个部分。管理职能除了包含数据模型管理、元数据管理、主数据管理、数据质量管理、数据安全管理等传统数据管理职能以外，还纳入数据标准管理、数据开发管理等数据应用管理职能，以及数据资产流通、数据价值评估、数据资产运营等数据价值管理职能。保障措施可以划分为战略管理、组织架构、制度体系、平台工具和长效机制五个部分，促使组织内部形成统一的数据资产管理规范和明晰的数据资产管理分工，为数据资产管理职能提供管理工具和技术支持。

从数据要素化的过程来看，数据资产管理包含数据资源化和数据资产化两个环节，通过各项数据资产管理职能，逐步提高数据的价值密度，为数据要素化奠定基础。数据资源化以提升数据质量、保障数据安全为工作重点，确保数据的准确性、一致性、时效性和完整性，将原始数据转变为数据资源，使数据具备一定的潜在价值。数据资源化包括数据模型管理、数据标准管理、数据质量管理、主数据管理、元数据管理、数据开发管理、数据安全管理等管理职能。数据资产化以扩大数据资产的应用范围、显性化数据资产的成本与效益为工作重点，进一步将数据资源转变为数据资产，使数据资源的潜在价值得以充分释放。数据资产化主要包括数据价值评估、数据资产流通、数据资产运营等管理职能。

综合上述两个环节，数据资产管理架构如图8.1所示。

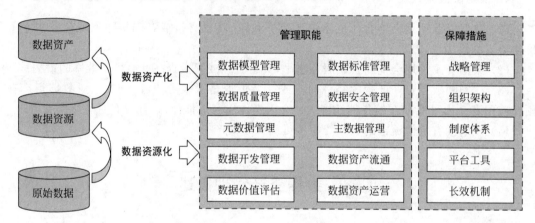

图8.1 数据资产管理架构

8.2.2 数据资产管理的职能

管理职能是数据资产管理活动的基本单元，包括数据模型管理、数据标准管理、数据质量管理、元数据管理、主数据管理、数据安全管理、数据开发管理、数据价值评估、数据资产流通和数据资产运营10项职能。

1. 数据模型管理

数据模型管理是指组织在信息系统设计时，参考业务架构，使用标准化要素来设计逻辑数据模型和物理数据模型，并在信息系统建设和运行维护过程中，严格按照数据模型管理制度审核和管理新建及存量的数据模型，进而可以清楚表达组织内部各业务主体之间的数据相关性，有利于数据资产的可视化管理。

2. 数据标准管理

数据标准管理是指组织围绕数据的业务标准、技术标准和公开代码，通过制定和发布由数据利益相关方确认的数据标准,结合制度约束、过程管控、技术工具等手段,保证数据的一致性和准确性,进一步提升数据质量,推动数据开放共享,构建统一的数据资产地图,为数据资产管理活动提供参考依据。

3. 数据质量管理

数据质量管理是指运用相关技术来衡量、提高和确保数据质量的规划、实施与控制等一系列活动。数据质量管理遵循源头治理、闭环管理的原则。源头治理强调新建业务或信息系统时需要明确定义数据标准和质量规则。闭环管理是指对数据全生命周期进行质量校验管控,根据业务部门数据质量需求持续优化质量管理方案,调整质量规则库,构建数据质量和管理过程的度量指标体系,不断改进数据质量管理策略。

4. 元数据管理

元数据管理是为获得高质量的、整合的元数据而进行的规划、实施与控制行为。元数据管理是数据资产管理的重要基础,贯穿数据资产管理的全流程。元数据管理不仅可以增强业务人员和管理人员对于数据的理解与认识,提升数据存储和分析的效率,还可以有效推动组织数据资产目录构建和维护、组织数据资产盘点等工作。

5. 主数据管理

主数据管理是用以协调和管理与组织的核心业务实体相关的系统记录数据的一系列规则、应用和技术。通过主数据管理,组织可以跨系统使用协调一致的高质量主数据,进而实现跨部门、跨系统的数据融合应用,降低数据成本和管理复杂度。

6. 数据安全管理

数据安全管理是指组织按照相应国家/组织的相关法律法规和监管要求,为确保数据处于有效保护和合法利用的状态,通过评估数据安全风险、制定数据安全管理制度规范、进行数据安全分级分类、部署数据安全管理技术工具,对组织数据进行全方位安全管控的一系列活动集合。

7. 数据开发管理

数据开发管理是指通过建立开发管理规范与管理机制,面向数据、程序、任务等对象,对开发过程和质量进行监测与管控,使数据资产管理的开发逻辑清晰化、开发过程标准化,增强开发任务的复用性,从管理侧提升数据开发效率。

8. 数据价值评估

数据价值评估是指通过构建价值评估体系,计量数据的投入成本、业务效益、经济效益等活动,是数据资产管理的关键环节。数据价值评估的详细内容将在 8.3 节详细阐述。

9. 数据资产流通

数据资产流通是指通过数据开放、数据共享或数据交易等流通模式,推动数据在组织内外部的价值实现。面向组织内部的数据资产流通管理活动主要包括构建组织内外部的数据需求清单,明确数据资产流通的合规要求和潜在安全风险,结合数据资产流通模式建立数据安全分类分级标准,形成数据资产流通流程标准和管理制度,利用技术工具和合同约定等手段,规范数据资产流通过程,保障数据资产流通的安全合规。面向组织外部的数据资产流通相关内容将在8.4节详细阐述。

10. 数据资产运营

数据资产运营是指通过对数据应用管理和数据价值管理的综合协调,建立科学的正向反馈和闭环管理机制,在组织内部形成统一数据服务平台,提升数据对业务的服务效果和服务效率,在组织外部丰富数据产品和数据服务形式,扩大数据应用场景和生态布局,不断适应和满足组织内外部对数据资产的应用和创新需求。

8.2.3 数据资产管理的作用

数据资产管理是连接数据与数据资产的桥梁,通过对数据的管理使其成为有价值的数据资产,通过对数据资产的运营管理使其价值得到释放,为组织内外部带来经济效益和社会效益。

扩展阅读 8-1 数据资产管理推动数据要素市场发展

从数据的视角来看,数据资产管理的作用体现在:①组织通过建立数据资产质量标准,持续监督和改善数据资产质量;②组织通过建立和实行数据资产安全管理制度全方位管控数据资产,保障数据资产安全;③组织通过统一数据模型、数据标准和数据开发规范,降低数据资产使用难度,提升数据资产利用效率和复用率。

扩展阅读 8-2 数据资产管理助力企业数字化转型

从资产的视角来看,数据资产管理的作用体现在:①数据资产管理是对数据资产管理过程涉及的数据、资金、人员和技术等的系统性和整体性的管理模式,相比各部分彼此独立的管理模式,管理成本更低,管理成效更加持久;②组织通过完善数据资产流通制度和建立数据资产流通平台等途径,促进数据资产的价值变现,通过数据资产的运营管理,拓展数据资产应用场景,优化数据资产市场配置。

8.3 数据资产发现、盘点与价值评估

数据资产的发现与盘点,是组织识别数据资产、更新数据资产内容以及高效开展数据资产管理的基础;数据资产价值评估,是促进数据资产保值增值与内外部共享、促进数据资产优化配置的关键。

8.3.1 数据资产发现概述

1. 数据资产发现

数据资产管理的最大痛点是数据分散,企业不清楚自己有哪些数据、哪些数据具备使用

价值和经济效益。数据资产发现是一个可视化、智能化的数据管理工具,可以对数据进行迁移、清洗、标记、编目和可视化操作,实现数据资产的自动化识别,是组织进行数据资产管理和数据治理的重要环节。从本质上讲,数据资产发现是一种更智能的数据资产目录工具。

2. 数据资产发现的能力

作为数据资产目录工具,数据资产发现具备以下五项能力。

(1)多数据源连接。数据资产发现可以连接多个数据源,实现数据的可视化、集成和迁移,除了支持结构化数据,还包括非结构化数据和半结构化数据。

(2)元数据分析。对元数据信息进行统计分析,可视化展示数据源的元数据,包括数据表的大小、注释、列数量、时间列数量、主键数量等信息,以及对列级别元数据的统计分析,包括列注释、字段类型、列长度、是否主键列等信息。

(3)数据分类和编目。数据发现与数据分类密切相关,通过自然语言处理、语义解析,根据数据的有用性、敏感性或安全性要求进行识别、分类和编目,形成能够从业务、技术等视角进行识别、浏览和查询的数据资产目录。

(4)清理和准备数据。数据发现工具一般具备自主数据准备和自动进行数据清理等功能,提供有关值域范围、异常值、错误值和其他数据属性和问题的检查与处理,为数据共享和分析提供支撑。

(5)数据探索。数据发现工具借助人工智能技术,使用多种图示方法对多个数据源的数据进行探查,了解数据结构并对数据进行交互式、可视化解释,尝试从中提取有价值的信息,从而实现业务目标。

3. 数据资产发现的作用

数据资产发现通过自助式数据探查和分析,对数据进行可视化呈现,提高数据的可操作性,帮助业务人员从数据中获得有价值的信息。具体来说,数据资产发现具有以下作用。

(1)识别数据应用中的痛点。每个组织的数据管理和数据应用都会面临各自独特的问题,例如多源异构的大量数据、复杂的数据架构、数据安全和合规性等问题。数据资产发现通过智能技术的不断引入,实现对上述问题的预先探查和自动识别,并帮助组织解决问题,保证组织数据的安全可控。

(2)使用多样化的数据源。为加强数据与业务深入融合,组织越来越倾向于从多个来源收集和使用数据以进行业务扩展和市场开发。数据发现利用其多数据源连接、清理和准备数据等能力,实现对不同来源数据的收集、清洗和整合,在确保数据质量和个人隐私保护的前提下帮助企业正确处理和使用数据。

(3)用组织的数据讲故事。数据发现为组织提供了数据自主分析和探索的能力,数据间的多维关系将被自动化识别和可视化展现,进而降低数据使用门槛,扩大数据的使用对象和应用范围,帮助组织加深数据理解、讲好数据故事。

8.3.2 数据资产盘点概述

1. 数据资产盘点

组织在推进数字化改造、部署数据资产管理的进程中,遇到的首要问题是"无数据可用"

和"无可用数据"。"无数据可用"并不是组织没有任何数据,而是由于缺乏对数据资源的统筹规划和全面梳理,组织不清楚数据在哪里、有哪些数据、有多少数据。"无可用数据"是由于缺乏组织层面统一的数据标准,数据分散在各个应用系统中,彼此独立且质量参差不齐,形成"信息孤岛"。

数据资产盘点通过对组织拥有的数据进行清点,厘清数据的存量和增量、数据存储位置和存储方式、数据的归属部门和责任人、数据的分类分级等问题,是摸清数据资产家底、明确数据资产存量、识别数据资产范围、搭建数据资产地图的重要手段,也是准确识别出有价值的数据资产,并对数据资产开展统一规范管理,进而实现数据资产价值最大化和良性循环的重要基础性工作。

2. 数据资产盘点流程

数据资产盘点工作,整体包括准备阶段、盘点阶段和汇总阶段三部分流程。

(1)准备阶段。首先要制订明确的数据资产盘点计划,包括数据盘点范围、盘点目标、盘点内容、盘点人员、盘点方法、时间计划等相关安排,达成统一共识。其次要针对盘点人员提供组织各系统前台显示和后台数据库的查询权限,针对不同系统创建数据资产盘点的功能操作清单,并利用数据库工具形成数据字典。最后根据数据资产盘点内容,定义数据资产标准并制定数据资产梳理模板。

(2)盘点阶段。从业务视角对数据资产进行梳理,对业务流程涉及的数据资产进行定位,自动生成盘点表格,综合数据资产的业务属性、技术属性和管理属性进行分类分级和自动填写。另外,针对盘点过程中遇到的业务和技术问题需要进行及时沟通,对数据资产盘点表格进行补充完善。

(3)汇总阶段。将所有系统的数据资产盘点清单合并,形成统一的数据资产目录,通过数据资产管理平台落地数据资产目录,以"服务"的形式实现数据资产在组织内部的开放共享,并为进一步对外数据开放和市场交易做好准备。

3. 数据资产目录

数据资产目录是数据资产盘点的重要成果物,是组织数据资产内容开放共享的目录化管理工具,是数据资产的台账信息,包括数据资产目录分类、数据资产属性及血缘关系等信息。实践中,数据资产目录更多是通过元数据管理工具对相关数据源(业务系统数据库、数据仓库、数据湖等)的元数据进行采集、整合形成的数据目录。数据资产目录一般具有以下特征。

(1)数据资产目录是从业务的视角,以利益相关者的数据需求为目标进行数据资源体系规划的。

(2)数据资产目录需要对每个编目的数据资源进行确权认责,明确数据资产的所有权、使用权和管理权,以及数据资产的共享条件和开放范围。

(3)数据资产目录管理的是数据资产,通过识别数据的来源、特征、质量、应用场景、使用对象等对数据资产进行标签化管理。

(4)数据资产目录需要使用元数据工具来采集和管理技术元数据,并通过数据关系映射,将数据资产目录映射到物理库表和字段上,以实现从多个视角对数据资产进行探查。

8.3.3 数据资产价值评估

经过数据资产发现和盘点,对组织的数据资产进行有效的价值评估是数据资产管理的关键环节。本小节将针对数据资产价值评估涉及的数据资产价值维度和数据资产价值评估方法两个方面展开介绍。

1. 数据资产价值维度

对数据资产价值进行有效评估,必须充分考虑影响其价值的各项因素。与传统资产相比,数据资产的种类多样、价值易变、应用场景丰富,其价值评估应综合考虑多方面的各个因素。数据资产价值的影响因素一般归结为收益和风险两个维度,其中收益维度又分为质量和应用两个维度。

1) 收益维度

(1) 质量维度。数据资产的质量是应用价值的基础,合理评估数据质量,有利于对数据的应用价值进行准确预测。具体来看,质量维度下影响数据资产价值评估的因素包括真实性、完整性、准确性、数据成本、安全性等。

① 真实性。真实性表示数据的真实程度。真实的数据才具有价值,若数据造假,将失去数据统计的意义。

② 完整性。完整性表示数据记录对象相关指标的完整程度。关键数据的缺失,将影响数据在应用中的价值贡献,或需增加成本去补充数据。数据完整性越高,数据资产的价值相对也会越大。

③ 准确性。准确性表示数据被记录的准确程度。在数据处理过程中,首先要进行数据清洗工作,数据的准确性越高,对数据的清理成本越低,数据的价值也就越大。

④ 数据成本。在数据交易市场不活跃、数据资产价值没有明确计算方式的情况下,卖方出售数据的报价首先会考虑数据的获取成本。获取成本越大,数据的交易价值相对越大。

⑤ 安全性。安全性表示数据不被窃取或破坏的能力。数据自身的安全性越高,就可以为企业产生越稳定的价值贡献;同时,数据持有企业对其支付的保护成本越低,其数据资产的价值越大。

(2) 应用维度。数据的价值同应用场景密切相关,不同应用场景下,数据所释放的价值有所不同。应用维度下影响数据资产价值评估的因素包含稀缺性、时效性、多维性、场景经济性等。

① 稀缺性。稀缺性表示数据资产拥有者对数据的独占程度。商业竞争的本质,部分来自对稀缺资源的竞争。在制造差异化趋平的情况下,稀缺数据资源背后潜在的商业信息更加凸显价值。

② 时效性。时效性表示数据资产的使用时限。由于数据具有更新速度快的特性,数据资产价值仅在一定时限内较高,随着时间推移价值损耗较快。在某些应用场景下,时效性决定了利用该数据作出的相应决策在特定时间内是否有效。

③ 多维性。多维性表示数据覆盖范围的多样性。数据维度越多,适用的范围越广,数据的价值也就越大。

④ 场景经济性。数据的价值在于与应用场景的结合,不同应用场景下,数据所贡献的经济价值有所不同。

2) 风险维度

数据资产的风险主要源自所在商业环境的法律限制和道德约束,其对数据资产的价值有着从量变到质变的影响,在数据资产估值中应予以充分考虑。

(1) 法律限制。合法合规是数据资产使用的基本前提。法律对数据交易的限制会影响数据资产的价值。从实际效果来看,内容受法律限制少的数据类型通常有着较高的交易价值,对数据交易的限制性规定多,交易双方的合规成本和安全成本会相应提升。另外,不同国家或地区的法律要求不同,同一数据资产的交易价值也会有所不同。

(2) 道德约束。来自社会道德层面的约束,使得数据资产的使用和交易存在一定的风险,进而影响数据资产的价值,甚至给组织带来负面影响。

2. 数据资产价值评估方法

数据资产价值评估是指专业人员按照资产评估程序进行操作,基于评估数据,选择适当的评估方法来评估数据资产的价值,并生成资产评估报告的过程。评估方法包括成本法、收益法和市场法。在进行价值评估时,应分析数据资产的基本属性和基本特征。

1) 成本法

采用成本法评估数据资产一般是将重置该项数据资产所发生的成本作为确定数据资产价值的基础,并对重置成本的价值进行调整,以此确定数据资产价值。其计算公式为

$$评估价值 = 重置成本 - 贬值因素$$

重置成本包括前期费用、直接成本、间接成本、机会成本和相关税费。前期费用是指组织对数据生命周期进行规划设计以形成满足需求的数据解决方案所投入的人员薪资、咨询费用和相关资源成本等;直接成本通常包括建设成本、运维成本和其他成本;间接成本包含与数据资产相关的场地、软硬件、研发和公共管理等成本;机会成本是指组织因购建、运营和维护数据资产而放弃经营其他业务和投资其他资产所对应的成本;相关税费主要包括数据资产形成过程中需要按规定缴纳的不可抵扣的税费等。贬值因素主要是指从质量和应用维度可能给数据资产价值带来贬损的影响因素,通常来源于数据资产的时效性丧失带来的经济性贬值。

成本法的优势:①易于理解,以成本构成为基础的分析方法;②计算简单,以成本加总计算为主。

成本法的局限性:①数据资产作为组织生产经营中的衍生产物,对于部分数据资产来说可能没有对应的直接成本,且间接成本的分摊也不易估计;②各类数据资产的贬值因素各不相同且不易估算;③无法合理体现数据资产的收益。

2) 收益法

收益法是基于数据资产的预期应用场景,对未来预期产生的经济收益进行求取现值的一种估值方法。其计算公式为

$$评估价值 = \sum_{k=1}^{n} \frac{预期收益_k}{(1+i)^k} + 所得税摊销收益$$

预期收益$_k$是指数据资产在特定的应用场景下未来第k个收益期的收益额;折现率(i)

是指数据资产持有者要求的必要报酬率；使用期限(n)是指数据资产可以使用的期限；目前数据资产尚无法确认为无形资产入账，因此所得税摊销收益暂不考虑。

预期收益的具体预测方式包括直接收益预测、分成收益预测、超额收益预测和增量收益预测等。

（1）直接收益预测。直接收益预测是针对数据资产的预期收益进行直接预测，并通过适当的折现率折现到评估基准日时点，以此作为该项数据资产的价值。

（2）分成收益预测。分成收益预测是采用分成率计算数据资产的预期收益，并通过适当的折现率折现到评估基准日时点，以此作为该项数据资产的价值。

（3）超额收益预测。超额收益预测是将归属于数据资产所创造的超额收益作为该项数据资产的预期收益。

（4）增量收益预测。增量收益预测是通过比较该项数据资产使用与否所产生的现金流差额确定数据资产的预期收益。

另外，收益期限需要综合考虑法律有效期限、相关合同有效期限、自身的经济寿命年限、更新时间、时效性和权利状况等因素进行合理确定。折现率可以通过分析评估基准日的利率和投资回报率，以及数据资产实施过程中的管理、流通和数据安全等因素确定，口径需要同预期收益的口径保持一致。

收益法的优势：①可以反映数据资产的经济价值；②可以反映数据资产与相关收入的对应关系。

收益法的局限性：①由于缺少相关行业标准，且同样的数据资产在不同应用场景下的预期收益可能存在差异，预期收益的预测存在较大不确定性；②数据资产使用期限的影响因素较多，收益期限不易确定。

3）市场法

市场法是在具有公开并活跃的交易市场的前提下，选取近期或往期成交的可比参照物价格作为参考，并调整特异性和个性化等因素，从而得到估值的方法。其计算公式为

$$评估价值 = 可比数据资产成交额 \times \sum 修正系数$$

可比数据资产成交额为参照的可比数据资产的交易成交额，可比数据资产通常根据交易市场、数量、价值影响因素、交易时间和交易类型等维度进行筛选；修正系数根据被评估数据资产与参照数据资产的质量维度、应用维度和安全维度的影响因素综合分析并确定。

市场法的优势：①能够客观反映数据资产当前的市值情况；②评估参数、指标直接从市场取得，相对真实、可靠。

市场法的局限性：需要以公开并活跃的交易市场为基础，目前虽然各地相继成立数据资产交易平台，但全国统一的数据要素市场尚未建立，参照数据资产的权威性不强。

数据资产具有鲜明且有别于其他有形资产和无形资产的特性，其价值受到数据质量、应用场景、数据安全等多项因素的影响，在尚未完全厘清数据权属、明确数据资产化条件、形成大规模规范化数据资产交易市场的现状下，很难一蹴而就地形成一套完整的价值评估体系和完善的价值评估方法。在传统的成本法、收益法和市场法的基础上，众多研究机构和学者通过引入模糊数学评价方法、多因素评价比较方法、实物期权模型、神经网络模型等模型方法形成对数据资产价值评估方法体系的有效扩充。随着数据资产管理体系的不断完善和数

据资产交易市场的逐步活跃，未来逐步增加的数据资产交易将为数据资产市场提供参照，为市场法的应用奠定必要的基础，促进数据资产市场交易生态平衡；届时亦可通过数据资产交易需求方的场景应用反馈，通过数据资产的使用给需求方带来稳定的经济效益，为收益法的合理运用创造有利条件，促进数据资产"市场价值"概念的形成。

8.4 数据资产流通与交易机制

数据资产通过在市场上进行流通与交易，可以为拥有者或使用者带来经济利益。本节围绕数据资产的流通与交易机制，分别介绍数据要素市场化配置、数据流通与数据交易、数据资产确权与登记制度以及数据资产定价与分配机制等内容。

8.4.1 数据要素市场化配置

1. 数据要素

生产要素主要包含土地、资本、技术、劳动力和数据。数据作为新型生产要素，具有劳动对象和劳动工具的双重属性。首先，数据作为劳动对象，通过采集、加工、存储、流通、分析等环节，具备了价值和使用价值；其次，数据作为劳动工具，通过与劳动者、劳动资料、劳动对象、科学技术融合应用，能够提升生产效能，促进生产力发展。

2. 数据要素化过程

数据成为生产要素是一个渐进的过程，包括数据资源化、数据资产化和数据商品化等阶段。数据要素化过程如图8.2所示，数据通过采集、汇聚、处理、存储和分析，经过数据管理与治理，数据资源库建设与数据价值挖掘等，形成数据资源；经过数据资产确认与管理，数据资产库建设与数据资产运营等，形成数据资产；经过数据资产的商品化处理，提供数据包、数据API、数据报告、解决方案等服务，形成数据产品。

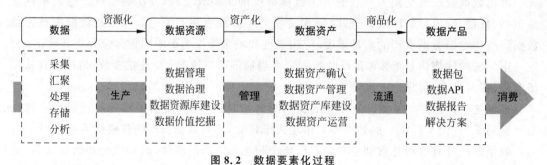

图8.2 数据要素化过程

3. 数据要素市场

数据作为生产要素参与生产，需要通过数据要素市场进行市场化配置。数据要素市场是建立在明确的产权运行机制、定价机制、交易机制、竞争机制、分配机制、监管机制等保障制度的基础上,将尚未完全由市场配置的数据要素转向由市场配置的动态过程。数据要素市场是促成数据要素资源化、资产化和商品化,并为社会主体安全利用的一整套制度安排,是实现数据要素有效配置的基础。从数据产业链的角度出发,我国数据要素市场分为数据采集、数据存储、数据加工、数据流通、数据分析、数据应用和生态保障等环节,覆盖数据要素从生产到发挥要素作用的全过程。

4. 数据要素市场化配置的意义

深化数据要素市场化配置改革,破除阻碍数据要素自由流动的体制机制障碍,推动数据要素配置依据市场规则、市场价格、市场竞争实现效益最大化和效率最优化,有利于进一步激发市场创造力和活力,最终形成价格市场决定、流动自主有序、配置高效公平的高标准数据要素市场。

培育发展数据要素市场是建设统一开放、竞争有序的全国统一大市场的重要部分,是坚持和完善社会主义基本经济制度、构建更加系统完备和更加成熟定型的高水平社会主义市场经济体制的重要内容。数据要素市场能够实现市场主体的高水平协同,有效提高数据要素配置效率,利用数据要素对其他生产要素的赋能机制打破不同要素间的市场壁垒,更好实现资源供需的动态均衡和有效整合,利用线上数据和线下市场的协同发展,有效解决市场主体间信息不对称、不透明等问题,进而形成对建立全国统一大市场有效支撑、高效引领和信用保障等重要作用。

8.4.2 数据流通与数据交易

从市场平衡供需和实现商品交换的功能定位来看,数据要素市场化配置的关键在于由数据资产到数据产品的流通环节。数据流通是指以数据资产为流通对象,按照一定规则从数据提供方传递到数据需求方的过程,即数据先后被不同市场主体获取、掌握、利用的过程。数据流通使得数据要素流向市场最需要的领域和方向,在生产经营活动中产生效益,释放数据要素价值。

1. 数据流通与数据交易模式

对于组织而言,数据流通是指通过数据开放、数据共享或数据交易等流通模式,推动数据在组织内外部的价值实现。数据开放是指向社会公众提供易于获取和理解的数据,一般是带有公共属性的数据资源。数据共享是指打通组织各部门间的数据壁垒,建立统一的数据共享机制,加速数据资源在组织内部流动。数据交易是指交易双方通过合同约定,在安全合规的前提下,开展以数据或其衍生形态为主要标的的交易行为。

对于政府数据,在国家政策的引导下,现阶段我国已经形成了以"国家电子政务网络"为平台,促进各部委及省区市政府进行政务数据共享的内部共享体系和面向社会进行数据开放的外部开放体系,对提升政府公共决策水平和行政效率发挥了重要作用。企业数据开放共享对增强供应链协同效应、提升产业竞争力具有显著的带动作用,但由于企业数据产权构成复杂、扶持政策和市场机制尚不健全,企业数据开放共享仍处于较低水平。

案例 8.1：数据共享开放推动数据要素价值释放

数据共享开放不仅能够打破"数据孤岛"、整合资源，还能为社会组织和民众所利用，有效提高数据的再利用价值。

贵州省通过构建国省市县一体化跨行业数据共享平台及融合应用服务体系，促进信息系统数据联动。以贵州省共享交换平台为核心枢纽，向上连接国家共享交换平台和全国一体化在线政务服务平台，向下实现市州数据共享交换平台和区县数据共享交换平台级联互通，规范跨层级、跨区域数据共享调度机制，确保工作体系和服务体系有效实施。平台根据省内各级政务部门、数据开发利用企业需要，按照规范流程调度后，精准推送跨行业、跨领域数据，推动跨层级、跨区域、跨业务数据的融合共享，实现数据跨行业融合应用的横向、纵向全覆盖，释放数据价值。

资料来源：国省市县一体化跨行业数据资源体系及融合应用服务平台[EB/OL].（2021-08-30）. http://dsj.guizhou.gov.cn/ztzl/jdal/202108/t20210830_69811838.html.

数据交易是市场经济条件下促进数据要素流通的基本方式，但由于数据要素拥有与其他生产要素所不具备的非竞争性、非标准化、权属关系复杂等特点，数据供需双方难以实现点对点模式的直接交易。借鉴传统要素市场化的发展经验，通过建设集中式、规范化的数据交易机构，可以在一定程度上消除供需双方的信息不对称，形成合理的市场化定价机制和可复制的交易机制，促进数据要素的市场化配置。具体来说，数据交易机构主要是通过构建数据资产交易系统，以线上和线下相结合的方式，撮合客户进行数据资产交易，促进数据流通，同时，定期对数据资产供需双方进行评估，规范数据资产交易行为，维护数据资产交易市场秩序，保护数据资产交易各方合法权益，提供完整的数据资产确权、交易、结算、交付、安全保障、数据资产管理和融资等综合配套服务。

2. 国内外数据交易机构发展概况

国外的数据交易机构起步于 2008 年前后，发展至今已实现完全市场化。交易内容涵盖广泛，既有如 BDEX（银行数据交换机）、RapidAPI 等综合性数据交易平台，也有专注细分领域的数据交易商，如位置数据领域的 Factual、经济金融领域的 Quandl、工业数据领域的 GE（通用电气公司）Predix、个人数据领域的 Datacoup 等。交易模式主要分为 C2B（消费者到企业）分销、B2B（企业对企业）集中销售和 B2B2C（供应商→平台→消费者）分销集销混合三种方式。

（1）C2B 分销方式。用户将自己的个人数据贡献给数据平台以换取一定数额的商品、货币、服务、积分等对价利益。

（2）B2B 集中销售方式。数据交易机构以中间代理人身份为数据的提供方和购买方提供数据交易撮合服务，数据提供方、数据购买方都是经交易机构审核认证、自愿从事数据买卖的实体公司。

（3）B2B2C 分销集销混合方式。数据平台以数据经纪商身份，通过政府来源、商业来源或其他公开来源等途径采集消费者数据，并对采集的原始数据或衍生数据进行整理、汇总和分析之后，向与消费者没有直接关系的个人或企业进行共享、许可、出售或交易，用于产品营销、个人身份验证或欺诈行为检测等。从美国数据交易市场的发展现状来看，采用 B2B2C 分销集销混合方式的数据经纪商正扮演着越来越重要的角色。

我国数据交易起步较晚，从 2014 年全国各地开始建设数据交易机构，截止到 2022 年大致经历了从爆发到冷静再到重启的三个阶段，基本情况如图 8.3 所示。

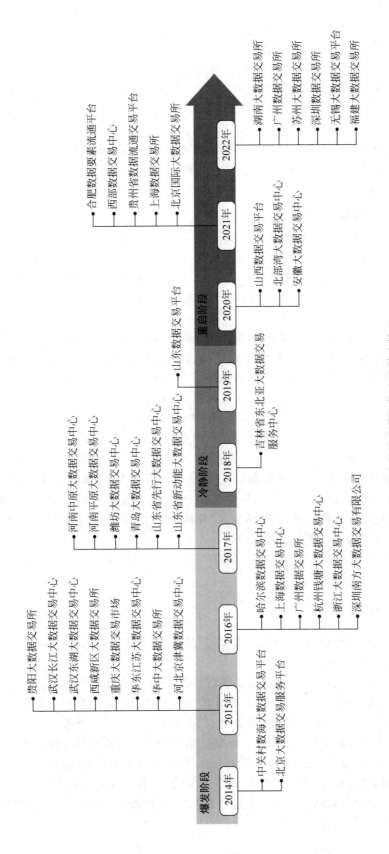

图 8.3 国内数据交易机构建设基本情况

2020年之前，在数据确权相关法律法规不明晰的市场环境下，数据交易机构对数据交易机制和相关规则进行了有益探索和积极实践，取得了初步成效，但整体运营发展并未达到预期效果。部分交易机构已停止运营或转变经营方向，落地的业务模式基本局限于中介撮合，数据资产确权估值、交付清算、金融服务等增值服务难以开展，整体交易业绩低迷，市场能力不足。

2020年4月，中共中央、国务院发布《中共中央 国务院关于构建更加完善的要素市场化配置体制机制的意见》，将数据上升为新型生产要素，再次明确"引导培育大数据交易市场，依法合规开展数据交易"，全国各地掀起新一轮的数据交易机构发展热潮，除由地方政府推动组建的数据交易机构以外，许多企业也依据自身数据、业务或技术优势设立数据交易平台，助力数据要素市场建设。

案例8.2：上海市建设国家级数据交易所

近年来，国家出台多项政策文件，加快培育数据要素市场、促进数据要素市场流通。为贯彻落实《中共中央 国务院关于支持浦东新区高水平改革开放打造社会主义现代化建设引领区的意见》，上海市人民政府相关部门和机构依托上海市在数据流通交易、促进大数据产业发展、深化公共数据开放等方面的实践经验，推动组建上海数据交易所，引领全国数据要素市场发展。

上海数据交易所聚焦数据交易确权难、定价难、互信难、入场难、监管难五大关键共性难题，形成四大创新安排：一是全国首发数商体系，全新构建"数商"新业态，培育和规范新主体，构筑更加繁荣的流通交易生态；二是全国首发数据交易配套制度，确立"不合规不挂牌，无场景不交易"的基本原则，让数据流通交易有规可循、有章可依；三是全国首发全数字化数据交易系统，上线新一代智能数据交易系统，保障数据交易全时挂牌、全域交易、全程可溯；四是全国首发数据产品说明书，以数据产品说明书的形式使数据可阅读。

上海数据交易所加快构建"1＋4＋4"体系，即紧扣建设国家级数据交易所"一个定位"，突出准公共服务、全数字化交易、全链生态构建、制度规则创新"四个功能"，体现规范确权、统一登记、集中清算、灵活交付"四个特征"，力争用3~5年形成国家级交易所的四梁八柱，实现数据产品挂牌规模及数商激活规模"双万级"目标，助力上海"打造数据流量战略枢纽"，为我国数据要素市场建设作出更大贡献。

资料来源：上海数据交易所今日揭牌成立[EB/OL].（2021-11-25）. https://www.chinadep.com/bulletin/news/CTC_20211201164845938594.

3. 数据交易机构建设模式

当前国内数据交易机构数量众多，其业务类型、盈利模式、产品形态等均有差异，从建设主体来看，主要分为以下三种。

（1）政府主导建立的数据交易所和交易平台。贵阳大数据交易所和上海数据交易所等，采用"国有控股、政府指导、企业参与、市场运营"的运作机制，制定数据交易和会员管理的规则，以撮合数据供需双方交易并提供数据储存、分析等为主要平台业务。

（2）企业主导型数据服务平台。企业主导型数据服务平台一般由自身拥有大量数据资源的数据密集型企业（如电信运营商、电力供应企业、电子商务企业等）或以数据处理技术为优势的企业（如万得数据、聚合数据、数据堂、京东万象等）主导建立并实行市场化运作，针对特定市场需求，以自身业务数据为基础或通过合作开发、开放接口、购买等方式收集数据，经加工处理后提供给数据需求方。

(3) 产业联盟数据交易平台。如交通大数据交易平台和中关村大数据产业联盟,平台本身不参与交易数据的储存和分析,主要业务是为行业内的数据供需方提供数据交易渠道。

4. 数据交易模式

数据交易模式大致分为直接交易、单边交易和多边交易三种。

(1) 直接交易。数据供需双方就数据类型、购买期限、使用方式、转让条件等自行商定并交易。该模式的交易内容与形式较为开放,交易过程简单直接,但由于数据较少进行清洗、脱敏等处理,存在产品质量不可控、侵犯隐私等风险,且不利于市场监管,容易滋生数据贩卖等黑市交易。

(2) 单边交易。数据交易机构以数据服务商身份,将原始数据加工成标准化的数据集或数据库再进行出售、接口调用或应用服务。该模式是当前数据交易市场的主流模式,有利于数据的专业化开发和规模化应用,相对便于市场监管,但由于数据集中于少数企业手中,存在定价不透明、个性化不足、易造成数据垄断等不足,不利于数据要素价值的充分释放。

(3) 多边交易。数据交易机构作为第三方,为数据供需双方提供撮合服务,针对其是否参与数据分析和交易流程又分两种情况:一种是数据交易机构仅对数据进行必要的脱敏、清洗、审核和安全测试,不存储和分析数据,也不参与数据交易和定价等过程。另一种是数据交易机构会根据用户需求对数据进行分析、建模、可视化等操作,为其提供定制化的数据产品或服务,并且参与供需双方的交易流程管理。多边交易模式在数据交易机构的支持下,可以有效避免供需双方的信息不对称问题,兼顾交易灵活性和规范性,有利于保护数据相关方利益,有效降低市场监管难度。

5. 数据交易产品类型

适合不同数据交易模式的数据产品的类型也不尽相同。以数据集为代表的可计算的、具有一定通用性、可以描述清楚、可以重复交易的数据产品,适合通过数据交易机构进行多边交易。以清洗加工处理为主的数据处理服务、以建模和挖掘为主的数据分析服务、以可视化平台和行业研究报告为主的数据应用服务等更适合一对一的直接交易模式。基于API或许可证使用等描述复杂性较高、资产专用性较低的数据产品,比较容易以数据集市等单边交易模式进行数据要素流通。

随着以安全多方计算、联邦学习、可信执行环境等为代表的隐私计算技术,以及数据脱敏、安全沙箱、区块链等技术的商业化应用,"数据可用不可见""数据可算不可识"等新型数据交易模式不断涌现,在保障数据所有者权益、保护用户隐私和商业秘密的同时,对强化各方信任、促进交易合规、充分释放数据要素价值等方面发挥了重要作用。

8.4.3 数据资产确权与登记制度

经过数据要素市场化配置改革的实践探索,我国已基本形成由数据提供方、数据需求方、数据交易机构、数据服务机构、资产运营机构、市场监管机构等构成的较为完整的数据产品交易市场格局和规范的数据产品交易业务流程(图8.4)。构建数据要素市场的核心在于数据资产化,从数据产品交易流程来看,数据资产化的核心环节包括数据确权和数据资产登记。

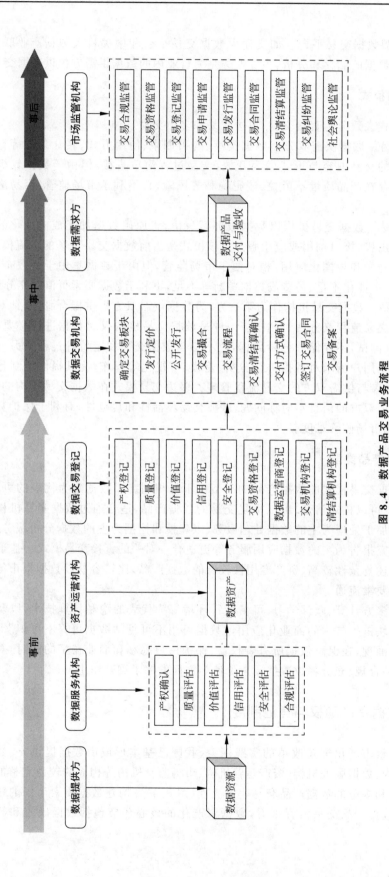

图 8.4 数据产品交易业务流程

1. 数据确权

数据确权是为了实现不同利益主体激励相容,即平衡数据价值链中各参与者的权益,是厘清数据流通边界的根本途径,是建立数据交易市场秩序和规则的前提条件,是实现数据收益按劳分配的必由之路。由于数据要素所具备的特殊性,数据确权一般基于数据产权框架,而非单纯的所有权归属。基于产权的经济学概念,数据产权的权利束构成如图 8.5 所示。

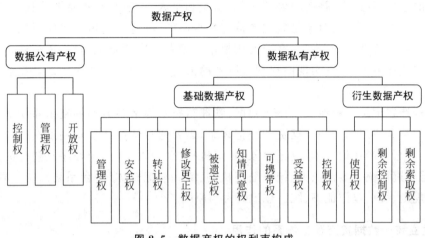

图 8.5　数据产权的权利束构成

在不断完善数据产权权利束的基础上,数据确权针对不同的数据主体和来源赋予不同的数据权利。根据数据主体的不同,数据可分为个人数据、企业数据和社会数据三类。为使数据资源达到最优配置及降低数据交易成本,个人享有其自身数据的基础数据产权,并可选择将部分权利让渡给企业或社会。企业对主体数据享有基础数据产权,对来源于个人用户的数据,在征得用户同意后,不侵犯个人数据隐私权的前提下,享有衍生数据产权。社会数据包含政府及公共机构在其业务活动中合法收集的各类数据及其衍生数据,政府及公共机构对其享有数据公有产权。

数据权属的确定,有利于明确数据交易主体的责权利,规范数据交易主体行为,化解数据产权不确定带来的利益冲突,保护各自的合法权益,形成良好的数据交易秩序,引导数据交易相关方规范公正地完成数据交易,促进数据产业繁荣发展。

2. 数据资产登记

数据确权相关的法律法规和标准规范还处于探索实践阶段,按照目前的中央部署和地方实践,数据资产登记是解决数据要素流通"确权难"问题的重要基础,也是中央明确提出的完善数据要素流通制度的重要一环。

登记一般是指登记机构登录、记载的一种行为,是为了特定的目的将某些特定的对象记录在某种载体不限于纸面上的行为或者活动。我国已经形成的与资产相关的登记制度主要有不动产登记、自然资源确权登记、动产融资登记、证券登记、知识产权登记等。登记制度作为一种公示形式将各种交易信息向公众充分披露,并借由国家或机构权力赋予其公信力,达到事实确认、权属界定、监督管理、政策依据、公开公示、统计汇总等目的,实现保障交易安全、降低交易成本、稳定市场秩序、提高市场效率等功能。

为保障数据要素市场的安全性、流动性和可信性，需要对数据产品及相关市场主体在交易平台上进行注册登记，并依规进行必要的审核和评估工作。数据资产登记是指在数据要素流通交易市场中对数据产品的物权及其交易行为进行登记的过程，具体而言，是指经登记者申请，数据资产登记机构依据法定程序，将有关申请人的数据资产的物权及其事项、流通交易记录记载于数据资产登记系统中，取得数据资产登记证书，并供他人查阅的行为。数据资产登记的主体（登记者）是各类经济主体、组织和个人，一般是数据资源物权的权利人、利益相关人或持有人。登记对象是登记者持有和控制的、经过一定审核程序可以认定的资源性数据资产和经营性数据资产。登记机构根据登记者的申请登记内容，依据法定的程序对申请进行实质性审查，最终实现向权利人以外的人公示数据资产的内容及其权利状态和其他事项。

数据资产登记是一项涉及法律与制度、管理与技术等诸多方面的复杂系统工程。建设一个科学的符合我国国情的数据资产登记体系，需要通过法律或规章制度明确数据资产登记的概念、数据资产登记主体、登记对象、登记机构、登记内容、登记程序及登记的法律效力等内容，需要遵循统一登记依据、统一登记机构、统一登记载体（平台系统）、统一登记程序、统一审查规则、统一登记证书、统一登记效力等原则。

3. 建立统一数据资产登记体系的作用

通过统一数据资产登记体系的建立，可以实现数据资产的权属界定、流通交易、支持决策、监督管理、公开公示等主要功能。

（1）确立数据资产权属。通过健全、唯一且不可篡改的数据资产登记机制，可以确保数据资产、进入流通市场的数据产品及相关利益方的权属关系得到确立。

（2）保障数据产品流通的安全合规性。对每一个进入流通的数据产品赋予唯一的产品编码/标识，保证流通数据来源合法、隐私保护及安全保障可靠。

（3）满足国家统计汇总需求，支持政府决策制定。经过一段时间的登记积累，可支持政府对全国数据要素的信息进行汇总和统计，便于政府了解数据要素的体量和分布情况，为国家制定有关的政策提供可靠的依据。

（4）支持数据要素流通的监督管理。数据资产登记贯穿于数据价值链的全流程，基于交易记录中的登记留存，可以起到司法留证、数据溯源、鉴别非法转售的功能。

（5）满足登记公开公示的要求。通过具有权威性、公信力的登记证书和流通信息，向社会公开公示登记的数据资产的客观性和存在性。

案例8.3：山东省数据登记显成效

为推动数字经济发展，深化数据要素市场化改革，山东省先后出台了《山东省公共数据资源开发利用试点实施方案》《贯彻落实〈中共中央国务院关于构建更加完善的要素市场化配置体制机制的意见〉的实施意见》《山东省"十四五"数字强省建设规划》《山东省推进工业大数据发展的实施方案（2020—2022年）》等省级政策文件和方案，均把探索推行数据产品登记作为工作重点。

2020年1月，经山东省政府批准，在省大数据局和省人民政府国有资产监督管理委员会的指导下，山东产权交易集团组建成立山东数据交易有限公司（以下简称"山东数据"）。自成立以来，山东数据联合中国信息通信研究院制定了《数据（产品）登记管理办法》，进一步明确了数据（产品）登记的申请、审查、批准、公示、发证等流程；完成了全国首个数据登记标准立项工作，依托全省统一的数据交易平台，打造数据（产品）登记平台；在全国首推数据登记，提出了"先登记后交易"的数据要素市场的建设思路。

山东数据通过开拓市场，吸引各大运营商、浪潮、思极、卓创、大智慧、天眼查等数据企业，200余个数据产品上平台登记。山东数据通过拓展渠道，搭建地市数据登记分平台，助力地市发展数据要素市场，与德州、东营、日照、烟台等地已达成共识落地分平台。山东数据还加强宣传推介，通过数创沙龙、数据供需对接、数据企业走访等措施提升数据企业对数据登记的认识水平，通过微信公众号等渠道定期发布和推广数据产品，提升数据产品的市场影响力。

山东数据围绕如何打造数据要素市场这一课题，不断创新探索，对数据（产品）登记工作先行先试，呈现出良好的发展态势，全国主要省市普遍把数据登记作为数据要素市场化配置的重要工作。特别是公司总结形成的"调研论证为基础、政策引导为保障、标准规范为指引、平台建设为抓手、宣传推介为路径"的数据登记"山东经验"，吸引了全国同行的广泛关注，助力山东在全国数字经济发展中"走在前"。

资料来源：数据登记显成效！山东数据走在全国前列［EB/OL］.（2021-12-07）.https://baijiahao.baidu.com/s?id=17184188472276898781&wfr=spider&for=pc.

8.4.4 数据资产定价与分配机制

数据要素市场需要在政府及第三方机构的监管下，制定合适的市场定价机制及收益分配机制，以实现数据从数据供给方到数据需求方的流通交易，并使参与交易的不同利益主体均获得一定收益，保证数据要素市场的可持续发展。

1. 数据资产定价机制

价格并不等同于价值，价格是价值的表现形式，价值是价格的决定基础。因此，数据资产的市场定价一般要基于数据资产价值评估。数据资产价值评估是对数据资产的使用价值进行度量，与数据资产是否被交易无关，是一个静态行为。目前国内的数据要素市场尚处于初期萌芽阶段，为不完全市场状态，数据资产的市场定价一般通过动静结合的定价策略，基于成本法、收益法和市场法等数据资产价值评估方法，结合市场供求关系、交易模式和交易产品类型，基本形成数据所有权交易定价和数据使用权交易定价两大类定价机制。

1）数据所有权交易定价机制

数据所有权交易是指数据交易双方就数据所有权属变更所产生的直接交易，如数据集的交易。该类型的数据资产交易定价可参考资产评估方法，包括第三方机构预定价、协议定价、拍卖定价等机制。

第三方机构预定价是数据供给方在无法确定数据产品的具体价格时，可以委托第三方专业机构进行综合评估，给出一个预定价格区间，数据供给方基于此价格区间在交易前对数据资产进行再定价。

协议定价，即数据供需双方协商交易价格。数据供需双方通过数据交易机构进行沟通，达成对数据资产交易价格的一致认可，并完成数据交易的最终成交。协议定价方式目标性强，成交率高，但价格博弈过程可能延长，增加时间成本。

拍卖定价是针对数据产品或服务的一次性交易，即在单一供给方和多个需求方之间通过拍卖的方式对交易数据进行最终定价。

2) 数据使用权交易定价机制

数据使用权交易是指数据交易双方不产生数据所有权属的变更，而主要是通过调用数据集达到训练算法模型等目的，如API等数据应用服务。该类型的数据资产交易定价可参考服务业定价机制，包括按次计价机制和实时定价机制。

按次计价机制是指基于数据应用程序接口模式，数据需求方每调用一次数据就付费一次，计费标准由数据供给方（提供方）制定，数据交易机构或数据服务机构作为中介对数据进行传输的机制。部分数据供给方在按次计价的基础上发展了VIP（贵宾）会员制，即数据需求方在购买VIP会员后即可获得一定时间期限或次数限制的数据接口调用，是针对数据资产使用权的多次交易。

实时定价机制是指依据数据的样本量和单一的数据指标项价值，通过交易系统自动定价，价格实时浮动的机制。当数据资产的时效性较强时，数据资产价值受市场环境和市场供求关系的影响会实时波动，当交易数据处于市场需求低、数据价值低的时段，数据交易价格也会较低。

2. 数据资产收益分配机制

数据资产收益分配机制是指基于数据权利归属和定价方式的数据价值实现机制，针对数据交易机构和数据供给方的价值实现是数据资产流通交易的关键。

1) 数据交易机构收益分配机制

在目前的数据资产交易模式中，数据交易机构大多扮演着数据交易中介的角色，其收益分配机制主要有交易分成和保留数据增值收益权两种。

交易分成收益分配机制是指在数据交易完成后数据交易机构与数据供给方按照约定比例进行收益分成的分配机制。如贵阳大数据交易所以4∶6的比例与数据供应商分成，同时视具体数据价值，适当对数据需求方进行收费。交易分成是目前国内数据交易机构普遍采用且符合市场规律的收益分配机制。

保留数据增值收益权收益分配机制，即数据交易机构对数据保留增值收益权并以此为基础收费的方式。数据价值内涵丰富，数据交易机构作为交易中介需要在交易前准确预测数据交易后能否产生增值价值并保留数据增值收益权。

2) 数据供给方收益分配机制

根据数据权属和定价机制的不同，数据供给方收益分配机制主要包含一次性交易所有权、多次交易使用权和保留数据增值收益权三种机制。

一次性交易所有权收益分配机制，即在数据交易中数据供给方一次性转移数据占有权、使用权、处分权、收益权，并依此获得相应收益。这一机制主要适用于协议定价和拍卖定价方式。

多次交易使用权收益分配机制，即数据供给方不将数据所有权一次性转移，只针对数据使用权进行多次交易,进而获得收益。这一机制适用于按次计价方式或基于 API 等数据应用服务的单边交易模式。多次交易使用权收益分配机制是目前数据服务商进行数据交易的首选,但由于数据产品的低成本可复制性、便捷可传递性,该收益分配机制下,数据供给方如何对数据资产进行安全、保密、可控传输,避免数据被大规模复制使用成为这一收益分配机制实现的关键。

保留数据增值收益权收益分配机制是指数据供给方在准确评估数据资产价值的基础上,还要能够预测数据交易后是否有增值收益的可能性,进而判断是否需要保留对收益权的占有,并按多少比例进行合同约定的机制。

8.5 数据资产化的挑战

实践中各方主体针对数据资产化进行了有益探索,多数组织通过建设数据资产管理体系梳理并形成数据资产目录,部分地区通过建设数据资产交易市场为数据要素流通与交易搭建平台,探索建立统一数据资产登记体系,相关法律法规和标准指南的相继出台也为数据确权、产品定价和收益分配作出指引和规范。然而,全国统一数据要素大市场才刚刚起步,数据资产化的推进依然面临不少困难,在政策法规、技术路线、市场建设等方面还存在诸多挑战。

1. 政策法规不够完善

确定数据资产权属和权益分配有利于提高市场主体参与资产交易的积极性,降低资产流通的合规风险,推动数据要素市场化进程。现阶段,数据资产的权属确认问题对于全球而言仍是巨大挑战,各国现行全国性法律尚未对数据确权进行立法规制,普遍采取法院个案处理的方式,借助包括隐私保护法、知识产权法及合同法等不同的法律机制进行判断。虽然我国国务院已出台多项与数据要素相关的综合性或专业性政策,但对数据要素产权依然缺乏上位立法和顶层制度统筹,完整统一的法律体系尚未形成。此外,关于数据作为新型生产要素依然缺乏统一的理论解释和足够的政策回应,传统要素领域的制度安排也可能并不适用于数据要素。因此需要进一步完善数据资产法律体系和政策支持,处理好顶层设计和市场运行之间的关系,使市场主体在数据资产化实践中遇到的问题通过制度创新和政策完善得以解决。

2. 技术支撑尚不充分

数据安全、价值挖掘、市场交易、创新应用等数据资产化的核心环节需要强大的技术支持,组织要想实现数据驱动的业务发展模式,不仅需要大数据平台,还要在此基础上搭建数据分析平台、数据应用平台、数据中台等数字化基础设施。从全球范围来看,多层次的标准体系还在研究制定当中,相关技术规范仍在不断更新。部分新技术的应用场景还只局限于对少量数据的支持,对于高并发和实时性要求较高的场景而言,单一技术的应用可能难以满足业务需求,而不同技术路线的数据产品又可能难以实现互联互通,阻碍数据产品交易和创新应用。

3. 数据资产交易市场尚未成熟

数据资产交易存在一些行业难点，包括数据产品定价、收益分配、安全防范、数据资产入表等。这些问题制约了数据资产交易行业的发展，使当前的数据要素市场面临有效数据供给不足、数商生态不够完善、行业数据应用场景有待挖掘等问题。此外，从全国数据资产交易机构布局来看，容易造成数据资产交易市场的区域壁垒，甚至是同质化竞争，形成新的数据割据局面，不利于全国统一大市场的形成。

本章小结

数据作为日益重要的战略资源，需要完善的管理体系。结合数据资产管理的理论和实践上的新进展，本章首先阐述了数据资产的基本内涵，介绍了数据资产的概念、类别、特征和确认条件；其次基于数据资产的特性，简要介绍了数据资产管理的主要职能与作用；再次结合数据要素市场发展背景，针对组织内部的数据资产发现、盘点与价值评估以及进入市场流通的数据资产确权与登记制度、定价与分配制度做了详细介绍；最后针对全国统一数据要素大市场发展要求，梳理了现阶段数据资产化所面临的主要挑战。未来，数据资产管理将朝统一化、专业化、敏捷化的方向发展，数据资产管理效率不断提高，主动赋能业务能力不断提升，支撑数据要素成为推动产业创新和转型的重要引擎。

思考题

1. 相对传统资产，数据资产有哪些新的特征？
2. 数据若要成为资产，应当满足哪些确认准则？
3. 简述数据资产管理包含的职能。
4. 简要介绍数据资产盘点的主要流程和内容。
5. 如何进行数据资产的价值评估？
6. 数据产权权利束中包含哪些主要权利？
7. 如何认识建立统一数据资产登记体系的重要性？

即测即练

第 9 章
大数据安全管理

 **思维导图**

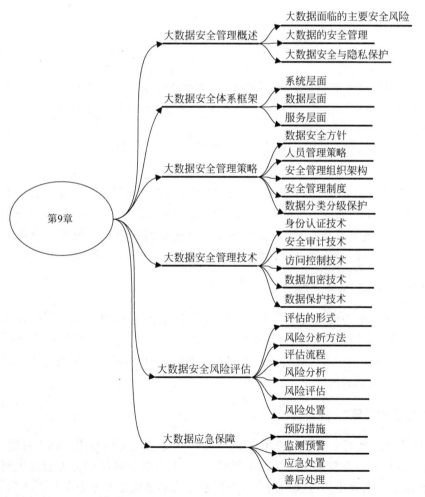

 内容提要

  大数据正快速发展为对数量巨大、来源分散、格式多样的数据进行采集、存储和关联分析,从中发现新知识、创造新价值、提升新能力的新一代信息技术和服务业态。随之而来的安全问题日渐突出，一方面，大数据所面临的安全威胁和攻击种类繁多，且攻击行为具有一定的隐蔽性、攻击特征变化快；另一方面，数据量巨大、数据变化快等特征导致大数据分析及应用场景更为复杂，这就需要我们在对传统信息安全技术优化改进的基础之上进行创新，从而改善海量数据分析场景下的应用和数据安全问题。本章将从大数据安全体系框架、管理策略、管理技术及风险评估等方面进行阐述。

 本章重点

- ◆ 掌握大数据安全管理的主要策略与技术。
- ◆ 理解大数据安全风险评估的流程与方法。
- ◆ 厘清大数据安全体系框架。
- ◆ 了解大数据应急保障。

9.1 大数据安全管理概述

安全管理是实现大数据保密性、有用性和完整性的主要途径之一。本节将对大数据面临的安全风险、大数据安全体系框架、大数据安全管理策略等相关知识进行阐述。

9.1.1 大数据面临的主要安全风险

大数据应用一般采用分布式计算和存储架构为其提供海量数据分布式存储和高效计算服务，这些新的技术和架构使大数据应用的网络边界变得模糊。同时，新形势下的高级持续性威胁、分布式拒绝服务攻击、基于机器学习的数据挖掘和隐私发现等新型攻击手段的出现，使大数据管理将面临新的安全风险。

1. 分布式系统安全脆弱性

大数据解决方案是将数据和操作分布在多个系统上，以便更快地进行处理和分析。这种分布式系统可以平衡负载，并避免产生单点故障。然而，这样的系统很容易受到安全威胁，黑客只需攻击其中一个点就可以渗透到整个网络。因此，网络犯罪嫌疑人可以很容易地获取敏感数据并破坏联网系统。

2. 数据访问问题

（1）用户身份鉴别。大数据的开放与共享性，让多用户访问与使用成为可能。然而，大量未知身份的用户以及复杂的共享应用环境，要求大数据系统能够更准确地识别和鉴别用户身份，传统的针对集中式存储的用户身份鉴别方法难以满足安全需求。

（2）用户访问控制。目前一般采用用户身份或角色方式实现对用户的访问控制。而在大数据应用场景中，用户和数据的未知性，让预先设置角色及权限十分困难。同时，由于用户角色众多，针对每类用户设置权限的粒度以实现精细化管理困难重重，从而导致无法准确地为每个用户设定数据访问范围。

(3) 用户数据安全审计和追踪溯源。针对大数据的细粒度数据审计能力不足,用户访问控制策略需要创新。传统的操作系统审计、网络审计、日志审计等审计形式,因粒度较粗无法完全满足复杂大数据应用场景下审计多种数据源日志的需求,溯源效果并不理想。

3. 侵犯隐私权

大数据本身就包含着大量的个人隐私信息,在发生数据滥用及数据泄露事件时,不可避免导致个人信息的泄露。另外,随着数据挖掘、机器学习、人工智能等技术的成熟与应用,在对大数据中多源数据进行关联分析时,分析人员很容易挖掘出更多的个人信息,从而加剧了个人信息的泄露。因此,开展大数据的安全保护时,既要防止数据丢失导致个人信息直接泄露,也要注意防止挖掘分析而间接导致个人信息泄露,这种综合保护需求带来的安全挑战是巨大的。

4. 安全法规及标准不足

大数据应用的场景越来越多、越来越重要,因此,要科学规范利用大数据并切实保障数据安全,在完善法规制度和标准体系方面也将面临不小的挑战。一方面,大数据的发展推动了经济发展,但也给监管和法律带来了新的挑战。法律带来的是稳定的预期和权利义务关系的平衡。大数据以及它给政治、经济、社会带来的深刻变革,终将需要法律规范的保障。另一方面,大数据的发展也给标准规范配套带来了新的挑战。标准是法规制度的支撑,肩负着规范市场客体质量和技术要求的重要职能。因此,除了在立法层面要明确数据保护方面的法规外,还应制定相应的数据采集、储存、处理、推送和应用的标准规范。

9.1.2 大数据的安全管理

1. 大数据安全管理的概念

大数据安全主要是保障数据不被窃取、破坏和滥用,以及确保大数据系统的安全可靠运行。大数据安全管理是指在数据采集、传输、存储、管理、销毁等多个环节中的安全管理,涉及国家战略安全、群众生命、个人隐私的安全管理工作。结合国家有关大数据安全管理规范及指南,采取有效措施确保数据的保密性、完整性、真实可控性、可靠性和可核查性。

2. 大数据安全管理的目标

大数据安全管理的目标是组织实现大数据价值的同时,确保数据的安全,具体目标包括:①满足个人信息保护和数据保护的法律法规、标准等要求;②满足大数据相关方的数据保护要求;③通过技术和管理手段,保证自身控制和管理的数据安全风险可控。

3. 大数据安全管理的原则

(1) 职责明确。根据数据规模、数据重要性、组织规模等因素,组织可成立安全管理团队,为组织数据及使用安全负责。组织应明确组织内部不同角色的数据安全管理职责和大数据生命周期各活动的实施主体及安全责任。

(2) 意图合规。对数据的收集、使用应该基于法律依据。在安全管理的过程中,相关单位应制定安全管理流程确保数据的收集和使用方式没有违反任何法律责任,包括法律法规、合同条款等。相关安全管理单位需要确保所有组织内数据集和数据流的安全,正确处理个人信息、重要信息的使用。管理人员需要理解数据相关的法律文书,并确保整个组织履行了这些义务。

(3) 质量保障。安全管理应确保数据的准确性、相关性、完整性和时效性。相关组织可建立控制机制定期检查收集和存储数据的质量。

(4) 分级授权。责任单位应当根据组织大数据管理的要求,确定相应的管理部门和职务,按照国家授权实行"统一授权"的管理体系,对应用进行分类管理,并按照权利和职责进行统一管理。

(5) 最小授权。在保证组织业务功能完整实现的基础上,应赋予数据安全管理活动中各角色最小的操作权限,确保非法用户或异常操作所造成的损失最小。并且所有角色只能使用所授权范围内的数据,使用非授权范围内的数据前要进行授权审批。

(6) 数据负责。控制数据的组织应对数据负责,当数据转移给其他组织的时候,责任不随数据转移而转移。另外,组织在转移数据前,需对数据进行风险评估,确保数据转移后的风险可承受,方可转移数据,并对数据转移给其他组织所造成的数据安全事件承担安全责任。此外,需确保通过合同或其他措施明确界定接收方接收的数据范围和要求,确保其提供同等或更高的数据保护水平。

(7) 数据保护。对数据的保护要做到分类分级管理,对不同安全级别的数据实施恰当的安全保护措施。可选派专人检查大数据处理平台及确保应用的安全控制措施的有效性。从而保护数据的完整性、保密性和可用性,确保数据在整个生命周期里,免遭例如未授权访问、破坏、篡改、泄露或丢失等风险。在安全事件发生之前,组织应评估在安全检查中所发现的风险和脆弱性,并对数据安全防护措施不当所造成的安全事件承担责任。

(8) 数据可查。对数据进行修改、查询、导出、删除等操作时,要记录相应的操作,做到可追溯、可审查。

4. 大数据安全管理的主要内容

大数据安全管理的主要目的在于实现和维护数据保密性、完整性、可用性、可核查性、真实性和可靠性。其具体管理内容有以下几个方面。

(1) 明确数据安全需求。组织应确定组织的数据安全目标、战略和策略,分析大数据环境下数据的保密性、完整性和可用性所面临的新威胁,分析大数据活动可能对国家安全、社会影响、公共利益、个人的生命财产安全等造成的影响,并明确解决这些问题、消除其影响的数据安全需求。

(2) 实施数据分类分级。组织应先对数据进行分类分级,根据不同的数据分级选择适当的安全措施,明确大数据活动安全要求。组织应理解主要大数据活动的特点,明确可能涉及的数据操作,并明确各大数据活动的安全要求。

(3) 评估大数据安全风险。组织除开展信息系统安全风险评估外,还应从大数据环境潜在系统的脆弱点、恶意利用、后果等不利因素以及应对措施等评估大数据安全风险,选择合适的防护措施,监督防护措施的实施与运行。

9.1.3 大数据安全与隐私保护

大数据时代,人类活动前所未有地被数据化。由于有相当一部分大数据是源自人的,所以除安全需求外,大数据普遍还存在隐私保护需求。大量事实表明,大量数据的融合、分析与应用给用户带来了前所未有的隐私泄露威胁,如根据共享单车骑行路线推测个人用户的家庭住址、单位地址、出行规律,或者匿名用户被重新识别出来,进而导致"定制化"攻击,等等,已引发学术界、产业界和广大互联网用户的广泛关注。目前安全与隐私保护问题已成为大数据技术中重要的研究内容之一。

用户隐私保护类型可分为身份隐私、属性隐私、社交关系隐私、位置与轨迹隐私等几大类。

(1) 身份隐私。它是指数据记录中的用户 ID 或社交网络中的虚拟节点对应的真实用户身份信息。通常情况下,政府公开部门或服务提供商对外提供匿名处理后的信息。但是一旦分析者将虚拟用户 ID 或节点和真实的用户身份相关联,即造成用户身份信息泄露(也称为"去匿名化")。用户身份隐私保护的目标是降低攻击者从数据集中识别出某特定用户的可能性。

(2) 属性隐私。属性数据用来描述个人用户的属性特征,例如结构化数据表中年龄、性别、喜好、上网记录等描述用户的人口统计学特征的字段。这些属性信息具有丰富的信息量和较高的个性化程度,能够帮助系统建立完整的用户轮廓,提高推荐系统的准确性等。

(3) 社交关系隐私。用户和用户之间形成的社交关系也是隐私的一种。通常在社交网络图谱中,用户社交关系用边表示。服务提供商基于社交结构可分析出用户的交友倾向并对其进行朋友推荐,以保持社交群体的活跃和黏性。但与此同时,分析者也可以挖掘出用户不愿公开的社交关系、交友群体特征等,导致用户的社交关系隐私甚至属性隐私暴露。

(4) 位置与轨迹隐私。用户位置与轨迹数据来源广泛,包括来自城市交通系统、GPS 导航、行程规划系统、无线接入点以及各类基于位置服务的 App(应用程序)数据等。用户的实时位置泄露可能会给其带来极大危害,例如被锁定并实施定位攻击。而用户的历史位置与轨迹分析也可能暴露用户隐私属性、私密关系、出行规律甚至用户真实身份,为用户带来意想不到的损失。

为满足用户保护个人隐私的需求及相关法律法规的要求,大数据隐私保护技术需确保公开发布的数据不泄露任何用户敏感信息。同时,隐私保护技术还应考虑到发布数据的可用性。因为片面强调数据匿名性,将导致数据过度失真,无法实现数据发布的初衷。因此,数据隐私保护技术的目标在于实现数据可用性和隐私性之间的良好平衡。

9.2 大数据安全体系框架

大数据应用安全可以从数据和技术两个角度将大数据安全架构划分为大数据生命周期安全和大数据平台安全。

大数据生命周期包含采集、传输、发布、存储、挖掘、使用和销毁的所有方面。通过大数据平台存储分析从各个探针、应用等收集来的数据，并处理挖掘数据的内在价值，然后共享数据的分析结果使其价值化，最后删除数据。所以，大数据的生命周期是一个将庞大的不相关的数据转变为有相关性的巨大价值的过程。

大数据平台是采用分布式存储和计算技术，提供数据处理功能，支持其大数据应用安全高效运行的软硬件集合，包括监视数据输入/输出、数据处理活动控制等软硬件基础设施及其所控制的数据资产。

为应对大数据安全与隐私保护方面的挑战，数据安全管理工作需要基于大数据生命周期和大数据平台安全角度重新设计和构建大数据安全架构与开放数据服务，打造系统、数据和服务等层面大数据安全框架，从技术、管理、过程和运行多维度保障大数据应用和数据安全，如图9.1所示。

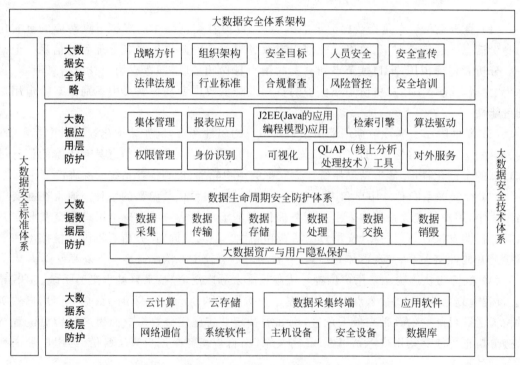

图 9.1　大数据安全体系框架

9.2.1　系统层面

从系统层面来看，保障大数据应用和数据安全需要构建立体纵深的安全防护体系，通过系统性、全局性地采取安全防护措施，保障大数据系统正确、安全可靠地运行，防止大数据被泄露、篡改或滥用。主流大数据系统由通用的云计算、云存储、数据采集终端、应用软件、网络通信等部分组成，保障大数据应用和大数据安全的前提是要保障大数据系统中各组成部分的安全，是大数据安全保障的重要内容。

9.2.2 数据层面

从数据层面来看,大数据应用涉及采集、传输、存储、处理、交换、销毁六个环节,各环节可能存在的风险包括:

(1) 数据采集阶段的分类分级、清洗比对、质量监控;
(2) 数据传输阶段的安全管理;
(3) 数据存储阶段的安全存储、访问控制、数据副本、数据归档、数据时效性;
(4) 数据处理和交换阶段的分布式处理安全、数据加密、数据脱敏、数据溯源;
(5) 数据交换阶段的数据导入导出、共享、发布、交换监控;
(6) 数据销毁阶段的介质使用管理、数据销毁、介质销毁等安全问题。

大数据生命周期的每个阶段都面临不同的安全威胁,需要采取不同的安全防护措施,确保数据在各个环节的保密性、完整性、可用性,并且要采取分级分类、去标识化、脱敏等方法保护用户个人信息安全。完善的数据防泄露解决方案必然贯穿于数据生命周期的全过程。

9.2.3 服务层面

从服务层面来看,大数据应用在各行业得到了蓬勃发展,为用户提供数据驱动的信息技术服务,因此,需要在服务层面加强大数据的安全运营管理、风险管理,做好数据资产保护,确保大数据服务安全可靠运行,从而充分挖掘大数据的价值,提高生产效率,同时又防范针对大数据应用的各种安全隐患。

9.3 大数据安全管理策略

大数据安全管理策略是指为了保障大数据安全而采取的与安全相关活动的一些规则。这些规则是由大数据安全管理机构建立,并由安全控制机构来描述、实施或实现的。安全管理策略涉及众多方面,本节重点阐述数据安全方针、人员管理策略、安全管理组织架构、安全管理制度及数据分类分级保护五项策略。

9.3.1 数据安全方针

数据安全方针是指组织依据业务要求和相关法律法规,制定的数据安全管理的方向与目标,方针能够为数据安全管理工作提供指导。数据安全方针是组织数据安全工作的最高统领性文件,它由数据安全方针文件和数据安全方针评审两个环节构成。

1. 数据安全方针文件

数据安全方针文件由管理者批准、发布并传达给所有员工和外部相关方。数据安全方针文件的内容应包括:管理者的管理承诺、组织管理数据安全的方法、数据安全整体目标和范围的定义、管理者意图的声明、控制目标和控制措施的框架；重要安全策略、原则、标准和符合性要求说明；安全管理的一般和特定职责的定义、支持方针的文件的引用等。数据安全方针文件的审批应由组织的管理高层来完成，数据安全方针文件的发布和传达方式应正式且有效，并告知组织所有成员。

2. 数据安全方针评审

数据安全方针评审是指定期或当发生重大变化时进行数据安全方针评审，以确保其持续的适宜性、充分性和有效性。因此，数据安全方针应由专人负责制定，同时承担评审数据安全方针的管理职责。评审应包括评估组织数据安全方针改进的时机和能适应各种变化的数据安全管理方法。数据安全方针评审应考虑管理评审的结果，明确定义数据安全方针评审的周期，以及其他能够触发评审的变化和事。

9.3.2 人员管理策略

来自内部的威胁尤其是网络安全人员对网络安全的潜在威胁较大，需要进行人员管理以保障大数据的安全。人员管理可分为任前、任中、任终三阶段进行：任前应对候选人进行充分的资历考察、资质审查，然后签署任用合同；任中需确保内部人员经过岗前培训，熟知网络安全威胁，明确职责义务等，降低内部人员进行恶意攻击的功能性；任终应确保内部人员的离岗规范，清理其访问身份，撤销访问权限，清理口令、密钥等，防范信息外泄，对违反安全规定的人员应进行教惩处理等。

1. 人员审查

人员审查应根据计算机网络系统所规定的安全等级来确定审查标准，凡接触系统安全三级以上信息系统的人员，应按机要人员的条件进行审查。

2. 关键岗位

对计算机信息系统的关键岗位人选，如安全负责人、系统管理员等，不仅要进行严格的政审，还要考核其业务能力，以保证这部分人员可信可靠，能胜任本职工作。关键岗位人员要实行定期强制休假制度。

3. 人员培训

计算机信息系统上岗的所有工作人员均需由有关部门组织上岗培训，包括计算机及网络操作、维护培训、应用软件操作培训、计算机网络系统安全课程及保密教育培训，经培训合格的人员持证上岗。

4. 人员考核

人事部门要定期组织专班人员对计算机网络系统所有的工作人员从政治思想、业务水平、工作表现、遵守安全规程等方面进行考核，对于考核发现有违反安全法规行为的人员或发现不适合接触计算机网络系统的人员要及时调离岗位，不应让其再接触系统，对情节严重的应追究其法律责任。

5. 保密协议

对于所有进入计算机网络系统工作的人员均应签订保密协议,承诺其对系统应尽的安全保密义务,保证在岗工作期间和离岗后均不得违反保密协议、泄露系统秘密。对违反保密协议的应有惩处条款。对接触机密信息的人员应规定在离岗后的多长时期内不得离境。

6. 人员离岗

应严格规范人员离岗过程。对离岗人员特别是因不满足安全管理要求而离岗的人员,需要严格办理离岗手续。进行离岗谈话,承诺其离岗后的保密义务,交还所有钥匙及证件,退还全部技术手册、软件及有关资料,更换系统口令和用户名。应做到以下几点。

(1) 当工作人员离岗时由信息管理部门负责人安排人员对工作进行逐项交接。

(2) 当网络管理员离岗时要交接网络用户名单、权限、口令以及登记本,接班人独立掌握网络管理员的任务后,交班人方可离岗。

(3) 当数据库管理员离岗时要交接数据备份方案、数据备份登记本,接班人要亲自进行数据备份和恢复试验,成功后交班人方可离岗。

(4) 当信息系统维护人员离岗时要交接设备维护登记本,要清点硬件设备,账物相符后交班人方可离岗。

(5) 当其他信息技术人员外出时要把自己分管的工作交给接班人。

(6) 认真做好移交登记,接班人完成好交班人分管的任务。

9.3.3 安全管理组织架构

组织应建立大数据安全管理组织架构。根据组织的规模、大数据平台的数据量、业务发展及规划等明确不同角色及其职责,至少包含以下角色。

1. 大数据安全管理者

安全管理的最高领导由单位主管领导委任或授权,其主要职责有:①确定数据的分类分级初始值,制定数据分类分级指南,与提供大数据的业务部门合作,确定数据的安全级别;②综合考虑法律法规、政策、标准、大数据分析技术水平、组织所处行业特殊性等因素,评估数据安全风险,制定数据安全基本要求;③对数据访问进行授权,包括授权给组织内部的业务部门、外部组织等;④建立相应的数据安全管理监督机制,监视数据安全管理机制的有效性;⑤负责组织的大数据安全管理过程,并对外部相关方(如数据安全的主管部门、数据主体等)负责。

2. 大数据安全执行者

安全执行者是执行组织数据安全相关工作的个人或团队,其主要职责有:①根据大数据安全管理者的要求实施安全措施;②为大数据安全管理者授权的相关方分配数据访问权限和机制;③配合大数据安全管理者处置安全事件;④记录数据活动的相关日志。

3. 大数据安全审计者

安全审计者是负责大数据审计相关工作的个人或团队,其主要职责有:①审核数据活动的主体、操作及对象等数据相关属性,确保数据活动的过程和相关操作符合安全要求;②定期审核数据的使用情况。

9.3.4 安全管理制度

组织应制定完善的安全管理制度,明确制度检查的内容、方式、要求等,检查各项制度措施的落实情况并不断完善。常见的安全管理制度有以下几个。

1. 物理与环境安全管理制度

物理与环境安全指为了保证大数据系统不受到自然灾害、环境事故以及人为操作失误与计算机犯罪的危害,而对计算机设备、设施、环境、系统等采取适当的安全措施,是保障系统安全可靠运行的基础。其主要有:①设备安全管理制度。计算机设备可能会受到环境因素如火灾、雷击、未授权访问、供电异常、设备故障等方面的威胁,使组织面临资产损失、敏感信息泄露等。②环境安全管理制度。环境安全管理制度保障大数据系统所处的环境安全,包括机房安全和物理安全。

2. 网络与通信安全管理制度

网络与通信安全管理主要有网络访问控制、安全机制、网络服务、网络隔离等,具体要求包括:①购入的计算机网络安全设备必须经国家有关部门进行安全、保密认证,系统运行期间不得随意更改其配置;②定期对重要网络设备运行情况进行安全检查,发现隐患及时上报或整改并做好记录;③定期备份重要网络和通信设备配置文件,确保发生故障时能及时恢复网络运行,保证网络的可用性。

3. 数据安全管理制度

建立合理有效的数据安全管理制度是大数据安全管理的重中之重。通过实施安全管理制度,可以防止数据泄露与滥用,形成一套安全的数据服务体系。数据安全管理制度包括数据操作人员管理、数据安全使用评审和数据使用授权流程三个方面。

4. 访问控制及操作安全管理制度

(1) 系统运行安全检查。系统运行安全检查是安全管理的常用工作方法,也是预防事故、发现隐患、指导整改的必要工作手段。

(2) 备份操作。信息管理部门应定期对大数据系统、配置及应用进行备份。

(3) 访问控制管理。用户是指用以登录和控制计算机系统,访问其资源的账户。

5. 安全审计制度

安全审计是对信息系统的各种事件及行为实行监测、信息采集、分析并针对特定事件及行为采取相应响应措施。组织应建立安全审计制度,使审计工作高效有序进行,为保障大数据安全提供支撑。审计制度应包括审计组织机构与人员、审计时间与频率、审计内容、审计流程、审计方式、审计结果的处理等方面。

除了上述制度外,安全管理制度还包含一些其他制度,如安全培训制度、网络安全事件应急管理制度、供应商安全管理制度、奖励和惩罚制度等。

制定严格的制度,同时规范制度的发布流程、方式和范围等。制度需要统一格式并进行有效版本控制,发布方式需要正式、有效并注明发布范围,对收发文进行登记。数据安全领导小组负责定期组织相关部门和相关人员对安全管理制度体系的合理性和适用性进行审定,定期或不定期修订和完善。

9.3.5　数据分类分级保护

《中华人民共和国数据安全法》明确规定:"国家建立数据分类分级保护制度,根据数据在经济社会发展中的重要程度,以及一旦遭到篡改、破坏、泄露或者非法获取、非法利用,对国家安全、公共利益或者个人、组织合法权益造成的危害程度,对数据实行分类分级保护。"

1. 数据分类分级原则

大数据的分类分级以数据自然属性为基础,遵循科学性、稳定性、实用性和扩展性的原则。

(1) 科学性。按照大数据的多维特征及其相互间客观存在的逻辑关联进行科学和系统化的分类。

(2) 稳定性。大数据的分类应以政府数据目录中的各种数据分类方法为基础,并以大数据最稳定的特征和属性为依据制订分类方案。

(3) 实用性。大数据分类要确保每个类目下都有大数据,不设没有意义的类目,数据类目划分要符合用户对大数据分类的认知。

(4) 扩展性。数据分类方案在总体上应具有概括性和包容性,能够实现各种类型大数据的分类,以及满足各种数据类型。

2. 大数据分类框架

大数据分类是指根据大数据的属性或特征,将其按一定的原则和方法进行区分和归类,并建立起一定的分类体系和排列顺序的过程。大数据的分类可以按照业务所属行业领域、业务属性进行。

(1) 按照业务所属行业领域,将数据分为工业数据、电信数据、金融数据、能源数据、交通运输数据、自然资源数据、卫生健康数据、教育数据、科学数据等。

(2) 各行业、各领域主管(监管)部门根据本行业、本领域业务属性,对行业、领域数据进行细化分类。

(3) 如涉及法律法规有专门管理要求的数据类别(如个人信息),应按照有关规定或标准对个人信息、敏感个人信息进行识别和分类。

3. 大数据分级框架

大数据分级是指根据大数据的敏感程度和影响程度,将其按照数据遭篡改、破坏、泄露或非法利用后可能对受侵害客体的危害程度进行等级划分的过程。依据其产生的危害程度,将数据从高到低分为核心、重要、一般三个级别。各行业、各领域应在遵循数据分级框架的基础上,明确本行业、本领域数据分级规则,并对行业、领域数据进行定级。

(1) 核心数据。其一旦被泄露、篡改、破坏或者非法获取、非法利用、非法共享,可能直接危害政治安全、国家安全重点领域、国民经济命脉、重要民生、重大公共利益。

(2) 重要数据。其一旦被泄露、篡改、破坏或者非法获取、非法利用、非法共享,可能直接危害国家安全、经济运行、社会稳定、公共健康和安全。

(3) 一般数据。其一旦被泄露、篡改、破坏或者非法获取、非法利用、非法共享,仅影响小范围的组织或公民个体合法权益。

4. 大数据分级分类方法

为了科学、有效地对大数据进行组织管理,从大数据的自然属性出发,在调研现有各综合分级分类法与行业领域学科专用分级分类方法的基础上,结合大数据所特有的行业属性特征,制定大数据分级分类方法。

大数据分级分类方法由五个环节组成:①根据梳理出的备案数据资产进行敏感数据的自动探测,通过特征探测定位敏感数据分布在哪些数据资产中;②针对敏感的数据资产进行分级分类标记,分类出敏感数据所有者;③依据数据的来源、内容和用途对数据进行分类;④由业务部门进行敏感分级,将已分类的数据资产分为公开、内部、敏感等不同的敏感级别;⑤按照数据的价值、内容敏感程度、影响和分发范围不同对数据进行敏感级别划分。

9.4 大数据安全管理技术

大数据安全管理技术主要有身份认证技术、安全审计技术、访问控制技术、数据加密技术和数据保护技术等。

9.4.1 身份认证技术

1. 口令认证技术

口令认证是最简单也是最传统的身份认证方法,通过用户 ID 和用户密码(PW)来验证用户的合法有效性。只要能够正确验证密码,系统就判定操作者是合法用户。口令认证主要适用于小型封闭型系统。

存在的问题:密码是静态的数据,每次验证使用的验证信息都是相同的,容易被驻留在计算机内存中的木马程序或网络中的监听设备截获,因此安全性低。

2. 双因素身份认证技术

双因素身份认证添加了额外的身份验证令牌,而不仅仅是静态口令。用户需要在登录过程中同时验证静态口令和动态口令,只有在这两者的认证都通过的情况下才能真正确认用户身份。另外,动态口令技术通常采用一次一密的方法,相对传统的口令验证技术,有效保证了用户身份的安全性。

存在的问题:如果客户端与服务器端的时间或次数不能保持良好的同步,则存在合法用户无法登录的现象。

3. 数字证书的身份认证技术

数字证书是用户身份的证明,是一种包含身份特征数据的证书,类似现实生活中人们所持有的身份证。数字证书认证需要身份认证机构这个可信赖第三方的支持,该机构主要负责数字证书的发布以及负责用户身份认证的权威性和真实性。

4. 基于生物特征的身份认证技术

这一技术采用每个人独一无二的生物特征来认证用户身份,提取生理上的特性或者特殊行为作为验证途径,是一种将数字身份与人的真实身份相结合的验证方式。目前,应用比较广的基于生物特征的身份认证有指纹识别、虹膜识别、行为识别等。生物特征认证是最可靠的身份认证方式,因为它直接使用人的物理特征来表示每一个人的数字身份,不同的人具有不同的生物特征,相对其他的特征更难被仿冒。

存在的问题:首先,生物特征识别的准确性和稳定性受环境条件影响较大,特别是伤病用户。其次,生物特征认证系统的成本相对更高,适用于安全性要求高的场合。

5. Kerberos 身份认证机制

Kerberos 身份认证机制是一种网络身份验证协议,使用对称加密机制,通过使用密钥加密技术为客户端/服务器应用程序提供强身份验证,方式灵活、高效,可相互验证,但身份认证技术使用的加密算法只能保护数据安全性,不保证数据完整性。

存在的问题:局限于客户端与服务器,密钥管理相关的问题。

9.4.2 安全审计技术

安全审计是指根据一定的安全策略,通过记录和分析历史操作事件及数据,发现能够改进系统性能和系统安全的地方。安全审计的目的是保证网络系统安全运行,保护数据的保密性、完整性及可用性不受损坏,防止有意或无意的人为错误,防范和发现计算机网络犯罪活动。利用审计机制可以有针对性地对网络运行的状况和过程进行记录、跟踪和审查,以从中发现安全问题。安全审计应该涵盖以下方面。

(1)审计范围应覆盖到服务器和重要客户端上的每个操作系统用户和数据库用户。安全审计通过关注系统和网络日志文件、目录和文件中不期望的改变、程序执行中的不期望行为、物理形式的入侵信息等,用以检查和防止虚假数据和欺骗行为,是保障计算机系统本地安全和网络安全的重要技术，对审计信息的分析可以为计算机系统的脆弱性评估、责任认定、损失评估、系统恢复提供关键性信息，所以审计范围必须要覆盖到每个操作系统用户和数据库用户。

（2）审计内容应包括重要用户行为，系统资源的异常使用和重要系统命令的使用等系统内重要的安全相关事件。有效合理地配置安全审计内容，能够及时准确地了解和判定安全事件的内容和性质，并且可以极大地节省系统资源。Windows 和 Linux 操作系统均提供了完善的安全审计模块，但需要有针对性进行加固配置。

（3）审计记录应包括事件的日期、时间、类型、主体标识、客体标识和结果等。审计记录是跟踪指定数据库的使用状态产生的信息，它应该包括事件的日期、时间、类型、主体标识、客体标识和结果等。记录中的详细信息，能够帮助管理员或其他相关检查人员准确地分析和定位事件。

（4）应能够根据记录数据进行分析，并生成审计报表。安全审计将会产生各种复杂的日志信息，巨大的工作量使得管理员难以手工查看并分析各种日志内容，而且很难有效地对事件分析和定位。因此必须提供一种直观的分析报告及统计报表的自动生成机制，对审计产生的记录数据进行统一管理与处理，并将日志关联起来，来保证管理员能够及时有效地发现系统中各种异常状况及安全事件。

（5）应保护审计进程，避免受到未预期的中断。Windows 系统具备了在审计进程中自我保护方面功能，在 Linux 中，Auditd 是审计守护进程，Syslogd 是日志守护进程，保护好审计进程，当事件发生时，能够及时记录事件发生的详细内容。

（6）应保护审计记录，避免受到未预期的删除、修改或覆盖等。非法用户进入系统后的第一件事情就是去清理系统日志和审计日志，而发现入侵最简单、最直接的方法就是去看系统记录和安全审计文件。因此，必须对审计记录进行安全保护，避免受到未预期的删除、修改或覆盖等。

除了上述功能外，安全审计还能为制定网上信息过滤规则提供依据，如发现有害信息的网站后将其加入路由过滤列表，通过信息过滤机制拒绝接收一切来自过滤列表上 IP（网络协议）地址的信息，将网上的某些站点产生的信息垃圾拒之门外。

9.4.3 访问控制技术

访问控制技术主要用于控制用户是否可以进入系统以及进入系统的用户是否能够读写数据集，防止对任何资源（如计算资源、通信资源或信息资源）进行未经授权的使用。

1. 自主访问控制

自主访问控制是指对某个客体具有拥有权（或控制权）的主体能够将对该客体的一种访问权或多种访问权自主地授予其他主体，并在随后的任何时刻将这些权限收回。这种控制是自主的，也就是指具有授予某种访问权力的主体（用户）能够自己决定是否将访问控制权限等某个子集授予其他的主体或从其他主体那里收回他所授予的访问权限。自主访问控制中，用户可以针对被保护对象制定自己的保护策略。

2. 强制访问控制

强制访问控制是指计算机系统根据使用系统的机构事先确定的安全策略，对用户的访问权限进行强制性的控制。系统独立于用户行为强制执行访问控制，用户不能改变他们的安全级别或对象的安全属性。强制访问控制进行了很强的等级划分，所以经常用于军事。强制访问控制在自主访问控制的基础上，增加了对网络资源的属性划分，规定不同属性下的访问权限。这种机制的优点是安全性比自主访问控制有了提高，缺点是灵活性要差一些。

3. 基于属性加密的访问控制

基于属性加密的访问控制使用了数据加密技术的密文机制，一般分为两种：密钥策略的属性加密和密文策略的属性加密。密钥策略的属性加密主要用于访问静态数据，密文策略的属性加密主要用于访问动态数据。前者的密钥与属性策略相关，只有用户提供的属性集可以到达密钥的访问结构时才能解密。后者的密文是用户的属性集合，当用户的属性与秘文访问结构相配时就能解密该段密文。

4. 基于角色的访问控制

基于角色的访问控制方法的基本思想是在用户和访问权限之间引入角色的概念，将用户和角色联系起来，通过对角色的授权来控制用户对系统资源的访问。这种方法可根据用户的工作职责设置若干角色，不同的用户可以具有相同的角色，在系统中行使相同的权利，同一个用户又可以具有多个不同的角色，在系统中行使多个角色的权利。数据库系统可以采用基于角色的访问控制策略，建立角色、权限与账号管理机制。随着安全要求的提高，各种数据安全存储方案被提出，如将角色的访问控制与加密技术相结合。该方案下只有用户角色才能解密。在云环境下的基于角色的访问控制方案将角色分为用户和所有者，用户从所有者获取凭证，与服务提供商通信，并获得对资源的访问权限，这都大大提高了安全性。在 Hadoop 平台中主流使用的是基于角色的访问控制，它主要用于文件需要细粒度访问控制的情况，例如基于列的访问控制。

9.4.4 数据加密技术

加密技术是网络安全技术的基石。密码技术是利用密码学的原理和方法对数据进行保护的方法，包括加密过程与解密过程。承载信息的原始数据或文档被称为明文，经过变换生成的隐藏信息的数据或文档被称为密文。加密是把明文变换成密文的过程，解密是把密文变换成明文的过程。密钥通常由数字、字母或符号构成，是用于加密与解密的关键参数，由加密者和解密者持有。密钥分为加密密钥和解密密钥。完成加密和解密的算法称为密码体制。密码体制分为对称加密技术和非对称加密技术。前者的加密密钥和解密密钥相同，而后者的加密密钥和解密密钥不同。根据密钥的公开性，加密方法可分为私钥密码加密（又称对称加密）、公钥密码加密（又称非对称加密）。

1. 加密方法分类

1) 私钥密码加密

私钥密码加密用的是专用密钥,又称为对称密钥或单密钥,加密和解密时使用同一个密钥,即同一个算法,这是最简单的加密方式,通信双方必须交换彼此密钥,需要给对方发信息时,用自己的加密密钥进行加密,而在接收方收到数据后,用对方所给的密钥进行解密。比较著名的常规密码算法有:美国的 DES(数据加密标准)及其各种变形,如 Triple DES、GDES(广义 DES)、New DES 和 DES 的前身 Lucifer;欧洲的 IDEA(简化的国际数据加密算法);日本的 FEAL(快速数据加密算法)、LOKI91、Skipjack、RC4、RC5 以及以代换密码和转轮密码为代表的古典密码等。

在私钥密码加密中,密钥的管理极为重要,一旦密钥丢失,密文将无密可保。这种方式在与多方通信时因为需要保存很多密钥而变得很复杂,而且密钥本身的安全就是一个问题。

2) 公钥密码加密

公开密钥,又称非对称密钥,加密和解密时使用不同的密钥,即不同的算法,虽然两者之间存在一定的关系,但不可能轻易地从一个推导出另一个。在这种加密方法中,有一把公用的加密密钥和多把解密密钥,如 RSA[以罗纳德·李维斯特(Ron Rivest)、阿迪·萨莫尔(Adi Shamir)和伦纳德·阿德曼(Leonard Adleman)三人姓氏开头字母命名]算法。公钥密码加密示意图如图 9.2 所示。

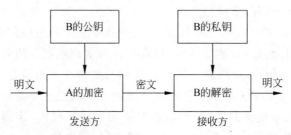

图 9.2 公钥密码加密示意图

公钥密码加密由于两个密钥(加密密钥和解密密钥)各不相同,因而可以将一个密钥公开,而将另一个密钥保密,同样可以起到加密的作用。

值得注意的是,能否切实有效地发挥加密机制的作用,关键的问题在于密钥的管理,包括密钥的生存、分发、安装、保管、使用以及作废全过程。

2. 加密层次

一般的数据加密可以在通信的三个层次来实现:链路加密(又称在线加密)、节点加密和端到端加密(又称脱线加密或包加密)。

1) 链路加密

对于在两个网络节点间的某一次通信链路,链路加密能为网上传输的数据提供安全保证。对于链路加密,所有消息在被传输之前进行加密,在每一个节点对接收到的消息进行解密,然后先使用下一个链路的密钥对消息进行加密,再进行传输。在到达目的地之前,一条消息可能要经过许多通信链路的传输。

链路加密的优点：①所有的信息都加密，包括消息头和路由信息；②单个密钥泄露不会危及全网安全，每对网络节点可使用截然不同的密钥；③加密对用户是透明的。

链路加密的缺点：①消息以明文形式通过每个节点；②由于所有网络节点都必须获得密钥，密钥分发和密钥管理困难；③由于每条保密通信链路上都需要两台设备，密码设备费用高。

2）节点加密

节点加密是指在节点处采用一个与结点机相连的密码装置，密文在该装置中被解密并重新加密的数据加密手段。尽管节点加密能给网络数据提供较高的安全性，但它在操作方式上与链路加密是类似的：两者均在通信链路上为传输的消息提供安全性，都在中间节点先对消息进行解密，然后进行加密。因为要对所有传输的数据进行加密，所以加密过程对用户是透明的。

节点加密的优点：①消息的解密和加密在保密模块内完成，无暴露消息内容之虞；②加密对用户是透明的。

节点加密的缺点：①某些信息（如消息头和路由信息）必须以明文形式传输；②由于所有的网络节点都必须获得密钥，密钥分发和密钥管理困难。

3）端到端加密

端到端加密允许数据在从源点到终点的传输过程中始终以密文形式存在。采用端到端加密，消息在被传输时到达终点之前不进行解密，因为消息在整个传输过程中均受到保护，所以即使有节点被损坏也不会使消息泄露。

端到端加密的优点：①异常灵活，加密可由用户控制，而且并非所有信息都得加密；②数据经网络从源头到目的地都受到保护；③加密对网络节点是透明的，而且在网络重组期间也可以使用。

端到端加密的缺点：①每个系统都必须能够进行相同类型的加密；②某些信息（如消息头和路由信息）可以明文形式发送；③要求复杂的密钥分发和密钥管理技术。

9.4.5 数据保护技术

数据保护技术主要是对数据进行科学合理的备份，防止数据中心因为电力、网络、系统故障系统停机或数据丢失。通过超级融合基础设施搭建灾备站点，可以让系统和数据跨数据中心存储和运行，当灾难发生时，可以自动化或手工进行系统和数据的恢复。数据保护常见形式有以下三种。

（1）定时数据保护。使用备份软件定时对数据进行备份保护，通过完全备份、增量备份、差异备份、永久增量备份等手段，定时将数据中心的数据备份到外置介质进行存储，在必要时刻可以将指定时间点数据恢复到生产中心。

（2）持续数据保护。它可以捕获或跟踪数据的变化，并将其在生产数据之外独立存放，以确保数据可以恢复到过去的任意时间点。持续数据保护系统可以基于块、文件或应用实现，可以为恢复对象提供足够细的恢复粒度，实现几乎无限多的恢复时间点。

（3）副本数据管理。从生产环境通过快照技术获取有应用一致性保证的数据，在非生产存储上生成"黄金副本"，这个"黄金副本"数据格式是原始的磁盘格式，可再虚拟化成多个副本直接挂载给服务器,分别用于备份恢复、容灾或者开发测试等。

9.5 大数据安全风险评估

风险评估是大数据安全保障体系的重要组成部分,也是安全建设的出发点。大数据安全风险评估就是从风险管理角度,运用科学的分析方法和手段,系统地分析信息化业务和信息系统所面临的人为和自然的威胁及其存在的脆弱性,评估安全事件一旦发生可能造成的危害程度,提出有针对性的抵御威胁的防护对策和整改措施,以防范和化解风险,或者将残余风险控制在可接受的水平,从而最大限度地保障大数据安全。根据《中华人民共和国数据安全法》以及各行业相关标准要求,数据安全风险评估是开展数据安全治理工作的基础,是各行业机构必要的数据安全保护义务。

9.5.1 评估的形式

大数据安全风险评估分为自评估和检查评估两种。

(1) 自评估。自评估是指网络和信息系统拥有、运营或使用单位发起的对本单位信息系统进行的风险评估。其由组织发起,以发现系统现有弱点、实施安全管理为目的。其适用于对自身进行安全风险识别和评价,并选择合适的风险处置措施,降低评估资产的安全风险,定期性的评估可纳入数据安全管理规范及管理办法中。自评估受限于组织内部人员,可能缺乏评估专业技能,导致不够深入和准确,同时缺乏一定的客观性,所以一般委托风险评估服务技术支持单位实施评估。

(2) 检查评估。检查评估是指由被评估组织的上级主管机关或业务机关发起,通过行政手段加强安全的重要措施,一般是定期、抽样进行评估,旨在检查关键领域或关键点安全风险是否在可接受范围内。

9.5.2 风险分析方法

风险分析是对风险影响和后果进行评价和估量,常见的方法有基于知识的分析方法、基于技术的分析方法、定量分析方法和定性分析方法。

(1) 基于知识的分析方法。这类方法主要依靠经验进行,通过采集相关信息,识别组织的风险所在和当前的安全措施,与特定的标准和惯例进行比较,找出不适合的地方,并按照标准或最佳惯例的推荐,选择安全措施,最终达到消减和控制风险的目的。此类方法多集中在管理方面,对技术层面涉及较少,组织相似性的判定、被评估组织的安全需求分析以及关键资产的确定都是该方法的制约点。

(2) 基于技术的分析方法。这类方法是指对组织的技术基础结构和程序进行系统、及时的检查,对组织内部计算环境的安全性及其对内外攻击脆弱性的完整性估计。这类方法在技术上分析得比较多,技术弱点把握精确,但在管理上较弱,管理分析存在不足。

(3) 定量分析方法。定量分析方法是通过将资产价值和风险等量化为财务价值的方式来进行计算的一种方法。这种方法的优点是能够提供量化的数据支持,威胁对资产造成的损失直接用财物价值来衡量,结果明确,易于被管理层所理解和接受。其缺点是对财产的影响程度以参与者的主观意见为基础,计算过程复杂、耗时,对分析数据的收集目前还没有统一的标准和统一的数据库。

(4) 定性分析方法。定性分析方法是根据组织本身历史事件的统计记录和社会上同类型组织或类似安全事件的统计和专家经验,并通过与组织管理、业务和技术人员的讨论、访谈和问卷调查等方法来确定资产的价值权重,再以计算方法来确定某种资产所面临的风险的一种方法。

9.5.3 评估流程

1. 风险评估准备阶段

制定评估的范围及目标是在准备阶段的重要工作之一。因为数据在不同的系统中进行流转,牵扯的范围太广,如果不事先制定一个明确的范围及目标,可能导致评估内容不是组织所关心的,结果偏离了评估的初衷。根据具体的业务流,评估的目标可以是单纯地进行数据合规性评估、数据生命周期安全评估、数据应用场景安全评估,也可以是同时对三者进行综合评估。

组织实施风险评估是一种战略性的考虑,其结果将受到组织规划、业务、业务流程、安全需求、系统规模和结构等方面的影响。因此,在风险评估实施前应准备以下工作。

(1) 在考虑风险评估的工作形式、在生命周期中所处阶段和被评估单位的安全评估需求的基础上,确定风险评估目标。

(2) 确定风险评估的对象、范围和边界。

(3) 组建评估团队、明确评估工具。

(4) 开展前期调研。

(5) 确定评估依据。

(6) 建立风险评价准则。组织应在考虑国家法律法规要求及行业背景和特点的基础上,建立风险评价准则,以实现对风险的控制与管理。风险评价准则应符合组织的安全策略或安全需求,满足利益相关方的期望、组织业务价值。

(7) 制订评估方案。

(8) 获得最高管理者支持。评估方案需得到组织最高管理者的支持和批准。

2. 风险识别

风险识别主要包括资产识别、威胁识别和脆弱性识别。

1) 资产识别

资产是具有价值的信息或资源,资产识别是风险评估的核心环节。资产按照层次可划分为业务、系统资产、系统组件和单元资产。因此资产识别应从三个层次进行。

(1) 业务识别。业务是实现组织发展规划的具体活动,业务识别是风险评估的关键环节。业务识别内容包括业务的属性、定位、完整性和关联性。业务的属性包括业务的功能、对象、流程和范围等。业务的定位主要指业务在发展规划中的地位。业务的完整性主要指其为独立业务或非独立业务。业务的关联性则是指业务与其他业务之间的关系。

业务识别数据应来自熟悉组织业务结构的业务人员或管理人员。业务识别既可通过访谈、文档查阅、资料查阅,还可通过对信息系统进行梳理后总结整理进行补充。

(2) 系统资产识别。系统资产识别包括系统资产分类和业务承载性两个方面。系统资产分类包括信息系统、数据资源和通信网络。业务承载性包括承载类别和业务关联程度。

① 信息系统。信息系统是指由计算机硬件、计算机软件、网络和通信设备等组成的,并按照一定的应用目标和规则进行信息处理或过程控制的系统。典型的信息系统如门户网站、业务系统、云计算平台工业控制系统等。

② 数据资源。数据是指任何以电子或者非电子形式对信息的记录。数据资源是指具有或预期具有价值的数据集。在进行数据资源风险评估时,应将数据活动及其关联的数据平台进行整体评估。数据活动包括数据采集、数据传输、数据存储、数据处理、数据交换、数据销毁等。

③ 通信网络。通信网络是指以数据通信为目的,按照特定的规则和策略,将数据处理结点、网络设备设施互连起来的网络。将通信网络作为独立评估对象时,一般是指电信网、广播电视传输网和行业或单位的专用通信网等以承载通信为目的的网络。

④ 承载类别。系统资产承载业务信息采集、传输、存储、处理、交换、销毁过程中的一个或多个环节关联程度。

⑤ 业务关联程度。业务关联程度是指如果资产遭受损害,将会对承载业务环节运行造成的影响,并综合考虑可替代性。资产关联程度是指如果资产遭受损害,将会对其他资产造成的影响,并综合考虑可替代性。

系统资产价值应依据资产的保密性、完整性和可用性赋值,结合业务承载性、业务重要性,进行综合计算,并设定相应的评级方法进行价值等级划分,等级越高表示资产越重要。

(3) 系统组件和单元资产识别。系统组件和单元资产应分类识别,系统组件和单元资产包括系统组件、系统单元、人力资源和其他资产。系统组件和单元资产价值应依据其保密性、完整性、可用性赋值进行综合计算,并设定相应的评级方法进行价值等级划分,等级越高表示资产越重要。

2) 威胁识别

威胁是指任何可能发生的,为组织或者特定资产带来所不希望的结果的事情。威胁识别的内容包括威胁的来源、主体、种类、动机、时机和频率。

在对威胁进行分类前,应识别威胁的来源。威胁来源包括环境、意外和人为三类;根据威胁来源的不同,威胁可划分为信息损害和未授权行为等种类。

威胁主体依据人为和环境进行区分,人为的分为国家、组织团体和个人。环境的分为一般的自然灾害、较为严重的自然灾害和严重的自然灾害。

威胁动机是指引导、激发人为威胁进行某种活动,对组织业务、资产产生影响的内部动力和原因。威胁动机可划分为恶意和非恶意,恶意包括攻击、破坏、窃取等,非恶意包括误操作、好奇心等。

威胁时机可划分为普通时期、特殊时期和自然规律。

威胁频率应根据经验和有关的统计数据来进行判断,综合考虑以下四个方面,形成特定评估环境中各种威胁出现的频率。

（1）以往安全事件报告中出现过的威胁及其频率统计。

（2）实际环境中通过检测工具以及各种日志发现的威胁及其频率统计。

（3）实际环境中监测发现的威胁及其频率统计。

（4）近期公开发布的社会或特定行业威胁及其频率统计，以及发布的威胁预警。

威胁赋值应基于威胁行为，依据威胁的行为能力和频率，结合威胁发生的时机，进行综合计算，并设定相应的评级方法进行等级划分，等级越高表示威胁利用脆弱性的可能性越大。

3）脆弱性识别

脆弱性是指资产中的弱点或者防护措施、对策的缺乏，通常是安全事件产生的内因。外部威胁只有利用了系统的脆弱性，才有可能产生风险。脆弱性可从技术和管理两个方面进行审视。技术脆弱性涉及 IT 环境的物理层、网络层、系统层和应用层等各个层面的安全问题或隐患。管理脆弱性又可分为技术管理脆弱性和组织管理脆弱性两方面，前者与具体技术活动相关，后者与管理环境相关，详见表 9.1。

表 9.1 脆弱性识别内容表

类型	识别对象	识别方面
技术脆弱性	物理环境	从机房场地、机房防火、机房供配电、机房防静电、机房接地与防雷、电磁防护、通信线路的保护、机房区域防护、机房设备管理等方面进行识别
	网络结构	从网络结构设计、边界保护、外部访问控制策略、内部访问控制策略、网络设备安全配置等方面进行识别
	系统软件	从补丁安装、物理保护、用户账号、口令策略、资源共享、事件审计、访问控制、新系统配置、注册表加固、网络安全、系统管理等方面进行识别
	应用中间件	从协议安全、交易完整性、数据完整性等方面进行识别
	应用系统	从审计机制、审计存储、访问控制策略、数据完整性、通信、鉴别机制、密码保护等方面进行识别
管理脆弱性	技术管理	从物理和环境安全、通信与操作管理、访问控制、系统开发与维护业务连续性等方面进行识别
	组织管理	从安全策略、组织安全、资产分类与控制、人员安全、符合性等方面进行识别

脆弱性赋值时包括两部分，一部分是脆弱性被利用难易程度赋值，一部分是影响程度赋值。

9.5.4 风险分析

风险分析的原理主要是通过资产识别、脆弱性识别及威胁识别分别计算出威胁造成损失的严重程度以及该安全事件发生的可能性，然后利用损失严重程度与事件发生的可能性得到风险值，最后赋予风险等级。风险计算范式是

$$风险值 = R(A, T, V) = R[L(T, V), F(I_a, V_a)]$$

其中，R 表示安全风险计算函数，A 表示资产，T 表示威胁，V 表示脆弱，I_a 表示资产价值，V_a 表示脆弱性的严重程度，L 表示威胁利用资产的脆弱性导致安全事件发生的可能性，

F 表示安全事件发生后的损失。

风险计算三个关键环节如下。

安全事件发生的可能性＝L(威胁频率,资产脆弱性)＝$L(T,V)$

安全事件发生后的损失＝F(资产价值,脆弱性严重程度)＝$F(I_a,V_a)$

风险值＝R(安全事件发生的可能性,安全事件发生后的损失)＝$R[L(T,V),F(I_a,V_a)]$

除了上述计算方法外,目前业界还采用二维矩阵或相乘法对风险值进行计算,本书在此不做赘述。

9.5.5 风险评估

经过前面的工作,我们可以得出数据生命周期各种不同阶段所面临的不同威胁的风险值及风险等级,将风险等级与组织的风险容忍度进行比较,根据不同的风险容忍度可以采取不同的策略,如接受风险、规避风险或者是降低风险。根据不同的策略组织可以制定不同的整改措施,或者可以调整当前组织的数据安全建设路线。

9.5.6 风险处置

风险处置是指使用安全措施保护资产、抵御威胁、减小脆弱性、降低安全事件的影响,以及打击信息犯罪而实施的各种实践、规程和机制。对不可接受的风险,应根据该风险的脆弱性制订风险处置计划。风险处置计划要明确采取的弥补弱点的措施、预期效果、实施条件、进度安排、责任部门、协调部门等。安全措施应从管理和技术两个维度进行,管理可作为技术措施的补充。风险处置目的是减小脆弱性或降低安全事件发生的可能性。

9.6 大数据应急保障

人为的错误、硬盘的损毁、系统的病毒、自然灾害等都有可能导致大数据的丢失,造成无可估量的损失。数据丢失会导致系统文件、业务资料、技术文件等丢失,组织业务将难以正常进行。因此,建立大数据应急保障机制,以更好地应对数据安全事件,降低可能带来的损失意义重大。本节基于大数据应急保障流程(图9.3),分别从预防措施、监测预警、应急处置及善后处理四个部分进行阐述。

9.6.1 预防措施

建立安全、可靠、稳定运行的机房环境,切实做好防火、防盗、防雷电、防水、防尘措施,防止信号非法接入。

建立信息平台安全监测和预警系统,建立网络安全通报和应急处置联动机制,开展数据安全规范和技术规范的研究工作。

图9.3 大数据应急保障流程

建立容灾备份系统和相关工作机制,保证软件系统和重要数据有多个备份,在受到破坏后可紧急恢复。容灾备份系统应具有一定兼容性,在特殊情况下各系统间可互为备份。

采用可靠、稳定的网络系统,落实数据备份机制,遵守安全操作规范。预留系统应急设备,确保储存信息的硬件、软件、应急救援等备用设施到位。

启动计算机过滤措施,更改防火墙安全设置,改善各服务器的安全级别设置,提高安全过滤级别。

实时监控信息平台应急处置网络动态,做好工作日志,加强防范,监视事件的动态,控制事件恶化升级。

安全管理员对信息平台内外所属网络硬件、软件设备及接入网络的计算机设备定期进行全面检查,封堵并更新有安全隐患的设备及网络环境。

9.6.2 监测预警

安全管理员应当对信息平台的运行状况进行密切监测,一旦发生本预案规定的网络安全突发事件,应当立即向领导小组报告,说明事件发生时间、初步判定的影响范围和危害、已采取的应急处置措施和有关建议,不得迟报、谎报、瞒报、漏报。

建立信息平台突发事件预警制度,按照性质、严重程度、可控性和影响范围,突发事件预警等级分为四级:特别重大、重大、较大和一般。

应急组应当针对即将发生的网络安全突发事件的特点和可能造成的危害,及时收集、报告有关信息,加强安全风险的监测。加强事态跟踪分析评估,密切关注事态发展。及时宣传避免、减轻危害的措施,并对相关工作进行正确引导。

领导小组发布预警后,应当根据事态发展,适时调整预警级别并重新发布。经研判不可能发生突发事件或风险已经解除的,应当及时宣布解除预警,并解除已经采取的有关措施。

9.6.3 应急处置

应急组根据情况分析判断,确定突发事件级别,进入相应的应急启动流程。

等级为Ⅳ级(一般)即信息平台造成较小损害的事件。响应时间为1小时,故障处理时间为1~2小时。应急组应按照有关操作规程进行故障处理,并报领导小组备案。

等级为Ⅲ级(较大)即信息平台局部瘫痪,造成一定程度损害的事件。响应时间为1小时,故障处理时间为1~2小时。应急组应大致将故障定性为设备故障、线路故障、软件故障等,告知领导小组和受影响的相关单位和部门,及时联系外部设备供应商、系统集成商、电信运营商等有关人员,并采取措施避免事件影响范围扩大。

等级为Ⅱ级(重大)即信息平台大规模瘫痪,造成严重损害的事件。响应时间为30分钟,故障处理时间为60分钟。应急组应针对突发事件的类型、特点和原因,采取以下措施:带宽紧急扩容、控制攻击源、过滤攻击流量、修补漏洞、查杀病毒、关闭端口、启用备份数据、暂时关闭相关系统等。对于数据泄露事件,要求及时告知受影响的相关部门,并告知其减轻危害的措施,防止发生次生、衍生事件的必要措施,其他可以控制和减轻危害的措施。及时解决问题并上报领导小组,视情况向上级部门汇报。

等级为Ⅰ级(特别重大)即信息平台完全瘫痪,事态发展超出控制范围,造成特别严重损害的事件。响应时间为10分钟,故障处理时间为30分钟内。应急组应及时将实时情况上报领导小组,向上级部门请求支援,并立刻采取相关措施控制现场状况。由上级部门研究紧急应对措施,对应急处置工作进行决策部署。

9.6.4 善后处理

在应急处置工作结束后,应急组要迅速采取措施抢修受损设施,尽快恢复正常工作。组织专家和有关人员,抓紧统计各类数据,查明原因,对事件造成的损失和影响以及恢复重建能力进行分析评估,总结经验,并制订恢复重建计划。有关部门要提供必要的人员和技术、物资和装备以及资金等支持,并将善后处置的有关情况报告上级部门。

根据实际情况追究相关责任,情节严重和后果影响较大者,提交司法机关处理,追究部门负责人和直接责任人的行政或法律责任。

重视网络管理人员和应急队伍的建设与保障,确保在灾害发生前、灾害处置过程中和灾后重建后人员在岗与控制力。

重视网络系统的建设和升级换代,确保灾害发生前网络信息系统的安全与稳定,确保灾害处置过程和灾后重建的相关技术支撑。

利用各种传播媒介及有效形式,有计划地开展信息平台突发事件应急和处置的宣传教育活动,定期或不定期举办应急管理培训班。

本章小结

大数据安全管理是保障大数据安全的重要举措之一。明确大数据面临的安全风险是开展大数据安全管理的前提和基础。本章首先分析了大数据面临的安全风险,继而阐述了大数据安全及其管理的概念,大数据安全管理的目标、原则和内容等相关知识。在提出大数据安全体系框架后,重点阐述了大数据安全管理的策略,并遴选了主要的大数据安全管理技术进行详细介绍。作为大数据安全管理的主要工具,本章完整地介绍了大数据安全风险评估的形式、分析方法、流程和实施内容。最后,概要性地介绍了大数据应急保障的主要工作内容。随着科技的发展,大数据安全管理的内容也在不断变化。建立大数据安全态势感知机制,多方协同推进大数据安全管理工作,服务国家大数据发展战略。

思考题

1. 简述大数据安全及大数据安全管理的概念和主要内容。
2. 简述大数据安全体系框架的组成部分及相应的含义。
3. 大数据安全管理策略有哪些?并做简要说明。
4. 大数据是如何进行分级分类的?
5. 大数据安全管理技术有哪些?并做简要说明。
6. 阐述大数据安全风险评估的流程及主要的做法。
7. 大数据应急保障包含哪几个方面?并做简要说明。

 案例分析

习近平关于信息安全的重要论述

2014年2月27日,中央网络安全和信息化领导小组宣告成立,在北京召开了第一次会议。中共中央总书记、国家主席、中央军委主席习近平亲自担任组长,李克强、刘云山任副组长,再次体现了中国最高层全面深化改革、加强顶层设计的意志,显示出保障网络安全、维护国家利益、推动信息化发展的决心。习近平先后在多种场合下发表讲话,高度关注信息安全工作。

网络安全和信息化对一个国家很多领域都是牵一发而动全身的,要认清我们面临的形势和任务,充分认识做好工作的重要性和紧迫性,因势而谋,应势而动,顺势而为。网络安全和信息化是一体之两翼、驱动之双轮,必须统一谋划、统一部署、统一推进、统一实施。

——2014年2月27日,习近平在中央网络安全和信息化领导小组第一次会议上的讲话

中国愿意同世界各国携手努力,本着相互尊重、相互信任的原则,深化国际合作,尊重网络主权,维护网络安全,共同构建和平、安全、开放、合作的网络空间,建立多边、民主、透明的国际互联网治理体系。

——2014年11月19日,习近平向首届世界互联网大会致贺词

世界范围内侵害个人隐私、侵犯知识产权、网络犯罪等时有发生,网络监听、网络攻击、网络恐怖主义活动等成为全球公害。面对这些问题和挑战,国际社会应该在相互尊重、相互信任的基础上,加强对话合作,推动互联网全球治理体系变革,共同构建和平、安全、开放、合作的网络空间,建立多边、民主、透明的全球互联网治理体系。

——2015年12月16日,习近平在第二届世界互联网大会开幕式上的讲话

面对复杂严峻的网络安全形势,我们要保持清醒头脑,各方面齐抓共管,切实维护网络安全……树立正确的网络安全观……加快构建关键信息基础设施安全保障体系……全天候全方位感知网络安全态势……增强网络安全防御能力和威慑能力。

——2016年4月19日,习近平在网络安全和信息化工作座谈会上的讲话

没有网络安全就没有国家安全,就没有经济社会稳定运行,广大人民群众利益也难以得到保障。要树立正确的网络安全观,加强信息基础设施网络安全防护,加强网络安全信息统筹机制、手段、平台建设,加强网络安全事件应急指挥能力建设,积极发展网络安全产业,做到关口前移,防患于未然。……要深入开展网络安全知识技能宣传普及,提高广大人民群众网络安全意识和防护技能。

——2018年4月21日,习近平在全国网络安全和信息化工作会议上的讲话

国家网络安全工作要坚持网络安全为人民、网络安全靠人民,保障个人信息安全,维护公民在网络空间的合法权益。要坚持网络安全教育、技术、产业融合发展,形成人才培养、技术创新、产业发展的良性生态。

——2019年9月16日,习近平对国家网络安全宣传周作出重要指示

数字经济、互联网金融、人工智能、大数据、云计算等新技术新应用快速发展,催生一系列新业态新模式,但相关法律制度还存在时间差、空白区,要积极推进国家安全、科技创新、公共卫生、生物安全、生态文明、防范风险、涉外法治等重要领域立法,健全国家治理急需的

法律制度、满足人民日益增长的美好生活需要必备的法律制度,以良法善治保障新业态新模式健康发展。

——2020 年 11 月 17 日,习近平在中央全面依法治国工作会议上的讲话

即测即练

第二篇　大数据治理应用

第 10 章 政府大数据治理

思维导图

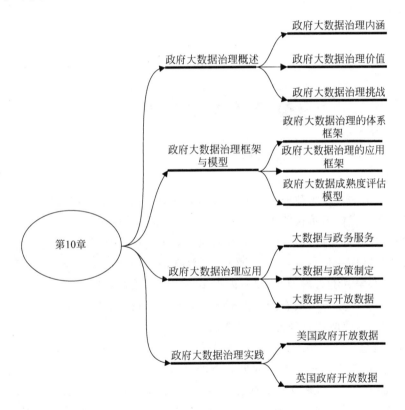

内容提要

政府部门在履行其职能过程中生产、采集、加工、使用和管理的数据称为政府大数据,其特点是数量大、增长快、经济和社会价值大、权威性高、具有公共属性等。政府大数据蕴含着丰富的价值,为政府治理带来机遇的同时,政府部门也需要充分地正视并尽可能规避大数据所带来的风险挑战,如数据质量、数字不平等、隐私与安全、数据可访问性、数据集不兼容、算法不透明、知识产权等方面的问题。在此基础上,政府部门在开展大数据治理项目的过程中,应遵循怎样的体系框架开展项目?应采取怎样的标准评估项目的进展?大数据如何支撑政府关键职能的实现或转型?这一系列问题还有待回答。

本章重点介绍了政府大数据为政府数据管理、改善政府服务和提升决策水平所带来的潜在价值。政府部门在大数据治理项目的实施过程中可从组织结构、规则标准和技术支持三个关键域建立体系框架,从数据合并、知识发现和决策三个层面建立应用框架,并采用大数据成熟度评估模型来评估项目的实施进展。此外,大数据对政府关键职能实现或转型的支撑主要体现在政务服务、政策制定和开放数据三个方面。最后,本章就政府大数据在开放数据和公共服务供给方面的两个实践案例进行了介绍。

 本章重点

- 政府大数据治理的价值和挑战。
- 政府大数据治理的体系框架和应用框架。
- 政府大数据成熟度评估模型。
- 政府大数据与政务服务。
- 政府大数据与政策制定。
- 政府大数据与开放数据。

10.1 政府大数据治理概述

10.1.1 政府大数据治理内涵

信息通信技术的发展为政府机构提高业务能力水平起到至关重要的作用。然而,政府提供无缝服务和可靠信息不仅需要依靠技术手段,还需要加强数据治理能力。在政府业务运行中,数据治理的重要性日益凸显,主要表现为促进信息共享、揭示政府与公民需求、实现公共部门与外部机构的信息交换。总而言之,数据治理可提升政府业务效率、降低运行成本、提高政府公共服务能力。因此,政府内很多机构开始重视数据治理。

自2012年起,世界各国政府纷纷投资展开大数据计划。美国在大数据研究和发展计划上投资2亿多美元,以改进处理海量数据所需的工具和技术。同年,英国政府为大数据划拨1.89亿英镑的资金,以支持国家数据基础设施的建设。澳大利亚联邦政府发布了《澳大利亚公共服务大数据战略》,概述了大数据分析的潜力,以及国家信息资产对澳大利亚政府和人民的价值;此外,澳大利亚政府信息管理办公室(负责制定重要的信息技术政策和指导方针的机构)联合税务局建立了政府数据分析卓越中心(DACoE)。日本政府拨款8 750万英镑用于大数据研究和开发,建设了400 Gbps高速网络基础设施,以及一个高效率的数据中心操作系统和数据分析应用程序。法国政府于2014年成立了一个新的部门——数字事务部,并发布了一项数字共和国的法案,以指明法国大数据政策的总体方向。墨西哥政府发布了国家数字战略,其中包括使用数据来促进政策的完善。中国政府投资7.8亿美元在港口城市——青岛,建立了第一个国际航运数据库,其中包括大数据交易所、工业园区、研究院和大数据中心。

所谓的政府大数据,指的是政府部门在履行其职能过程中生产、采集、加工、使用和管理的数据,这些数据具有数量大、增长快、经济和社会价值大、权威性、公共性等特点。政府大数据来源多样化,根据其来源不同可划分为五类:一是政府部门在内部管理运作中产生的数据;二是政府在社会治理和公共服务供给中产生的数据,如社会保障、交通、教育等数据;三是由政府专门职能机构采集的社会管理数据,如统计部门、环境部门、气象部门等采集的数据;四是政府通过业务外包或采购方式获得的数据;五是从公开渠道获取的数据,如上市公司报表、网络舆情等。这些数据可能是结构化的,也可能是半结构化的或非结构化的。政府与企业在组织性质方面存在明显差异,这也导致了政府大数据治理中所面临的问题和挑战不同于企业。具体来说,政府不仅要面对、处理由源头多、格式和价值密度不同导致的大数据集成的一般问题,而且面临一些特殊的挑战,如多渠道、多源头数据收集难,政府部门之间数据集成和共享困难,数据安全要求高,高度监管行业数据收集的合规性要求高等。

政府大数据治理包含两方面含义:一是对政府大数据进行治理,即对政府大数据采集、加工、存储、共享、更新等整个流程的管理和监督。政府需要从多个方面来全面实施政府大数据的治理工作。在组织结构方面,应组建大数据管理部门,负责数据的运作管理,实现政府大数据跨部门、跨领域的整合和治理;在法律法规方面,应制定数据管理的相关政策和标准,为多源异构数据的整合提供规范基础,为大数据的开放和使用提供制度保障;在技术支持方面,应构建大数据管理工具和平台,为大数据治理提供载体,为大数据的价值挖掘提供工具。二是利用大数据更好地实现政府治理职能,即各级政府部门以及各种政策领域(如公共服务供给、应急管理、治安、交通、监管等)可利用政府大数据来解决其面临的问题和挑战。政府大数据为公共管理和公共政策提供了更加丰富的数据内容,拓展了决策的能力和水平,进一步推动了循证决策的发展。

10.1.2 政府大数据治理价值

公共部门实体通常存储着大量公共数据,例如医疗保健数据、犯罪统计数据、人口普查数据、气象数据和交通数据等。随着大数据分析技术和能力的逐渐成熟,政府对其所拥有的大数据进行有效的治理,将有助于充分发挥大数据的潜在价值,而这些价值对于整个社会运作来说都是非常有益的。因为政府大数据治理可帮助相关政府部门作出更加明智的政策决定,有助于建设一个更高效和有能力的政府,也能帮助政府更好地识别和满足公民的需求,它还可促进政府运作朝着更好的方向转变,如提高公共安全、加强金融监管、识别欺诈等。总的来说,政府大数据治理的潜在价值体现在三个方面。

(1)数据管理。政府大数据的统筹管理,促进了不同部门间信息和数据共享、整合和使用,解决了政府部门间、政府与公众间沟通和信息传递的困难。部门间数据的互联互通为部门协作提供可能,部门事项审批也可实现网上联合办公,为公众的生活带来极大的便利。以个人所得税审计为例,人们通过手机或网站上报自己的纳税信息(包括各项收入、减税项目等),政府相关部门可基于其他平台共享的数据信息来验证申报项目的真实性,进而完成审批工作。这个操作给人们带来了很大的方便,同时也大大提高了政府工作效率。所以,政府大数据治理可提高部门间数据的共享和整合能力,拓展数据使用范围,增强数据对业务的支撑能力,提升业务处理的效率。

(2)服务能力。传统的政府服务是基于部门职能向公众提供同质化的公共服务。随着数字化服务的广泛使用,大量的数据和信息会被累积。丰富的大数据为了解公众需求和提升公共部门服务能力提供了可能。政府通过对海量数据进行挖掘和分析,可清晰刻画政府部门自身的服务资源和能力,也可深入了解公众的需求及其满足程度。在此基础上,政府可为公众提供有针对性的服务,实现公共服务由同质化向个性化转变。以企业政策的智能推荐为例,政府可通过多部门、多平台数据对企业进行特征画像和需求识别,当地方政府发布企业政策时,大数据可以快速识别出可能对该政策感兴趣的企业,并将政策信息主动推送给相关企业。这不仅提升了政策传播能力,也有助于改善企业对政府服务的满意度。

(3)决策水平。大数据可以为公共部门管理中的复杂性决策提供数据支持。大数据是辅助决策的数据基础,数据分析工具的快速发展可挖掘数据中隐藏着的有价值的信息和知识,帮助决策者克服不确定性,拓展决策者的有限认知力,提高政策制定过程的效率以及政策结果的科学性。此外,大数据支撑下的管理决策基于对社会动态及时、充分地掌握,不仅节约了决策制定成本,也增强了决策与社会实际需求的适配度,提升了公共管理水平。

10.1.3 政府大数据治理挑战

下面将从数据采集、数据存储、数据分析和数据使用四个阶段,来阐述政府大数据治理所面临的挑战。

1. 数据采集阶段的挑战

1)数据质量

复杂的数据采集过程,以及数据如何构成与使用等问题会带来数据质量方面的挑战,尤其是谁负责采集以及采集目的是什么等问题的不明确,也使得挑战加剧。在政府治理情境下,不同数据集的采集可能涉及不同的利益相关者。首先,有些数据是由个人用户、消费者和公民自愿分享的,他们通过提供个人数据来获得公共服务的访问权限。其次,有些数据是在数字交易过程中自动采集的,比如,公共场所监控数据。最后,有些数据是为特定目的而采集的,比如,人口普查数据。总的来说,政府治理中可能采集的数据包括行政数据、服务数据和个人数据。数据采集者可能是政府,无论是中央政府还是地方政府,它们在收集数据方面通常会遵守严格的标准和循证程序。但当数据采集者是企业或者公共服务私有承包商时,它们往往不会遵循与政府相同的标准,而更多的是追求商业目标。此外,由于采集设备的原因,所采集数据可能是不完整的,甚至是不准确、不可靠的。以移动设备为例,移动信号差和设备位置差可能导致采集信息的不完整,设备所有者可利用假身份产生"假"数据。虽然移动设备数据被越来越多地用于公共政策制定和公共服务供给,但完全依赖于这些质量存疑的数据是不可取的。最后,采集数据可能存在抽样偏差问题。比如,一些公共服务平台会通过收集公民生成数据来改善其服务供给,但某些数据特征比其他特征更容易收集,就会导致抽样偏差,进而导致用户生成数据质量问题。以开放地图为例,它所提供信息的详细程度与区域富裕程度存在一定的关系。相比富裕地区,不太富裕地区的地图信息就会不么完整。

2)数字不平等引发的偏差

用户在获得和使用数字技术方面存在不平等性,这反过来会导致数据采集过程存在偏差。年龄通常被认为是影响用户使用新数字技术能力的最重要的人口统计学因素。当采集数字技术使用数据来支撑公共政策制定时,年龄较大的群体往往不在其中,所以,采集数据的代表性被视为政策制定可靠性的一个重要考虑因素。不同年龄层用户在使用过程中的偏差并不意味着年轻用户对新技术的使用更有代表性。此外,尽管移动设备在广泛的社会群体中得到使用,但依然存在的社会经济不平等性还是会导致某些群体在获得和使用新技术方面存在差异。这种差异反映在技术使用以及个人数据生成上,使得用户在"数字足迹"方面存在巨大偏差,进而导致政府采集这类大数据时出现偏差。需要记住的是,人和用户(如微博用户、推特用户)这二者并不等同。最后,当数据采集者是私有企业时,它们的采集行为和方法需要额外关注。通常,它们对捕捉较不富裕社会经济群体的观点和行为不感兴趣,因为这部分群体不能代表一个有吸引力的客户群体。如果将此类数据直接用于政府治理,也会引发数据偏差问题。

3) 隐私和同意

在数据使用和数据采集阶段,数据隐私都是很突出的问题。支撑政府治理的大数据,其数据源众多(包括物联网数据和社交媒体数据),大量数据在未经知情同意的情况下被常规化采集。这个问题不是大数据所独有的,而是政府大数据治理中不可避免的元素。"过度采集"数据会对个人隐私造成潜在风险,比如数据泄露。与其他形式的技术实践不同,"隐私自我管理"或"告知和同意"在政府治理情境下无法实现,因为感知设备多,数据来源多,且未来数据处理具有无限可能性。虽然有些摄像头会以明显标识来告知公众其正在采集图像,但难以在政府治理所涉及的所有情境中对不同的感知设备进行知情告知,也难以在平台采集每项数据时进行知情告知,更难以在数据采集后的再利用和重用过程中进行知情告知。

2. 数据存储阶段的挑战

1) 存储安全

伴随着数据量的增加,数据的存储安全问题也变得越发重要。日益频发的大规模数据泄露事件也印证了这一论断。无论数据存储是集中式还是分散式,大量网络互联数据的采集都使数据本身变得脆弱,并面临安全挑战。在大数据环境下,保障数据避免篡改、丢失、员工恶意行为、系统故障和泄露的挑战变得更大了。其中,最重要的一个挑战是如何在非结构化数据集中识别、隔离并保护个人敏感信息。云计算的广泛使用加剧了这个担忧。当越来越多的个人数据存储在云供应商的数据仓库中,采集该数据的组织失去了对数据的控制,尤其是,当这些云位于国外时,数据安全面临更大的挑战。

2) 可访问性

政府治理大数据的可访问性的讨论离不开"开放政府数据"运动。开放政府数据的一个基本假设是,可自由访问政府数据是一件"好事",它提供了更大程度的政府透明度、更好的数据使用,以及更多的商业机会。虽然政府数据的可访问性可促进公共价值的创造,但需要注意的是包含敏感信息的数据不适用于一般性开放,因为这不仅违反了数据保护基本原则,也可能因为数据公开对公民个体造成伤害(比如,个体身份、健康、财务等信息的公开)。另外,关于政府数据开放的合理性解释还尚不清楚,即依赖于纳税人资助的数据采集和存储为什么需要免费提供给商业行为者。如果政府组织在法律上有义务免费提供这些数据,那么纳税人资助这些数据的收集、记录和编目的动机就会受到损害。

3. 数据分析阶段的挑战

1) 数据集不兼容

大数据的关键前提是将完全不同的数据集通过算法和其他大数据流程以新的方式进行

组合,进而提供新的见解和服务。在政府治理中,可能对来自交通流量数据、社会媒体数据和其他感知器设备数据等进行整合,来对某个事务的状态进行更丰富的描述。尽管这是大数据的关键前提之一,但对不同形式、不同来源的数据进行整合的能力是极具有挑战性的,而且这个能力通常超出了现有数据集成技术的能力。对于这个挑战,不仅需要解决数据整合的技术性、语义性问题,还要考虑数据集可能来源于不同组织、政治背景和法律体系的问题。

2）相关而非因果关系

人们普遍认为,大数据将彻底改变研究和预测人类行为的过程——当有了足够的数据,这些数字将为其自身说话,那就不需要理论、框架和模型了。但是,数据并不能为自身说话,总是需要"有些人"来提出问题、组织材料、分析数据并解释结果。虽然多个来源的数据在一定程度上可以保障分析结果的稳健性和可靠性,但其结果也仅能代表相关性。正如学术研究中的经典格言所表达的那样——相关性并不是因果关系。大数据分析可以识别一些相关关系,但要想探究事物发展的因果关系,还需要更严谨、科学的流程。一个经典的例子是"谷歌流感趋势",它试图通过用户检索数据来预测美国流感的爆发,但结果不尽如人意。可见,在没有掌握事物发展内在机理的情况下,对大数据分析结果的解读是一件复杂的事情。

3）算法不透明

预测精准性和方法可靠性是大数据分析的关键。这些算法具备了可预测人类未来行为模式的能力。算法的初始设计是由计算机和/或数据科学家及其组织所决定的,它们享有设计数据处理目标的特权。随着不断使用和优化,算法变成了一个"黑盒子",难以被分析或解释。同时,算法以塑造和限制他人选择的方式控制着信息流,削弱了个人自主权。作为更广泛的社会技术组合的一部分,算法参与到了权利制度和知识体系的构建、设计和恢复过程中,但其设计者的想法可能加剧了算法设计中的偏见。这对于政府大数据治理是至关重要的,因为政府大数据分析的算法设计很多依赖于外部利益相关者的参与,而这些参与者的态度意识和价值逻辑会形成"独特"的设计倾向,这种倾向可能偏离公共服务逻辑,甚至存在某种偏见。比如,警务面部识别软件中嵌入种族偏见,警务预测系统针对"常见嫌疑人"的偏见,以及评估个人再次犯罪风险算法中的偏见。这种偏见不容忽视,因为它可能引发算法透明度、算法问责、社会公平性等多方面的问题。

4. 数据使用阶段的挑战

1）知识产权

政府大数据治理的一个关键特点是其依赖于多源数据集的整合与分析。虽然原始数据的所有权通常是无可争议的,但是谁可以拥有和控制整合后的数据还不是很清楚。另外,外部利益相关者(比如企业)是否能够将整合后的"新数据"进行商业化？是否可以将其以收费的方式进行出售？这些问题也是政府大数据治理所面对的。这些问题与之前讨论的政府数据开放是相似的。政府治理大数据不可避免地涉及公民个体数据(包括社会属性数据、个体生成数据),所以,政府大数据分析结果的知识产权问题与个人数据所有权这种更广泛的问题也是有关的。虽然大多数个体似乎接受了披露个人信息来获取免费服务的方式,但随着个体数据得到更加深层次的挖掘和再使用,披露隐私的风险与可获得收益会变得不再平衡,那么,如何明晰政府大数据分析结果的知识产权,如何解决构建个体生成数据的再分配机制等问题就变得更加迫切,有待深入探究。

2) 使用安全

大数据拥护者认为:大数据是聚合数据,而且"大"在意义上包含大量的数据。因此,大数据被默认是匿名化的。但是,重新识别个人身份在技术上并不难实现,而这又对个人隐私构成了真正的威胁。卡内基梅隆大学的一份研究表明,研究人员在某处获得一个社会安全号码的部分内容后,可以通过 Facebook 的公共数据元素来识别到这个人。确实,技术娴熟的数据分析师通常只需要几项个人信息,就能够从大数据集中筛选出这个人。虽然可将大数据集中的唯一标识符(如身份证号、姓名)删除,但综合掌握其他标识符(如居住地、工作地点、年龄、购物习惯等)也足以识别某个个体。所以,政府治理的大数据分析结果以何种方式呈现何种内容才能避免被反向分析和关键信息识别,谁应该为可能发生的隐私信息泄露负责,这些问题的解决还存在一定的挑战。

10.2 政府大数据治理框架与模型

10.2.1 政府大数据治理的体系框架

政府大数据治理体系是为了实现大数据治理目标,进行大数据管理、利用、评估、指导和监督的方案集合,是围绕政府大数据治理工作而构建的包含多项关键域及构成要素的有机整体。目前,学术界和实践界尚未对大数据治理体系形成统一认知,但存在普遍认同的构成要素,主要包括组织结构、规则标准和技术支持三个关键域以及 11 个构成要素(表 10.1)。

表 10.1 政府大数据治理体系关键域及其构成要素

关键域	构成要素	要素说明
组织结构	治理委员会	大数据治理的战略制定和决策机构
	治理办公室	大数据治理的组织协调机构
	大数据管理者	大数据治理的实施落实机构
	监察委员会	大数据治理的监督检查和绩效评估机构
规则标准	规范管理	大数据资源管理规范
	数据过程	大数据生命周期过程规范化
	技术标准	大数据相关技术及技术应用标准
技术支持	基础支撑	大数据治理的基础硬件和软件
	人才/人员	大数据治理中的各类人员
	平台建设	大数据平台
	应用示范	大数据应用示范项目

组织结构、规则标准和技术支持这三个关键域描述了政府大数据治理体系的核心关注点,11 个构成要素则展示了政府大数据治理能力提升所要采取的具体手段。它们从组织、规则和技术三个方面构建政府大数据治理框架,为治理任务的开展提供全面的顶层设计方案、过程管控手段和基础措施保障,确保数据在完整性、一致性和合规性等维度满足安全和质量管理的要求,为政府大数据的价值挖掘提供基础。政府大数据治理的关键域及构成要

素之间的关系如图 10.1 所示。

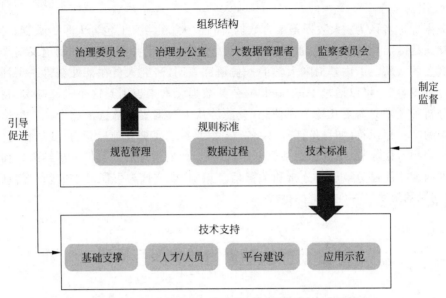

图 10.1　政府大数据治理的关键域及构成要素之间的关系

在框架中,组织结构决定了政府大数据治理中管理决策权力的分配,为治理工作的统一战略目标的实现提供可行的协同工作体系。政府大数据治理涉及部门繁多,它们的角色和职责各不相同,通过分工协作的方式共同保障治理工作的顺利开展。具体来看,治理委员会、治理办公室、大数据管理者和监察委员会构成了政府大数据治理的主要组织结构。政府大数据治理是一项新的治理任务。政府需要制定相关的规则标准以确保治理过程的标准化、规范化和合法化。规则标准是一组可度量、可操作化的行为和规则,具体可包括大数据管理规范、大数据治理过程标准以及技术标准等。相比常规性政府治理任务,大数据治理更加依赖于数字技术的支持,在数据采集、存储、分析、使用等过程中,需要使用自动化、智能化技术进行支撑。此外,治理任务还依赖于掌握大数据技术的人才的加入、技术平台的建设和大数据应用的创新实践。

10.2.2　政府大数据治理的应用框架

政府大数据治理的核心目标之一是实现数据驱动的决策制定。下面以公民为中心视角下的大数据驱动式政府治理应用框架为例进行介绍(图 10.2)。该框架有三层:数据合并层、知识发现层和决策层。具体来看,以公民为中心的大数据来源不同,格式多样,数据合并是建立以公民为中心的全景数据集的第一步;知识发现层的目的是构建公民属性与治理任务之间的关系;决策层是构建本体模型,支持政府治理智能决策。

1. 数据合并层:构建以公民为中心的全景数据集

治理中的多源大数据由离散、客观的事实、活动或交易构成,它们代表了公民与公共部门互动时的特征。这些数据在被组织和处理前,是没有任何具体的意义或价值的。需要获

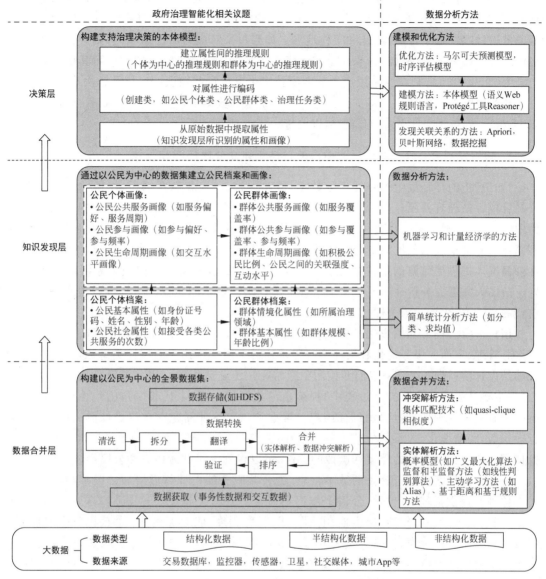

图 10.2 公民为中心视角下的大数据驱动式政府治理应用框架

取的数据可分为两类:①事务性数据,高度结构化,包含治理主体的基本特征,由公共组织连续自动收集,通常不随治理而改变;它包括基本人口数据(例如姓名、性别、地址)和地理数据。②交互数据,多为半结构化和非结构化,通常由公共和私营实体通过互联网交互被动创建,如行政审批数据、投诉处理数据、投票数据和公民轨迹数据。

这些数据分散在不同的数据库中,可能由多个实体重复创建。这些数据在使用前需要通过清理、拆分、翻译、合并、排序和验证来实现数据转化。数据转换对于构建全面的、基于上下文的公民档案至关重要。数据合并过程需要解决两个关键问题:一是实体解析,目的是对同一实体的冗余引用进行合并,可通过概率模型(如广义最大化算法)、监督和半监督方法(如线性判别算法)、主动学习方法(如 Alias)或基于距离和基于规则等方法完成;二是冲突解析,主要是通过类似于quasi-clique(准完全连通子图)相似度的排序匹配技术消除不完整的、失效的或错误的数据,使合并集尽可能准确。例如,构成公民基本信息的属性包括身份证号码、姓名、出生日期、地址和工作地点。如果每个对应的属性值相同,则可以直接完成实体解析。如果不是,例如,如果一个实体将出生日期记录为1990.12.13,而其他实体将其记录为1990.12.14,则需要采用适当的匹配技术来发现这些错误的实体并解决冲突。

转换后的数据相当于为每个公民构建了一个全景数据集,它们被存储到目标数据库中,如Hadoop分布式文件系统(HDFS),以便进一步处理和分析。

2. 知识发现层:通过以公民为中心的数据集建立公民档案和画像

"知识"指的是经过组织和处理的数据,传递理解、经验和专业知识,以帮助研究人员和公共管理者处理公共服务供给和公民参与方面的治理问题。为了在政府治理中实现以公民为中心,城市管理者必须在公民个人层面和群体层面捕捉个性化偏好和情境化偏好,以支持不同层次的决策。以公民为中心的大数据可以根据公民个体的实际行为情况为个人或同质性公民群体提供更完整的信息描述。这些数据还可以用来预测潜在的服务需求和参与偏好。公民大数据的分析在一定程度上可促进治理决策模式的转变——从事后预测转变为事前预测,从同质化转变为个性化。

用户(公民)档案和用户(公民)画像是目标群体的概念模型,在商务领域被广泛用于用户细分管理、产品或服务优化和潜在客户需求挖掘。用户档案中的属性类型通常是静态的,在初始设计阶段即被确定;它们在使用中通常无法更新或修改。用户画像是从用户动态行为中(主要是公民与政府交互过程中)提炼出的典型特征,用来代表用户的个性化属性。多维画像有助于管理者高效识别目标用户。考虑到政府治理问题存在层级性(如省市县不同行政层级)和情境化(如不同公共服务领域)的特点,知识发现层包括两个子层次:个体层和群体层。参照公民个体的档案和画像的方法,可以得到公民群体档案和公民群体画像。

公民个体档案存储了公民的基本信息,为公共服务的设计与供给和公民参与相关的公民个体画像提供了基本依据。公民个体档案通常涵盖两类属性:①公民基本属性,包括身份证号码、姓名、性别、年龄、出生地、电话号码、教育程度、职业等属性;②公民社会属性,包括接受公共服务的种类、接受各类公共服务的次数、参与各类公共服务的次数,这些属性有助于识别公民在政府治理中的行为模式。这些属性可通过对全景数据集的简单统计分析(如对相关信息进行计数、分类和求平均)来获得,比如,累加获得使用某类公共服务的总人数,将27岁的公民划分为"20~30岁"年龄组。公民个体画像可包括三类:①公民公共服务画像,包括服务偏好、服务周期、服务满意度和服务使用特征方面的画像;②公民参与画像,包括参与偏好、参与频率、参与深度、参与满意度等方面的画像;③公民生命周期画像,包括交互水平画像等。

在政府治理中,情境化是与公共部门相关的一个特别值得注意的特征。我们可能与不同层级的政府部门打交道,也可能与不同领域的政府部门打交道。所以,每个公民个体都可能与多个情境下的治理事务发生关联。知识发现层可以根据某些特征为公民分组,并建立公民群体档案,目的是识别该群体在政府治理过程中的共同问题。公民群体档案需要包含以下属性:①群体情境化属性,如所属治理领域、所属行政级别、自治性和位置等属性;②群体基本属性,包括群体规模、年龄比例、性别比例、职业分布等属性。公民群体画像可包含三类属性：①群体公共服务画像，包括服务覆盖率、服务满意度和服务使用频率等画像；②群体公共参与画像，包括参与覆盖率、参与频率、参与成熟度、参与满意度、参与渠道等画像；③群体生命周期画像，包括积极公民比例、公民之间的关联强度、互动水平等画像。

在构建公民档案和画像的过程中，可采用机器学习和计量经济学的方法对以公民为中心的全景大数据集进行分析，来挖掘公民档案中属性信息之间的关联关系，构建公共服务偏好的预测模型、公民参与意愿的预测模型、参与满意度模型等。需要说明的是，上面所列举的档案属性和画像特征需要根据治理问题的需求进行持续性学习和完善。

3. 决策层：构建支持治理决策的本体模型

在对公民档案和画像相关治理知识进行挖掘和标准化的基础上，可构建本体模型以支持政府治理决策。本体模型的建立有三个步骤：从原始数据中提取属性、对属性进行编码、建立属性间的推理规则。属性的获取和编码相对容易，大多可直接从知识发现层的属性和画像中获得。推理规则的建立方式有两种：一是经验式的建立，如在给定公共服务偏好画像等属性的前提下，可根据服务偏好的高低，建立关联规则来表明公民个人或公民群体是否需要该公共服务；二是算法式建立，如使用 Apriori 算法对公共服务画像、公民参与画像和公民档案属性之间的关系进行识别，建立关联规则，也可对训练集进行数据挖掘发现一些关联规则。接下来，可利用贝叶斯网络等技术对这些关联规则进行分析，并提取出最有意义的关联规则，进而，可在 Protégé 软件中建立本体模型。例如，针对某个治理任务创建三个主要类：公民个体类、公民群体类和治理任务类。然后，使用 Protégé 中的语义 Web 规则语言（SWRL）以一种标准化、计算机友好的方式定义属性和公民群体类与治理任务类之间的推理规则；进而，利用 Protégé 内部工具 Reasoner，基于描述性逻辑进行自动化推理，提高本体模型的建模速度和一致性。

在本体模型的支持下，政府管理人员在处理各种问题时必须考虑个性与共性之间的平衡。由于公民群体类具有一般性，治理任务类与公民群体类之间的推理规则可以为解决公众面对的共性社会治理问题（如制定国家重大政策）提供支持。相反，公民个体类关注于个性化的特征，治理任务类和公民个体类之间的推理规则为面向个人的治理决策（例如，提供个性化的公共服务）提供了更有价值的支持。根据本体模型生成的结果，可以应用马尔可夫预测模型进行治理决策，还可以构建时序评估模型用于决策效应的评估，进而优化马尔可夫预测模型。

10.2.3 政府大数据成熟度评估模型

各国政府已认识到，正确理解、采纳和使用大数据可显著提高其行政效率、服务能力和政策制定水平。如今，有越来越多的政府投资大数据项目，但是它们是否已经准备好承担这些项目？它们在开展这些项目时表现如何？以及它们如何继续在该领域谋求进一步发展？为回答这些问题，有必要使用大数据成熟度评估模型来对这些项目进行评估。

成熟度是指特定能力从最初到达到期望目标的过程中的演化进度。成熟度评估模型是对某特定领域进行评估的工具和持续改进的方法。通过把成熟度要素划分成不同阶段，以评估现状和所处发展阶段。大数据成熟度评估模型提供了一个框架，用于评估政府或组织在采用大数据方面所处的位置在哪里,并指出其下一步需要做什么。下面介绍两个大数据成熟度评估模型,分别适用于组织层面和国家层面的评估。

1. 组织层面的政府大数据成熟度评估模型

组织层面的政府大数据成熟度评估模型包含三个维度:组织一致性、组织能力和组织成熟度。其中,组织一致性维度用来评估一个组织的战略和基础设施是否与特定的大数据战略和基础设施相一致(表10.2)。与注册和归档类组织(第三类组织)相比,负责协调、完成基于项目工作的组织(第一类组织)收集数据的速度很慢。而行政管理类组织(第四类组织)需要持续高强度收集数据,获取实时或接近实时的数据,为其他组织提供数据基础,比如人口统计部门。在这四类组织中,虽然有些组织可获取大数据,但由于职能的限制,它们仅限于执行法定任务和活动,并不能随意开展大数据分析活动。

表10.2 组织一致性

组织类型	第一类组织	第二类组织	第三类组织	第四类组织
主要任务	协调和基于项目的任务,不涉及数据使用	研究和评估	注册和归档	行政管理
数据采集任务强度	低	低	高	高
数据使用任务强度	低	高	低	高
大数据使用主要特点	—	内外部数据集;结构化和非结构化数据;先进的分析和算法	内外部数据集;结构化和非结构化数据;先进的分析和算法	实时或接近实时;先进的分析和算法;已有数据的创新使用
大数据应用最佳类型	—	研究	对象评估	持续监测

组织能力维度是用来衡量一个组织是否有必要的能力来处理大数据,为组织创造价值,并确保大数据使用不会产生负面后果。与组织能力相关的因素包括IT治理、IT资源、内部态度、外部态度、法律合规性、数据治理和数据科学专业知识,这些因素被视为可衡量大数据治理能力的因素(表10.3)。这些组织能力需要从三个方面进行打分:该能力对组织大数据成功的重要性、在组织中开发该能力的可能性、该能力在组织中目前的表现情况。每个组织能力的级别是通过比较其实际所得分数与最大分数来确定的。这样就会得到每个大数据项目的组织能力级别,这些结果可以用来计算每个以及每类组织的整体能力级别。

表10.3 组织能力

能　　力	解　　释
IT治理	设计和开发IT战略、决策和责任结构、支持组织和集成新的IT系统的能力
IT资源	设计、开发和维护合适的IT基础设施和专业知识以促进当前和新IT系统的能力
内部态度	为新流程和新系统建立内部承诺和愿景(尤其是对数据驱动决策的开放性)的能力
外部态度	与重要利益相关者为新流程和新系统建立外部承诺和支持的能力
法律合规性	设计和开发合规性策略的能力,包括流程设计、流程监控和再造方面的策略,特别是在隐私保护、安全和数据所有权法规方面

能　　力	解　　释
数据治理	设计和开发数据战略的能力,包括采集、质量控制和数据伙伴关系方面的战略
数据科学专业知识	在组织中捆绑/获取、开发和保留数据科学知识的能力,特别是捆绑IT知识、业务、统计学和数学知识

组织成熟度用来表明一个组织在IT转型进展方面的发展水平。高水平的组织成熟度意味着一个组织可以更好地与其他组织协作,并提供更多面向公民服务和需求的政策。根据电子政务发展的五个阶段(即烟囱式组织、整合型组织、全国性门户、组织内部集成和需求驱动的联合型政府),大数据成熟度评估模型的组织成熟度可从活动与信息共享、IT设施和数据系统这三个方面进行打分评估。具体来看,可通过问卷的方式询问政府相关部门的管理者,了解其组织在这三方面的表现情况,确定其组织成熟度等级。

2. 国家层面的政府大数据成熟度评估模型

与组织层面的模型不同,国家层面的政府大数据成熟度评估模型旨在评估大数据的成熟度,来作为国家层面的整体政府采纳过程的评估,而不是作为单个组织采纳过程的评估。该模型包括六个维度。

(1) 愿景和战略。这一维度展示了政府如何将大数据整合到IT战略中,并回答了以下问题:国家对大数据问题是否有清晰和强大的愿景?

(2) 开放数据计划。开放数据计划是一个国家准备好处理大数据的重要指标。开放数据是社会环境下大数据处理的主要资源之一。

(3) 研发机构和计划。为了从大数据处理中获得价值,政府必须投资于专业性教育和项目,以培养该领域的专业能力。教育项目的类型和质量体现了一个国家在大数据实施方面的雄心和兴趣。

(4) 商业领域大数据成熟度水平。商业领域大数据成熟度水平可以作为衡量公共部门忠诚于大数据的一个指标。如果商业领域没有为大数据做好准备,这可能意味着公共部门没有大数据实施的基础。

(5) 数据治理。数据治理是构建未来大数据格局的基础途径。数据治理是衡量公共机构内部IT流程如何工作以及如何合作的一个指标。

(6) 公共部门大数据项目经验。公共部门大数据项目经验是衡量一个国家大数据项目实施情况的重要指标。

每一维度的质量水平通过四个等级的度量指标来衡量,即感知(aware)、探索(exploring)、优化(optimizing)和转变(transforming),且四个等级与得分1分、2分、3分和4分一一映射。所有维度得分的总和用于衡量一个国家大数据成熟度等级,0~6分代表"感知"等级,7~12分代表"探索"等级,13~18分代表"优化"等级,19~24分代表"转变"等级。

对于政府大数据实践而言,成熟度评估模型可系统地对政府机构如何概念化数据治理进行多层次分析,对其实践效果进行量化评估。成熟度评估模型可对多个政府组织或国家进行比较基准测试,使管理人员能够确定数据治理实践中存在的薄弱环节,并制定与机构业务目标相一致的改进路线图。

10.3 政府大数据治理应用

10.3.1 大数据与政务服务

新公共服务理论指出政府在公共服务供给中应从"掌舵者"转变为"服务者",应更多地关注民主价值观和公共利益。在该理念的指导下,各国政府都开始致力于自身服务能力的建设。新兴技术为服务能力建设提供了有效工具,基于技术的"智慧"概念被不断融入"服务"的内涵,出现了智慧政务的概念。继电子政务、移动政府、数字政府等概念后,智慧政务成为发展的新阶段。为公众提供智慧政务也被视为智能政府转型的最终目标。与电子政务相比,智慧政务更强调政务服务的智能化和个性化。其中,智能化是指政府利用大数据、云计算、物联网、人工智能等先进技术,通过网络、虚拟化或自助服务等方式,方便、快捷、主动地提供公共服务;个性化是指政府通过对公民个体特征与服务特征大数据挖掘来识别二者的关联关系,进而根据个体信息进行个性化服务供给。大数据是为政务服务智能化和个性化赋能的技术工具。

大数据对于政务服务的各个环节都有着支撑性作用。在咨询问答环节,政府通过使用政务机器人来解决服务办理人员短缺、服务能力参差不齐、服务响应慢等问题。政务机器人是基于自然语言处理、知识图谱等技术,通过对政民交互大数据的实时分析,以及智能语义分析功能的使用,来实现与公众的智能交互。这种智能问答的新模式,为公众提供24小时、几乎不用等待、标准化的政务服务,很好地解决了公众体验感差的问题。关于智能问答模式,世界各国政府都很重视。2020年《联合国电子政务调查报告》显示,在国家门户网站层面使用政务聊天机器人的国家已经从2018年的28个增加到2020年的59个。在我国,2017年国务院办公厅发布的《政府网站发展指引》明确指出:通过自然语言处理等相关技术,自动解答用户咨询,不能答复或答复无法满足需求的可转至人工服务。在发展指引之下,部委和地方政府纷纷上线了聊天机器人。截至2019年9月的调查数据显示,在我国政府门户网站中,有426家开通了智能问答机器人,其占比达到13.05%。其中,在部委、省、地市和区县网站中,省级政务网站开通机器人的比例是最高的,超过50%,地市政府网站开通近三成,部委和区县网站相近,为10%左右。[①]

在业务审批环节,传统的政务服务审批面临流程冗长、耗时,业务间协同难等问题。对于该问题,一方面,可通过区块链技术的使用来解决数据管理和协同的问题;另一方面,通过业务大数据挖掘和智能学习可实现智能审批。这里所说的智能审批是一个模式总称,里面会涉及智能填单、智能校验、智能审查、智能文书、智能翻译等具体的智能化应用,这些智能化应用的必要前提都包含了大数据分析。智能审批的一个典型代表是深圳提出的秒批,也就是,我们常规的人工审批过程由计算机取代。申请人提交申请信息后,计算机系统按照既定规则,通过数据共享,实现审批事项的自动受理、智能审查,以及结果的自动反馈。整个过程依赖于智能化处理,实现秒级的审批。但对于智能审批而言,无论是政府的执政理念,还是跨部门数据整合共享,都是巨大的挑战,所以,目前仅有少数事项审批实现智能化。除

---

① 孟庆国.智能政务服务还需进一步优化[J].中国信息界,2021(4):38-41.

了秒批之外,青岛市也提出了类似概念——无感审批。无感审批是指在各部门间政务信息数据共享互认互用的基础上,运用大数据、人工智能、区块链等技术,构建政务服务智能感知体系。相比秒批,它从源头上预判公众办事需求,进而定向推送和智能处置,让公众在"无感体验"中办成事。从各城市发布的智能审批的事项清单来看,事项主要集中于信息变更类政务服务,这类事项也是最容易实现智能审批的。

政务服务的另一个问题是服务需求者和供给者之间存在供需关系难匹配的问题,所以,传统的政务服务供给都是被动式的。也就是说,只有在公众发出请求后,政府才开始服务。而大数据基础和数据分析算法可针对不同场景、不同用户类别,实现个性化、智能化政务服务推荐。智能推荐的运行机制是基于大数据分析方法,分析政务服务资源数据、用户个体属性数据、用户行为数据等,识别出用户感兴趣的服务,对服务进行定制化生成,进而通过多种推送技术和渠道推给公众,实现政府服务的主动化、智能化、个性化。智能推送的一个典型应用是政策计算器,在江苏苏州、浙江丽水有实践应用,它的目的是为企业或者人才提供快捷、精准的政策推送服务。政策计算器通过企业/人才信息的输入,为它们/他们精准画像,识别出与其匹配可适用的政策,并计算它们/他们与这些相类似政策的匹配度,给出匹配结果供其参考。

最后,业务流程堵点难发现也是政务服务的一个痛点问题,对业务大数据分析实现业务流程的智能优化,是一个解决思路,虽从目前实践来看,还未实现,但从2019年国务院办公厅发布的《关于建立政务服务"好差评"制度提高政务服务水平的意见》(以下简称《意见》)来看,这是未来的一个重要的创新模式。《意见》明确指出,政府要运用大数据等技术来分析和挖掘评价数据,发现政务服务的堵点难点,推进服务供给精细化。

10.3.2 大数据与政策制定

政策制定遵循一个通用的模型——政策周期模型,该模型试图描述政策决策及其实现的整个生命周期过程(图10.3)。将政策过程分解为明确步骤的好处是可以采用系统和严谨的方式降低政策制定的复杂性。具体来看,政策周期模型包括七个步骤以及一个反馈周期。第一步是制定议程,确定问题并阐明采取行动的必要性;第二步是政策讨论,目的是确定适当方法以解决制定议程阶段提出的问题;第三步是政策形成,根据政策讨论的结果,政策制定者会制定真正的政策,并使用立法和行政语言进行表述;第四步和第五步是政策接受和提供手段(比如预算);第六步和第七步是政策实施和政策评估,政策的实际实施效果是否满足预期需要进行评估,一旦实施完成,首先将进行结果评估,以确定实施是否成功,然后进行长期评估,从第一步(制定议程)开始观察整个过程。从评估中所获得的知识对未来政策周期的每个阶段的决策都有着深刻的影响。下面将具体介绍政策周期模型关键步骤中的大数据应用。

1. 制定议程中的大数据应用

制定议程阶段的关键问题是明确可以吸引政策制定者眼球的政策议题。在传统的议程制定中,媒体无疑扮演着核心角色,因为它有能力构建问题并在大众范围内按照其想要的方式传播相关信息,甚至迫使政治家采取行动来迎合它的意图。数字媒体的快速发展使制定

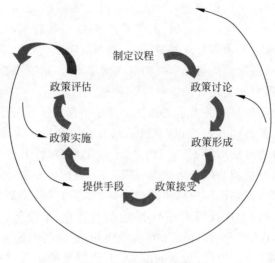

图 10.3 政策周期模型

议程变得更加复杂。社交媒体的出现重新引发了大众对逆向议程制定的关注。每个人只需单击几下，就可通过文本、音频、视频或图像的方式，来发起一个新讨论或对现有讨论作出回应。政府早期确定紧急话题和生成相关议程点的方式是从参与度高的社会网络中收集数据并试图分析公民的政策偏好，最终，这些结果作为依据被用于议程制定。然而，这种方法必须极其谨慎地使用。当社交媒体活动可以影响政策决策和改变公民的行为时，这可能意味着少数人的担忧被过分强调了，而普通大众的想法被扭曲了。将微博、推特和评论的信息等同于"公众舆论"是存在一定问题的，因为社交媒体用户在人口统计学上不具有代表性。但新闻媒体的自动化、大规模数据分析也是具有一定价值性的。中国、新加坡等国家证明了这一点，它们不是简单地禁止网上有关政治问题的讨论，而是观察和量化这些讨论，以获取公民的政策偏好信息，并将其用于支撑政治动荡问题的预警系统。

2. 政策讨论中的大数据应用

政策讨论的重点是就议程制定议题的不同选项进行讨论。大数据在这方面也可以发挥重要作用，特别是当涉及紧迫政策问题的细节时。制定议程阶段可以设置优先级，来明晰哪项决策应该被支持，例如，基础设施、安全、教育等是否应被视为优先政策事项。但关于要实施政策的讨论，可以从大数据中寻求支持。以波士顿的 Street Bump 应用程序为例，它通过公民参与来收集基础设施相关数据，一个典型的数据应用是它根据公民个人手机的移动来衡量汽车行驶的平稳性，进而它可能识别出哪些区域在修缮基础设施时需要优先考虑。政策讨论中需要解决的另一个问题是，如何处理通过微博、推特等平台收集的大量非结构化的公众咨询信息。各种社交媒体渠道为公众反馈信息的获取提供了机会，但是，每天都有新的媒体渠道、新的用户账号出现，手动监控这些信息是难以实现的。对于这些信息而言，政府可采用自动化文本分析方法、工具和技术，来快速识别反馈信息并纳入决策过程。其中，聚类技术和机器学习算法可促使这些丰富的信息变得更加体系化，情绪挖掘/分析方法将有助于让政策制定者了解当前的政治讨论趋势和公众舆论的变化。对于在线公众咨询应用而言，它需要在收集结构化信息与非结构化信息之间进行微妙的权衡。虽然收集的结构化信息越多,就越容易分析,但这种方式的代价是降低了公众参与度。对于这个问题,大数据分析可以通过在机器学习算法(如聚类分析)上应用自然语言处理技术来适度缓解。大量非结构化信息的处理需要委托给专家委员会,专家委员会将会汇总公众的意见,但这个过程也可能会稀释部分公众的情绪。

3. 政策形成和政策接受中的大数据应用

政策形成和政策接受这两个阶段与大数据应用有着不同的关系。一旦政策从讨论阶段进入形成阶段,政策文件就可以被详细审查,政府可根据公众需求来采取或制定实际的政策。新政策的可信度和合法性是非常重要的,特别是对于民主国家而言。在数字时代,"接受"一词除了指代政治代表投票这种政治行为外,还可以指代公众的普遍接受行为。通过收集数据来调查不同社会群体对特定政策的接受程度是了解政策效应的一个有效手段。大数据分析可以通过先进的预测分析方法和情景技术,为循证决策作出贡献。政府和行政决策的一个特点是通常涉及大量自变量和相互冲突的目标函数,这就需要更好的回归算法来处理这些高维建模挑战。可喜的是,统计建模方法的改进使得其算法更适应于描述"真实世界",而不仅仅是人为的假设。预测建模问题可以被描述为 N 个条目与 K 个潜在预测因子。在大多数情况下,每个条目的相关信息都是非常丰富且非结构化的,因此可生成多个可能的预测因子。潜在预测因子 K 的数量可能大于观测值 N 的数量,这可能会产生过拟合问题,即 $K>N$ 时,通常可能完美地解释观察到的结果,但模型对于样本外数据集的解释能力可能很差。当统计模型中两个或多个预测变量具有较高的相关性,会导致多重共线问题。岭回归(ridge regression)作为一种建模技术,可用于解决普通最小二乘法(ordinary least squares,OLS)中发现的多重共线性问题,也有助于解决传统回归方法作为预测模型输入所导致的预测误差大和不稳定的问题,但岭回归的劣势是计算量较大。另一种用于大数据预测分析的新算法是弹性网络回归(elastic net regression),它作为一种学习型算法,可以为大规模数据集的模拟数据提供一个定义良好的参数化模型,且不会出现过拟合问题。在大数据分析场景中,岭回归和弹性网络回归可以操作大规模数据集,并利用向量机和云基础设施的优势进行并行计算。尽管各种算法都在努力提升其模型预测的精准度,但不管是对国家而言还是对国际政策而言,基于大数据模型的政策解释和预测远比图书销售和定价难很多。

4. 提供手段中的大数据应用

与前两个阶段类似,如果可以细致地分析过往经验,就可以改进新政策实施提供方式(如人员配备和资金分配等相关问题)的决策。这种基于数据分析所产生的政策提供方式,更加透明,也更加关注绩效,更加满足政府决策合法性的本质要求。预算过程往往产生大量数据,这些数据可为政策设计出更加高效且有效的预算。大量可用数据可促进预算评估框架的构建,促使预算方式转变为结果导向型预算,有助于将资源分配到最需要的地方,而不是基于传统的预算方式将资源继续分配给曾经获得更多资源的地方。理想情况下,资金分配决策可以越来越多地基于具体地区的预计支出情况来制定,减小政治因素在其中的作用。资金需求可以通过对现有数据和过往政策的评估结果进行预估来确定,具体方式是建立一个反馈循环,来帮助识别和中止不成功的政策,并将资金更多地分配给成功的政策。此外,大数据对政府采购也有一定的促进作用。政府可以掌握私有供应商多方面(如业务范畴、公司规模、税收情况、员工数量等)的大数据信息,这些信息可以帮助政府识别出更优质的合作伙伴,来购买服务或建立公私合作关系。这些措施可帮助改善公共部门的财政状况,促使资金越来越多地用于解决问题而不是维持行政机构。

5. 政策实施和政策评估中的大数据应用

政策实施可能在两个方面受到大数据的影响。一方面,利用大数据分析来对目标区域进行精准定位,进而实施不同强度的政策。例如,根据报案数量、案件发生率、案件危害程度等大数据的分析,精准识别危险区域,公安部门可通过加强治安管控来从源头上减小犯罪发生的可能性。另一方面,新政策执行会产生新的数据,这些数据可用来评估新政策的有效性,也可用来以往政策相关数据进行对比来识别问题,指导新政策的未来实施方向。政策实施数据的特点是它伴随着实施过程而产生,而不是在实施后产生,这为基于数据分析的政策调整提供了机会。政策制定者可在这一过程中将政策思想灵活地转化为实际可执行的政策。这种方式意味着公共行政部门将具有更多自主权,也可以对政策实施带来的可能评价结果作出快速反应。此外,大数据可用来提高政策实施中基本信息来源的准确性。例如,人口普查数据在用于支撑新政策制定和实施时,往往存在时效性不足的问题,但通过多个数据库的数据整合,人口普查数据其实可以实现每天滚动式生成,而不是每10年更新一次或两次。快速准确地获取这些大数据,可以更快地评估某项政策的实施是否成功。为了提高大数据的支撑能力,除了增加政府权威数据的管理和使用外,另一个重要举措是纳入外部数据来对政府数据进行交叉检验,同时也可增加数据维度。

政策制定引入大数据所秉持的原则是将循证决策的概念作为政府治理的核心。数据和信息可提供证据基础,在决策过程中可获得的高质量信息越多,也意味着决策质量会越高。但是,如果不改变信息质量而仅增加属性信息,则会导致决策质量下降。其原因是信息外溢但过滤器又不能对信息噪声进行有效的分离。此外,在决策过程中考虑越多的数据和信息,就会导致决策模型越复杂,决策就要耗费更长时间。所以,如何在平衡大数据数量和质量的基础上有效地支持政策周期的各个环节,还需要研究者和实践者的不断探索。

10.3.3 大数据与开放数据

数据开放是将原始数据及其相关元数据以电子格式放在互联网上,供他方自由下载、使用。政府数据开放指的是政府部门将政府数据以机器可读的方式向社会开放,个人和组织可以在线获取、自由下载和免费试用。在政府机构收集并存储的公共数据中,只有获得特定使用和分发许可的数据才可以成为开放数据。这些数据以公共利益为出发点且不受任何使用和分发限制。政府数据开放需要遵守相关政策规定和准则,保证数据质量和数量,完善数据发布路径和渠道,创新数据再利用的工具和方法。政府开放数据有助于提升其执政透明度,打击腐败,提高公民参与度,构建新服务以传递社会和商业价值。

构建开放数据门户是政府数据开放的主要手段,其目的是为社会公众提供一个统一站点来访问不同政府部门所发布的数据集。公众可以在网上免费获得和分享数据,他们可对数据进行重新使用、重新发布、转换成新的数据结构等。全球第一个国家级别的政府数据开放平台是2009年建立的美国政府开放数据网站(data.gov)。随后,其他国家也纷纷建立了自己的政府开放数据门户,包括英国(data.gov.uk)、法国(data.gouv.fr)、日本(data.go.jp)、新加坡(data.gov.sg)等发达国家,也包括印度(data.gov.in)、马来西亚(data.gov.my)、巴林(Bahrain.bh/wps/portal/data)、智利(datos.gob.cl)、巴西(dados.gov.br)、肯尼亚(opendata.go.ke)等发展中国家。在我国,上海和北京等地率先开启了政府开放数据的相关实践,并于2012年上线了数据开放平台。政府开放数据平台的建设全面蔓延开来,成为地方数字政府建设的一个标配。平台建设整体上呈现出从东南部地区向中西部地区不断延伸的趋势,其中,浙江是除直辖市外第一个上线省级政府数据开放平台的省份,贵州作为中国大数据中心于2016年上线了数据开放平台,它们都已走在该领域的前列。截至2021年10月,我国已建成193个政府数据开放平台,包括20个省级平台(不包括直辖市和港澳台)和173个城市平台。①

政府开放数据的生命周期主要包括六个阶段:一是数据收集和获取,在开放目标的要求下,对于满足可开放标准的原始数据进行选择和收集/获取,数据格式可能是结构化、半结构化或非结构化的,数据来源可能是政府内部,也可能是政府外部;二是数据管理和准备,需要对收集的多源、不同格式的原始数据进行过滤、转换、清洗、整合等操作,使其符合相应的管理标准;三是数据存储和归档,将数据存入系统,建立备份,在保证安全的前提下实现方便查找和获取;四是数据处理和分析,对多源数据进行分析和整合,构建模型进行仿真模拟,根据仿真结果进行模型的优化处理,提高模型预测能力;五是数据可视化和使用,将数据进行分类可视化处理,并根据可能的目标需求提供相应的交互接口,支持数据的导出和报表生成;六是数据发布,所发布数据需满足本国相关法律要求,在确保不存在隐私泄露风险的前提下进行发布,为用户提供一站式数据项检索或分主题、分类别的筛选机制。

政府数据开放生态链涉及多个不同类型的利益相关者,它们形成协同共生的关系。第一类相关者是数据管理者,是指负责政策法规的制定、数据权限的设定和管理、技术支持等工作的政府主管部门,它们是协同共生关系的主要管理者和协调者。第二类相关者是数据生产者,它们是政府数据开放的源点,其产生的数据分为完全开放数据和半开放数据。二者的不同之处在于,前者面向所有用户,后者则需根据用户权限自动获取或以征求数据生产主体同意的方式获取。第三类相关者是数据传播者,政府数据开放网站是数据传播的主要出口,目前,开放平台在集成性、统一性、便捷性等方面仍有待提高,提升传播效应可促进自身和其他利益相关者的互联互通,使得政府开放数据生态链上数据流动更加顺畅。第四类相关者是数据利用者,作为政府开放数据生态链价值实现的主体,数据利用者可对开放数据及其相关衍生物进行开发利用,实现价值创造和再造。政府部门、企业、研究人员、普通公民等都可成为数据利用者。

10.4 政府大数据治理实践

10.4.1 美国政府开放数据

美国政府开放数据始于2009年。随着数据开放所面临的问题和需求的不断变化,美国

---

① 复旦大学数字与移动治理实验室.中国地方政府数据开放报告[R].2021.

政府开放数据经历了三个阶段。

1. 明确透明开放的原则（2009—2011 年）

2009 年 1 月的《透明与开放政府备忘录》（*Memorandum on Transparency and Open Government*）代表了美国政府数据开放的起点。《透明与开放政府备忘录》要求美国政府及其行政机构在新兴技术的支撑下向公众全面公开政府的决策和管理运行情况。同年 5 月，美国第一个政府开放数据网站（data.gov）上线，成为政府向社会开放数据的统一出口。随后美国总统办公室和预算办公室共同发布了《开放政府指令》（*Open Government Directive*），要求政府各部门、各机构尽快上传首批可供公众获取的数据。同时，总统强调在数据开放过程中，要秉持以公民为中心的理念，政府需要在信息技术的支撑下以用户易理解的方式来开放数据，以提高公民的参与度。这一阶段是美国政府开放数据的重要转折，实现了政府信息流向公民，数据的公开模式由被动转为主动，使透明开放政府的建设迈出了关键一步。

2. 重视数据开放形式和质量（2012—2015 年）

2012 年，美国政府首席信息官在《数字政府：建设 21 世纪平台以服务美国人民》（*Digital Government：Building a 21st Century Platform to Better Serve the American People*）中建立了一个 12 周的路线图，并提出了一些保障政府数据实现机器可读的标准，提高数据开放的易操作性。这些标准被写入《建设 21 世纪数字政府》的总统备忘录，标志着美国政府数据开放已进入第二个阶段。2013 年 5 月，由总统办公室与预算办公室联合下发的备忘录——《开放数据政策——将信息作为资产管理》（*Open Data Policy-Managing Information as an Asset*），明确了政府在促进数据有效开放过程中的责任和角色，并对开放数据的形式和质量提出了全面要求，要求数据满足公共性、可获得性、可表述性、可再次使用性、完整性、及时性与发布后可管理性这七个原则。2014 年 5 月发布的《美国开放政府行动计划》（*U. S. Open Data Action Plan*）作出四点重要承诺：一是政府以可发现、机器可读、数据有用的方式开放数据；二是通过公私部门合作来优化数据开放过程；三是及时根据公众反馈来改善数据质量；四是将持续开放高质量数据。此外，计划也给出了各政府部门提升开放数据质量的阶段性计划。可见，美国政府数据开放已进入第二阶段——重视数据开放形式和质量。

3. 扩大数据使用和优化数据管理（2016 年至今）

2016 年 5 月，美国政府发布《联邦大数据研究与开发战略计划》（*The Federal Big Data Research and Development Strategic Plan*），从大数据技术、数据可信、共享、安全、基础设施、人才培养和协作管理这七个维度，来制定大数据研发行动的战略体系，为 15 个联邦机构的大数据计划和投资方案的制订提供指导意见。该计划目的在于激发各部门、各机构的大数据应用潜能，促进大数据相关人才培养和国家经济的增长。同年 12 月，《开放政府数据法案》通过，该法案强调美国政府要增强对大数据的使用和管理，具体明确了数据开放范围、数据格式要求和相关执行机构的责任，以保障数据以可用的方式开放给公众。

美国政府开放数据网站（data.gov）的建立具有里程碑式意义，下面具体介绍该平台的三个突出特点。

一是数据可操作性强。平台数据涉及农业、安全、教育、商业和海洋等多个领域,由50多个组织提供的近20万个数据集所构成。每个数据集提供XML、PDF(便携式文件格式)、CSV(逗号分隔值)、DOC(Document,电脑文件常见文件扩展名的一种)、JSON等多种数据格式,公众可根据其喜好和需求自行选择下载。平台也提供了数据管理的辅助功能,如数据分析、提取、格式转换等,最大限度地方便公众,提高数据可用性。

二是数据检索功能强。对于大数据平台而言,如何从种类繁多的数据中检索出需要的数据是一个关键挑战,这个问题将直接影响数据获取和使用的效果。对此,data.gov为公众提供了多种数据检索方式,包括直接检索、分类检索和位置检索。直接检索是指通过用户关键词的输入,平台直接给出关键词相关的数据,搜索结果可按照相关性、数据名称、修改时间、关注度和添加日期等进行排序,并提供"列表"和"条目"两种数据呈现方式,供公众自由选择。分类检索是指根据平台提供的主题、标签、数据集类型、发布者、组织类型等类别进行搜索。位置检索是指公众在平台提供的电子地图上选择一个特定的地理位置,随即可检索出与该位置相关的数据集。data.gov遵循以用户为中心的设计理念,通过多样化的检索方式和强大的分类体系,来最大限度地方便公众,有效提高了开放数据的可获取性和再利用率。

三是公众参与度高。为了提高公众的平台参与度,data.gov从三个方面进行探索:一是数据分享方面,平台提供数据分享功能,公众可将数据分享到自己的YouTube、Flickr、Facebook等社交媒体账号上,让政府数据快速走进公众视野;二是政民互动方面,平台提供"问询""请求"和"问题报告"三个政民互动功能,公众可通过邮件、@网站Twitter、在线提问等方式向政府反馈意见,提出数据获取申请,以及报告网站问题;三是协同共创方面,平台提供评论功能,公众可对平台的主题分类进行评论,提出建议,参与到数据集主题分类的共建中。

10.4.2 英国政府开放数据

2006年3月,英国《卫报》就"Free Our Data"主题进行了1个月的系列报道,要求英国政府开放数据给公众。2008年3月,英国政府成立了信息工作小组(Power of Information Taskforce),着手开展政府数据开放。次年,在《让公共数据开放》的倡导下,英国政府开放数据网站——data.gov.uk的设计工作正式启动,同时,首相戈登·布朗(Gordon Brown)发布了《迈向第一线:更聪明的政府》,将开放数据和透明性政府建设作为国家首要战略。在2010年和2011年,首相戴维·卡梅伦(David Cameron)多次在公开信中强调开放数据的政策方针与要求,其中,《提高政府及其服务的透明和责任》正式推动了英国政府的开放数据工作。data.gov.uk于2010年1月正式上线,平台开放了多个政府部门的数据集,运用语义网技术提高数据关联性,鼓励公众参与到平台建设中。2011年8月至10月,英国内阁办公室就"政府透明及开放数据"问题,向公众广泛咨询意见,并形成了咨询响应摘要。2012年4月,英国政府建立了开放数据研究院,这是世界上第一个研究数据开放的机构,该机构的目的在于科学化引导数据开放应用的建设,并促进政府大数据潜能得到最大程度的释放。2012年6月发布的《开放数据白皮书》阐明了开放数据的定义、范围、数据评级标准。《自由保护法》(PFA)强调了公共部门需要发布机器可读数据,在数据授权条款范围内,使数据可重复使用,且以数据免费获取为原则。2011年到2016年,英国内阁办公室根据开放政府伙伴关系(Open Government Partnership,OGP)框架制定了三份《国家行动计划》(National Action Plans,NAPs),奠定了基于政府开放数据,实现经济增长、公共服务改善、政府透明度提高的目标导向。《G8开放数据宪章:英国行动计划》和《开放数据白皮书:释放潜能》指出,英国政府为保障开放数据质量,将构建国家信息基础设施,将 data.gov.uk 作为数据开放唯一指定官方平台,关注开放数据和数据隐私之间的权衡,推进开放数据评价体系的建立,将开放数据作为重要突破口进而实现数据全面治理。

在这一系列政策的影响下,英国政府开放数据计划全面展开。在具体推进过程中,英国政府主要在三个方面进行突破。

一是组织机构设置方面。在开放数据任务的要求下,英国政府成立了四个关键部门:负责开放数据标准制定的公共部门透明委员会(Public Sector Transparency Board,PSTB)、由多个部门组成负责重要开放数据集收集、管理和发布的公共数据团队(Public Data Group,PDG)、促进开放数据价值挖掘的数据策略委员会(Data Strategy Board,DSB),以及负责公众意见收集以确定开放数据优先顺序、应用案例等事宜的开放数据使用者团队(Open Data User Group,ODUG)。在后续发展中,DSB被并入PSTB。

二是数据授权和收费方面。2010年发布的英国政府许可框架(UK Government Licensing Framework,UKGLF),提出了三种许可权方式:开放政府许可(Open Government License)、非商业使用政府许可(Non-Commercial Government License)和收费许可(Charged License)。2013年颁布的《信息自由法》规定:数据集再利用原则上不收费,但当数据集涉及著作权和数据库使用权时,可根据收费许可方式收取相应费用。

三是个人数据保护方面。英国非常重视公众的个人信息保护。依据1998年颁布的《数据保护法》(DPA)的个人数据保护要求,政府部门在开放数据时需要将公众个体数据匿名化处理后再开放利用。但数据分析技术的使用仍可能带来去匿名性的效果,造成个人隐私泄露的隐患。对于此,英国信息专员办公室(ICO)制定了《匿名化:数据保护风险管理行为规范》,要求政府部门在开放数据前必须对个人数据进行匿名化处理,并评估隐私影响,尽可能地保障个人数据的安全。

本章小结

政府大数据是指政府部门在履行其职能过程中生产、采集、加工、使用和管理的数据,这些数据具有数量大、增长快、经济和社会价值大、权威性、公共性等特点。政府大数据治理有两层含义:一是对政府大数据治理,即对政府大数据采集、加工、存储、共享、更新等整个流程的管理和监督;二是利用大数据更好地实现政府治理职能,即各级政府部门以及各种政策领域可利用政府大数据来解决其面临的问题和挑战。政府大数据治理的价值体现在数据管理、服务能力和决策水平三个方面;政府大数据治理的挑战涉及数据质量、数字不平等引发的偏差、隐私和同意、存储安全、可访问性、数据集不兼容、相关而非因果关系、算法不透明、知识产权、使用安全这些方面的问题。政府大数据治理的体系框架主要包括组织结构、规则标准和技术支持三个关键域以及11个构成要素。政府大数据治理的应用框架包含数据合并层、知识发现层和决策层。组织层面的政府大数据成熟度评估模型包含三个维度:

组织一致性、组织能力和组织成熟度；国家层面的政府大数据成熟度评估模型包括六个维度：愿景和战略、开放数据计划、研发机构和计划、商业领域大数据成熟度水平、数据治理和公共部门大数据项目经验。政府大数据治理的三类典型应用是大数据与政务服务、大数据与政策制定、大数据与开放数据。

思考题

1. 简述政府大数据治理的内涵。
2. 简述政府大数据治理的价值和挑战。
3. 政府大数据治理的体系框架包括哪几个方面？其具体构成要素有哪些？
4. 政府大数据治理的应用框架包括哪几层？简述基于大数据分析的治理决策过程。
5. 政府大数据成熟度评估模型有哪些？它们都各自包括哪些评估维度？
6. 政府大数据可支撑政务服务哪些环节？举例说明如何实现支撑作用。
7. 简述政府大数据如何影响政策制定的过程。
8. 政府开放数据的生命周期包括哪几个阶段？

即测即练

第 11 章

交通大数据治理

 **思维导图**

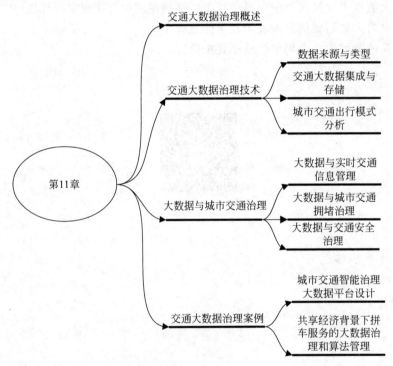

 内容提要

随着城市化进程的推进,交通拥堵和交通安全等问题在很多城市仍然严峻。为了提升城市交通系统效率,推进城市交通绿色化、智能化发展,采用交通大数据技术治理这些城市交通问题已逐渐成为交通运输领域的热点话题。本章介绍城市交通大数据治理的基本概念和方法,主要内容包括:城市交通大数据的来源与类型,交通大数据的集成、存储与常用分析方法,交通大数据在治理交通问题中的应用。

 本章重点

◆ 了解交通大数据的来源与类型,对城市交通大数据的集成与存储有初步的认识。

◆ 熟悉城市交通大数据治理的类型与方法。
◆ 了解大数据在城市交通问题治理中的应用。

11.1 交通大数据治理概述

大数据在交通领域有许多潜在的用途和影响。自 21 世纪头 10 年出现以来，大数据已被纳入众多主题的交通研究，包括服务提供、交通、环境影响、基础设施/路线改进以及服务和个人的行为。目前，交通大数据的管理与应用方面存在以下几个问题。

第一，交通大数据具有多种来源，有的数据类型需要进行一些分析处理，才能获得有意义的信息。一些来源可能由第三方控制，因此交通运输部门无法轻易访问数据。此外，这些数据可能以不同的格式存储。因此，交通运输机构各部门的数据在集成使用和共享时常常存在一定的障碍，即各部门只建立适用于部门内部的数据管理体系，但缺乏支持数据跨部门共享的统一标准。

第二，交通数据格式的复杂性给数据存储带来了挑战，因为依靠单一类型的数据库可能无法实现对数据的存储和管理，不同数据类型对数据库类型的需求可能也有所差异。如果对交通历史数据的存储和管理不善，容易导致历史数据遗失。

第三，在利用交通大数据辅助交通规划与管理策略决策时，尚未形成统一性、智能化的技术体系。一方面，现有交通信息资源在不同地方分散存储，缺乏统一的管理和分析方法，数据共享机制不完善；另一方面，在交通管理与控制过程中，常常需要依赖人的经验进行判断和决策，无法适应交通状况复杂的情境。

第四，数据安全性是交通大数据面临的另一个问题，尤其是在数据隐私方面。随着数据量的积累和交通用户的增加，在组织内部或不同组织之间的数据共享过程中，合理控制数据访问权限是交通大数据治理需要考虑的问题，需要在法律和政策方面对数据访问和共享进行新的约束。

中共中央、国务院印发的《交通强国建设纲要》(中发〔2019〕39 号)提出"到 2035 年，基本建成交通强国"的总体发展目标，其中，要求"智能、平安、绿色、共享交通发展水平明显提高，城市交通拥堵基本缓解"，并强调"基本实现交通治理体系和治理能力现代化"的蓝图。党的二十大报告指出："建设现代化产业体系。坚持把发展经济的着力点放在实体经济上，推进新型工业化，加快建设制造强国、质量强国、航天强国、交通强国、网络强国、数字中国。"可见，"交通强国"战略是建设现代化产业体系的重要组成部分，同时，加快交通运输结构优化调整，对推动城市绿色发展具有重要意义。因此，利用先进的技术和管理手段提升城市交通治理能力是现阶段我国交通行业发展的迫切需求。近年来，交通大数据治理方法的创新，为利用交通大数据技术治理城市交通问题带来新的机遇。

交通大数据治理是建立数据标准和数据要求的基本原则，为交通大数据治理主体或交通运输机构提供数据质量、管理、政策、业务流程方面的指导。简而言之，交通大数据治理是一种数据收集和管理的企业方法。

交通大数据治理体系的主体包括指导委员会、企业数据管家、数据管家和数据管理员，各层级主体的职责划分如图 11.1 所示。交通数据治理流程的典型结构如图 11.2 所示，示意图展示了交通大数据治理中的数据治理过程、输入和产品输出。一般来说，交通数据治理工作将从高层管理人员的支持开始，由交通运输管理部门成立并担任数据治理指导委员会，负责监督和提供战略方向。

图 11.1　交通大数据治理体系各层级主体的职责划分

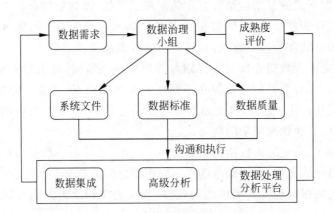

图 11.2　交通数据治理流程的典型结构

数据治理小组制定相关数据标准，并为每个治理系统和数据集定义质量控制要求，负责实施机构或国家定义的数据治理。这些必须在数据治理框架内进行沟通和执行，以便收集的所有数据都记录在案并符合既定标准。数据治理过程支持数据集成和高级分析等功能，以满足交通运输部门对数据和系统功能的需求。这些功能可以反馈能力成熟度模型（CMM）结果，即依据能力成熟度模型，定义、评价数据集成和分析功能的质量和级别，以支持数据治理小组对数据需求和功能等进行调试、修订。数据治理体系结构提供了一种监督数据治理活动的方法，并在将这些政策整合到机构内时确保问责制。

在实践中，由于各交通运输部门的上层管理人员可能对数据治理的要求不熟悉、对数据治理的理念不支持，或者部门内部不想放弃对数据的控制权限，实施数据治理可能无法按照理想的计划进行。因此，需要从成功国家或地区汲取经验教训。即使数据治理的起步阶段可能比较困难，但是数据治理的有效性不应被忽视。以一种渐进的方式，从小规模的交通数据治理开始，逐渐发展成大规模的、正规的交通大数据治理体系，是目前国际上常见的方法。

综上，交通大数据治理不只是数据科学领域的问题，而且是面向交通实际问题的，需要从数据收集、存储、治理、应用等各个环节着手,构建支持大数据技术治理交通问题的体系结构。基于交通大数据改善或解决交通问题,加快交通管理数字化发展,能够改善交通供需时空匹配,提升交通系统整体运行效率,对建设绿色交通系统和实现交通强国建设具有重要意义。

11.2 交通大数据治理技术

11.2.1 数据来源与类型

交通数据可在交通规划、社会和环境影响分析、设计、建造、运营和安全、交通安全、监控等阶段采集。数据类型从形式上看包括数值数据、文本数据、图纸数据、图像数据、视频数据等,从内容上看分为出行数据、交通基础设施数据、系统状态数据、交通安全数据、交通系统运营数据、财务和项目管理数据,从采集方法上看,又可分为局部探测器数据、截面数据(静态数据)、车辆轨迹数据、基于视频的车辆轨迹数据、行为和驾驶仿真数据、陈述性和显示性偏好数据,如表11.1所示。

交通大数据采集依赖于先进的信息技术、电子传感技术及计算机技术等,因而与传统数据收集方法相比,能够避免传统收集方法对人力和时间资源需求高的不足。交通大数据的可用性,以及复杂的预测统计技术,有助于增加对这些数据应用的关注,特别是在交通分析方面。人们普遍认为,将大数据应用于交通问题分析,将产生以前通过传统交通数据集无法获得的新见解。然而,关于大数据构成要素、大数据收集和应用的伦理影响以及新兴交通数据集的使用手段,存在许多模糊性,现有文献没有提供清晰一致的定义。现阶段交通大数据的规模不断增长,在研究和实践中的应用范围不断扩大,适用于交通大数据的分析方法具有多样性的特点。

依据数据形式不同,交通大数据一般包括智能卡数据、GPS轨迹数据、运营订单数据、网络数据和传感器数据等。下面对各种数据的来源与特点进行简要说明。

1. 智能卡数据

智能卡是设计用于存储和在大多数情况下处理数据的设备,它们非常便携和耐用,这使得它们适用于涉及识别、授权和支付的许多应用。随着智能卡技术不断发展,卡片功能也在逐步更新。目前,智能卡可以划分为接触式卡和非接触式卡两类,前者需要与读卡器直接接触,后者通过类似于射频识别(RFID)的高频波与读卡器进行通信。此外,一些智能卡配备内存来存储身份、授权和支付信息,可应用于交通数据的收集和分析。在交通领域,智能卡主要面向公共交通服务(如地铁、公交车、电车等),智能卡数据涵盖的信息通常包括刷卡机ID、智能卡卡号、刷卡日期、刷卡时间、刷卡地点、刷卡金额及卡片类型等信息。因此,除了能够满足收费的需求,智能卡相关数据还能提供乘客的上下车时空信息。

利用智能卡数据,交通决策者可以开展战略层面、战术层面和运营层面的研究。在战略层面,通过OD出行需求预测、出行模式挖掘,了解乘客集计出行行为,制定长期规划决策,以满足未来用户出行需求。在战术层面,了解乘客非集计出行行为,依据出行行为模式调整服务频率和路线,促进公共交通网络发展。在运营层面,基于智能卡数据分析客流量统计和绩效指标,了解公共交通服务水平、准点率和延误等信息。

表 11.1 交通数据的类型

数据类型	局部探测器数据	截面数据（静态数据）	车辆轨迹数据	基于视频的车辆轨迹数据	行为和驾驶仿真数据	陈述性和显示性偏好数据
交通参数	集计：速度、流量、车头时距、占有率；平均车头计：速度、车头时距、车辆类别	出行时间、路径流量	位置、时间戳、速度、车道	位置、时间戳、速度、车道	位置、时间戳、速度、加速度、车道	出行模式，即 OD（起点—终点）需求、路径选择等
数据采集技术	环形探测器、磁场传感器、雷达、红外探测、压力传感器、相机	车牌自动识别、蓝牙、检测器标志、商用服务	全球定位系统、差分全球定位系统（DGPS）	摄像机和图像处理器	虚拟车辆轨迹	访谈法
标定和验证	宏观：边界交通需求、当地交通状况、车队结构；单个车辆：自由流速度和车头时距分布的推导	宏观：特定仿真模型的整体验证	宏观：路段/路径出行时间、停靠次数、排队长度；微观：车辆跟驰、出租车数据与其他车辆驾驶员系统	宏观：路段出行时间、停靠次数、排队长度；微观：车辆跟驰、车道变换	微观：车辆跟驰、车道变换；包括其他驾驶行为数据	宏观：出行模式，即 OD 需求、路径选择等
数据质量	需要用于过滤和异常值检测的算法；预期具有最高质量的特征向量	质量参差不齐，专门测量能够提升数据质量，例如，出租车数据调用系统	质量参差不齐，专门测量能够提升数据质量，例如，出租车数据调用系统	已有数据集一般经过严密检查，具有较高质量，对于新的数据采集，仍然需要手动后期处理	关键问题在于数据是否能够代表真实行为	关键问题在于数据是否能够代表真实行为
优势	可用数据较多、应用广泛、自动质量监测方法	可用数据较多，解释性和操作性强	无须很多测量结果即可很好地帮助理解系统功能，解释性和操作性强	在车载传感器的支持下，可通过车辆宏观参数揭示一些微观行为及其他驾驶员的相互作用	给出驾驶行为及驾驶员相互作用特征的路面全貌；真正的驾驶实况	数据采集环境可控，可重复	提供其他方式无法收集到的数据
劣势	仅覆盖地方和典型聚合交通数据	通常是宏观的，对局部影响理解不足	仅覆盖部分车辆，数据处理难度大	涵盖路网局部情况；无法对驾驶员进行长期观察；耗费人力	仿真环境下的虚拟行为是否能够代表真实驾驶行为存疑	数据收集的规划和实施成本高；陈述性偏好可能无法反映真实实情况

智能卡数据的获得成本低,利于分析集计和非集计出行行为,易于与其他数据进行融合,以上优势对交通管理部门提升服务水平具有重要作用。然而,公共交通智能卡数据在应用方面存在一定的挑战,体现在以下几方面。第一,随着智能卡使用的普及,公共交通数据具有很高的代表性。然而需要注意的是,在数据样本中非常规智能卡用户的代表性可能存在不足。第二,公交智能卡数据收集用户的日常出行信息,规模较大,所反映的信息通常能够代表整个用户群体。因此,在数据分析方面与基于传统公共交通数据有所差别。在传统的数据分析中,一般首先设定一个"假设",并根据该假设进行抽样,然后通过样本数据进行总体特征评估,并对假设进行检验。而在基于公交智能卡的数据分析中,关键问题是如何提取相关样本以及如何从数据中提取重要信息。通常采用因子分析和/或聚类分析等统计方法来了解样本特征,但数据量问题可能导致数据分析方法的应用存在一定困难。第三,智能卡包含私人信息,处理过程中常常涉及用户隐私,导致数据访问或分析方面的困难。因此,应制定公共交通智能卡数据的通用规则,明确公共交通服务管理和评估中数据使用和访问规则。第四,公共交通智能卡数据分析面临数据缺失的挑战。造成数据缺失的原因可能是隐私法规的限制,也可能是运营管理部门需求。智能卡数据可能存在人口社会信息缺失的情况,例如,在采用统一票价系统的城市,智能卡只记录上车或下车的公共交通车站。在应用智能卡数据之前,通常需要了解数据缺失的原因和类型,并采取适当的方法处理缺失值。

2. GPS 轨迹数据

位置获取技术的进步已经产生了无数的空间轨迹,这些轨迹代表了各种可移动物体的移动性。大量配备 GPS 的交通工具(如出租车、公共汽车、网约车、电动汽车、飞机等)在我们的日常生活中应用广泛。例如,多数城市的出租车、公共汽车、网约车等都配备了 GPS 传感器,这使它们能够以一定的频率记录运动物体(如人、车辆和动物)的运动轨迹,以识别地理位置。空间轨迹是运动物体在地理空间中产生的轨迹,通常由一系列按时间顺序排列的点表示,其中每个点由一个地理空间坐标(x,y)和一个时间戳 t 构成的三元组表示,即 $p=(x,y,t)$。此外,与运营服务相关的交通出行轨迹数据,还记录司机编号和订单编号等信息。基于这些空间轨迹数据,可以开展城市交通相关的分析,包括出行模式挖掘、异常值检测、轨迹分类、流量分析以及改善交通网络等。

3. 运营订单数据

运营订单数据主要包括出租车、网约车、物流配送等订单数据,订单信息取决于运营服务的类型。一般来说,每条订单数据描述了订单编号、车辆编号、订单起终点位置、起终点采集时刻、票价、乘车人、支付方式等信息。对于单个订单,我们可以计算它的出行时间和出行距离,或者基于订单数据开展时空数据挖掘分析。部分数据集记录车辆类型和能源方式,因此可以支持有关交通排放分析的评价或研究。

4. 网络数据

网络数据指从网站提取的数据,如从票务网站、社交媒体网站收集的数据。得益于大量的资金投入和用户需求,社交媒体已发展为人们日常生活不可分割的一部分,社交媒体数据是一类拥有海量数据源的网络数据,数据内容具有丰富性,涵盖用户的分享、点赞、标签、网页点击、关键字分析、新增粉丝和评论等信息。计算机和管理学等多个领域，均尝试利用社交媒体数据，以提升对社交网络中用户行为的理解。在交通运输领域，社交媒体数据是主要的网络数据类型之一，主要用于交通规划和管理等研究，包括出行需求建模、出行行为、个人活动模式、公共交通系统评估、交通状况信息提取、事故和自然灾害识别及实时信息获取等。

当使用语言技术挖掘社交媒体数据时，可以预测未来的潜在事件。比如，当社交媒体的数据信息中出现将来时，则可根据信息更新的地理位置信息和数据内容推测即将发生的活动。当该类分析应用于短时交通模式预测时，可辅助交通运营和管理决策制定。尤其是在可能有事故发生或者大型事件发生时，依据社交媒体数据挖掘可为应急疏散和管理提供指导。

使用社交媒体数据之前最具挑战性的问题，是从复杂数据内容中提取有用信息，这需要使用文本和数据挖掘技术。如果将社交媒体数据应用于需求估计，应针对对应系统用户的过度表现进行调整。此外，此类数据与自由活动和休闲娱乐相关的比例过高，应对出行活动的类型作出推断，给数据使用者带来方法上的挑战。因此，虽然社交媒体数据的获取成本相当低，但在用于规划目的时，较高的数据处理成本也为应用带来一定的难度。

5. 传感器数据

传感器数据是指从放置在特定位置以收集信息的传感器设备收集的数据，常用的传感器分为固定传感器和移动传感器。其中，固定传感器以环路感应器和摄像机为代表，分别用于记录车辆属性和监测交通流量，数据可能包含有关车辆速度、车辆类型、红绿灯等待时间、交通密度和交通强度的信息。交通密度是每英里（1英里=1.609千米）或千米的平均车辆数量，而交通强度是每单位时间通过特定位置的平均车辆数量。移动传感器一般为安装于手机和车辆上的GPS设备，可用于记录车辆的属性信息、GPS位置、浮动蜂窝数据和通话记录。

手机数据主要包括两种类型：手机通话数据（CDR数据）和手机信令数据。手机通话数据记录手机通话或信息的内容，不同的移动网络运营商收集的数据内容有所差异，一般包括手机号码、通话基站位置、通话时间戳、通话持续时间、通信类型（通话或短信）等信息。手机信令数据记录开关机、通话、短信、位置变化和切换基站等事件的信息，原始数据一般包含手机号码、时间戳、位置区编号、事件类型等字段。收集数据具有样本大、覆盖范围广、用户代表性高的特点，此外还具有实时性和连续性，为分析交通系统人车移动模型提供可能。

6. 交通调查数据

交通调查是目前获取交通规划和政策制定所需关键信息的最重要方式之一。这些调查用于收集有关个人和家庭的人口统计、社会经济和出行特征的当前信息，以及进一步了解与日常活动相关的出行链、出行方式与出发时间选择。这使改善出行预测方法和提高预测日常出行模式变化的能力成为可能，以应对当前的社会和经济趋势以及对交通系统和服务的新投资。这些出行调查还将在评估交通供应和监管变化方面发挥作用。多年来，国家统计机构对数据和信息的需求不断增加。大量与人口统计和出行特征相关的出行需求数据主要来源于家庭出行调查。

11.2.2 交通大数据集成与存储

随着数据来源和采集方式更加丰富，交通运输领域各类大数据呈现出规模大、类型多、来源广、增长速度快以及应用广泛等诸多特点,为交通领域大数据管理与应用带来一定难度。对多源数据进行集成和融合,以促进数据在不同主体和用户之间进行共享,同时满足用户的数据服务需求,是交通大数据治理领域的重点。随着对数据集成必要性认识的加深,交通运输领域各级部门开始将数据集成需求纳入交通大数据治理的范畴中。基于数据集成功能,利用多源数据分析交通行为和揭示规律,为交通规划和管理决策者进行科学决策提供依据,是我国现阶段交通大数据治理的核心问题之一。交通领域大数据集成涉及多个方面,包括数据需求分析和规划、数据集成与存储、位置参考、地理信息系统的应用、数据标准化和组织管理等。本节对以上交通大数据集成相关问题进行探讨。

1. 数据需求分析和规划

在数据需求分析和规划方面,首先需要对数据业务流程进行解析和评估,明确如何运用数据集成方法以支持不同的业务需求。一般来说,对每个业务流程的刻画,可由说明书、线性流程图、跨职能图表和信息使用矩阵方式实现。通过对业务流程的具体情况进行明确,建立从规划到维护的映射关系,为后续的大数据集成工作建立基础框架。

2. 数据集成与存储

数据集成与存储面临的主要挑战之一在于确定如何存储和访问集成数据,这对于拥有和使用多源数据、多个数据库和应用程序的交通运输管理机构尤为严峻。数据存储和访问的技术和方法因需求和交通管理结构而异。数据服务器技术的兴起对大规模数据的存储和访问的发展起到明显的促进作用,但由于数据类型繁多和数据规模庞大,运输机构数据集成过程任务艰巨。交通运输管理机构开始利用数据仓库或数据集市协助多源数据的集成和存储工作。通过集成多个数据库,数据仓库可为用户提供访问交通大数据的权限以及访问数据子集的通用接口。

在交通大数据管理方面,对多源数据的集成与仓储主要利用数据仓库和数据集市技术。数据仓库是一个存储库,它集成了来自多个来源和不同时间框架的数据。集成数据以统一模式组织并驻留在单个站点中,数据集市是数据仓库的缩小版本,二者均有数据分析和决策支持能力。常见的数据仓库和数据集市架构如图11.3所示。二者的底层均由运营数据库组成,其中包含有关机构日常活动和运营的数据,例如交通资产、事故记录和交通量。通常,这些数据库中的数据过于详细和原始,无法轻松用于决策。数据仓库集成了来自多个操作数据库和各种时间框架的数据;而数据集市连接到单个或有限数量的操作数据库,并且具有数据集成和分析能力不足。对于运输机构来说,数据集市似乎比企业数据仓库更常见。框架中间层的数据储存库是通过数据提取、清理、集成、转换、加载和刷新过程构建的。该架构的顶层由数据处理和分析工具组成,主要实现数据查询、统计分析、数据挖掘等功能。

此外,GIS和云计算功能的发展,为大数据存储和访问提供更多可能。例如,数据仓库可由多层GIS空间数据库和网络拓扑属性与图像文件组成,基于一定的数据开放和共享规则,使用户可以通过网络远程访问交通大数据。在数据存储和访问功能基础上,可以叠加在线分析处理服务,提供数据存储、查询和快速分析的一站式服务。因此,用户能够快速查询大型数据集并分析结果。在先进的数据库技术基础之上,交通领域的大数据治理问题通常还利用其他技术,主要包括支持可视化和空间分析的GIS技术和云计算功能。

运输数据仓库和数据集市通常配备了用于可视化和空间分析的GIS功能。例如,美国

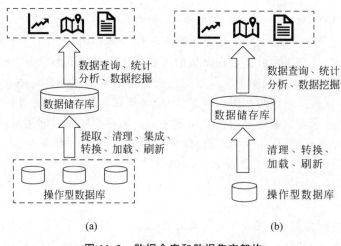

图 11.3 数据仓库和数据集市架构
(a) 数据仓库；(b) 数据集市

犹他州交通运输部使用 ArcGIS Online 平台，通过该机构的开放数据门户(UGATE)和地图应用程序(UPlan)访问和共享交通数据。UPlan 包含多个数据类别，包括安全和碰撞、道路功能分类、通道类别、维护站、结构和桥梁位置、计划和当前的建设项目、里程柱、路面管理、运输车辆和分散的资金、光纤网络和货运计划与运营数据。

近年来，人们越来越关注使用云服务来改善数据管理。这种方法的前提是，将数据存储在非现场数据中心(云)中提供了在现场数据仓库中通常难以实现的标准化程度和访问权限。云计算资源通过互联网远程提供给个人或组织，而不是直接在自己的计算机上。云计算技术在交通大数据治理方面的优势主要体现在一体化的计算与存储能力、灵活的存储和计算能力、有利于不同来源的数据集成与共享以及可靠的性能和安全性几方面。

3. 位置参考

交通领域的多数数据是按照空间位置描述的，因此在集成大规模交通数据时，可运用描述位置的系统或方法。在交通运输机构中，都会使用许多位置参考系统，具体取决于收集或数据的单位。由于数据集成需要一个独特的或可翻译的系统来索引位置数据，因此许多机构都面临着定义和实施合适的位置参考系统的挑战。常见的参考系统为线性参考系统，可构建全局或者区域的线性参考系统，以支持数据采集、存储和共享。

4. 地理信息系统的应用

除了用来绘图和分析空间坐标数据，地理信息系统在一些交通运输部门还作为数据集成平台，提供用于存储、管理和分析来自不同数据库的多源数据的功能，提升数据管理和分享的效率。利用 GIS 功能，可以基于空间属性，将道路信息数据、交通运输时空数据以及其他类型业务数据进行融合。

5. 数据标准化

通过建立数据表示和数据处理规则，数据标准化能够促进数据集成过程的实现。一般来说，交通运输机构采用行业内广泛应用的数据标准，或者依据自己提出的数据标准，以满足数据治理过程中对数据集成功能的要求。为了做好交通大数据生命周期管理,应该综合考虑各环节对数据标准的要求,制定面向业务流程所有参与者统一的数据收集标准,确保多类型数据的准确性和一致性。例如,美国蒙大拿州交通部针对交通基础设施数据管理问题,开发了一个数据字典,对命名规则、标准数据定义和数据收集协议等方面进行标准化。

6. 组织管理

数据集成是一项机构范围的活动,涉及大数据治理组织中不同单位和各层级主体。国内外的交通运输机构开始建立代表不同利益相关者的工作小组,以协调大规模数据的集成工作。其主要负责传达数据集成的目标、过程和结果,厘清数据集成任务涉及的所有组织,明确数据所有者,定义针对数据更新和准确性方面的职责,确保数据收集和管理的质量,同时监督数据集成的整体过程。

在数据集成的整个过程中,需要综合考虑数据集成的功能性、交通遗留数据的处理和位置参考等注意事项。

首先,在数据集成的功能性方面,交通大数据集成的共同目标是帮助决策者更容易获得及时准确的信息。因此,交通运输部门需要对数据集成的服务对象和功能目标进行具体定义,以适应政策制定、交通规划、交通项目开发、实施、运营以及维护等各个领域的需求。为了提升信息获取的便利性,交通大数据集成方法应尽量兼具以下功能:数据预分析和报告程序,特定查询(列表数据检索和空间信息检索)和汇总功能,结果导出功能,地图生成功能,地图、图像和交通设施集成界面,集成数据的多层次访问功能,以及需求识别和投资分析综合功能等。

其次,在交通遗留数据的处理方面,需要识别现有数据集,决定哪些数据被纳入数据集中。一般情况下,交通运输部门需综合利用包括视频数据、交通数据、GIS 数据等多类型数据。可以通过建立企业数据模型,将不同的数据项与数据源和数据支持的业务功能进行匹配。

最后,位置参考通常是交通大数据集成工作的基石,交通运输部门集成了基于各种线性参考系统(LRS)遗留数据,例如路段、参考点、定位、文字描述和路线里程碑信息。在多重线性参考系统存在的情况下,采用何种方法进行数据集成仍是交通大数据治理的一个难点。将数据与不同 LRS 集成的常见方法有三种:①整个交通运输机构采用单一的 LRS 进行数据收集、数据存储以及报告生成等各方面的标准化;②在多个 LRS 中维护遗留数据,并创建一套例行程序将这些数据转换为基于一种通用 LRS 的形式,以实现数据集成管理;③开发一个在各种 LRS 之间转换数据的交换引擎,此方法目前缺少通用或标准的 LRS 支撑。

11.2.3 城市交通出行模式分析

在 GPS 和信息通信技术快速发展的背景下,城市交通部门积累了丰富的交通数据,在近 20 年间,已经提出了许多用于收集、存储、管理和挖掘交通时空大数据的技术。在交通大数据治理需求驱动下,整合多来源、多类型交通数据,从大规模交通数据中挖掘交通模式,理解用户出行规律,对交通规划与管理决策具有重要意义。本节主要介绍交通时空数据与其他数据的分析类别、常用处理和分析方法。

交通大数据主要来源于智能卡数据、自动化数据源、网络数据、GPS数据、社交媒体数据，多为位置数据。其常用分析方法包括聚类分析、地图匹配、统计分析（机器学习）等。针对多来源、多类型的交通大数据，一般需要构建数据的索引和检索规则，尤其是刻画人车时空信息的轨迹数据。

1. 轨迹数据索引和检索

轨迹数据描述移动物体，即人和车的空间地理位置信息，反映人车的旅行史。轨迹数据挖掘是一项非常耗时的工作，需要多次访问大规模轨迹数据的不同样本或者轨迹的不同部分，为了快速检索所需的轨迹数据，需要有效的数据管理技术。空间数据的轨迹索引和检索主要有 K 最近邻（K-nearest neighbors，KNN）算法和范围查询。KNN算法用于查询和给定与邻近点距离最近的 K 条轨迹（KNN点查询），或者查询与给定轨迹记录距离最近的 K 条轨迹（KNN轨迹查询）；范围查询能够检索数据库中与给定时空范围相关联（包含或者相交）的轨迹。检索到的数据用于分类或者预测等多种交通大数据挖掘分析。Zheng（2015）对两类索引与检索关键方法作出系统总结，下面进行简要的介绍。

KNN点查询可用于检索给定地点的轨迹信息，有时需要检索按一定顺序通过多个给定地点的轨迹。KNN点查询主要关注轨迹是否与查询位置相近，而不是轨迹在形状上是否与查询相似。此外，查询点的数量通常很少，并且在应用程序中可能彼此相距很远。因此，我们无法顺序连接这些查询点来制定轨迹，然后调用为KNN轨迹查询设计的解决方案来解决。

KNN轨迹查询可用于搜寻特定路线的用户GPS日志。一般首先需要定义表征两条轨迹相近程度的相似度函数，然后设计高效的查询算法以从大量相关轨迹中查找。若是查询通过特定路径的车辆轨迹，有两种方法可以采用：一种是将交通网络上的路径视为轨迹，并使用KNN轨迹查询方法来检测靠近该路径的轨迹。另一种是首先使用地图匹配算法将轨迹转换为一系列路段，然后建立一些索引结构来管理路径和通过它们的轨迹之间的关系。由于索引的大小随着轨迹数量的增加而快速增长，因此此类索引仅适用于管理最近生成的轨迹。

时空范围检索主要采用三种方法：第一种方法，将时间维度纳入二维空间地理系统，构建轨迹数据的三维R树。空间数据查询即可重新定义为三维数据查询框，在查询框中开展数据检索工作。当检索的时间维度跨度较大时，为了减小数据索引的复杂度，可采用STR（sort-tile-recursive，递归网格排序）树和树浏览器方法来构建矩形树，提升检索效率。第二种方法，可将检索的时间维度分解成多个时间间隔，基于每个时间间隔内包含的轨迹数据构建单独的空间索引，以不同类型的R树为代表。给定一个时空范围查询，这样的索引首先找到落在时间范围内的时隙（即索引结构中不随时间变化的部分），然后从这些时隙的每个空间索引中检索与空间查询范围相交的轨迹。第三种方法是一种基于空间网格的方法，首先将地理空间划分为不同的网格，为每个网格中的轨迹建立时间索引。网格中的每个轨迹片段为二维点，坐标为轨迹片段的开始和结束时间，通过混合的B+树结构索引。检索式首先搜寻满足空间范围的网格，然后在每个网格的混合B+树中搜索满足时间范围的轨迹片段，最后合并来自不同网格的轨迹片段获得检索结果。

2. 数据分析

基于多源交通大数据,可以按照交通管理目的的不同,开展历史分析、实时分析、预测分析,此外还可进行可视化分析以及视频和图像分析(图 11.4),分析结果多应用于共享实时交通信息、城市规划及交通安全和事故分析等方向。

1) 历史分析

通过分析历史交通数据可以发现交通运输或出行模式,以帮助决策者制定长期交通或城市规划决策。例如,可以在建设新的交通基础设施之前分析交通流量、驾驶员行为和当前街道基础设施的使用情况。此外,政策制定者可以依据交通数据分析

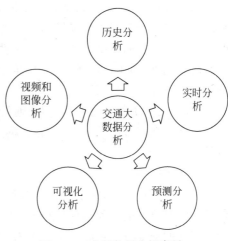

图 11.4 交通数据分析类型

结果来调整交通政策,例如可以运用聚类算法,从公共交通地理位置数据中分析公共交通用户对路线的偏好,以识别高需求路线和高峰时间等信息,为公众提供优化的公共交通路线服务。

针对交通大数据展开的历史分析是交通运输领域较为常见的分析方式之一,主要用于理解交通出行者历史行为模式,方法和结果可以用于热点识别和预测、常用路径识别、OD 需求预测(时空分布)等方面。对于常用路径识别,核心任务是从历史数据中挖掘路网中每对起讫点之间使用频率最高的路径。常用路径识别一般涉及地图匹配技术,即将一系列原始纬度/经度坐标转换为实际路段的,这对于了解路径流量分布、车辆导航以及预测车辆目的地等也十分重要。

交通网络热点区域识别主要基于聚类分析展开,数据主要来源于社交网络数据、交通智能卡数据以及手机信令数据等。基于空间特征的聚类一般被称为异常聚集,即假设交通事件是空间分布的,可以依据某空间特征对事件进行聚类分析,获得人群(车辆)异常聚集热点区域分析结果,则在每个集群(cluster)内,点间距离(集群内的事件空间相近程度)需要远小于集群之间的距离。通常这种聚类适用于基于地图中点位置的随机事件,而不适用于描述路网中交通事件局部密度或强度等这些在空间上连续分布的度量。此外,需要定义集群的位置、大小、形状等度量,使聚类目标和任务更明确。热点区域识别或预测对指导交通管理实际具有重要意义,通过分析热点区域的时空特征,如人车聚集时长、强度、地理位置等,可以帮助交通管理部门制定和实施交通管理政策,对交通流量进行调控。其还可应用于灾害地点或事故地点预测以及事件影响分析、交通设施布局等方面的决策制定。

除了常用路径识别和热点区域识别,还可以采用历史分析方法对交通出行的其他模式进行探索,比如时空需求水平分布和居民出行行为偏好、出行方式识别。

2) 实时分析

实时分析是指在系统中有相关数据时立即处理、分析和传播信息的能力。它可以为决策者提供最新的信息,使他们能够作出更好、更快的业务决策。实时数据分析是交通大数据分析的一个重要方向,也是实时交通控制的一项重要任务,包括数据收集、数据处理和交通控制策略信息发布几个核心环节。在实践中,可以利用实时数据分析交通状况和模式,包括

评估当前交通流量,检测交通拥堵、事故或危险道路状况,并协助紧急车辆寻找最佳路线。通过实时数据分析向用户提供的信息更新,常常伴随着几秒到几分钟不等的延迟。例如,实时自适应交通控制系统对结果的即时性要求较高,以及时调整交通控制策略来适应新的交通状况。此外,向用户传播信息的时间间隔可能比数据收集时间间隔长得多,以提供更准确的信息并避免信息过载以至混淆用户。例如,虽然交通检测器可以每分钟或更短时间(如20秒)连续收集和更新交通数据,但交通管理机构可能只需要每5分钟更新一次碰撞可能性以进行决策。数据可用性与用户端数据更新需求的差距决定了可接受的延迟水平和相应的分析技术。

3) 预测分析

在预测分析方面,基于数据挖掘和机器学习算法,交通大数据预测模型可帮助决策者了解数据并对可能的交通事件进行预测,例如对交通拥挤状况的预测。预测分析允许相关机构为可能的交通事件做好准备。例如,当大型体育赛事预计会出现交通拥堵时,交通主管部门可以提供专门的公共交通车辆前往赛事现场,并鼓励人们乘坐公共交通工具。当预计恶劣天气会导致许多碰撞时,可以警告人们在驾驶时要格外小心。警方可能会在特定时间可能发生犯罪的地区部署更多人员。从本质上讲,预测分析为相关部门采取主动和预防措施来维护和改善公共安全提供技术保障,其可以划分为短期预测和长期预测两种。短期预测与实时交通管控密切相关,服务于实时交通运营与控制;而长期预测用于交通规划过程的政策制定。

4) 可视化分析

可视化分析有助于用户从复杂交通数据中识别交通模式和其他有用信息,深入了解数据。通过可视化分析,数据异常值或集群可以很容易地识别。例如,在交通事故数据的可视化分析中,可在地图上显示碰撞中涉及的高碰撞区域和对象类型(例如自行车、公共汽车、出租车和乘用车),以及其他属性,例如时间、位置、伤害/死亡人数和事故原因。用户可以在分析获得的条形图上查看碰撞原因的频率或涉及碰撞的对象类型,并在地图上查看碰撞位置。

5) 视频和图像分析

视频和图像分析是交通大数据分析中的一项较新的实践。视频分析支持基于过往车辆照片的基本识别任务,例如车牌和车辆类型。因此,这种技术常用于交通执法,以提高处理超速罚单的效率。视频数据对基于交通数据的主动安全分析也很有意义。利用视频数据,可以对交通事故发生时间、运动预测和车辆交互信息进行分析,帮助揭示交通事故高发区域,并允许交通管理部门采取必要的措施,以减少该区域的碰撞次数。

11.3 大数据与城市交通治理

交通治理的主要目的体现在两方面:一是合理利用交通资源,协调交通供需水平的平衡;二是制定并优化交通管理和控制策略,提升交通系统的运行效率。在交通大数据背景下,如何构建交通大数据集成与存储框架,设计先进的计算分析方法,对交通问题进行精准识别和评估,辅助交通管理措施制定和实施,加速构建智能交通系统,是现阶段城市交通治理的主要内容。交通大数据治理是智能交通体系建设的一个重要组成部分。智能交通系统主要包含先进的交通管理系统(ATMS)、先进的出行者信息系统(ATIS)、先进的车辆控制系统(AVCS)、先进的公共交通系统(APTS)、先进的电子收费系统(AETC)及商用车辆运营系统,各个子系统与交通大数据治理技术息息相关。本节对大数据治理在几个常见城市交通管理领域的应用进行阐述。

11.3.1 大数据与实时交通信息管理

实时交通信息的提供是先进的出行者信息系统的必要组成部分。信息提供与发布常常与交通导航和交通管控密不可分,对辅助交通出行者制定出行决策和助力提升智能交通系统运行效率起到关键作用。因此,交通信息提供在交通状况恶劣时变得尤为重要。借助实时分析与预测分析技术,交通管理部门可以对交通事故发生、交通拥挤状况作出预测和研判,通过信息实时共享来规避不良交通状况带来的影响。

交通信息主要包括三类:经验性信息,指交通主体从日常的出行和管理中积累,并且通过一定的学习反复强化后的信息;描述性信息,描述当前或未来交通网络出行条件的信息,一般通过一定的交通流指标(出行时间、距离等)衡量;指导性信息,涉及交通出行方式建议、出行路线建议等指导性内容。具体来说,可以共享的交通信息涉及交通出行的方方面面,包括出行时间、出行路径推荐、停车引导信息、交通事故信息播报等。交通信息可以通过可变信息标志(VMS)、移动手机程序、车载电台等多种渠道实时共享,一些提供交通信息的平台还可提供路径规划,向用户传递实时交通控制信息。交通出行者在获知交通信息后,可能采取一定的策略,比如寻找替代路径或改变出行方式,以尽量减小对个人出行效用的不利影响。

然而,关于交通信息是否能确保交通运行效率的提升,引发学术界对于交通信息悖论的探讨。交通信息悖论与经典的布雷斯悖论(Braess's paradox)密切相关,描述了这样一个状态:当尝试在交通道路网络中添加一条或多条道路时,反而会降低路网通行能力。德隆·阿西莫格鲁(Daron Acemoglu)等指出,与布雷斯悖论相关的问题不仅出现在交通模型的背景下,还出现在各种通信模型、定价和对拥挤商品的选择以及电路中。关于交通信息悖论的早期研究,主要针对交通走廊的通勤背景。阿西莫格鲁等拓展了经典的布雷斯悖论的概念,提出了交通信息布雷斯悖论(IBP)的问题,从博弈理论出发,深入探索了网络拓扑结构与交通信息布雷斯悖论发生的关系。此外,学者们也对车联网环境下的 IBP 问题进行分析。目前,学者们围绕城市交通信息预测问题已经开展了较为广泛的研究,为从交通大数据视角提升实时交通信息管理效率提供了坚实的理论和方法依据,但是基于交通大数据探索信息提供策略和信息悖论的研究有待深入与完善。

与交通信息管理密切相关的另一个问题是信息提供策略,主要集中于对交通出行时间信息的提供。德·帕尔玛(de Palma)等提出了四种信息制度:不提供任何信息,假设用户知道不同交通运行状况发生的概率,但是不知道实际中哪种情况会发生;免费信息,即向所有用户免费提供全部信息;收费信息,即所有用户都可以通过支付一定的成本了解交通运行状态;私人信息,即信息仅对个人可得。在信息提供策略的制定方面,一般关注不同信息策略对交通出行者决策的影响机理,从社会福利最大化或者其他角度出发,优化设计信息提供机制。

另外，信息提供策略对交通系统整体运行效率的影响，也取决于出行者的风险态度。依据风险态度可以将用户分为三类：风险厌恶型、风险偏好型和风险中立型。在出行时间不确定情境下，研究结果发现对于风险厌恶程度中等的用户来说，愿意通过购买信息的方式获得可靠的交通引导，以合理制定出行决策（出发时刻和出行路径）；对风险厌恶程度较低或者较高的用户来说，他们并不一定能从信息提供策略中获益。因此信息提供也具有效能差的情况。在考虑用户异质时间价值的情况下，提供风险路段的路况信息不一定能够提升运行效率，而当信息定价过高时，只有时间价值很高的用户才能够从信息提供策略中受益。

提供实时性、精准性、个性化的交通信息服务，仍是现阶段实时交通信息管理发展的方向。在交通大数据背景下，多源交通大数据能够提供多维的交通信息，如何制定精细化的信息提供策略以及具体施行交通管控，是具有科学性和实践意义的问题。一方面，信息提供策略数据与其他交通数据集进行融合，是开发先进的出行信息服务体系、促进交通大数据治理能力提高的关键一步。另一方面，依托大数据技术的实时交通信息提供主要借助数据挖掘方法实现，对用户偏好以及信息提供策略对交通网络的影响等方面有待加深研究。在实践中，实时交通信息管理策略的制定和实施，应将大数据技术与用户行为理论、交通网络理论等进一步融合，以在提高交通信息预测准确性的前提下，提升信息管理策略的效能。

11.3.2 大数据与城市交通拥堵治理

交通拥堵是大城市的突出问题，给社会、经济和环境带来了巨大的负担。由于城市空间的局限性和交通悖论可能带来的影响，企图通过不断拓展交通网络和兴建交通基础设施来提升网络通行能力，是不明智且不现实的。利用已有交通设施资源，在交通需求管理措施的辅助下，有助于提升城市交通网络容量，同时能够促进绿色交通、可持续交通发展。因此，制定并实施交通管理策略，从需求端控制城市居民对交通运输需求的增长，平衡供需水平，是绿色交通和智能交通的任务之一。交通需求管理（TDM）旨在通过应用交通管理策略和政策改变用户的出行行为，以减少出行需求，或者重塑交通需求在空间或时间的分布，进而缓解交通拥堵。它的核心理念是提升可持续性的替代性交通供给，并且抑制不可持续出行模式的增长。交通需求管理是一个很广泛的概念，涵盖了多种政策和措施，包括改善公共交通设施和运营、拥挤收费策略、错峰出行策略、主动交通管理、车牌限行、鼓励共享出行等。

拥挤收费的概念最初由阿瑟·塞西尔·庇古（Arthur Cecil Pigou）提出，即在交通拥挤时段向用户收取一定的费用。基于这一概念，借助经济学理论和数学规划理论，学者们对各种情境的拥挤收费问题展开深入且广泛的探索。拥挤收费策略主要包括边际成本定价（最优定价）和阶梯定价等次优定价法。边际成本定价旨在实现社会福利最大化，所收取的费用为边际社会成本与边际个人成本之差。然而，在路网的所有路段实施收费也是不切实际的，这时次优定价作为一个替代性政策被提出。次优定价法针对给定收费地点的收费水平制定，主要包括基于路段的定价和基于警戒线的定价，定价方案需明确收费水平和收费地点。除了道路拥挤收费以外，学者们还对其他类型的交通定价服务进行研究，以缓解交通拥堵，比如，停车管理与停车收费。

然而，从时间的角度，在高峰期实施收费政策可能面临着社会阻力和技术挑战，这些挑战极大地限制了拥堵收费等政策的有效性。因此，公共交通以及错峰出行政策可作为收费政策的替代管理手段。

在交通大数据治理中,通过搭建多元交通大数据治理框架,实现对多模式、多来源的交通数据的集成、存储和分析。在此基础上,进一步提升公共交通服务智能化、数字化发展水平,提升交通系统效率。利用交通出行模式挖掘,为用户提供出行规划和路况查询等信息,对公共交通线路、车辆调度策略进行改善,结合智能交通控制系统,在准点率、安全性、舒适性等方面优化公共交通服务。同时,公共交通的数字化治理应该兼顾与其他出行方式的接驳。

错峰出行政策通过改变用户在目的地的活动时间表,来间接改变用户的出行决策(出发时刻),以消除或缓解高峰期的交通网络压力,得到交通管理者和学者们的广泛采纳和研究。该政策的基本理论是微观经济学的核心原则,即理性主体在面对其行为的全部社会后果(收益和成本)时作出有效决策。该政策一般应用于早晚高峰期间交通繁忙的区域或者路段,比如上下班时间比较集中的工作区。如果不同出行目的(工作出行、上学)在高峰期间过于集中,也可能导致拥堵。新加坡在2017年12月底开始实施早高峰时段之前地铁票价折扣的政策,以吸引更多的居民在早高峰之前出发。

随着交通网络公司(比如滴滴出行、Uber)的发展,共享出行服务已经成为一种必不可少的居民出行方式,所提供的出行服务涵盖多种形式的网约车服务和拼车。在传统的拼车服务中,通常是来自相同起讫点的出行者之间建立匹配关系,总出行成本在驾驶员和乘客之间平均分配。与传统的拼车不同,动态拼车平台实时匹配驾驶员和乘客,并提供路径导航指导驾驶员如何服务匹配的乘客。在网约车模式下,驾驶员一般为专职司机或者临时司机,且没有自己的出行起讫点,即网约车司机与出租车司机类似,提供以盈利为目的的服务。通过动态出行平台,用户能够享受到极具吸引力的"门对门"出行服务,而无须承担城市高昂的购车成本。交通领域共享经济的兴起为重新评估其对现有交通道路网络拥堵分布和社会福利的影响提供了新的机会。

11.3.3 大数据与交通安全治理

作为交通事件中的典型问题,交通安全问题一直备受交通管理领域的关注。交通安全研究涵盖事故建模、事故成因分析、安全评估分析、伤害严重程度建模等主题,相关研究依赖于交通事故数据集的支持。在交通安全治理方面,通过对交通安全事件进行宏观和微观的分析,揭示事故特征、成因,从而提出相应的管理措施。在交通大数据技术的支持下,实现智能化城市交通安全管理成为可能。本节旨在概述交通事故数据集、交通安全数据分析技术以及对交通安全治理的启示。

1. 交通事故数据集

城市交通安全的数据治理需要依赖交通事故信息数据、交通网络数据以及社会经济和人口统计数据等多来源数据。交通事故信息数据主要记录事故相关主体、事故时空信息、外部条件等信息。常见的交通事故信息数据集中,数据字段一般包括事故编号、事故发生日期和事件、伤亡人员信息(人数、年龄、性别、受伤部位等)、交通方式(自行车、机动车或行人)、事故发生地点(坐标或者街道名称)、财产损失等。例如,纽约市警察局公布的机动车辆碰撞数据(https://data.cityofnewyork.us/Public-Safety/Motor-Vehicle-Collisions-Crashes/

h9gi-nx95)以及与该数据集记录的事故相关人员信息数据集(https://data.cityofnewyork.us/Public-Safety/Motor-Vehicle-Collisions-Person/f55k-p6yu)。交通事故数据集可以按照不同的标准进行分类，包括基于车型的交通事故数据集、基于道路类型和条件的交通事故数据集、基于位置的交通事故数据集、基于时间的交通事故数据集、基于天气或气候条件的交通事故数据集。

2. 交通事故分析方法

传统的交通安全研究主要通过分析不同因素下，道路网络中特定路段或者交叉口的事故发生频率，以揭示交通事故成因。随着交通大数据技术的发展和数据量的积累，交通安全研究方法也发生了明显变化。近年来，交通大数据分析工具在挖掘交通事故的特征、预测交通事故多发点、解释交通事故成因等方面逐渐开始发挥作用，为交通安全治理提供了新视角。利用多源大数据，分析交通出行与交通事故的时空相互作用关系，对解释交通事故成因机理、识别交通事故风险区域并设计有效的管控措施十分关键。为了充分发挥大数据在交通安全治理领域的潜力，需要充分利用多源交通大数据和其中包含的海量信息。

1) 事故时空特征分析

交通事故具有时空属性，在时间维度上，可以选择分钟、小时、日、周、月、年等时间度量，执行基于时间的交通事故分析。对城市交通进行空间分析，可以确定特定时间段内交通事故发生的空间特征，分析交通事故的空间特征可以识别交通事故多发地点。

一般采用描述分析方法，根据交通事故属性之间的相似性来揭示数据对象的组或集群，以描述和总结交通安全问题的概况。传统的描述性统计分析中，采用频率、频次分布等指标，对交通事故相关的基本信息（事故发生时间和地点等）、车辆信息、道路信息、环境信息、事故严重程度等方面的属性进行统计。采用的指标包括发生频率、利用事故数、死亡人数、万车死亡率等。依据描述性统计分析结果，初步探索交通事故的时空特性，以及交通事故与人、车、路、环境等方面的相关性。

为了从大规模数据中推测交通事故多发地点、挖掘事故特征信息，采用简单的描述性统计分析往往无法获得信息的全貌。基于大数据的交通事故时空分析，常用的方法包括聚类分析、关联规则挖掘和决策树等。

一种典型的聚类分析方法是 K 均值聚类，它是一种无监督学习方法，基本步骤是：将数据集划分为多个集群（组），集群个数为 K，然后选定质心即集群的定位，并将所有数据点与最近的聚类相关联，然后循环计算并调整质心，直到得到所需的结果。聚类分析方法应用距离函数来分析特征的相似性，并且对检测到局部最优值的情况较敏感，因此可以快速收敛到局部最优，本质上是一种启发式算法，具有计算速度快等优点。关联规则挖掘是一种从数据中发现变量之间关系模式的方法，能够建立描述数据集中不同特征组之间关系的规则，该关系规则描述变量在数据集中出现的频率。与统计模型相比，关联规则挖掘可以考虑交通事故的异质性特点，用以预测路网中所有路段的事故特征，对识别事故地点具有重要作用。在决策树方法中，分类模型以树的形式构建，每个叶节点代表一个变量，每个叶节点中的分支数等于假定关键变量的可能值数。决策树方法被广泛应用于高维数据的分类研究。

2) 事故成因分析和事故预测

为了制定有效的措施以减小交通事故的影响，需要对交通事故进行分析，挖掘事故成因和常见的模式,对交通事故进行预测。预测分析基于将一组输入值映射到输出值来预测未来事件或行为。基于大数据的交通事故预测方法主要有机器学习、贝叶斯网络、神经网络模型、支持向量机等。

机器学习可以利用事先定义的条件或特征来预测交通事故。贝叶斯网络由有向无环图表示,每个节点对应一个变量,每条边对应一种条件依赖。贝叶斯网络模型可以对交通事故、事故多发地点、影响事故严重程度的因素进行分类,并且进行参数学习。应用于交通事故预测的神经网络模型主要包含卷积神经网络、递归神经网络和人工神经网络。作为深度学习的典型方法,卷积神经网络和递归神经网络用于从高维数据中揭示未知关系,也可应用于图像识别、语音识别和文本聚类。人工神经网络可用于预测事故原因、发生和严重程度判别。当统计分析的结果难以解释,预测结果需要更高的准确性并且认识到生成数据的方法不明时,一般采用人工神经网络。支持向量机利用核函数将数据点(低维数据)映射到高维特征空间,完成对交通事故数据的回归分析。支持向量机可以处理线性和非线性分类问题,且适合实时交通事故预测。此外,还可以采用决策树回归、随机森林回归和 Logistic 回归等方法确定交通事故成因,并且构建交通事故分类模型。

机器学习方法在呈现交通事故时空特性的基础上,可进行事故多发点识别,分析交通事故影响范围。交通事故多发点,促成"事故黑点",对应交通网络中事故发生较集中的某个位置或特定区域。预测事故多发地点,有助于合理分配交通管制资源,为交通管理提供指导。在宏观层次上,交通事故发生的影响因素可以划分为四类:道路网络特征,比如车道功能、车道限速情况、道路网络结构;人口统计特征,比如人口密度、性别比例;土地利用属性,比如商业、居住、教育、娱乐;社会经济因素,如每户拥有汽车、收入水平、就业率。综合考虑上述因素,Jiang 等利用随机森林模型识别影响交通碰撞风险的决定性因素,从宏观上识别交通事故多发地点。索拉布·马顿(Sohrab Mamdoohi)和埃利斯·米勒-胡克斯(Elise Miller-Hooks)将 K 均值聚类分析方法用于识别交通事故多发地点,也可用于识别交通事故的影响区域,以及高速公路沿线的工作区。

在实时安全分析中,需要将描述交通状况和天气信息等的实时交通特征参数纳入事故预测模型,来预测特定地点事故发生的可能性。比如,社交媒体数据可以作为交通事故数据的替代方案,挖掘社交媒体数据以提取道路网络中的交通事故信息,助力实时交通安全分析。Gu 等介绍了一种利用 Twitter 数据实时分析交通事件的方法,首先从 Twitter 网站爬取推文,依据描述交通事件的推文关键词和关键词组合构建字典,再将爬取的推文映射到基于关键词字典的特征空间,最后进行分类。同时,依据推文的地理编码信息,可以确定相关交通事件的地理位置。将实时安全分析功能与交通监控系统结合,对可能出现的交通安全状况作出快速响应,有助于提高交通系统性能。

11.4 交通大数据治理案例

11.4.1 城市交通智能治理大数据平台设计

交通拥堵是城市交通普遍存在的问题,如何治理交通拥堵是交通领域一直以来面临的一个重要问题。加强城市交通拥堵综合治理,并鼓励引导绿色公交出行,是交通强国的发展目标,也与党的二十大报告中关于加快建设交通强国和加快发展方式绿色转型的思想高度一致。立足国家对交通运输行业发展的长远目标,构建数据驱动的交通拥堵治理方法,将交通大数据前沿技术与交通治理全面融合,具有理论和实践意义。

黎旭成等在一项国家重点研发计划项目中,开展了基于大数据技术的城市交通智能治理平台研究,该平台综合多源数据融合、知识图谱构建以及交通事件识别与治理策略功能,并依托在关键技术方面的研究成果,在深圳市完成了城市交通智能治理大数据计算平台的初步实践。

利用交通大数据治理城市交通时需要解决的主要问题包括:第一,多源交通大数据的失控关联性很难直接识别,需要进行数据关联分析;第二,对交通大数据的分析能力不足,尚缺乏对交通事件成因、交通事件的时空特性等方面的系统性分析;第三,对大规模数据进行挖掘分析的能力有待提升,缺乏对给定或突发事件迅速响应能力;第四,交通治理在不同的城市发展阶段具有不同的特点和需求,开发面向城市交通综合治理的大数据分析平台,是提升交通大数据治理能力的重要一环。为了应对城市交通拥堵治理的不足,黎旭成等综合利用大数据和深度学习等技术,遵循"感—知—判—算—治"的思路,探索城市交通智能治理大数据计算平台。具体来说,黎旭成等在以下几方面进行了深入探索。

(1) 明确基于治理场景的数据结构以及交通治理平台业务功能需求,提出用于多源交通大数据融合的方法体系。

(2) 提出大规模城市交通实体知识图谱构建方法,攻克海量知识提取与融合等技术难题。

(3) 构建短时交通状态预测模型与长期演化态势研判模型。

(4) 为数据库、推演模型和业务功能的部署及存储计算资源的协同高效调度提供必要的软硬件支撑,搭建通用基础计算平台。

(5) 开展数据体系及分类应用架构设计,构建面向全用户、全行业赋能的交通治理智能计算生态,并在各大中小城市开展多场景的应用示范。

黎旭成等还将已有研究进展在深圳福田中心区加以应用,打造面向城市交通治理的示范区。在实践中,旨在实现对异常交通事件的快速响应、引导重大活动情境下的应急疏散、提供出行推荐服务等功能。首先,在对异常交通事件快速响应方面,利用城市交通智能治理大数据计算平台,通过对多源交通数据的分析,预测突发事件的影响并提供交通诱导建议,实现对交通异常事件的实时预测和治理。在重大活动应急疏散方面,实现交通事件预警、预测以及信息发布和出行诱导等功能。其次,交通事件预警机制的建立,是在交通历史趋势分析的基础上展开的,当疏散预警达到阈值,则发布预警。收集信令数据、视频及刷卡数据,为应急疏散的预测分析提供依据,涵盖疏散目的、方式及时空分布特征。最后,在信息发布及出行诱导方面,通过仿真分析应急疏散情境下人车疏散的移动规律,利用不同的媒介发布出行诱导信息。在出行即服务方面,通过对交通出行数据的实时收集与分析,辅助交通状况检测,以支持"福田小巴"车辆调度与路径规划,进而提供按需响应的居民出行方式。

以上针对城市智能治理大数据平台的相关探索性工作,为基于多源交通数据理解交通出行规律、应对交通突发事件等提供了理论和方法依据,为进一步完善平台构建和应用提供可能。

11.4.2 共享经济背景下拼车服务的大数据治理和算法管理

1. 案例背景和目的

共享经济被称为一种新的经济类型,它基于资产或资源的共享访问原则而不是私有制。由于智能手机和互联网使用增加,共享经济的价值迅速增加,并在许多商业领域变得更加明显,这些平台有效地连接了正在共享或交易其资源的个人。在这种情况下产生了共享经济平台,如 Airbnb 和 Uber。根据普华永道的数据,截至 2015 年 2 月,全球共享经济的价值约为 93.4 亿英镑,预计到 2025 年将增长到 2 410 亿英镑,这推动了一种重大范式的转变,这种转变将变得越来越明显,即使用权超过所有权。共享经济的支持者认为,它能够使服务提供商获得经济回报,同时优化社会资源的分配和利用,从而为社会发展带来益处。

相关报告指出[①],亚洲和拉丁美洲等地区参与共享经济的意愿明显更强烈,中国、印度尼西亚、菲律宾和泰国等国家最可能使用共享经济相关服务(分别为 94%、87%、85% 和 84%)。与发达国家相比,发展中国家往往在成本节约、创造就业和资源效率方面获得更多收益。这表明共享经济将在新兴市场盛行的格局,表明新兴市场具有巨大的共享经济蓬勃发展潜力。

共享经济平台在数据和算法治理支持下运作和发展起来,以有效地找到客户和共享服务提供商之间的最佳匹配,并支持平台运营商基于数据驱动的方法制定决策,比如招募服务供应商、定价和工作分配等。合适的数据和算法在支持决策的同时,能够优化共享服务的可访问性、提高供需匹配效率,并使流程更加高效和透明,但它也会造成意想不到或有意的后果,从而在社会中造成不公平或歧视。

尽管了解共享经济的数据治理和算法管理很重要,但该领域的研究很少。为了深入了解交通大数据和分析算法在实践中的难点,需要从新兴市场运营的共享经济平台的视角,厘清大数据治理和算法管理面临的挑战。为了解决这个问题,我们对印度尼西亚在线拼车平台 Go-Jek 的不同利益相关者(即司机、消费者、数据科学家和监管机构)进行了 19 次采访,以加深对共享经济大数据治理的理解,为共享经济从业者提供关于大数据治理以及它如何帮助规避共享经济的潜在风险的指导。

2. 数据收集

采用归纳和定性方法,选择雅加达市的拼车平台 Go-Jek 为案例背景,开展单案例研究,以探索大数据和分析算法在工作分配、绩效和评级系统以及法律和职业道德方面的不足,旨在从语境中深入探讨大数据治理和算法管理,为调查提供丰富的数据。

Go-Jek 作为服务提供方,担任出行供给与出行用户之间的中介,为用户提供在线出行匹配服务,该平台的商业模式是共享经济的典型例子。因此,Go-Jek 为这项研究提供了一个理想的环境,使研究人员能够调查大数据治理问题、Go-Jek 中的分析算法以及解决这些问题的潜在解决方案。与 Uber 类似,Go-Jek 使用智能手机技术完成供需匹配。该移动应

---

① Global Consumers Embrace the Share Economy [EB/OL]. (2014-05-31). https://finchannel.com/global-consumers-embrace-the-share-economy/.

用程序使用 GPS 技术将乘客的位置协调给司机，客户可以通过该技术实时了解司机相对于上车地点的位置。一旦系统找到司机，乘客将获得有关汽车类型、车牌号和司机姓名、评级和性能的完整信息，乘客将按距离支付票价。完成行程后，乘客将能够按照 1~5 星的等级对司机进行评分，并提交客户评论以评估服务质量。如果司机的平均评分低于 4.3，他们的奖金将受到影响。对 Go-Jek 服务的评价具有双面性：它在应对印度尼西亚大城市日益恶化的交通问题时具有一定作用；然而对于社会经济和职业道德方面的因素需要引起关注，比如工作与生活的平衡以及用户与服务提供商之间的信任。

在数据采集方面，采用半结构式访谈方法收集数据，并采用滚雪球抽样策略来调查监管机构、Go-Jek 公司、司机和客户的经验和意见。司机和顾客的样本选自雅加达北部、南部、东部、西部和中部五个地区，以获取全市各地区的综合意见。为了降低答案中可能出现偏见的风险，在每个地区，我们随机选择两名全职 Go-Jek 司机和一名客户。司机被问及他们的工作经历，以及这份工作如何给他们的日常生活带来积极和消极影响；Go-Jek 的客户接受了采访，并将这些见解与司机、Go-Jek 数据科学家和监管机构的见解进行了交叉引用；数据科学家的问题侧重于了解某些模型形成背后的动机和过程；监管机构被问及其在监管经济活动过程中的工作，以及实施某些法律时的目标和程序。

3. 数据分析

总体而言，共进行了 19 次采访，其中包括 10 名 Go-Jek 司机、5 名消费者、2 名 Go-Jek 数据科学家和 2 个监管机构。调查研究的发现简要介绍如下。

1) 在工作分配方面

使用该平台的客户和司机的体验不同。一位每天使用 Go-Jek 应用程序上班的客户（C-1）对该应用程序表示赞赏，因为她提到"大多数司机都知道该地区，我可以在 5~10 分钟内乘坐 Go-Jek"。然而，有 3 位司机注意到 Go-Jek 地图中明显的信息不对称，该地图用于分配他们的工作、计算工作距离和他们的收入。该公司主要专注于两轮车服务（摩托车和摩的），但其使用谷歌地图的应用程序接口，该接口未针对摩托车路线进行定制，因此影响了司机从算法中计算的收入。在采访中，大多数司机解释了他们对与行驶距离不相符的计费里程感到沮丧。比如，其中一位司机（D-3）提到"他们（公司）只计算直线距离，如 5 公里，但当我们检查车速表时，实际上是 8 公里"。这在实践中存在不公平，由于摩托车有特定的需求，因此它们不能走汽车可能走的路线。针对这类问题，Go-Jek 的数据科学家回应说："我们只从谷歌地图中获取 API，为摩托车定制地图的工程工作量太大，虽然我们实际上可以做到，但还有许多更重要的问题需要优先解决。"

这表明，从公司的角度来看，地图可能不是一个紧迫的问题，但长此以往，可能会影响司机的收入。司机可能不知道这个问题，尤其是那些作为全职司机的人。

2) 在服务评价方面

性能和评价系统是按需服务程序中的重要功能，用于监控司机的表现并衡量客户对服务的满意度。Go-Jek 的性能和评价系统使评价带有偏见。例如，一位女司机（D-3）提到，有时顾客会作出不符合事实的评价。针对 Go-Jek 的送餐服务，司机 D-2 提到有些顾客可能不理解并给他低分："当食物不好吃时，一位顾客对我评价很差。"此外，还有司机因为外貌被给差评，导致被迫停职几个小时。这意味着权力不对称，因为公司将客户放在首位，而司机在被停职之前没有权力为自己辩护。此外,双向评价系统的不可用性(与 Uber 不同,司机无法在 Go-Jek 中对乘客进行评价)使司机处于劣势。不过,也有一些司机对评分系统持积极态度,比如 D-10,他从 2015 年开始与 Go-Jek 合作,他提到自己的评分和表现水平就像他的"成绩单",暗示评价系统的重要性,该系统鼓励他完美地完成工作,从接受订单到运送乘客。

3) 法律和职业道德问题

首先,从当地法律视角来看,交通运输部与通信及新闻部之间存在监管不对称,Go-Jek 处于两个监管机构的中间位置。监管机构之间并没有采取协同措施来监督 Go-Jek 的运营。交通运输部对此负有更多责任,因为该部门必须对违反交通法规的在线交通服务进行控制。例如,交通运输部提到,这些司机总是把车停在购物中心前面,这样他们就可以接到订单,他们会遮挡道路,这导致了雅加达严重的交通拥堵。

其次,职业道德也会影响共享经济发展。Go-Jek 的数据科学家透露,"我们正在使用心理技巧,让评分间隔更短,司机会希望通过继续努力取得更多成就。基本上,现在是他们最懒惰的时候,因为他们可以获得奖金并快速完成订单,但稍后,我们将继续提高门槛,以便他们必须接受更多订单才能获得回报,因为我们的预算也有限"。这表明集体谈判应该在共享经济中发挥更大的作用,Go-Jek 现在似乎拥有完全的议价能力,因为其有能力根据盈利能力改变运营模式。交通运输部还透露了与按需服务有关的修订规定,并提到"需要对 Go-Jek 司机人数进行限额"和"不断检查车辆状况"。这样做可能会使 Go-Jek 处于不利地位,因为这意味着 Go-Jek 将获得固定收益。这将违背利润最大化的原则,并且可能对平台的供给水平产生不利影响。

综上,案例研究表明,共享经济对印度尼西亚等发展中市场的影响总体上是相对积极的,这主要是由更高的收入及其带来的灵活性引发的。在一定程度上,Go-Jek 的算法决策有一些负面影响,但对司机影响不大,尽管有人认为它在不知不觉中影响了司机和顾客。

本章小结

本章概括介绍了交通大数据治理的概念、体系结构和相关主体职责,总结了交通大数据的来源与类型,对交通大数据集成与存储技术,以及基于交通大数据的出行模式分析进行了阐述。从理论与实践的视角出发,对交通大数据在治理常见交通问题上的应用,包括交通大数据在实时交通信息管理方面的研究内容和分析方法,大数据对治理城市交通拥堵的启示,以及利用大数据辅助城市交通安全治理措施制定进行了介绍。

思考题

1. 简述交通大数据治理的定义。
2. 试述交通大数据治理的流程。
3. 交通大数据的来源有哪些?分别有什么特点?
4. 简述交通大数据治理流程。
5. 数据集成有哪些注意事项?
6. 地理信息系统在交通大数据治理中起到什么作用?
7. 智能交通系统主要包含哪几个部分?
8. 空间数据的轨迹索引和检索有哪些方法?

9. 交通信息主要包括哪几类？一般有什么途径可以支持交通信息的实时共享？
10. 交通事故数据集一般包含哪些信息？事故时空特征分析可采用什么方法？
11. 利用交通大数据进行交通事故预测的常用方法有哪些？
12. 案例讨论题：

针对11.4.1节案例——城市交通智能治理大数据平台设计，思考：
（1）你认为城市交通大数据治理面临的挑战和机遇是什么？
（2）基于交通大数据治理城市交通问题，与"交通强国"战略有何关联？
13. 案例讨论题：

针对11.4.2节案例——共享经济背景下拼车服务的大数据治理和算法管理，思考：
（1）在以雅加达市拼车服务为背景的案例中，不同利益相关者的立场有什么特点？
（2）关于雅加达市拼车服务的大数据治理和算法管理，需要解决什么问题？

即测即练

第 12 章
应急大数据治理

 **思维导图**

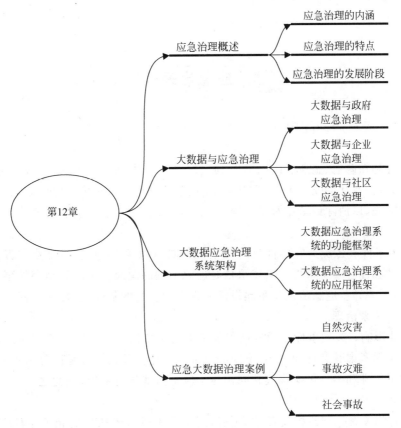

 内容提要

应急治理是社会治理体系的重要组成部分。随着社会经济高速发展，传统的应急管理模式也面临着内外部治理环境复杂多变的挑战。一方面，现代应急治理需要更具综合性和系统性的措施以全面应对危机事件的影响。另一方面，这种综合性和系统性又不能以牺牲时效性为代价。大数据技术的出现，为应对这种挑战提供了可能。大数据技术可以收集、整理、分析复杂系统中的多源异构数据，同时，其高度的自动化与智能化又可以保证应急治理的及时性。大数据技术支撑了现代应急治理的运行程序和基本逻辑,使应急模式实现由传统应急管理到创新性应急治理的转换。

本章重点介绍应急治理的相关概念、发展阶段,大数据在政府、企业及社区治理主体下与应急治理结合的应用模式,基于大数据的应急治理系统功能框架和应用框架以及应急大数据治理案例。

 本章重点

- ◆ 应急治理的内涵及特点。
- ◆ 大数据与政府应急治理。
- ◆ 大数据与企业应急治理。
- ◆ 大数据与社区应急治理。
- ◆ 大数据应急治理系统的功能框架。
- ◆ 大数据应急治理系统的应用框架。

12.1 应急治理概述

12.1.1 应急治理的内涵

应急治理是在政府、企业、社区、非营利组织等多主体协同框架下,对自然灾害、事故灾难、公共卫生事件及社会安全事件,在其灾前、灾中及灾后全过程中,开展的包括避免、减轻、应对及恢复措施,以消除或减小社会经济负面影响的治理体系。应急治理的关注点主要包含以下四个方面。

(1) 突发事件。各类突发事件是应急治理的具体对象,主要包括自然灾害、事故灾难、公共卫生事件和社会安全事件。突发事件是应急治理的源起。不同类型突发事件既有共性部分,也有较大差异。应急治理体系建设需要在考虑共性的基础上,针对不同类型突发事件开展有差异的体系治理。

(2) 事件影响。突发事件的影响过程及结果是应急治理的重要维度。如同针对不同类型突发事件需要考虑其共性和差异,不同的事件影响过程及结果也是应急治理的重要特征。突发事件的可能性和事件影响程度共同构建了应急治理分析基础,在此之上,应急治理措施得以科学制定。

(3) 利益相关者。利益相关者是应急治理工作得以有效执行的相关主体,主要包括各级政府、企业、社区及非营利组织等。高效的应急治理工作需要各主体之间密切协作、职责分工,为有效完成应急治理争取时间。同时,应急"治理"和应急"管理"侧重点的不同,主要体现在应急治理过程中多利益相关者的相互协调等方面。

(4) 全过程。突发事件的生命周期由灾前、灾中和灾后三部分组成。应急治理由涵盖突发事件全过程的各种任务组成。狭义的应急治理仅仅包含灾中的应对。然而,随着应急治理体系中风险理念的引入,全过程成为应急治理的另一个重要特征。

美国联邦应急管理局(FEMA)从动态应急治理的角度,将应急治理分为四个阶段,即减灾(mitigation)、备灾(preparedness)、应对(response)、恢复(recovery)。

(1) 减灾,即减轻风险。其主要是指通过工程性措施降低事件危害程度或抵御事件危害的减灾措施,这里是指预计风险发生的可能性及损失程度,而提前做好的工程准备工作。例如,修建预防洪水的水库、大坝;采用更具韧性的材料重建受损结构等系列工程性减灾措施。

(2) 备灾,即预防风险。其主要是指通过非工程性措施降低事件危害程度或抵御事件危害的减灾措施。这里预计风险发生的可能性及损失程度不一定较大,但需要提前做好非工程性准备工作,是指对突发事件作出反应的准备状态。备灾更侧重各相关利益主体的主观能动性,即政府的应急预案、企业的应急准备及社区的事先准备计划等。其目的是确保人员和社会各阶层通过事前的各类学习、演练、适应,提高应对能力。例如,为拯救生命和救援行动而制定的计划或准备工作;提前采购一定数量的备灾物资、举行灾害演习、准备应急包等。与减灾措施有所不同的是,备灾阶段需要协调的主体复杂、训练过程较长,训练内容及训练结果具有不确定性,所需的时间成本较高,但取得的减灾收益较高。

(3) 应对。其是对突发事件的即时反应,是在灾难发生后迅速采取的措施,是以拯救生命、保护财产、减少损失为主的基本行动。例如,在地震发生时躲在黄金三角区;警察、消防和紧急医疗人员迅速展开救援、保护和管理受灾地区等即时措施。

(4) 恢复。其是指在发生突发事件后,为恢复正常或达到更好的情况而采取的行动,旨在恢复社会功能,修复事件造成的损害。在此阶段,如地方政府可以制定较好的政策提高受灾主体的主观能动性,使承灾体获得比原来更高的收益,达到更好的韧性水平。

12.1.2 应急治理的特点

应急治理强调治理主体的多元性,治理模式的灵活性、协调性,治理方式的法制化等。成功的应急治理必须是协作的、全面的、综合的、高效的。基于此,应急治理具有以下特点。

1. 多主体性

应急治理组织体系是一个多主体的体系,由政府应急管理办公室、社区、企业、非营利组织等多种社会机构组成。政府应急管理办公室为权威枢纽组织;社区是应急治理的骨干力量,起到连接政府与企业的作用;企业等社会组织是应急治理的主力军。一个有效的应急网络应有公众参与,并将自救、互救和公众救援的各项工作结合起来。

2. 灵活性

灵活性是应急治理的另一个关键特征。在面对突发事件时,应急管理人员应采取灵活的应急治理措施,以应对和解决各类灾害的挑战。对于任何风险,都可能存在不止一种潜在的减灾策略。应急治理必须具有灵活性,并不是完全严格遵守预先存在的计划。应急行动计划的灵活设计,应急措施的灵活实施,更有助于应急治理的成功。

3. 协调性

多主体组织结构需要明确的责任分工、统一指挥和相互合作。应急治理主要由政府统一指导,社会共同参与。各地的应急方案必须与政府活动相结合,企业的业务连续性计划应考虑社区的应急行动计划。有效的应急治理需要确保各级政府和组织的方向一致,在个人和组织之间建立共识,协调所有利益相关者的活动,从而实现共同减灾的目标。

4. 时效性

考虑到灾难的意外性和随机性,快速响应能力对于应急治理活动是必不可少的。应急响应的时效性直接关系着突发事件造成的破坏程度。时效性依赖于各主体分析和处理信息的能力以及多主体的协调。随着信息化的高速发展以及大数据技术的普遍应用,时效性的制约往往不在于数据分析处理,而在于多主体的协调。

5. 法治性

法律是应对突发公共事件的根本基础,健全的应急治理法律法规为应急活动提供了有力的法律支持。法律除了赋予应急治理部门相应的权力,也保障了社会主体的合法权益。同时,应急治理也受到了法律法规的约束和规范,即在法律规定的权限范围内行使权力,从而确保应急治理有法可循,有法可依。

12.1.3 应急治理的发展阶段

近代应急治理概念起源于西方国家。尽管如此,不同国家的应急治理体系的发展都有其独特性。因此,通过选取具有代表性的美国、日本和中国应急治理相关法律等历史沿革,梳理近代应急治理发展阶段。

1803年,美国国会为被大火摧毁的新罕布什尔州小镇提供财政援助,通过了《联邦救灾法案》,该法案被认为是近代第一部防灾法规。1934年,美国联邦政府颁布《防洪法案》,授权陆军工程师兵团设计和建造防洪工程,这一法案对应急治理产生了重大而持久的影响,即政府通过法定的工程性减灾措施,对自然灾害及其影响进行控制和管理。20世纪40年代,随着冷战时期核战争的威胁,美国民防工作兴起,于1950年颁布《联邦民防法》,将应急治理延伸到社会安全领域。20世纪60年代到70年代早期,美国遭受了一系列重大自然灾害,为减少灾害造成的经济损失,1968年颁布了《全国洪水保险法》,这是首个试图在灾难发生前对风险采取措施的立法。1974年又颁布了《灾难救济法》。两部法律在工程性减灾措施的基础上,强调了非工程性的备灾措施和灾后恢复在应急治理体系中的重要性。同时,针对在突发事件管理方面缺乏统一和有效的联邦领导机构的情况,1979年美国成立了联邦应急管理局,专门应对发生的各种突发事件。20世纪90年代,应急治理专业化受到人们的重视。1992年,美国制定了《联邦应急计划》,这是应急治理逐步专业化的一个实质性标志。2001年的"9·11"恐怖袭击和2005年卡特里娜飓风促使美国在2008年发布了著名的国家事故管理系统(NIMS),美国进入应急治理的高度信息化阶段。

日本是世界上灾害频发的国家之一,因此各级政府和公众都十分重视应急治理。1947年日本颁发了《灾害救助法》,是日本防灾领域最早的立法。2016年,日本内阁发布《防灾白皮书》,将日本战后的防灾治理划分为四个历史阶段。防灾1.0阶段(1959—1994年),这一时期日本采取以单项灾种管理为主的防灾救灾体制,更多关注的是事故、环境污染等问题,解决防灾的手段多集中于工程性措施。1961年,日本颁布《灾害对策基本法》,考虑各类灾害的灾后重建措施,这是日本抗灾的核心法律。之后又颁布了《公害对策基本法》《大气污染防治法》《建筑基准法》《大规模地震对策特别措施法》等一系列法律法规。防灾 2.0 阶段(1995—2010 年),1995 年"阪神大地震"发生之后,日本开始重视防灾救灾的综合治理,1996 年,日本防灾研究所进行了体制改革,设立了综合防灾研究部门,开启了日本综合防灾的新进程。1998 年,日本设立了国家危机管理中心,改变了传统的分立应急治理方式,将首相设为国家危机管理的最高指挥官。防灾 3.0 阶段(2011—2015 年),这一阶段开始重视防灾、减灾、抵御、恢复的全过程应急治理。2011 年"东日本大地震"的发生凸显了救灾重建效率低下的问题,因此于 2013 年通过了《大规模灾害复兴法案》和《灾害对策基本法》的修正案。防灾 4.0 阶段(2016 年至今),这一阶段强调了多主体共治在应急治理中的重要性。2016 年开始,日本内阁每年牵头举办防灾推进国民大会,全民参与到各种防灾训练当中,标志着防灾由社会防灾转变为个人备灾。如今,日本已经构建了从首相官邸到各级权力的多角度、多领域、多层次的应急治理体系。

中国的应急治理主要概括为三个阶段:第一个阶段是 1949—2002 年,这一阶段的应急治理特点是对单一灾害进行分类管理,以应急处置和救援为重点。1950 年,中央救灾委员会正式成立。1957 年,中央颁布了《中央救灾委员会组织简则》,将救灾日常工作划分至内务部(现民政部)负责。1997 年,国务院颁布了《中华人民共和国防洪法》,这是我国第一部专门规范防治自然灾害工作的法律。同年 12 月,为防御与减轻地震灾害,又通过了《中华人民共和国防震减灾法》。2001 年,我国成立国家安全生产监督管理局,标志着安全生产管理改革取得重大进展。这一时期我国为有效应对洪涝、干旱、地震等自然灾害,以及工矿企业安全事故和血吸虫等传染病疫情,各级政府设立了专职民政、水利、地震、劳动保护、卫生等部门。第二个阶段是 2003—2017 年,由单一灾害的应急治理转为协调的全面救灾和管理,首次提出了以自然灾害、安全事故、公共卫生事件、社会安全事件为对象的"应急治理体系"概念。"非典"事件的发生催生了大量关于突发公共卫生事件的法律法规。此后,中国推出了以"一案三制"为核心内容的应急治理体系,即应急预案、应急管理体制、机制、法制。2003 年,国务院颁布了《突发公共卫生事件应急条例》,这是中国公共卫生应急工作开始法制化的一个重要里程碑。2007 年,国家又颁布了《中华人民共和国突发事件应对法》,这是第一个全面、规范的应急管理文件。此后,为满足实际需要,国家出台了越来越多的专项应急预案。2015 年,《中华人民共和国反恐怖主义法》作为中国应急治理的里程碑而颁布。第三个阶段是 2018 年应急管理部成立以来,这一阶段的特点是预防和防灾救灾相结合。应急管理部的成立标志着中国特色应急治理体系的建立,实现了对全灾种的全流程管理。2022 年,国家减灾委员会印发了《"十四五"国家综合防灾减灾规划》,强调了灾前预防与预警,综合风险的全过程管理,全体社会力量参与等工作的重要性。截至 2019 年,据应急管理部副部长孙华山介绍,我国已累计颁布 70 多部应急治理法律法规,制定 550 余万件应急预案,形成了应对特别重大灾害"1 个响应总册+15 个分灾种手册+7 个保障机制"的应急工作体系和"扁平化"组织指挥体系、防范救援救灾"一体化"运作体系。

当前,随着自然灾害和危机事件日益复杂,传统的应急治理已无法应对这一严峻的挑战。随着信息化的迅速发展,物联网、云计算、数据通信等技术推动了应急治理新模式,由传统的"应急治理"转变为"智慧应急"。大数据技术在突发事件应对中的运用,一方面具有预测突发事件发生概率的能力,一方面可以实现评估灾害对社会经济的影响,已得到广泛认可。但当前应急治理仍面临许多新的挑战,如多部门间的有效沟通,科学技术和经济快速发展过程中耦合的新的复杂风险,专业应急治理人员的缺乏,应急数据的动态共享等问题。大数据技术的特点能够有效帮助我国应急治理体系克服其内在的根本缺陷,实现专业化、集成化的目标,形成具有高度预测性和科学性的应急治理体系。总之,将大数据技术和相应的治理模式引入中国应急治理体系改革,构建基于大数据的中国新型应急治理体系是必然。

12.2 大数据与应急治理

12.2.1 大数据与政府应急治理

政府在应急治理体系中起主导作用。随着现代科技的不断发展,政府应急治理正逐渐从传统的经验管理向现代的科技治理转变。大数据技术是当前前沿的科技领域之一,其创新与应用可以辅助相关部门进行及时、有效的应急决策,推动传统应急治理方式朝着"智慧治理""云治理""可视化治理"等模式转变。当前,大数据作为政府治理的手段,已经显得越发重要,在一定程度上影响着政府应急治理水平。大数据应用于事故灾难的减灾、备灾、应对与恢复四个阶段,为应急治理带来模式的革新和能力的提升,以及新的契机。

1. 政府应急治理概述

政府应急治理是指政府部门、组织机构等在突发事件减灾、备灾、应对和恢复的全过程中,为有效地预防、预测突发事件的发生,并在发生后最大限度地减少其可能造成的损失或负面影响,所采取的一系列措施。政府应急治理是一项综合运用科学、技术、管理等方法,发挥各部门的优势,建立起高效的突发事件处置机制,维护社会稳定和人民生命财产安全,为社会稳定和人民财产安全提供保障,减少突发事件给人民生产生活带来负面影响的管理活动。

现代化政府应急治理模式的建立应该具备以下特点:各级政府部门与社会公众有效沟通协调;现代化应急治理体制与现代化应急组织管理体系的共同建立、健全;现代化应急治理法律体系建设和政策体系的完善;现代化应急治理与后勤保障系统的建立。除此之外,其更应当具备一个高效的现代化应急数据管理的专业系统。

2. 大数据在政府应急治理中的作用

传统的应急治理往往是在事件发生后调查其原因和影响,缺乏预警和预测,而大数据手段的普及和数据技术的应用,提升了政府主动预防、响应和恢复的能力。大数据为政府的现代化治理提供了强大的技术支持,构建合理高效的信息整合模式,利用大数据技术进行统计和可视化分析,可以向政府部门提供最及时、可靠的信息情报,通过大数据技术对海量复杂的多形式数据进行分析,报送至政府应急管理部门,有效提升政府应急治理效能。

1) 大数据在政府应急治理减灾阶段发挥的作用

大数据在应急治理减灾阶段所发挥的作用,主要是通过大数据技术采集和分析应急数据,从而对可能存在的安全隐患进行分析、排查与监测。传统的应急管理注重的是事后管控,然而依托大数据,通过对实时数据信息的分析与研究,可快速捕捉突发事件的发生、预测事件发展的态势,从而对可能发生的突发事件进行前瞻性的预判,快速采取最佳的解决措施,避免或减少突发事件所带来的各项损失。在大数据技术的助力下,相关部门可以突破技术限制收集大量的相关数据,更新升级已有的数据库,再次处理分析、重新提取有价值的信息并加以利用,合理配置基础设施,制订应急预防措施,科学分配人力资源。

在应用大数据技术方面,政府应当着重进行应急治理基础设施建设与应急资源高效配置,建立防灾数据库。其中,高效的防灾数据库应当包括基础设施的记录、应急方案的储备、应急物资的管理和应急治理人员的配备。

例如,在洪涝灾害减灾阶段,通过获取相关地质灾害数据以及附近水域水文气象信息,对这些数据信息通过空间分析等技术进行分析,编制暴雨高风险区域划分图集,判断出易受灾的地区,在易受灾地区建立防洪堤等。同样,在地震预测方面,利用大数据对地震监测预报数据进行分析,可以更具全面性和有效性。例如将我国的地震数据与全球范围内的地震数据校对分析,发现规律及联系,提高地震监测预报的准确性和及时性。

2) 大数据在政府应急治理备灾阶段发挥的作用

在应急治理备灾阶段,利用大数据技术,提升对事故灾难的监测预警能力,对于政府应急治理至关重要。应急治理以大数据为技术支撑,创新了危机预警和信息传递的方式,可以智能、高效、精准地对危机事件进行预警监测,同时及时向政府和社会公众传递可靠的情报信息,摆脱了原有应急治理模式信息收集和传递效率低下的困境。

在备灾阶段,政府部门首要任务是建设大数据平台、物联网平台和公共卫生信息系统,为预警系统和突发公共事件管理提供数字化基础。政府部门通过监测预警系统形成简易明了的警情提示信息,利用大数据对应急数据的对比和关联性分析,及时预警事故灾难的发生。通过监测与预警,政府相关部门能够提前对事故灾难的现场情况有所了解,掌握人员疏散地图和撤离路线,从而进行人员疏散、确定避难地点的最佳安排,提高灾难来临时的应急处置效率。同时通过当地的防灾数据库,为后续应急响应打好基础。

此外,也要加强政府应急治理人员使用大数据的意识,在完善防灾基础设施的同时,使用信息技术开展信息收集与交互,注重管理人员观念更新和基层人员的专业培训;对危险化学品等高危企业的工作人员,平时也要加强安全培训,进行应急教育与应急演练。政府通过对大数据的应用可以优化应急物资储备,平时对民众多开展应急安全教育,提升居民的防灾意识。例如,利用大数据开展灾害防范宣传运动,加强灾害防御,减少薄弱环节,在家庭和社区一级中编制防灾管理计划等。

中国气象局公共气象服务中心研发的"全国强对流服务产品加工系统",于2017年8月11日提前30分钟成功预警北京城区冰雹灾害。该系统运用图像识别和机器学习等新技术,快捷并智能监测预警强对流天气,能够提前识别冰雹信号,推算出冰雹即将发生的区域移速,并全自动制作出区域空间分辨率为1千米、每6分钟滚动更新的冰雹预警。美国联邦应急管理局于2013年推出了FEMA App。该应用程序提供天气预警、紧急状态应急指南、灾害信息资源,并允许居民将灾害实时照片发布到公共网络地图上。该地图可供普遍查阅,没有任何限制,因此所有应急治理人员都可以利用这些信息。

3) 大数据在政府应急治理应对阶段发挥的作用

应对阶段是应对突发事件的关键阶段,主要包括救援受灾人员和防止财产损害,保护紧急情况下或灾难发生时的现场环境等一系列措施。在这一阶段,大数据的作用主要是对灾害数据进行分析和应用;利用大数据技术进行应急事件态势感知,损害评估、紧急预警、动态监测、紧急救援和强制措施的实施。

当突发事件发生时,政府应急部门应当及时、高效地组织应急救援和物资调度,尽快全面控制相关紧急事件,避免受灾地区遭受次生灾害的二次重创,并从各个层面梳理救援工作的需求,提供最佳的资源配置与调度。在灾害紧急救援的过程中,遥感技术、GPS、GIS等所获取的碎片化数据经过大数据分析后成为关键的救灾救援与应急决策的信息支撑,通过对获取的数据进行处理建模,可以有针对性地给出救援方案以及进行相应的后续流程管理。例如,通过对物资储备和所需资源的大数据关联分析,可以提高指挥协调的准确性;通过对预警信息传递机制的大数据分析,可以提高信息传递的有效性;通过对网络舆情的大数据分析,可以提高指挥协调信息传递的准确性;通过对灾难现场状况的大数据分析,救援人员能够获得有关幸存者位置和可用资源的最新情报,规划应急治理计划的优先级,优先安排救济紧急地点和紧急情况。

此外,大数据技术有助于准确追踪受灾人员,分配应急资源,进一步提高对事故灾难的应对能力。例如,电力部门依托电网内部的营销、运检、调度等专业数据,外部的气象及灾害数据、传统结构化数据,监测分析灾害;根据电力设施损毁、断电企业和居民分布、供保电恢复等用电监测信息等电力大数据,结合灾害类型、发生时间、发生位置等信息,为灾害灾情分析提供依据。挖掘居民用电、商业用电、工业用电等不同性质电力用户分布区域、聚集度、活跃度等大数据特征,划分灾害救援重点区域和民生保障重点区域;根据受灾区域附近电力用户特征,辅助政府应急部门进行救援指挥点、安置点位置选择以及救援物资调配等,支撑灾害应急救援工作。

4)大数据在政府应急治理恢复阶段发挥的作用

灾后恢复是事件发生后应急管理的一个重要方面,灾后恢复的关键在于资源配置。在应急治理的恢复阶段,应用大数据技术可提高社会恢复能力,支持灾后重建、企业复工复产。

大数据技术是处理卫星遥感、无人机、地面技术等高分辨率、多维度、多技术感知的空间情境的有力工具。政府部门通过应用遥感技术收集灾后信息,应用大数据技术进行分析,可以加快灾后恢复行动,制订灾后恢复计划,设计灾后恢复规划图,提供受损地貌、受损建筑物等详细信息,优先选择对灾后恢复最为关键的基础设施,如道路资源、石油、生活用水、电力等,提高灾后恢复效率。

在重建阶段,政府部门还可以运用大数据均衡分析不同受灾地区之间恢复规划,为受灾严重的地区适当调配更多的资源。利用受灾地区的投入产出关系,相关行业的生产链、供应链等数据分析灾害的直接及间接经济影响,评估灾害对不同部门经济产量的影响,决定是否对受灾地区的某些行业投入相应的政策及资金扶持。

12.2.2 大数据与企业应急治理

企业是市场经济最重要的主体,在维持社会经济稳定发展中发挥着不可替代的作用。而在现代市场经济不断发展和经营环境不断变化的影响下,企业经营与发展过程随时都可能面临各种突发事件的冲击,威胁企业的可持续稳定发展,甚至影响社会经济安全。为了降低突发性事件对企业的影响程度,控制其影响范围,需要企业及时采取有效的应急治理手段对突发事件实施防控和应对。大数据背景下,大数据衍生的大数据思维和大数据技术为企业应急治理提供了良好的条件和途径。为了更好地应对突发事件,提升企业应急治理的效果,需要企业合理和充分运用大数据进行应急治理能力的创新,提升企业应急治理的能力和水平。

1. 企业应急治理概述

企业应急治理主要是指企业管理人员在应对企业生产经营中的安全生产事故,或给企业带来人员伤亡、财产损失的各类外部突发公共事件,以及企业可能给社会带来损害的突发公共事件等的过程中,科学分析突发事件的起因、过程和后果,为减少突发事件的危害,有效整合、调度各方资源,及时对突发事件进行控制处理和恢复重启等工作。突发事件常常发生在企业防范意识薄弱的地方,且一旦发生,就有飞速扩展的态势。企业若不采取有效的应急治理措施,很容易影响企业整体,制约企业发展甚至导致企业倒闭。

企业突发性、危害性事件的引发因素,根据来源可以分为企业的外部环境因素和内部环境因素。外部环境因素主要包括:①政治、法律因素。如行政命令、法令法规、国际关系、政治事件等。②社会文化因素。如环保卫生、消费者行为、新闻舆论等。③经济因素。如经济政策(价格、税收、信贷等)、竞争态势、资源供给、经济纠纷等。④自然因素。如自然灾害等。外部环境是企业生存和发展的基础。企业面对突发性、致命性的外部环境变化,来不及作出反应就会陷入危机;有时间作出反应,但由于自身条件的限制无法作出正确的反应,也同样会陷入危机。引起企业危机的内部环境因素主要包括:①组织管理因素。如员工素质、决策过程、财务结构、公共关系、规章制度等。②技术因素。如产品设计、工艺过程、质量控制、设备状况等。由内部环境因素引发的突发事件是企业真正的危机,其本质是企业内部管理出现问题的不同表现形式。

针对企业面对的突发性事件的引发因素,可将企业应急治理分为企业内部应急治理和企业外部应急治理。

1) 企业内部应急治理

企业内部应急治理主要包括对生产安全事故、人才流失危机、财务危机等内部突发事件的处置。其中,企业生产安全事故是指企业在生产经营活动(包括与生产经营有关的活动)中,由于违章作业、冒险作业、工作环境不良、设备隐患等原因而突然发生的意外事件。事故发生后往往会造成企业人员伤亡(包括急性中毒)、生产设备设施损坏以及经济损失等后果,导致原生产经营活动暂时中止或永远终止。对于一些高危行业,如煤矿、非煤矿山、交通运输、建筑施工、危险化学品、烟花爆竹、民用爆炸物品、冶金等行业,生产安全事故尤为严重。突发事件导致的人才流失危机是指相当数量的有利于企业运营和发展成长的主要员工主动离职,对企业实现既定目标构成重大危害的突发性事件。人才流失危机主要表现在:①企业无形资产严重流失。如高水平管理人才流失会造成商业机密外泄;优秀技术人才流失造成技术开发工作停滞,关键技术流失;精通市场的销售人员流失造成企业市场份额下降等。②企业员工产生心理上的冲击。对管理者能力产生怀疑,导致内部人心涣散,企业凝聚力削弱。③增加提高企业竞争力的成本。对企业而言,人才流失的置换成本很高,无疑将使企业在与同行竞争中受到更大的压力。知识经济时代下,人才流失危机已成为企业面临的最普遍与严重的危机之一。财务危机是指企业无力按时偿还到期的无争议债务的困难与危机。财务危机对企业生产经营有着非常大的危害,很有可能导致企业资金链断裂,资金周转困难,进而使企业无法开展每天的正常运转工作,严重的甚至会造成企业破产和倒闭。我国企业在经营过程中的财务危机主要发生在资金的筹集、投放、回收以及分配等几个方面,且不孤立存在。企业在资金筹集阶段,对筹集方式选择不当会产生额外费用影响企业正常资金周转;在项目投资阶段,投资决策上出现重大失误会无法及时收回资金偿还本息;在收益分配阶段,在给国家的分配上偷税漏税,会影响企业信誉,不能再有效获得资金支持。

针对内部突发事件,企业需健全内部组织结构,建立完善的岗位责任制,对相关的组织机构内部的工作人员职权和岗位安排进行明确科学的划分,使执行者和授权者、审核人员和执行者之间都得到明确的分工。如企业内部财务部门认真制订企业财务工作计划,切实加强企业财务经营管理核算,分析并反映相关财务工作计划的执行情况,发挥监督功能。人力资源部门树立人才危机意识,密切关注员工的工作和心理变化,对于离职员工进行保密协议的签订,同时做好新人员的培养与补充。生产部门加强安全生产检查、督查,及时消除安全隐患,并做好日常应急演练工作,同时赋予企业生产现场带班人员、班组长和调度人员在遇到险情时第一时间下达停产撤人命令的直接决策权和指挥权。

2)企业外部应急治理

企业外部应急治理主要包括对自然灾害、市场安全危机、政策变化等对企业造成危害的外部突发事件的处置。自然灾害是企业无法抗拒的强制力量,其主要对企业有形资产造成破坏,造成的危害主要体现在企业内部人员伤亡、生产设备设施受损、库存财产受损,企业外部运输道路受损,供应链中断等方面。例如地震、洪水等可能直接摧毁农田、工厂等。市场安全危机是市场经济条件下的必然产物,也是价值规律运行的必然所在。企业所处的外部市场出现突变、人为分割、竞争加剧、通货膨胀或通货紧缩等问题,就会造成企业无法从市场获取所需的要素和信息,以及企业的产品和服务无法在市场上售出,获取不了丰富的利润等危害。市场是瞬息万变的,这使得企业市场安全危机具有不可避免性,企业只能将其控制在一定程度内,无法将其降为零。政策变化可能带来的后果,往往比市场安全危机所引起的后果更为严重和显著。一个新政策出台,如果企业处在产业政策的限制之列,如国家"双减"政策下的在线教育行业以及国家"双控"政策下的高能耗企业,此时企业的战略方向违背国家的发展战略,那么企业将受到国家的管控,发展受限,同时也难以获得各方的支持;如果企业难以及时根据国家宏观调控政策进行内部调整,如"双紧"政策下,企业融资难,资金成本高,就会资金链断裂,退出市场。

针对外部突发事件,除企业内部消化治理外,更多地需要和外部政府、银行等社会组织开展合作,共同应对,将危机转化为转机。

2. 大数据时代企业应急治理

大数据时代,数据已经成为当代企业的重要生产要素。在物联网和云计算的共同推进下,涉及企业方方面面的网络数据可以被综合性地捕捉、挖掘和分析,进而实现对其背后规律的揭示和探究。同时抽象的信息被转化为数据,使资源可以在企业多个部门中实时共享,从而实现多个部门的有效配合。

1)企业内外协同应急治理

传统的企业应急治理一般依赖于高度的专业化分工,责任分明、界限清楚,但在社会发展和管理内容复杂化的背景下,过分细致的专业化分工难以解决企业新出现的复杂性突发问题。比如，外部自然灾害造成的生产设施破坏会直接影响企业生产工艺的安全，生产工艺发生安全问题造成的事故灾难直接波及人员的生命安全和财产安全，企业财产损失又会进一步引发财务危机。因此，企业应急治理不再是一个安全环保部门或是生产运行部门等单一部门管理的业务，而是一项关联性很强的工作，需要企业内部部门间、企业与外部政府和其他社会组织等之间进行协同治理，形成企业应急治理网络。过去企业各职能部门之间联系薄弱，"数据孤岛"效应明显，不管企业使用哪一种组织架构，由于数据的冗杂、前台与后台之间的接洽困难、业务与数据的孤立等问题，企业内外协同应急治理难。

大数据时代下，大数据信息技术为企业内外协同应急治理提供了强有力的支撑。基于大数据技术，集成企业应急信息数据库，搭建规范化协同办公平台，实现企业内部包括财务部、人事部、行政部、市场部等多部门间，以及企业与外部企业、各政府部门和其他社会组织间的数据信息管理、传递、决策，实现应急大数据的实时共享，做好事前、事中和事后各个环节的有效衔接，让不同部门之间的联系更加紧密。通过企业内外协同应急治理，一方面量化和分解应急工作计划与目标，落实责任部门，提升工作效率，确保应急工作计划和目标的实现；另一方面提前预防及时切断突发事件的进一步波及。

2）企业应急治理精细化

当前我国的经济发展呈现出新常态的特征，企业的经营环境发生了巨大的变化。在现代企业经营治理模式的影响下，粗放型的治理方式已经不能适应当前市场的发展，需要朝着精细化治理的方向发展，让企业应急治理不仅仅依靠传统的经验，更要凭借数据信息的处理和分析。数字化时代，企业生产经营过程中积累了海量的数据，包括经营数据、生产数据、财务数据等多个方面，涉及多个部门，并且企业内部的运营和业务系统每天都会产生大量新的数据。企业大数据承载着企业生产经营过程的方方面面，在处理企业突发性危害事件的过程中，充分足够的数据信息支持是作出正确、有效应急决策的前提，也是有效做好应急处置的基础。只有对应急大数据进行详细的诊断和分析，才可能为企业提出风险与危机的整体解决方案，从而更好地规划风险和危机治理体系。

大数据技术的出现让企业在对突发事件信息化处理的过程中实现了精细化，利用大数据技术，可以在复杂的数据中挖掘到目标数据，然后通过分析和计算及时解决各类突发性问题。例如，在企业生产过程中出现突发事件时，借助大数据云平台对企业数据进行持续、实时的监测，并将数据向平台上传递，通过数据分析处理形成直观的警情信息，指导工作人员进行疏散撤离。此外，企业决策者还能够利用海量的数据对各类突发性的危机事件真相进行一定的还原，精准把握突发事件的源头、传播的途径和涉及的人物，让企业决策者更好地了解全部的事件内容以及可能会发生的趋势，有针对性地处理，避免次生灾情的出现。同时，借助大数据能够对突发性危害事件的处理细节实施全面统计，为后期应急治理提供帮助。

3. 企业实现应急大数据治理的举措

大数据在企业应急治理的诸多方面都实现了有效的应用，提升了企业的应急治理能力。利用大数据来处理企业的突发事件，不仅可以提高决策正确性，同时也提高企业应急治理的内外协同效率。为了充分发挥大数据的作用，还需要企业积极采取有效的措施为大数据的运用提供保障，这也是企业现代化管理中需要重点关注的内容。

1) 构建完善的企业大数据应急治理平台

信息数据共享是影响大数据应急管理科学性和合理性的重要内容,需要有足够完善的数据来对其进行支撑,只有这样,才能逐渐地打破区域和行业以及部门之间的界限,进而更好地保证应急数据的全面性。传统的单一、多级的应急信息系统已经无法很好地满足大数据时代的要求,无法发挥出其应有的职能。因此在大数据的背景下,需要构建起面向大数据的开放式综合性信息平台,合力构建起应急管理基础数据网络,实现企业不同部门之间的协作,做好资源的整合和分析,找出其背后的隐藏规律和事物发展的趋势,从而形成一个新的知识,以此来增强企业应急决策的能力。

2) 确保企业应急大数据的安全性

在企业应急治理中,由于大数据环境是比较复杂的,大数据安全性也存在很大的威胁。一旦大数据安全性存在不足,不仅不能为企业应急治理提供参考依据,反而可能会影响应急治理工作的有效性和可行性,因此企业一定要确保应急治理大数据具有良好安全性。在应急大数据的治理中,要遵循零信任的理念,将数据安全以及应用安全当作核心,从技术、治理和恢复等角度实现安全保障。首先,要做好对大数据的基础设施合理建设,做好对大数据相关技术的升级和更新;其次,要完善大数据相关治理制度,对数据实施分类和分级的治理,明确数据安全治理的责任主体,强化数据安全治理;再次,制订业务连续性计划,确保数据的持续性,保证数据站点被破坏后的数据恢复能力;最后,要做好对数据的隐私保护,通过数据的脱敏技术来对涉及用户隐私的数据实施保护,避免隐私数据遭受不当使用。

12.2.3 大数据与社区应急治理

伴随着互联网、大数据和人工智能技术的迅速崛起,大数据与社区应急治理的融合已成为近年来社区应急治理发展的一个重要方向。大数据与社区应急治理深度融合,不仅提高了社区应急治理的科学化、精细化和智能化水平,更对推进基层治理体系和治理能力现代化意义重大。

1. 社区应急治理

在我国,社会学的发展起初受到西方国家概念与相关词汇的影响,将社会(social)和社区(community)相提并论,直至20世纪30年代,著名社会学家费孝通首次对"社区"一词做了概念界定,他认为社区是在一定区域内由一定的纽带联系到一起、彼此互相影响的有机整体。随着我国市场化改革的推进,专业化和多元化的社会分工引致从"单位制"到"街居制"到"社区制"的转变,社区成为审视国家与公民关系的重要场所。随着"一案三制"应急治理框架的建立与完善,我国逐步建立起具有中国特色的应急治理体系,这也为基层社区应急管理的建设提供了制度性的框架指导。

党的十八大以来,党和国家积极推进治理重心下移,将更多资源、服务、管理汇集到社区,这也使基层应急治理受到重视与关注。2017年中国共产党第十九次全国代表大会召开以来,如何在基层应急治理过程中发挥社会组织作用,调动社区居民参与,成为国家、社区应急治理工作的重中之重。2018年,中华人民共和国应急管理部正式挂牌,其整合了公安、民政、减灾委员会等多个政府部门的应急职责,既降低了各部门间协调合作的难度,也给基层应急治理的进一步发展做出了良好示范。2022年,党的二十大报告也提出,完善网格化管理、精细化服务、信息化支撑的基层治理平台,健全城乡社区治理体系。社区应急治理旨在建设一个更安全、更有韧性的社区,这是一个持续的、参与式的过程,需要居民、应急管理机构、各级政府、企业等的紧密合作,以达到公共利益最大化的结果。社区作为国家治理和社会治理的终点,也是最贴近群众的治理单位,在承前启后中发挥着关键作用。

2. 国外社区应急治理模式的借鉴

随着我国城市化进程的加快,自然灾害、事故灾难、社会安全事件和公共卫生事件等的风险越来越大,严重影响了居民的生命安全和社会的繁荣稳定。近年来,我国在智慧社区治理方面取得了一些成效,但在治理规划等方面与国外还有差距。对此,本书着重介绍了美国、日本等国家在社区应急治理模式方面的相关资料,以期给我国的社区应急治理提供借鉴。

1) 美国社区应急治理模式

(1) 自下而上。在应急治理方面,美国已基本建立起一个比较完善的应急管理组织体系,形成了联邦、州、县、市、社区五个层次的管理与响应机构,比较全面地覆盖了美国本土和各个领域。其应急治理机制实行明确的多级负责制,联邦一般不干预具体的救灾行动,只在必要时应邀提供支援。州政府是处理紧急状态的决策枢纽,各州政府具有独立的立法权与相应的行政权,一般都设有专门机构负责本州应急管理事务,具体做法不尽相同。其中县一级、市一级政府主要负责辖区内的应急活动的管理。而社区则是最主要的实际执行者,社区作为基本地方性单元剥离于政府管理而独立存在。当事故发生后,应急行动的指挥权属于当地政府,仅在地方政府提出请求时,上级政府才予以增援。在这种自下而上、逐级响应的应急管理机制中,联邦政府和州政府主要起指导、协助和支援的作用,城市社区的应急管理能力的发挥主要通过多方的协作完成。

以美国纽约市为例,其社区治理模式已相对成熟,在不影响整体发展的前提下,社区可自行决定发展方向,这种自下而上的治理方式使政府、社会和公民能更好地履行各自职责且明确分工,政府和社区居民在这种治理方式下彼此发挥作用又相互约束制衡,极大地推动了城市社区自治的发展,从而构建了较为系统的城市社区自治体制和机制。

(2) 高度重视全民应急培训。美国政府十分重视加强社区居民的应急培训。1985年,洛杉矶政府正式提出建立社区应急反应队(Community Emergency Response Team,CERT),CERT的职责便是向处于危机状态的居民提供即时的援助,并在现场组织志愿者协助。应急事件初期,救援队不可能在很短的时间内到达事件现场,因此,社区居民必须掌握自救的能力,在应急事件发生后及时参与到自救互救当中。社区应急反应队就是一支能切实帮助人们脱离险境、由居民组成的队伍。从1993年开始,FEMA在全美国范围内推广CERT计划,50个州共计60万人参加了培训。FEMA于2002年9月在官网公布了一篇题为"您做好准备了吗?——公民备灾指南"的详细指南,它是针对个人、家庭、社区的应急准备工作所提供的最全面的指导。其中,FEMA着重指出了社区和公众参与应急治理的重要性。每个人都有责任在应急事件发生时保护自己和家人,并且清楚地知道在灾前、灾期、灾后应如何去做。同时,当地社区也承担着很大的减灾责任。

社区居民的危机意识以及防灾技能是做好社区应急治理的重要保障,我国各级政府应当通过宣传与教育,向广大民众灌输应急风险意识,以电影电视、知识竞赛、文艺表演等喜闻乐见的形式,吸引更多公众的关注和兴趣。同时,美国地方政府在社区应急治理的过程中,在居民中间开展本社区的应急事件危险性分析、治理方案的优化与选择等有针对性的应急课程训练及教育,既可以提升居民的学习兴趣,又切实强化了他们应急治理的观念,使他们具备一定的自救互救知识和基本技能,这一点非常值得我们学习。

2) 日本社区应急治理模式

第二次世界大战后至今,日本实现了经济高速增长,同时也建立了包括自然灾害等应急事件的现代化综合应急管理体系。但1995年阪神大地震的爆发,暴露了现代文明社会的脆弱性和规章制度的僵化。因此,日本对国内应急管理体制进行了大量的改革和调整,加强了相关应急法律的建设,同时也衍生形成了以"公助、自助和互助"为核心的多方参与的应急治理模式。

(1) 健全的法律制度。日本拥有由五大类、数十项法律组成的应急管理相关的法律法规。其中的《灾害对策基本法》明确规定了内阁、都道府县和市町村三级政府和其他社会组织及国民在应急救援中的责任与义务。该法律规定:①国家负有进行全面组织、发挥其功能、对防灾采取万全措施的责任;②都道府县要在有关机关及其他地方公共团体的协助下,制订有关该都道府县的防灾计划并根据法令加以实施;③市町村作为基层的地方公共团体,有责任保护该市町村地区及该市町村居民的生命、人身、财产免受损害,制订该市町村地区的防灾计划及根据法令加以实施。

以东京都为例,其法律构成主要有:①防灾与危机管理主要依据的国家法律。②地方规则和合同:保证应急事件发生时民间团体、兄弟省市、志愿者组织的相关救援与协作。《东京都防灾志愿者纲要》中规定了设立防灾志愿者登记的制度,根据下级地方政府的请求派遣防灾志愿者,并规定下级地方政府负担差旅费等;《东京都震灾对策条例》也规定了东京政府知县、市民和企业的职责。东京都强调企事业单位防灾减灾的社会责任和与政府最大努力的合作,同时东京都政府必须努力培养和建设区市町村自主的防灾市民组织。企事业单位必须努力建设管理设施完善的防灾组织。③政府部门的防灾和危机管理指南、手册。④危机管理财政预算和重点项目。

(2) 公助(public-aid,PA)、自助(self-help,SH)和互助(mutual-aid,MA)的应急治理模式。结合本土灾情和国情特点,日本在防灾减灾救灾上衍化出一个集政府、社会和个人在内的多元参与格局,逐渐形成了一个以"公助、自助和互助"为核心内容的应急治理模式。其中,自助指的是一切保障灾害突发后自我生命安全和生活质量的个人行为,包含自我避险、个人物资储备保障等方面。互助指的是一切帮助其他受灾个人脱离灾害影响的,具有自组织性和非营利性的集体性行为,包含救助能力的培养、临时避难场所的分享与管理等方面。公助指的是灾害发生后的政府救援力量以及非受灾地区的救援力量,通过行政命令对受灾民众进行援助,动员消防、警察、自卫队等投入救援活动。

经过阪神大地震的经验教训,日本社会重新认识到在地区和社区自主进行防灾活动的重要性,认识到"公助"的局限性,自助、互助产生的"软实力"变得越来越重要。对于提高地区防灾能力来说,不仅需要加强以消防机构为先的各种防灾机构的机制和力量,同时要加强地区居民,特别是社区居民之间的连带感,建立社区抱成一团共同应对的机制。这其中,依据《灾害对策基本法》建立的自主防灾应急组织,依托社区自治组织——町内会、自治会组建。通过组织的活动,保证了各个主体之间有组织地开展平时的防灾减灾训练以及紧急应对活动。

就我国城市的情况而言,危机管理体系中的多元组织协作系统有待提升,广大的社会组织以及公民大多处于被动执行与实施地位。因此,要加快丰富各地居民的危机预防知识,明确个人、社区的防灾组织、企事业单位等主体的具体责任,完善地区、社区和单位的防灾对策。更重要的是在制度层面上,促进行政、企业、地区和社区(居民)以及志愿者团体携手合作和相互支援,建立一个在应急事件发生时携手互助的社会体系。

3. 大数据背景下社区应急治理的机遇

如今,大数据技术的应用改变了信息传播和获取的方式,给社区应急治理手段和治理理念带来了很大的变革,进一步推动了社区应急治理的现代化。在社区应急治理机制改变的同时,大数据技术的加入,提高了社区应急治理的水平,也带来了更多的机遇。

1) 为社区应急治理提供技术支持

大数据作为社区实施信息化治理的主要手段,突破了传统应急治理模式中的空间限制,可以实现多社区的数据共享,提高了数据的多元使用性。同时,为推进大数据技术与社区应急治理的融合,各级政府出台了一系列文件,大力支持大数据技术的投入。2021年发布的《智慧社区建设运营指南(2021)》提出,智慧社区是利用大数据等信息技术,促进社区居民交往互助,统筹公共管理等多样资源,提高社区管理与服务的科学化、智能化、精细化水平的一种社区管理和服务的创新模式。2022年,九部门印发《关于深入推进智慧社区建设的意见》的通知,其中提出要"加快构建数字技术辅助决策机制,科学配置社区服务资源、优化社区综合服务设施功能布局"。

将大数据运用于社区应急治理,可以全方位、多层次监督影响因子和预测风险大小,拓宽社区应急治理的时间和空间,优化风险处置预案。在应急事件发生时,能更加高效地满足居民的基本需求,保障社区正常运作。通过大数据平台,社区也可以更好地整合和分析相关事件数据,确定应急事件的治理重点,有效提升现代化、信息化的治理能力。在一些规模较大的社区,应急治理所涉及的事务相对烦琐,基于大数据的应急治理手段显得尤为重要,可以为社区应急治理提供快速、有力的支持。

2) 推进多方参与的社区应急治理模式

传统的社区应急治理模式中,治理主体主要是政府或者社区委员会,但随着城市化进程及人口流动速度的加快,传统模式无法及时、有效地应对突发公共事件,亟须吸纳市场、社会力量,引导市场、社会有秩序地参与到社区应急治理中。利用大数据技术实现多主体共同治理的过程中,可以有效减少各主体间信息不对称、政策不匹配的情况,疏通跨层级、多主体的沟通障碍、协作障碍,逐步建立从提出、采纳、实施到反馈的运行机制。通过新技术,大力发展社区应急治理服务功能,利用数据分析取得优势,有效地识别应急事件发生时居民的问题,吸引更多有兴趣的社会团体参与社区应急治理,最大限度地发挥大数据技术的优势。

3) 提升社区应急治理效率,优化治理流程

大数据技术核心即是数据挖掘和数据分析,从海量的数据信息中发现规律,发挥出数据的最大价值。各种线上线下政务服务平台、办公信息系统正是大数据汇集的中心,通过分析、融合和整理这些数据,提升大数据资源利用效率,减少了解民意反馈的成本,辅助社区科学化、系统化、精准化决策,推进社区的简政放权。大数据支持下,社区可以全面优化治理流

程，避免人力、物力、财力资源的浪费，以及重复工作。大数据带来了信息扁平化的趋势，各种数据在信息管理平台上实时更新、动态调取。社区通过对数据的实时监测和快速分析，能够及时发现问题，对应急事件快速作出回应。社区在此基础上，整合各类信息资源，综合认识和把握客观规律，在更加多元的维度上实现治理效率的提高。

12.3 大数据应急治理系统架构

12.3.1 大数据应急治理系统的功能框架

大数据技术可以应用于政府、企业和社区的应急治理工作，由于面向的主体以及功能需求不同，往往涉及开发不同的应急系统和工具，但各类系统和工具在总体功能框架上具有一些共性。大数据应急治理系统的总体功能框架通过提供抽象的系统开发架构以及确定系统内的元素，以合理的功能层次划分来指导应急治理系统相关功能的建设，最终实现大数据接入、处理、存储、应用等全生命周期的管理。

大数据应急治理系统从下至上，统一搭建数据收集后台、数据分析中台以及业务应用前台，最终面向用户提供统一、多样化的数据服务。根据应急治理的需求分析和系统包含的核心组件，其功能框架可以分为四个层级（应急设施层、应急数据层、应急支撑层和应急应用层）以及两个体系（标准规范体系和安全运维体系），如图12.1所示。

应急设施层是大数据应急治理系统功能框架的最底层，为整个系统的运行提供相应的软、硬件设备和设施，是支撑系统正常运行的保障。大数据背景下，应急治理系统的数据采集、传输、存储、计算受到了新的挑战。应急设施层主要包括应急治理所需的智能感知设备、网络通信设备以及服务器与存储设施等，用于支撑和承载服务器计算资源、存储资源、网络资源等各种物理资源。智能感知设备主要为应急治理系统识别和采集信息，包括各种物联网传感器（如燃气传感器、供水传感器等）、GPS、RFID、无人机、视频监控设备等，这些设备可以提供灾害发生过程中的相关实时信息，以支持应急预警和响应。网络通信设备是整个应急治理体系的核心组件，用于保证各类信息跨系统、跨网络高效传输，主要通过有线、无线网络设备来构建灾害信息网络，涉及各类应急通信设备、应急视频会议系统、移动平台、以太网、5G网络设备等。服务器与存储设施主要包含机房、网络中心、数据中心、云平台等设施，为满足海量存储和大规模计算需求，应急治理系统往往采用分布式架构，还需要若干大容量、高性能、高可靠性、高性价比的云服务器。

应急数据层主要负责对大数据应急治理系统中获取、接收的各类数据进行合理的存储和管理，以便与其他层级进行交互。在处置突发事件过程中，信息的获取决定了应急治理的有效性。由于不同的数据源会生成不同类型和格式的数据，按照数据结构来分类，应急数据可以分为结构化数据、半结构化数据和非结构化数据。结构化数据是指可以使用关系型数据库表示和存储，表现为二维形式的数据，在应急治理体系中，主要包括：以数字存档的事件相关数据，如关于损失、伤亡的报告等；由政府公开的公共数据资源，如人口统计、健康状况数据等；第三方机构提供的位置相关的GPS空间数据；包含元数据的感知数据，如温度、湿度、风速、降雨量数据等。半结构化数据是自描述的，结构和内容混在一起且没有明显区分

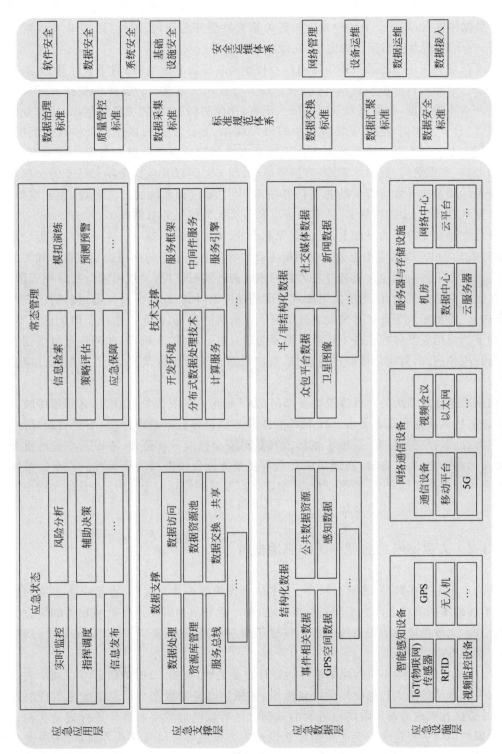

图 12.1 大数据应急治理系统的功能框架

的数据。非结构化数据就是没有固定结构的数据。半结构化数据和非结构化数据在应急治理体系中主要包括：众包平台数据，如关于某突发事件由居民、志愿者等自愿提供的文本描述等；社交媒体数据，如社交平台中分享的有关某突发事件的视频、图片等；受灾地区的卫星图像等；不同渠道及网络来源的电子、在线新闻数据等。

应急支撑层为应用层各类具体应用的核心技术需求提供底层支持，利用云计算、大数据等技术对应急数据进行分析和处理，为应急管理人员提供决策支持。支撑层根据实际需求从数据层获取所需数据，利用机器学习等深入研究，在此基础上，依托应急案例库、应急分析模型库等，结合专家知识，挖掘应急信息中的潜在规律，并将相关结果存储以供查询调用。应急支撑层主要包括数据支撑及技术支撑。数据支撑包括对应急数据进行的各类操作，主要有数据处理、数据访问、资源库管理、数据资源池、服务总线以及数据交换和共享等。技术支撑指应急治理系统开发所需要的各类信息技术，其主要包含系统的开发环境、服务框架、分布式数据处理技术、中间件服务、计算服务以及各类大数据服务引擎等。

应急应用层在支撑层的基础上，根据业务需求，利用封装好的各类组件组合成各类应用模块，通过 UI 为用户提供应用服务。应用层主要包含应急状态下的应用以及常态管理下的应用。应急状态下的应用包含通过应急大数据系统进行实时监控，实现风险分析并对资源、救援人员进行应急指挥调度，为应急指挥者作出辅助决策，同时在第一时间通过政府门户网站、政务微博、手机短信等方式对突发事件的进展进行实时报道，防止产生社会舆论恐慌等。常态管理下的应用主要体现在各主体对所需要的信息进行检索、查询等，此外还可以根据历史数据进行模拟演练，对应急策略进行评估，对突发事件进行预测预警，以不断地提升应急保障能力。

大数据应急治理系统的建设涉及很多部门，为了确保系统发挥整体效益，必须遵照统一的法律法规、标准规范和技术要求。标准规范体系主要包含数据治理标准、质量管控标准、数据采集标准、数据交换标准、数据汇聚标准和数据安全标准等。此外，考虑到系统的重要性，需要在信息安全、容灾备份、物理场所安全等多个方面保障数据安全运维。安全运维体系中，安全体系包括软件安全、数据安全、系统安全以及基础设施安全，运维体系包含网络管理、设备运维、数据运维以及数据接入。

12.3.2　大数据应急治理系统的应用框架

应急治理是一个多环节、多部门协作、多主体合作的循环动态过程，也是一个连续的过程，应急治理的不同阶段会产生不同的决策问题，每个阶段活动需要严格按照相关的应急生命周期进行。大数据应急治理系统的应用贯穿于应急治理减灾、备灾、应对和恢复全过程，其应用框架如图 12.2 所示。

首先，在减灾阶段，为不可预见的事件做好计划是关键，准确、及时的信息可以减少灾难造成的损失。该阶段是大数据应用的准备阶段，多依赖海量的数据分析总结应急事件的发生规律，并最终在形成完善风险防范机制的基础上尽可能就应急突发事件进行规避。在该阶段大数据的应用主要包含长期的风险评估以及灾害预测等。风险评估方面，由于一些自然灾害的风险与地理位置密切相关，卫星、遥感等大数据可以帮助识别建筑物和基础设施等的风险，通过 GIS 等空间数据库还可以生成各种灾害地图来支持不同的活动、操作和决策过

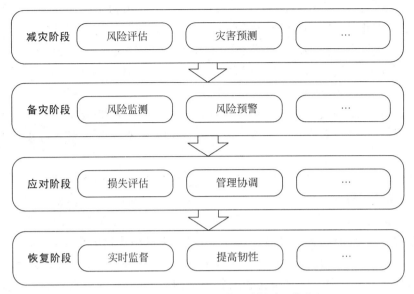

图 12.2　大数据应急治理系统的应用框架

程,这在减灾工作中发挥着重要作用。此外,社交媒体数据等也是重要的数据源,如通过通信数据跟踪号码和通话时间来估计人口分布和社会经济状况,以进行风险评估,对社交媒体数据的分析还可以帮助决策者了解社区的行为,从而测试其对灾害管理计划和培训的反应。灾害预测方面,预测分析是应急治理的强大工具,也是抗灾能力的重要组成部分,例如在自然灾害预测中,传统的预测取决于对物理模型和参数的手动处理,但准确、快速的预测需要大数据分析等现代方法,特别是高分辨率预测建模需要大量数据来预测即将发生的灾害(如暴雨、飓风等)。

其次,备灾阶段是短期的灾害应急准备阶段,其主要包括对应急事件的风险监测以及风险预警。适当的风险监测是应急治理的第一步,对于改进应急治理非常有帮助,用于风险监测的大数据的主要来源之一是遥感数据,这些数据通常具有不同的空间和时间分辨率,且具有足够的准确性。例如可以通过多时相遥感图像对火灾或洪水等灾害进行有效管理,这些图像是在多个时间点(通常相隔几天)且在同一地点捕获的,可用于监测事件传播的方式,并帮助决策者制定和实施缓解策略。此外,传统的遥感数据还可以与社交媒体数据相结合,社交媒体提供的实时数据可以帮助识别灾害风险热点,有助于更好地了解灾害发生的位置、时间、原因和影响。风险预警则主要依靠各类传感器数据,如基于地震、水位、温度监测传感器等 IoT 设备收集的数据,通过大数据对比分析,对可能发生的灾害事件进行预警判断以及相关信息的准确推送。此外,社交媒体数据在某种程度上也有利于早期预警,例如,在突发公共卫生事件中,通过社交媒体或搜索引擎的大数据分析,对可能发生的流行病等进行预警,为应急治理的监测和准备提供参考。

再次,应对阶段是针对应急突发事件进行处理的阶段,对于应急管理人员来说,大数据于应对阶段最大的应用价值在于能够帮助管理人员找寻最佳的处理手段,使应急突发事件的负面影响降到最低,并通过一系列处置工作保障应急突发事件的协调有序解决。应对阶段主要利用大数据技术进行灾害损失评估和救灾管理协调。使用最广泛的损失评估数据源是遥感图像、无人机航拍图像等，例如地震发生后，能够利用相关技术确定灾区的陆地结构变形、河流流向变化、新湖泊的形成与河流和湖泊的水位，以及道路、建筑物等的损坏形式和程度。此外，众包平台数据可以从受灾居民及志愿者获取受灾地区的图像和文字描述，有助于进一步进行损失评估。救灾管理协调方面，在救灾过程中，及时行动是生死攸关的大事，而受灾地区往往面临缺乏沟通、救援队难以协调和利益相关者意识缺乏等挑战，迫使急救人员即兴发挥，从而降低救援的效率。对社交媒体数据的挖掘能够帮助确定灾区需求和对灾难情况进行了解，帮助应急应对人员识别最需要关注的区域、识别关键资源以及选择最有效的应对方法。

最后，恢复阶段为应急突发事件的事后阶段，多与应急突发事件的善后工作有关，在此过程中，大数据最大的意义在于能够实现对应急突发事件的实时监督，最终有助于确保应急治理工作开展的科学性和合理性，在此基础上不断提高经济系统的韧性。灾后恢复阶段的主要数据来源于遥感图像、无人机航拍图像等，基于多时相数据的变化，监测受损区域周围的重建需求，使基础设施、社会服务设施等恢复到之前的正常水平，或使之达到更好的功能状态。大数据技术还有助于快速恢复和改善受损的通信网络，通过利用有限的资源来增强通信和适应机制，协调救援物资发放、安全确认、志愿活动以及后勤补给等。

12.4 应急大数据治理案例

12.4.1 自然灾害

1. 气候变化：基于 GCM 大数据模拟的未来气候

气候变化是当今国际社会普遍关注的全球性问题。气候专家们在一定程度上确定性地描绘出了世界 2050 年气候的图景：全球变暖、海平面升高、粮食减产、人口被迫迁移。为评价气候变化的影响及制订适应措施，科学家必须预测气候变化的趋势及随之而来的一系列社会经济影响。而这些影响要以每个区域的灾害、农业、水资源、生态系统及人类健康、社会经济等为基础。因此，对于这些影响的评估，需要在区域范围开展。

全球气候模式（Global Climate Model，GCM）大数据是气候模拟和预估气候变化的重要工具。其中由日本气象厅气象研究所联合日本多所研究机构建立的名为 d4PDF（Database for Policy Decision-Making for Future Climate Change）的数据库最有代表性，广泛应用于降水、风暴潮、海温变化、热带气旋等模拟评估。d4PDF 由水平分辨率约为 60 km 的 MRI-AGCM3.2 全球大气模型的全球变暖模拟结果以及水平分辨率约为 20 km 的区域气候模型覆盖日本地区的区域降尺度模拟输出结果组成。高分辨率全球大气模型和高分辨率区域气候模型通过进行大量（最多 100 个）的集成实验，可以充分讨论极端天气的再现，随机、高精度地评估台风和暴雨等极端现象的未来概率变化。模型通过模拟 20 世纪后半叶的气候，对比分析未来全球气温平均上升 2 ℃和 4 ℃的状态下，对全球社会、经济、生态等方面的影响。输出结果组成的 d4PDF 总数据量约为 3 PB，详细数据由数据集成和分析系统（Data Integration and Analysis System，DIAS）通过服务器向公众开放。该数据库为地区防灾、城市规划、环境保护等相关领域需要的气候预测提供数据基础，大大促进了对过去重大天气事件的因素分析、对未来变化的预测评估等方面的科学研究，为各部委、地方政府及工业界制定全球变化适应措施提供基础。

2. 地震：高密度地震台网与实施地震监测大数据

地震作为一种突发性自然灾害，可在极短的时间内造成大量的人员死亡和严重的经济损失，极大地阻碍了国家的发展。应用大数据技术准确预报地震灾害，实时监测地震损失情况，对于提高地震应急管理和救援工作的效率意义重大。日本科学技术振兴机构(JST)基于2011年东日本大地震的教训，于2014年启动了题为"通过融合实时灾害模拟和大数据同化建立先进的减灾管理系统"的项目。该项目旨在社会各方之间共享灾害信息和具体减灾措施，也为了创建世界先进的实时模拟和大数据分析平台，在大规模、高分辨率、实时数值模拟和实时观测数据同化合作的基础上，致力于大数据时代的灾害监测，增强社会的减灾能力。共有数十个组织参与了此项目，各组织间相互合作，有组织地开展研究。以其中灾害影响的模拟与预测为例，来自日本东北大学的研究人员建立了一个预测系统，通过大数据监测、数值模拟和遥感技术的高度融合，在地震灾害发生后能立即评估和确定损失情况，并估计受灾地区所需要的灾害援助，在10分钟内完成灾害的模拟与预测。该系统基于日本电气股份有限公司(NEC)推出的矢量超级计算机 SX-ACE 实现，同时结合了三种观测数据：①高密度地震观测网络获得的传感数据；②日本地理空间信息管理局运营的实时全球导航卫星系统(GNSS)数据；③日本气象厅发布的地震预警，结果表明具有高内核的计算机 SX-ACE 可以高效地实现地震以及海啸的实时预报。

研究人员利用高密度地震观测网的数据，还有移动终端获取的位置信息、建筑物倒塌信息、卫星图像、航空图像等观测数据，结合大量仿真结果和灾害场景的创建，实现地震、海啸减灾大数据分析平台的建立。大数据分析平台不仅在地震、海啸和其他灾害模拟方面取得了进展，而且在人流、车辆和其他"社会动态"模拟方面也应用广泛。

12.4.2 事故灾难

根据《国家突发公共事件总体应急预案》的规定，事故灾难主要包括：工矿商贸等企业的各类安全事故，交通运输事故，公共设施和设备事故，环境污染和生态破坏事件等。目前，大数据在安全事故中的应用主要集中于安全生产方面，其主要内容为从海量的安全生产活动所生成的数据中，分析出事故发生的潜在规律，并以此为支撑来预测事件的发展趋势，消除潜在安全隐患并有效遏制事故发生。

推进安全生产信息化是《"十四五"国家安全生产规划》的重要内容，国家安全生产监管监察大数据平台于2017年3月15日获得国家发改委批复，依托国家重大建设项目库开展，是国家大数据战略资源重要组成部分。该平台的功能定位是提供安全生产数据服务，整合汇聚安全生产监管监察部门、应急救援部门等资源设施、全国高危行业重点企业、第三方专业机构以及住建、交通、水利、铁路、国土、公安等部门安全生产相关数据资源。通过应用大数据、云计算等新一代信息技术，该平台已经建立一套集安全生产数据采集、存储管理、交换共享、处理分析、可视化为一体的数据治理技术体系。基于业务和互联网等多源海量实时动态数据，建立了危险化学品、煤矿等高危行业领域企业安全指数指标体系，建立了企业安全指数、行业风险指数以及事故全要素解析、安全生产宏观态势、化工企业安全预警等模型，实现了对重点行业安全生产现状及发展动态对比与展示，为安全生产决策支持、风险监测预警提供了科学有效的工具。综上，通过大数据平台的建设和应用，已经逐步实现了安全生产决策科学化、安全生产监管精准化和安全生产服务市场化。

12.4.3 社会事故

我国的"天网工程"是迄今为止全球最为庞大的视频监控系统，它是由中央政法委发起的、由公安部联合工信部等相关部门建设的信息化工程，涉及安防、人口信息化建设、车辆信息化建设等诸多领域，该系统能够以省为单位进行大范围的联网，按需要进行数据信息的编译、整理、加工和查询。

"天网工程"视频监控系统主要由GIS地图、图像采集、传输和显示等技术组成，通过实时动态人脸检测识别技术和大数据分析处理技术，对分布在我国多角落的监控摄像头抓拍的画面进行对比识别。"天网工程"不仅在城市管理方面发挥作用，它更多的是满足城市治安防控的需求：通过实时监控画面，利用算法，实时计算出行人的年龄、性别、衣着特征以及周围的人流量分布，然后再与行人跟踪的技术相结合，帮助公安部门确定犯罪嫌疑人的行踪。如果智能监控摄像系统所识别到的信息和犯罪嫌疑人数据库中的信息相匹配，系统就会自动向公安部门发出警报，从而帮助公安部门抓捕犯罪嫌疑人。该系统在很大程度上提高了抓捕效率，0.01秒就能将犯罪嫌疑人从人群中锁定，1秒钟的时间内就能将所获取的实时照片与公安部门几十万的犯罪嫌疑人数据库中的数据进行分析比对识别。

我国的智能监控系统除了"天网工程"，还有"雪亮工程"。"天网工程"的平台架构部署实施主要针对的是部级、省厅级和市县级，而"雪亮工程"主要针对的是县城、乡镇和农村，属于群众性的治安防控工程。这两大工程为我国的社会稳定发展、人民安定生活作出了重要的贡献。

本章小结

大数据技术可以对各类突发事件的全过程实施高效、快速的应急治理，从而最大限度地消除或减小突发事件带来的损失或负面影响。当今的应急治理更加强调治理主体的多元化以及治理模式的多样化，因此大数据技术在政府、企业以及社区等多主体应急治理中有着举足轻重的地位。将大数据技术和相应的治理模式引入中国应急治理体系，构建基于大数据的新型智慧应急治理体系是未来发展的必然趋势。

本章概述了应急治理的内涵和特点，介绍了大数据技术在政府、企业以及社区应急治理中发挥的作用和面对的挑战。此外，大数据应急治理系统的建立，实现了对应急治理减灾、备灾、应对和恢复全过程的智慧预警、监测和管理。最后通过不同案例展现了大数据技术在自然灾害、事故灾难和社会事故中的应用。

思考题

1. 简述应急治理的主要措施及特点。

2. 谈谈中国应急治理与美国、日本应急治理的区别。

3. 大数据在政府应急治理的哪些环节发挥了作用?

4. 简述大数据在政府应急治理的减灾阶段和备灾阶段的区别。

5. "企业应急管理"与"企业应急治理"一字之差,谈谈二者之间的区别。

6. 谈谈企业运用大数据进行应急治理创新来提升企业应急治理能力和水平可能遇到的难点。

即测即练

第 13 章
石油化工企业大数据治理

 思维导图

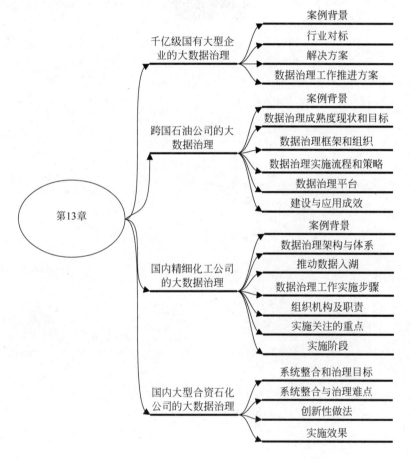

 内容提要

作为流程行业的典型代表,石油化工企业普遍具有较高的自动化水平,积累了大量的数据。随着新技术的不断应用,传统石油化工的数字化转型已经成为必然选择。石油化工企业需要整合内外部资源,利用新一代信息化技术,围绕数据、业务流程、组织机构的互动创新,持续提升企业的核心竞争力,构建可持续的竞争优势。因此,大数据治理是石化企业数

字化转型之路的关键和核心问题。然而,不同规模、不同所有制、不同数据现状的企业,在进行大数据治理时面临的关键问题有所不同,其解决方案也应当不同。因此,石化企业大数据治理方案没有统一的标准,需要因地制宜,具体情况具体分析。

为了回答不同类型的石化企业如何进行大数据治理,本章提供了四个案例:第一个案例针对的是千亿级国有大型企业的大数据治理,其关注点主要是行业对标法的应用,以及数据治理工作的推进方法。第二个案例针对的是跨国石油公司的大数据治理,其关注点主要是数据治理的框架、组织方法、实施流程、实施策略以及数据治理平台的选用方法。第三个案例针对的是国内精细化工公司的大数据治理,其关注点主要是数据治理架构与体系、组织机构及职责、数据入湖策略以及实施重点。第四个案例针对的是国内大型合资石化公司的大数据治理,其关注点主要是治理目标和治理难点的识别方法,以及因地制宜的数据治理做法。这四个案例对深刻理解不同规模、不同所有制、不同数据现状的石化企业如何进行大数据治理,具有重要的借鉴意义。

本章重点

- ◆ 石化企业大数据治理目标的识别方法。
- ◆ 石化企业大数据治理框架。
- ◆ 石化企业大数据治理的组织机构。
- ◆ 石化企业大数据治理的实施流程和策略。
- ◆ 石化企业大数据治理平台的选用方法。
- ◆ 石化企业大数据入湖的策略。

13.1 千亿级国有大型企业的大数据治理

13.1.1 案例背景

为加快推进数字化改革,近年来 A 集团先后实施了多个数字化建设项目,如主数据管理系统建设项目、四项资金(即财务原材料、应收账款、在制品、产成品)数据分析项目、财务共享中心建设项目等。但在日常运营管理过程中,配套的数据管理人员以兼职、虚拟组织的方式开展工作,缺乏足够的权限和动力去拉通数据标准和裁决管理争议,导致集团数据管理的组织及制度欠缺,手工收集报表工作量大、口径难统一,未形成有效的数据标准,数据质量难以保障,持续性的数据应用建设及运营规划缺位。

通过调研和评估集团的业务、系统和数据应用情况,咨询团队认为建立直属集团决策层的专业、独立的数据治理组织是提升集团数据运营管理效率的关键保障。

1. 现存问题

(1) 重复填报与数据准确性。报表报告手工多,目前集团已建成的系统仅支持财务数据的上报,其余数据需要成员公司手工上报。由于集团层面缺少统一的填报平台且部门之间的数据无法共享,容易发生成员公司向集团不同部门重复报数的情况。例如成员公司向集团财务部和资金中心重复上报融资担保相关的预算数据,向集团实业部、研究院、数字中心重复上报科技创新成果数据。这一方面会给成员公司带来不必要的工作负担,另一方面也会造成手工填报过程中出现数据不一致的现象,难以保障数据质量。

(2) 数据的安全性与及时性。集团主数据管理系统管理的六类主数据只有科目、组织、银行由集团业务归口主管部门兼职管理,容易导致管控和稽核效率不高的问题。例如,组织主数据中三套组织树与现状不一致或者存在滞后的现象,且一直无主责部门拉通梳理;客商主数据无法及时更新从属关系并自动识别关联方,需由集团财务部进行手工汇总与核算,从而导致集团董办对外信息披露不及时。同时,集团也无专职组织对信息披露的合规性进行监管与把控,存在信息泄露的风险。

2. 归因分析

上述两个数据管理问题之所以长期存在、难以解决,主要是因为集团业务归口主管部门均为兼职管理,同时各部门人手不足、工作繁忙,数据管理制度缺失且无考核办法,各部门缺乏动力主动解决数据相关问题,集团层面也缺乏一个独立的实体组织拉通相关部门解决问题。

基于上述问题归因,集团需要建设数据治理组织才能从根源上解决数据治理难题。数据治理是包含数据标准、数据质量、主数据、元数据、数据架构、数据运营等一系列数据管理活动的集合。建设专职实体数据治理组织有以下六方面的作用。

(1) 提高数据运营效率。数据治理组织通过组织相关部门盘点数据资产,对数据进行归口管理,可避免重复报数,减少数据不一致现象。

(2) 拉通数据标准。集团业态众多,数据标准不一致,需由数据治理组织牵头集团业务归口主管部门与成员公司拉通数据标准。

(3) 提升数据质量。手工上报数据校验难,可由数据治理组织依靠数据中台数据质量校验工具,实现数据质量监测与告警。

(4) 解决主数据管理难题。数据治理组织确定主数据归口主管部门,牵头制定主数据标准,维护并审核相应主数据信息,受理主数据问题并制订相应整改方案。

(5) 规范数据架构。数据治理组织审核数字化系统数据模型的规范性,避免因不符合规范的系统建设带来大量数据质量与集成问题。

(6) 减少应用开发成本。数据治理组织汇总集团总部各部门以及成员公司的数据中台及数据应用建设需求,从集团层面统一规划、统一建设,可大大降低重复建设成本。

13.1.2 行业对标

咨询团队基于 DAMA 数据治理体系框架,结合多家企业数据治理组织架构的成功案例,从所属行业、公司形制、管控模式、数字化发展阶段、监管力度等多个维度对方案与集团的适配度进行分析,对标以下两个企业,设计了集团数据治理组织架构方案。

1. G 公司——5 000 亿级医药流通行业龙头

G 公司作为国内医药流通行业的龙头企业,实行的是战略管控集团制度,是一个独立于 IT 的实体组织,G 公司的数据治理组织架构方案如图 13.1 所示。

(1) G 公司控股高管团队组成集团数据管理委员会,统筹集团数据管理工作的方针与政策。G 公司控股集团设有独立的数据管理部(与信息管理部平行),向数据管理委员会汇报,负责集团所有数据管理工作,如数据治理、数据分析等,下设 G 公司数科公司为数据管理

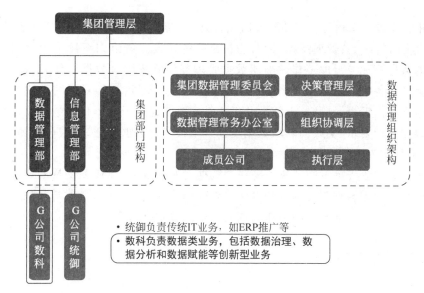

图 13.1　G 公司的数据治理组织架构方案

部提供技术支持。信息管理部下设 G 公司统御公司，负责集团传统信息化系统的建设与运维工作。数据管理部负责制定数据管理与治理规则、统筹管理工作，集团的成员公司设置数据责任人，负责数据管理与治理工作的具体执行。

（2）采用战略管控模式的 G 公司控股集团的实际业务情况更贴近集团，其数据治理组织架构更具有参考价值。

2. H 公司——数据治理先驱

H 公司作为数据治理的先驱企业，实行的是运营管控集团制度，是一个隶属于 IT 的实体组织。值得一提的是，其质量与流程 IT 管理部的职能不仅限于 IT，而是通过 IT 落地流程的手段，保证产品质量。H 公司的数据治理组织架构方案如图 13.2 所示。

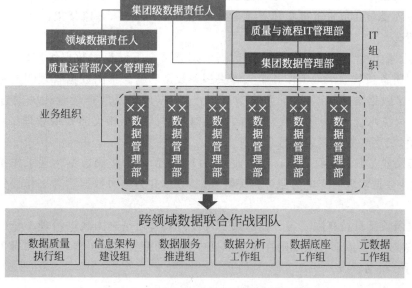

图 13.2　H 公司的数据治理组织架构方案

(1) H公司设立了由轮值CEO(首席执行官)直管的独立部门——质量与流程IT管理部,负责H集团内部IT管理流程、运营质量及系统建设。该组织下设集团数据管理部,统筹全公司的数据管理与治理工作。集团数据管理部设有集团级数据责任人,各业务领域主管机构也会任命各级数据责任人,其数据责任人由业务人员担任,对所辖领域数据负责,并向集团数据责任人汇报。同时H公司也在各业务领域建立了实体化的数据管理部,其遵从集团统一数据管理要求,实线向领域数据责任人汇报实际数据问题,虚线向集团数据管理部汇报政策、流程和规则的执行情况。

(2) H公司的业务负责制解决了潜在的数据无业务价值、无业务支持的难题,其集团数据管理部推行的数据管理制度与考核办法将责任细化到人,起到强督促与强激励的作用,但其运营管控的特点造成业务部门需单独配置大量专业数据管理者。

13.1.3 解决方案

通过调研和评估集团的业务、系统和数据应用情况,咨询团队认为建立直属集团决策层的专业、独立的数据治理组织是集团数据治理成功实施的保障,制定配套管理办法与制度是对数据管理工作规范性的指导与约束。通过建设独立的数据治理组织并制定配套管理办法与制度,才能有效提升集团数据治理水平,持续优化集团数据管理能力,最大限度地发挥集团数据资产价值。

1. 建设独立的数据治理组织

咨询团队结合行业最佳实践,设计了贴合集团的数据治理组织架构方案。组织架构分三级,第一级为集团数据治理委员会,第二级为集团数据管理职能部门,第三级为各成员公司数据治理责任人。A集团数据治理组织架构如图13.3所示。

(1) 集团数据治理委员会。集团数据治理委员会由集团现有数字化改革建设领导小组构成,以"一套班子,两块牌子"的形式推进数据治理相关工作,是数据治理工作的决策机构。集团数据治理委员会负责审批集团各项数据管理办法与制度,并监督集团数据治理工作的整体执行情况。

(2) 集团数据管理职能部门。集团数据治理委员会下设集团数据管理职能部门,统筹组织完成集团各项数据治理工作并牵头解决相关数据问题。集团数据管理职能部门下设三个小组:一是数据质量与运营组,负责数据标准、数据质量及数据运营相关的各项管理工作;二是数据技术管理组,负责数据架构、元数据及数据安全相关的各项管理工作;三是主数据管理组,负责主数据相关的管理工作。

(3) 集团业务归口主管部门。集团业务归口主管部门为集团数据治理工作提供业务支持,负责确认数据治理工作中与业务相关的规则制度,并为集团数据治理工作提供专业的业务知识支持。

(4) 集团数字科技有限公司。集团数字科技有限公司是集团数据治理工作的技术支持单位,负责落实数据治理各项规则在集团数据中台内的配置实施工作,并对数据治理相关技术问题进行分析与整改。

第 13 章 石油化工企业大数据治理

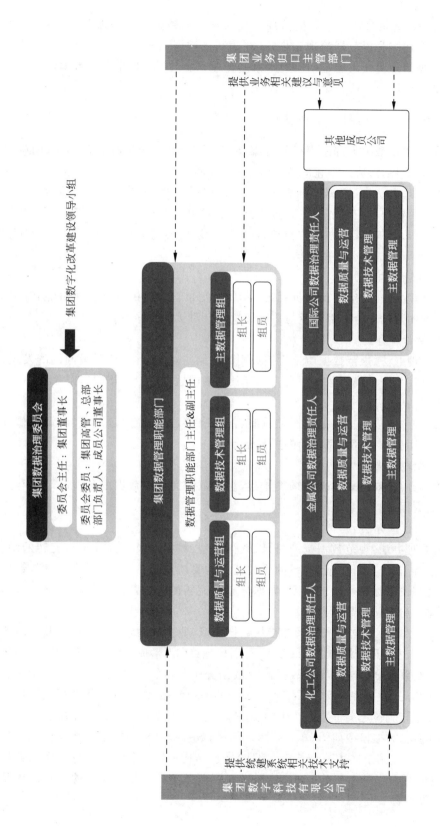

图 13.3 A 集团数据治理组织架构

（5）成员公司。成员公司指定数据治理责任人与集团数据管理职能部门对接，根据集团数据治理要求完成本公司数据治理工作，并在集团主数据系统内维护本公司涉及的主数据。成员公司数据治理责任人需定期向集团数据管理职能部门汇报本公司数据治理的工作情况与发现的相关问题。

2. 制定配套管理办法与制度

咨询团队基于集团数据治理组织架构方案制定了配套的八个数据管理办法，明确组织内部各部门的职责边界，形成体系化的数据管理制度，为集团数据治理与运营提供坚实的基础。配套的数据管理办法有《数据标准管理办法》《数据质量管理办法》《主数据管理办法》《元数据管理办法》《数据架构管理办法》《数据运营管理办法》《数据治理组织架构与考核办法》《数据治理规定》。各项管理办法均对权责分工、管理内容与规范流程等进行详尽说明，加强集团总部以及下属成员公司的数据管理规范。

1)《数据标准管理办法》

《数据标准管理办法》制定集团数据标准的编制、发布、变更、执行流程并明确其认责机制，管控范围为集团数据中台内部以及与集团数据中台对接的数据源。

2)《数据质量管理办法》

《数据质量管理办法》规范数据质量检核规则的编制与落实，并明确质量问题的发现、认责与整改机制，管控范围为集团数据中台内部以及与集团数据中台对接的数据源。

3)《主数据管理办法》

《主数据管理办法》规范主数据的标准编制、信息维护，并明确问题发现、认责与整改机制，管控范围为集团主数据管理系统内的主数据。

4)《元数据管理办法》

《元数据管理办法》规范元数据的采集流程，管控范围为集团数据中台内部以及与集团数据中台对接的数据源。

5)《数据架构管理办法》

《数据架构管理办法》规范数据资产目录、数据模型、数据源及数据分布与流转的编制、落实和管理方法等，其中，数据资产目录的管控范围为集团数据中台中的数据资产，数据模型的管控范围为集团数据中台中的模型，数据分布与流转的管控范围为集团数据中台内部以及与集团数据中台对接的数据源。

（1）数据资产目录。数据资产目录是指从数据资产（业务活动中涉及人、事、物等有价值的数据信息）中提炼可用于分析和应用的数据，分层梳理数据后形成的目录体系（图13.4）。

（2）数据源及数据分布与流转。数据源及数据分布与流转示意图如图13.5所示。其中，数据源指首次正式发布并落实于数字化系统中的某项数据，作为唯一数据源头被周边系统调用；数据分布与流转定义了数据产生的源头及数据在各数字化系统间的流动情况。

（3）数据模型。数据模型如图13.6所示。其中，数据概念模型完全不涉及信息在计算机系统的表示，只关注用于描述某个特定组织的信息结构；数据逻辑模型直接面向数据库的逻辑结构，但不考虑数据的物理实现；数据物理模型考虑具体技术实现的数据库体系结构设计。

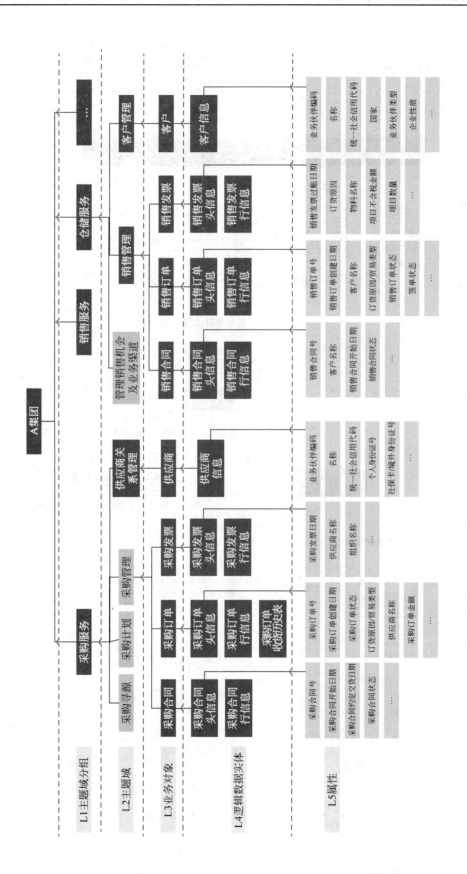

图 13.4 数据资产目录

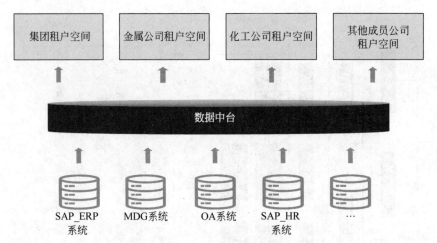

图 13.5 数据源及数据分布与流转示意图

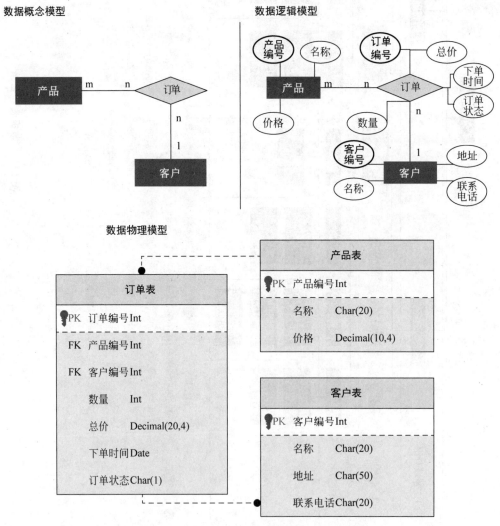

图 13.6 数据模型

6)《数据运营管理办法》

《数据运营管理办法》明确集团数据中台管理、指标管理、API 管理、制式报表、目录管理及数据应用管理的内容与相应流程,管控范围为集团数据中台及基于其建设的数据应用。

数据运营管理附件中包含《报表归口管理模板》《集团报表目录》《集团数据中台 API 目录》《集团数据应用目录》《指标体系搭建、发布与维护流程》《数据应用管理流程》等文件。

数据运营流程如图 13.7 所示,分为六大模块,分别为数据中台管理、指标管理、API 管理、制式报表、目录管理以及数据应用。

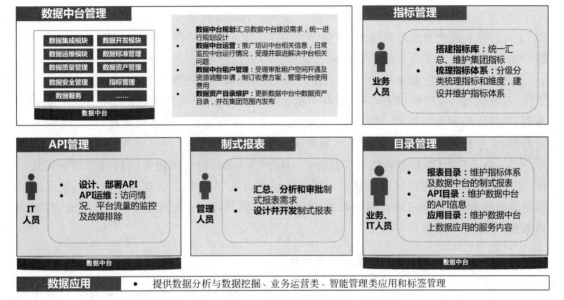

图 13.7 数据运营流程

7)《数据治理组织架构与考核办法》

《数据治理组织架构与考核办法》制定适用于不同时期的考核办法,分别为:①基础类考核,管控范围为所有成员公司;②项目建设期考核,管控范围为参与项目的所有成员公司;③项目运营期考核,管控范围为参与项目的所有成员公司。

8)《数据治理规定》

各项管理办法共同构成了全面且完整的管理办法体系,办法之间存在关联关系。《数据治理规定》作为统领纲要,统一管控各项管理办法,《数据标准管理办法》是支撑《数据质量管理办法》制定的基础,《数据治理组织架构与考核办法》是统一监督数据管理办法执行情况的有效工具。

针对集团的实际情况,各管理办法的编制也进行了多角度的客制化。

(1) 现实结合方法论。基于对集团业务、数据与系统调研结果,总结出一系列痛点,结合 DAMA 数据治理框架与咨询团队方法论,定制而成一套涵盖七个管理视角的数据管理办法。

(2) 组织职责定制化。从集团复杂的组织架构中剥丝抽茧,划分集团数据治理委员会、集团数据管理职能部门、集团业务归口主管部门、集团数字科技有限公司、成员公司在各管理办法中的具体职责,明确职能边界,保障制度推行。

(3) 流程细化可落地。针对各管理办法,咨询团队与集团项目组进行了多轮详细沟通,流程已细化至可落地的程度。如主数据管理办法中,针对不同主数据的个性化特点,量体裁衣,明确了各自的管理方法。

13.1.4 数据治理工作推进方案

1. 数据治理阶段规划

数据治理分步走,循序渐进,持续优化。

(1)第一阶段(数据治理体系的建设)。2023年底完成第一阶段数据治理体系建设工作,主要包括:成立数据治理组织,明确岗位分工;发布数据治理管理制度,明确数据认责机制;建立数据中台,实现数据运营的统一管理。

(2)第二阶段(数据治理的运行完善)。2024—2025年,逐步展开数据治理的运营完善工作,主要包括:在组织层面,下沉至各个成员公司,由集团牵头推进数据治理工作;在制度方面,不断优化制度与流程,进行常态化数据治理评估与报告;在平台角度,接入更为丰富的数据,充盈数据平台体量,提供更多数据应用服务。

(3)第三阶段(数据治理的持续优化)。自2026年起,持续跟进集团数据治理的优化工作,实现各级数据治理组织协同联动;建立支持多级共享的数据管理制度以及多级联动的数据治理规范,实现全集团范围的数据治理绩效考核与评价;优化数据平台,打通、打穿全域数据,全面提升数据资产价值,实现多方位数据赋能。

2. 数据应用驱动数据治理工作的逐步推进

(1)数据标准。由集团数据管理职能部门统筹组织,在集团数据应用的建设过程中制定该应用涉及的数据标准。此后若有新建数据应用或新建数字化系统涉及已发布的数据标准,则须基于该数据标准建设执行。

(2)数据质量。由集团数据管理职能部门统筹组织,在集团数据应用的建设过程中基于已制定的数据标准编制数据质量检核规则,并落实至集团数据中台数据质量检核工具,实现自动监控告警并自动出具数据质量报告。

(3)主数据。由集团数据管理职能部门统筹组织,在集团主数据管理系统优化项目的实施过程中制定主数据标准、整改主数据质量问题并优化主数据相关管理流程。

(4)元数据与数据架构。由集团数据管理职能部门统筹组织,在集团数据应用的建设过程中采集相关元数据信息,并梳理数据应用涉及的数据资产目录、数据模型、数据源及数据分布与流转。

(5)数据运营。在集团数据中台的后续使用中,由集团数据管理职能部门统一进行报表归口管理、API管理与数据应用管理。

3. 集团数据管理职能部门人员配置

在人员配置上,根据工作内容和发展阶段,计划到2023年底,集团数据管理职能部门除主任及副主任外,数据质量与运营组配置2人,数据技术管理组配置2人,主数据管理组配置5人。其中,咨询团队建议将数据质量与运营组设置于数字中心,以更好地统筹组织编制数据标准、整改数据质量问题并运营集团数据中台。将数据技术管理组与主数据管理组设置于集团数字科技有限公司,以更好地执行相关技术整改与支持工作。

到2026年底,随着集团数据中台及数据应用的逐步建设,集团数据治理要求将相应提升,集团数据管理职能部门数据质量与运营组预计由2人扩充至7人,数据技术管理组预计由2人扩充至7人,主数据管理组预计由5人扩充至7人。

13.2 跨国石油公司的大数据治理

13.2.1 案例背景

A公司是一家总部位于加拿大的国际石油公司,主要专注于油砂、页岩气以及海上和陆上常规油气的勘探、开发、生产、贸易等,业务遍及北美洲、中美洲、欧洲和非洲。A公司多年来一直致力于利用信息技术提升专业研究、业务运行和企业管理能力,已经建成覆盖所有业务领域的业务和管理系统数百个,其中有部分系统是通过业务并购获得的,由于信息系统建设年代不一、来源多样,A公司在进行业务整合、系统集成时,主要面临数据标准不统一、数据质量参差不齐、数据完整性缺失等多种数据困扰,特别是近年来越来越迫切的数据分析需求,让企业高级管理人员意识到解决数据问题迫在眉睫。为此,A公司决定启动企业范围的数据项目推动数据标准和数据质量整体提升。

13.2.2 数据治理成熟度现状和目标

在项目初期,A公司在咨询公司帮助下,通过对照表13.1所示的数据治理成熟度评估模型,定位了当前公司数据治理水平,并利用该模型明确目标数据治理成熟度水平。

表 13.1 数据治理成熟度评估模型

等 级	描 述	特 征
0级别 ——不合格	数据质量管理流程完全没有	• 代码负荷爆炸 • 冗余,手动校正
1级别 ——初始级	数据质量管理流程是被动响应、无组织	• 针对特定损害的冗余、硬编码校正 • 最小批量处理或脱机点对点修复
2级别 ——可重复级	数据质量管理流程遵从规范模型和模式	• 根据特定的业务要求在"选择"系统上实施的控制 • 黑箱纠正机制
3级别 ——已定义级	数据质量管理流程文档化并获得良好沟通理解	• 文档化、可重复的控制标识、开发和实施过程(工具包) • 定义的数据和过程控制标准 • 实施侦探水平控制
4级别 ——已管理级	数据质量管理流程被监控和被指标化测量	• 实施纠正水平控制 • 服务水平协议自动化 • 警报、发布和趋势报告
5级别 ——已优化级	数据质量管理流程成为最佳实践被学习,并且实现自动化管理	• 实施预防级别的控制,具有自动通知、上报和隔离流程 • 通过组织最高级别的仪表板可查看质量指标 • 质量指标推动流程和系统的持续改进

经过评估,A公司确定当前的数据治理成熟度为1.5分,处于1级别和2级别之间,主要特征为企业已经初步基于PPDM(隐私保护数据挖掘)标准制定了针对地下(subsurface)数据标准,但需要在企业范围内进行推广使用,并形成持续有效的数据质量管理能力。

同时,明确在未来5年内要达到4级别,并制订了具体的工作目标。

(1) 定义并建立数据治理模型和方法,从而根据数据生命周期的各个阶段获得数据质量标准→业务流程→业务规则→数据规则→发布已知质量。

(2) 制定业务流程图,确定流程检查点、业务规则和数据规则,以建立质量检查要求。

(3) 基于业务影响、业务准备情况和数据准备情况建立方法,为数据治理确定数据类型的优先级。

(4) 为实施数据治理所需的各种人员建立组织模型并定义角色。

(5) 完成支持数据治理所需实现的存储库和技术。

(6) 实施与数据治理类型相关联的手动操作工作流程、业务规则、数据规则和软件度量。

(7) 与关键项目团队成员重叠,为数据治理实践提供连续性。

13.2.3 数据治理框架和组织

A公司认为数据治理的最终目标是确保数据在业务生命周期流转时具备高质量和完整性,以支撑各类数据应用。为此,需要建立完善的治理框架,构建合理的组织权责、清晰有效的工作流程,以及高效的技术保障,通过一系列标准和规范确保数据可查、可用和可信。A公司提出的数据治理框架如图13.8所示。

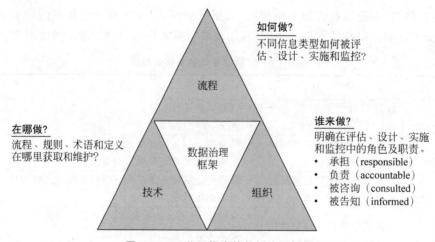

图13.8 A公司提出的数据治理框架

组织权责的确立是开展数据治理工作的首要条件。A公司的数据组织由三个层面构成。

(1) 数据治理委员会,由跨业务板块的高层管理人员组成,代表各个业务领域在数据治理方面的诉求,达成企业级的治理目标和策略,为数据治理工作配备合理资源,就重大决策在企业层面达成共识。

(2) 数据治理理事会，由跨专业领域的专家或专业管理人员组成，负责数据标准、规则和绩效指标的审批，提出数据质量要求，推动数据治理工作开展。其下设角色包括数据所有者和数据标准管理员(SME)。

(3) 数据治理组，由数据治理支持组、数据治理实施组、数据治理分析组、数据治理架构组构成，负责具体数据治理相关的标准、流程、技术的设计、实施和运行维护。其具体任务包括以下几点。

① 数据治理支持组：负责对数据标准维护和监督，监控数据质量指标及数据质量改进措施实施，并在数据全生命周期中，协调相关各方人员积极参与数据治理工作，提升数据质量。其下设角色包括数据治理维护者、数据保管者(custodian)、数据治理协调员。

② 数据治理实施组：负责开发和实施数据治理相关标准、规则、度量指标，并监督标准遵从情况。其下设角色包括数据管家和治理实施者。

③ 数据治理分析组：对数据治理的工作进行分析，为数据治理委员会、数据治理理事会以及数据治理组提供数据治理方法和流程指导。

④ 数据治理架构组：负责数据治理技术平台架构设计和实施。

组织构成方面充分体现了 A 公司关于数据治理的理念"业务驱动数据治理"，业务部门充分认识到高质量数据对于业务的重要性，业务管理人员和专业领域人员的积极参与为数据治理的开展提供保障，如图 13.9 所示。

数据治理委员会-提供战略业务协同，是数据治理总负责人
数据治理理事会-负责标准、规则和度量指标的审批，组织开展数据治理活动
- 数据所有者-提出数据质量要求
- 数据SME-推动数据治理标准落地

数据治理支持组：
- 数据治理维护者-监督、维护和支持数据标准
- 数据保管者-维护和监控数据质量度量指标
- 数据治理协调员-在业务全生命周期中协调和跟踪数据

数据治理实施组：
- 数据管家-开发和实施标准及遵从性监督
- 数据治理实施者-开发和文档化标准、规则及度量指标

数据治理分析组-在制定数据治理流程中提供支持
数据治理架构组-决定技术架构

图 13.9 数据治理组织架构和角色

13.2.4 数据治理实施流程和策略

A 公司在数据治理项目的推进中，在数据组织资源到位的前提下，开展数据治理工作。由于数据治理，无论是业务部门还是 IT 部门都需要投入较多力量，因而，在实施策略上按照

区分类型、逐步覆盖的稳步推进方式,减小对正常业务的影响。在标准具备的条件下,分区域、分数据类型进行数据质量提升,充分利用数据治理工具提升治理效率、巩固治理效果。A公司数据治理的实施流程如图13.10所示。

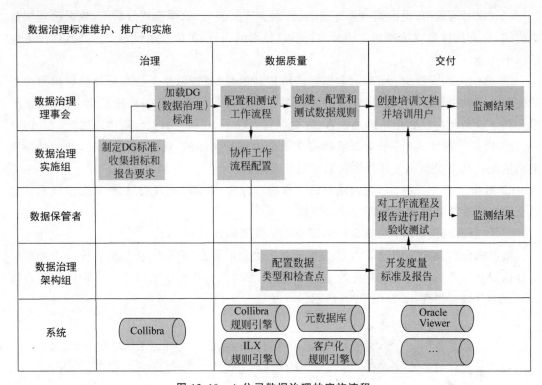

图13.10 A公司数据治理的实施流程

13.2.5 数据治理平台

"工欲善其事,必先利其器。"面对庞大复杂的数据,必须提供有效的技术解决方案固化标准、规则,提升流程自动化和强制化水平,通过系统工具对数据质量进行持续监控,并将数据治理指标可视化引起管理层和相关人员的普遍关注,才能够获得较好的数据治理效果。A公司数据治理技术解决方案的架构如图13.11所示。

A公司以Collibra数据治理系统为基础构建了自己的数据治理平台。Collibra在Gartner数据管理和分析产品报告中处于领导者象限,它定义的数据资产包括四种类型。

(1) 传统的数据领域(如客户、产品、供应商、会计科目等)。

(2) 数据集(如社交网络数据、聊天日志、RFID数据等)。

(3) 关键数据元素(如电话号码、产品目录等)。

(4) 数据平台[如Hadoop、Cassandra、企业数据仓库(EDW)、传统关系型数据库等]。

对四种数据资产实现多种数据治理的功能,包括数据治理政策定义、数据标准管理、数据所有权管理、元数据管理等,可进行增强语义层大数据分析,优化大数据治理模型,增强自动化流程处理,利用参考数据进行大数据查询等。

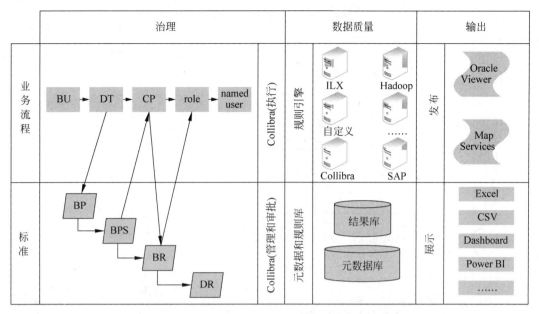

图 13.11　A 公司数据治理技术解决方案的架构

（1）元数据管理：①构建层级结构管理数据对象关系；②管理用户角色和职责；③管理业务社区；④数据类型包括业务流程定义、业务规则、数据规则、其他数据治理元数据；⑤参考数据管理包括业务术语、数据字典。

（2）数据治理审批流程管理，包括业务流程、业务规则、数据规则的定义和审批流程。

（3）业务流程管理（BPM 工具），通过 Collibra 加电子邮件方式实现流程自动化覆盖。①数据治理规则管理；②存储客户化规则引擎 SQL 执行语句；③提供用户界面配置客户化规则引擎和元数据结果库。

A 公司利用 Collibra 提供的能力重点进行元数据管理、数据治理审批流程管理、业务流程管理。A 公司数据治理技术的解决方案如图 13.12 所示。

A 公司的数据治理提供了三种不同治理场景应用，分别针对手工采集规则、第三方不复杂质量规则、复杂质量规则，以满足不同需要。

（1）手工采集规则：通过 Collibra 提供的规则引擎进行业务流程定义。

（2）第三方不复杂质量规则：引入第三方专业库的规则引擎，如斯伦贝谢的 ILX 可以对 Petrel Studio 或 Geolog 中的数据进行质量检核。

（3）复杂质量规则：通过定制化引擎自定义负责的数据质量规则。

通过以上方式，基本可以实现对重要系统数据质量检核全覆盖，定期进行数据质量扫描，质量检核结果存放在结果库通过 Oracle Viewer 或 Map Services 发布出去，用户和管理者可通过管理看板、邮件等多种方式看到结果。质量报告将根据情况发送给相关责任人进行质量改进。

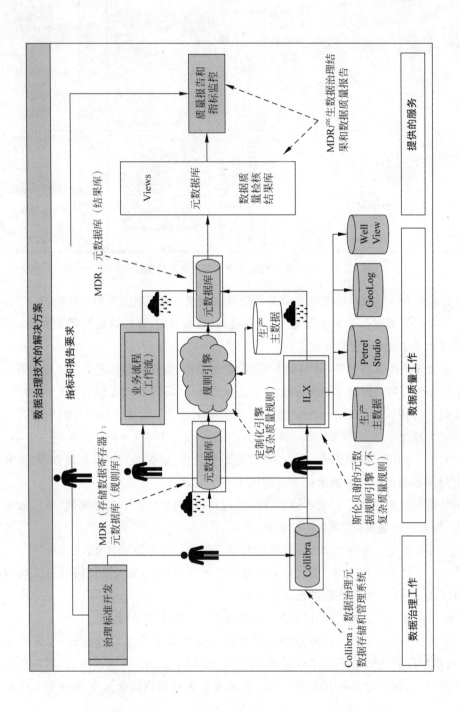

图 13.12 A 公司数据治理技术的解决方案

13.2.6 建设与应用成效

数据治理是一个长期且持续的过程,经过 5 年努力,A 公司已经基本完成当初预设目标,采用系统的数据治理方法,构建起完善的数据治理组织架构,组建了一支超过 20 人的专业数据治理团队,利用数据治理工具,并将数据治理的组织范围推广至所有作业者项目,数据质量和数据完整性得到很大提升,为进一步开展数据分析和应用打下良好基础。

13.3 国内精细化工公司的大数据治理

13.3.1 案例背景

华东地区某精细化工集团企业,成立 25 年以来,多次获得国家优质品牌荣誉称号,产品远销海外。企业在成立之初就部署了 ERP、CRM、MES(制造执行系统)等信息管理系统,但随着企业不断壮大、业务拓展领域不断延伸,集团公司数字化转型显得越来越迫切。为此,该企业从战略层面明确了数据治理的具体要求。

(1) 健全集团公司数据治理体系。
(2) 构建集团公司数据资源"版图"。
(3) 促进集团公司数据资源共享应用,进一步明晰集团公司数据治理工作的路径和方法。
(4) 构建数据治理架构体系,提升数据治理技术支撑能力,用以指导集团公司各业务域及相关单位进行数据治理工作的整体规划及分步实施。

13.3.2 数据治理架构与体系

该企业制定以服务集团公司数字化转型为基本原则,以业务条线为基础,充分发挥业务团队的域长负责制优势,借鉴行业先进经验,利用已有建设成果,打造一体化、专业化、常态化、资产化的数据治理新模式,建立健全集团公司数据治理体系,构建集团公司数据资源"版图",促进集团公司数据资源共享,实现集团公司数据资产价值释放。其中对于业务条线的数据治理获得四项数据能力。

1. 数据融合共享能力

提升数据集成共享能力,实现多源数据的统一存储计算,促进跨业务域的数据融合、内外融合,实现数据共享。

2. 数据资产管理能力

搭建数据资产管理能力,建立一致化、一体化数据标准,实现标准化采集、存储,提高数据质量,管控数据安全,为数据资产运营、价值发挥奠定基础。

3. 数据资产运营能力

打造数据资产运营能力,提供多种途径,全面盘活集团公司数据资产,持续提高数据质量,促进数据共享应用,实现数据资产价值释放。

4. 数据应用创新能力

强化数据应用创新能力,充分挖掘数据应用场景,依托场景实现数据资产的增值,加速数据价值化。

13.3.3 推动数据入湖

按照集团公司统一技术路线要求,各业务域遵循数据入湖标准,进一步明确数据责任人、数据标准、数据源、数据密级等方面信息,制定数据入湖策略,推动数据入湖。数据入湖的六项标准如下。

(1) 数据责任人:入湖时需要明确数据责任人。

(2) 数据标准:检查数据标准执行情况,明确引用的数据标准或者是需要新增的数据标准。

(3) 数据源:做好数据源认证,识别清楚初始源、可信源;一般指业务上首次产生或正式发布某项数据的应用系统。

(4) 数据密级:入湖的数据必须明确数据密级。

(5) 数据质量:进行源系统数据质量评估,制订数据质量方案,满足数据质量要求。

(6) 元数据注册:进行元数据注册,为数据应用导航,并为数据地图的建设提供关键输入。

13.3.4 数据治理工作实施步骤

数据治理工作实施步骤如图 13.13 所示。在数据治理工作实施的过程中,企业遵循了以下几点原则。

(1) 域内纵向数据打通,推行数据统一标准,提升数据质量。

(2) 域间横向数据共享,实现数据有序应用,提升数据价值。

(3) 整体规划、分步实施、急用先行、治用结合。

13.3.5 组织机构及职责

该集团公司在实施数据治理工作时,所遵循的协作机制和职责如图 13.14 所示。
集团公司网络安全和信息化领导小组的具体职责如下:

(1) 审批集团公司数据管理工作方针政策;

(2) 建立集团公司数据管理体系、组建数据管理组织机构;

(3) 建立集团公司数据管理组织机构之间的沟通机制。

	完善数据治理组织	分析数据现状	编制数据治理计划	开展数据盘点	制定数据标准	推动数据入湖	发布数据资源	建设数据应用
域长单位	组建数据治理组织，明确职责	组织专家分析业务和应用现状	排定数据治理优先级	共同开展数据盘点	梳理数据业务属性	数据安全定级	发布数据目录	提出应用需求
	制定发布各级数据、治理管理制度、规范等	完成数据现状分析	制订数据治理1~3年工作计划		编制数据标准	明确数据所有权	验证数据发布情况	数据应用评价
信息部门	提供组织和职责模板	配合完成各专业域数据分析	配合完成数据治理计划	共同开展数据盘点	梳理数据技术属性	数据抽取	配合发布操作	满足数据服务的响应要求、监控数据服务的应用成效
	发布集团数据治理管理制度、规范、流程、标准				配合编制数据标准	规范化入湖管理	规范化入湖管理	共性的数据处理、算法模型资产沉淀到平台

图 13.13　数据治理工作实施步骤

数据治理委员会的具体职责如下：
（1）推进各部门、各单位贯彻落实数据管理工作方针和工作部署；
（2）统筹协调跨部门资源、部门间争端；
（3）协调解决数据管理过程中的重大事项；
（4）审议批准数据管理工作考核结果。

数据治理办公室的具体职责为：组织商议集团公司数据管理工作方针政策、集团公司数据管理体系等重大事项。

集团公司信息部的具体职责如下：
（1）制定集团公司数据管理工作方针政策；
（2）组织各业务领域进行数据质量检查和考核，并发布数据质量报告；
（3）制定集团公司数据战略规划，组织数据生态建设；
（4）组织制定集团公司层面数据管理制度文件，并审核发布；
（5）推动落实集团公司数据管理体系建设工作；
（6）推动建立数据治理长效机制，评估数据管理的有效性和执行情况；
（7）组织完善数据安全管理制度，检查各业务领域数据安全工作开展情况，通报重大数据安全问题；
（8）组织集团公司数据管理工作的考核、评价。

各业务域管理部门（职能管理部门、事业部所属单位业务管理部门）的具体职责如下：
（1）制定年度数据管理工作计划，并定期汇报数据管理工作；

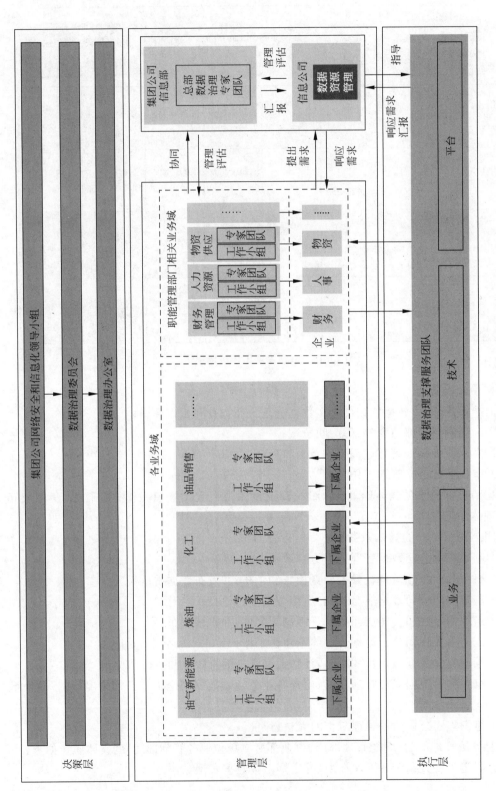

图 13.14 集团公司数据治理所遵循的协作机制和职责

（2）推动落实集团公司数据管理体系，组织制定本业务领域数据管理制度文件；

（3）落实本业务领域的数据管理工作，指导、监督下属单位的数据管理工作，评估本业务领域数据管理工作的有效性和执行情况；

（4）梳理本业务领域数据资源目录和开展盘点工作；

（5）组织本业务领域数据质量的检查和考核，制定数据质量报告；

（6）落实本业务领域数据安全检查工作，报送数据安全问题；

（7）组织本业务领域及所属单位数据管理工作考核、评价。

13.3.6　实施关注的重点

该企业大数据治理实施重点关注了企业文化、组织架构和岗位职责、标准和规范、合规管理和控制等几个方面。

1. 企业文化

企业文化是在一定的条件下，企业生产经营和管理活动中所创造的具有该企业特色的精神财富和物质形态。它包括文化观念、价值观、企业精神、道德规范、行为准则、历史传统等，其中价值观是企业文化的核心。为了促进大数据治理的成功实施，企业管理者应该努力营造一种重视数据资产、充分挖掘数据价值的企业价值观，可以称为"数据文化"。本案例中，该企业就在数据治理的过程中逐步完成了数据文化的升级。

这种"数据文化"具体体现在以下三个方面。

（1）培养一种"数据即资产"的价值观。在本案例中，该企业最初的数据纯粹是数据，报表提交给管理者之后，就没有其他作用了。但是当多种数据融合，能够让企业的管理者重新认识产品，了解客户需求，优化营销，那么数据就变得有价值了，数据成为一种资产，它可以交易、合作、变现。从比较规范的角度，可以把数据资产看作能够给企业带来经济收益的数据资源。大数据治理就需要企业倡导这样的价值观——从发挥价值的角度，重新审视企业的数据资源。培养"数据即资产"的企业价值观，可以发现新的大数据治理的需求，引导大数据治理实施工作的开展。

（2）倡导一种创新跨界的企业文化。以往的企业经营，注重发挥人力、物力、财力资源的价值，而大数据治理则启发员工和管理者充分发挥数据的价值，推动新业务的产生和发展。实施大数据治理的企业，应倡导创新跨界的企业文化，启发员工和管理者从创新跨界的角度，发挥数据资产的价值，触发产品创新和服务创新。

（3）倡导建立"基于数据分析开展决策"的企业文化。对企业的决策者和管理者而言，大数据治理需要建立一种"基于数据分析开展决策"的管理规范，这种企业文化能够引导、号召企业的决策者和管理者有意识地建立这样的管理规范，促进大数据应用活动的开展。

2. 组织架构和岗位职责

实施大数据治理需要建立完善的组织架构，本案例企业在实施大数据治理过程中，就制定了较为完善的组织架构，包括：定义大数据治理的规章制度，定义大数据治理的岗位职责，建立大数据治理委员会，建立大数据治理工作组，确定大数据责任人等内容。组织架构在大数据治理过程中的重要性已经成为大数据治理的关键。

大数据治理组织架构要实现由无组织向临时组织，由临时组织向实体与虚拟结合的组织，最终发展到专业的实体组织。企业必须建立大数据治理组织架构，设立各类职能部门，加强大数据治理的专业化管理，并建立起专业化的大数据治理实施团队。在顶层成立由高层管理人员、信息管理部门和业务部门主要负责人组成的大数据治理委员会；中间层成立大数据治理工作组，主要由各业务部门业务专家、信息部门技术专家、数据库管理专家组成；最底层成立大数据治理实施小组，主要由各信息系统项目组成员、大数据治理项目组成员组成。

当前，实施大数据治理的组织多以临时组织的方式存在，这样的组织类似于项目部，对企业来说，组织机构的建立和培养上没有连续性，缺少数据管理经验和知识的有效传递与积累；随着大数据治理工作的推进，要求在大数据治理中建立有权威性、实体存在的组织架构，且要求能够在企业中一直存在并持续发展壮大。在本案例企业的组织架构中，大数据治理工作组已经形成了一个常态的组织架构，与业务部门一样开展日常工作。

伴随着组织架构的发展，岗位专业化是大数据治理发展的必然趋势。在大数据治理的要素之中，人是大数据治理工作的执行者，即使组织架构设立再合理，如果人的岗位职责不明确，那么也会造成职责混乱，执行者无所适从，工作效率低下。大数据治理需要整个治理团队协同工作，每个岗位既要完成自己职责范围内的工作，又要与其他岗位进行良好的沟通和配合。

3. 标准和规范

大数据标准和规范的制定是实现大数据治理标准化、规范化，以及实现数据整合的前提条件，也是保证大数据治理质量的前提条件。

标准不是一成不变的，会因为企业管理要求、业务需求的变化而变化，也会因为社会的发展、科学的进步而不断地变化，这就要求企业对标准和规范进行持续的改进和维护。

大数据标准包括数据标准和度量标准两类。企业制定大数据标准是实施大数据治理工作的前提，因为大数据企业在开展大数据治理工作后，对于工作结果的考核和验收，都需要标准和规范的辅助。

数据标准是大数据标准化和规范化工作的核心。通常情况下，本案例企业在进行大数据治理时，就是从大数据标准管理入手，按照既定的目标，根据数据标准化、规范化的要求，整合离散的数据，定义数据标准。数据标准是度量标准的基础。

大数据治理实施过程中的度量标准也是不可缺少的。度量标准是用来检查实施过程是否偏离既定目标，度量治理的成本及进度。度量标准是大数据治理过程中，评估原有数据价值，监控大数据治理执行，度量大数据治理效果的关键因素。原有数据的价值如何，企业需要花费多大的成本实施大数据治理，解决这些问题都需要能够度量大数据价值的标准，按照度量后的原有数据价值，确定数据的重要性优先级，以确定对大数据治理的投入。同时，大数据治理效果也需要度量标准来检验。通过对治理效果的度量、分析，主动采取措施纠正，改善大数据治理的工作。

4. 合规管理和控制

在大数据治理实施的过程中，该企业有意识地实施大数据治理的合规管理和控制，为治理的顺利实施打下基础。大数据治理实施过程有其通用性，逐步总结其中的共性问题，并逐步建立实施过程的合规管理和控制体系,可以保证实施过程效率更高、结果更好,逐步形成多重控制相互作用、共同管控的治理状况。在本案例企业实施过程中,大数据治理的控制主要包含以下两种方式。

1) 流程化控制

流程化控制是大数据治理实施最普遍的控制方式,发展至今,流程化控制演变成为多元化的流程控制。为了加强大数据治理的流程化控制,不仅有数据业务上的控制,也有数据技术上的控制,还有数据逻辑上的控制。

2) 工具化控制

当今信息化技术飞速发展,支撑大数据治理实施的工具不断涌现,通过软件工具进行控制也是大数据控制的一种方法,这种控制方法能够严格执行既定的控制要求。大数据治理实施的软件工具是对大数据治理的有效支撑和辅助,采用成熟、先进、科学的大数据治理的软件工具,可以高效、规范地实施大数据治理,是大数据治理工作成功的关键。

13.3.7 实施阶段

结合项目管理的一般规律,本案例企业大数据治理实施阶段以及重点见表13.2。

表13.2 大数据治理实施阶段以及重点

序 号	大数据治理实施的阶段	大数据治理实施各阶段的重点
1	机遇识别	企业文化、组织架构和岗位职责
2	现状评估	标准和规范
3	制订阶段目标	实施目标
4	制订实施方案	组织架构和岗位职责
5	执行实施方案	合规管理和控制、标准和规范
6	运行与测量	合规管理和控制、岗位职责
7	监控与评估	标准与规范

13.4 国内大型合资石化公司的大数据治理

E公司ERP系统自2002年开始建设,借鉴了合资中外双方股东C集团和B集团的先进管理经验,在主数据、组织架构、业务流程等方面,均按照合资公司特点进行方案的设计和实施,于2004年底建设完成后投入使用至今,随着业务的发展不断完善和优化,因此与C集团下属的其他炼化企业存在较大差异,主要体现在如下几个方面。

(1) 主数据。该公司未纳入C集团ERP大集中管理,物料主数据、会计科目、客户供应商等各类主数据均采用该公司自有的编码体系,由相关的各业务部门在系统中进行维护。主数据字段基本采用ERP系统标准字段,较少通过增强技术扩展自定义字段。由于主数据的不同,无法满足总部的报表分析和穿透查询要求,同时也无法满足与其他炼化企业对标分析、提升管理的要求,因此基本采用手工汇总方式向总部上报数据。

（2）组织架构。该公司是按照简单、高效的原则进行组织架构的设置，很多部门均履行一个以上的管理和业务职能，组织架构扁平，人员精减，因此在部门设置、岗位职责分工上与总部的其他炼化企业也存在较大差异。

（3）业务流程。该公司与其他C集团炼化企业不同，属于产供销一体化企业，业务流程精简，重点考虑如何打通上下游，建立了高效、灵活的跨部门团队协作机制。其从客户需求出发，进行产销协同，在满足客户需求的同时实现股东利益最大化。

2017年10月股权变更后，集团总部对该公司财务核算、信息披露、合规性和风险控制等方面提出了更高要求。由于上述几个方面的特殊性，该公司的ERP系统无法满足总部的管理要求，因此迫切需要对其ERP系统及经营管理系统整合改造，以满足总部的管理要求。

13.4.1 系统整合和治理目标

该公司ERP系统及经营管理系统整合改造项目的主要建设目标有以下几个。

（1）满足集团财务政策、制度管控要求，实现主数据标准化、会计核算标准化、报表指标规范化，实现按总部财务指标出具报表以及穿透查询。

（2）满足企业市场化运营管理要求，保持E公司市场为导向、业务为驱动的运行机制不变，同时保留E公司管理特色，确保E公司生产经营管理日常活动的稳定性、连续性。

（3）根据各部门提出的需求，对E公司现有的业务应用进行优化提升，利用ERP大集中模板持续改进和优化E公司现有业务流程。

建设内容主要包括如下六个方面。

（1）在满足C集团财务政策及制度管控前提下，保留E公司管理特色，在总部ERP服务器集群中划分X86系统搭建E公司ERP系统，作为ERP大集中炼化板块的一部分。

（2）满足总部管控要求，通过信息化标准管理系统功能，统一数据入口，为ERP系统以及其他系统提供唯一的数据源，保证数据的及时性、一致性。其具体表现在：统一和规范E公司各类主数据，实现主数据的标准化；遵照C集团财务核算标准化要求优化财务报表上报流程，按总部和事业部统一报表逻辑定义企业财务报表指标，保证报表分析维度和口径的一致性，实现报表穿透查询、自动取数和出具功能。

（3）实现ERP大集中成果的复用，完成ERP系统中财务管理（FI）、成本控制（CO）、资产管理（AM）、基金管理（FM）、物资供应管理（MRO）、物料管理（MM）、质量管理（QM）、后勤执行（LE）、仓储管理（WM）、生产计划（PP）、销售分销（SD）、设备管理（PM）、项目管理（PS）、人力资源（HR）14个业务模块的实施。

（4）完成标准化信息管理系统（MDMS）、易派客系统（EPECS）、物装BW（数据仓库）系统、财务报表系统（FIRMS）、关联交易平台5套总部统推经营管理系统的实施。

（5）完成ERP系统与总部统推5套系统以及E公司18套自建系统的集成优化。

（6）在支撑企业业务市场化运营管理的同时，保留E公司业务管理特色功能，主要包括电子银行、费用预算控制、设备专业化管理、人事管理市场化、供应商协同管理、客户管理一体化、物流运输自动化等功能。

13.4.2 系统整合与治理难点

E 公司 ERP 系统整合改造项目的难点主要体现在如下几个方面。

（1）E 公司与其他 C 集团炼化企业不同，是一家产供销一体化独立运营的企业，在集团内部还没有能完全满足 E 公司需求的可复用的模板。

（2）E 公司组织架构扁平，人员精减，流程短，既要不影响总部管控要求、合规性，又要不影响现有组织架构设置，不增加公司岗位和人员编制。

（3）项目既要满足总部的统一性要求，又要保持 E 公司的特色，在统一性与保持特色之间进行平衡，实现共性和特性的有机统一。

（4）新 ERP 系统是基于总部的大集中模板进行修改完善。在保留 E 公司特色的同时，不能对使用大集中模板的其他企业造成影响。

（5）E 公司 ERP 系统与 18 套业务系统存在数据接口，如客户关系管理系统、物流系统、电子银行系统等，同时需要与总部的 5 套系统进行对接，如 MDMS、EPECS、FIRMS 等，在系统设计中预留接口，既要满足过渡之需，又要考虑长远需求，实施难度高。

（6）ERP 系统整合改造项目进行的过程中，周边 18 套外围系统接口需要同步调整，配套的网络改造和信息安全的加固也在同步进行，项目和项目之间关系错综复杂，涉及承包商和内部用户人员众多，项目的协调和管理工作难度巨大。

（7）部分员工担心系统整合后，管理和流程的改变会增加工作负担、改变操作习惯，存在一定的矛盾和抵触情绪。需要在项目过程中加以正确引导，使其转变思路，保证项目工作能够顺利推进。

13.4.3 创新性做法

ERP 系统整合批准立项后，公司领导班子高度重视，成立了以财务总监为组长、各业务部门的一把手为成员的项目领导小组，负责项目整体方向把控和重大问题决策、资源协调等工作。成立 IT 部门牵头、以各部门业务骨干为关键用户的项目实施组，负责项目的具体管理和实际执行工作。聘请 F 公司有丰富经验的顾问组成项目的实施团队，负责项目方案设计和实施落地工作。同时在项目实施过程中获得了总部相关管理部门的大力支持，以及周边 18 套接口系统的供应商团队的紧密配合，保证项目目标的顺利实现。并探索了 C 集团信息系统治理模式与企业股权变更有效匹配。E 公司数据治理包括三个方面的创新。

1. 数据治理模式创新

主数据标准化是本项目的重点工作之一。因为要实现按总部和事业部统一报表逻辑定义企业财务报表指标，保证报表分析维度和口径的一致性，实现报表穿透查询、自动取数和出具功能，主数据标准化是前提条件。因此在数据治理模式上采用了本地经营管理数据与总部主数据管理相匹配的创新模式。

E 公司原 ERP 系统包含物料、供应商、客户、会计科目等各类主数据 100 多万条，都是按照自定义规则进行编码，比如物料主数据 E 公司是 8 位流水码，总部是 16 位编码，差异非常大,所以要把系统中的12万条物料主数据整理出来,逐条确认分类,填写模板,将物料编码转换为符合总部标准的编码,这是一项非常艰巨的任务。

为了保证项目质量和进度,项目组成立了主数据整理团队,由F公司主数据顾问、E公司生产部各专业工程师组成。在3个多月的时间里,所有成员集中办公,制定了详细进度跟踪表,具体任务落实到人,每天更新进度,确保主数据的整理工作按时完成。

2. 一码多物方案

在按C集团MDM模板进行物料主数据标准化的过程中,发现多个物料对应MDM一条物料编码,有5 000多个物料号。其主要原因是,这些物料的某些特性值和规格不同,该公司以前是作为不同的物料进行管理,但MDM模板不包含这些特性值和规格,所以在MDM系统申请这些物料主数据时,只能申请到一个物料编码。

一码多物情况的存在,导致物料在使用中的诸多问题,影响从需求提报、MRP(物料需求计划)运行到采购、库存管理、领料等一系列的业务操作。如何保证既符合总部主数据编码标准化要求,又能满足该公司物料主数据实际使用过程中的需求,这是一个难题。

为了解决这个难题,顾问公司与该公司用户进行了头脑风暴,经过多次讨论和在系统中的测试验证,最终提出在ERP系统中对于一码多物的情况用物料附码的方式解决。

其中一码代表的物料数量,表示该物料所包含的附码数量。通过建立自定义表,规定一码多物物料的附码及对应特性值,自定义表中MRP采购类型通过功能增强实现,保证MRP运行的准确性。

如图13.15所示,在创建维修工单时,系统自动为这种一码多物物料增加一个标签页"物料附码",要求用户必须选择需要的物料附码。选中后将物料附码内容填写在该标签页,同时将物料附码内容自动写入"长文本"。

A	B	C	D
物料编码	物料附码	阀门技术位号	阀门介质
4601020086201105	A	GUA01	ORMAL FLUID
4601020086201105	B	GUA03	YDRO

图13.15 主数据附码示例

计划订单转采购申请,同时也增加一个标签页"物料附码",要求必须选择"物料附码",并将选中物料附码内容填写在标签页。生成采购申请时,系统自动将"物料附码"特性值带入"物料本地备注",在已有的"客户数据"标签页中增加"物料附码"字段,将计划订单中确认的物料附码写入。转采购订单时,系统自动将采购申请"物料本地备注"写入采购订单"物料本地备注",并将物料附码写入采购订单客户数据。

采购收货时,通过功能增强,系统自动将采购订单"物料附码"写入"企业个性1";"物料本地备注"写入物料批次"企业个性2"。领料单打印时,同时打印出工单上的物料附码及特性长文本。扫码发货时,在条码上显示物料附码及特性值,参照领料单备注特性值确认发货批次,库存报表增加物料附码及特性值。

通过使用物料附码的方案,完美地解决一码多物的问题,既满足了总部主数据标准化的要求,实现报表的穿透查询,又保持了该公司原本的业务特色。

3. 主数据系统自动对接

系统整合前,该公司客户和供应商的主数据创建分别是通过 CRM 系统和电子审批系统进行申请,审批通过后,通过标准中间件接口自动同步到 ERP 系统中,如图 13.16 所示。

客户主数据申请原流程

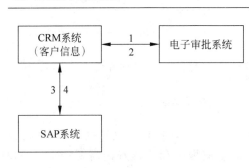

1. CRM系统中录入新增或变更客户信息(基本信息、公司信息、销售信息息、冻结信息等)后,将此信息提交到电子审批系统。
2. 电子审批系统审批已提交的客户信息,将审批结果反馈至CRM系统。
3. CRM系统接到电子审批系统反馈的审批结果后,将已审批通过的客户信息集成到SAP系统中,在SAP系统中建立客户档案或进行信息修改、冻结等操作。
4. SAP系统反馈处理结果至CRM系统。

图 13.16 客户主数据申请原流程

客户主数据的变更在 CRM 系统发起,该公司的客户服务人员和业务人员可以通过移动端(手机、iPad 等)及时填写客户信息,然后将信息同步到电子审批系统中进行审批,审批通过后,从 CRM 系统同步到 ERP 系统。

ERP 系统整合改造后,需要通过总部的 MDM 系统申请客户和供应商的主数据,保证数据一致性。如果在 MDM 系统上进行申请,如何保持该公司特色,在满足标准化的前提下,不增加用户的工作量、减少出错、保证效率呢?

方案的难点是需要切断 CRM 系统与 ERP 系统中主数据的标准中间件传输链路,CRM 系统客户数据通过 MDM 系统统一审批后分发到 ERP 系统,标准 CRM 系统通过 GUID(全局唯一标识符)统一管理,切断标准中间件链路会导致 CRM 系统与 ERP 系统的 GUID 不一致,并且其他项目未曾实施过这类方案,数据传输的准确性有待验证。项目组设计了多套集成方案,经过测试,最终形成 CRM 系统设置增强自动更新 GUID,保证 CRM 系统与 ERP 系统的 GUID 一致,不对客户订单等产生影响。同时获得了总部主数据管理部门的支持与肯定,实现了三个系统的自动对接,优化了流程,提高了效率,如图 13.17 所示。

类似地,供应商主数据也实现了电子审批系统与 MDM 系统的自动对接,实现了主数据的一次创建,各系统之间的自动同步,极大地提高了效率,充分体现了系统为人服务的原则。

13.4.4 实施效果

ERP 系统整合改造项目的成功上线,标志着该公司融入 C 集团大家庭,满足总部集中管控的要求,以及按总部财务指标出具报表以及穿透查询的管理要求;同时又保持了业务特色,确保生产经营管理日常活动的稳定性、连续性。利用 ERP 大集中模板改进和优化 E 公司现有业务流程,为今后的降本增效、资源共享和持续发展打下了坚实的基础。

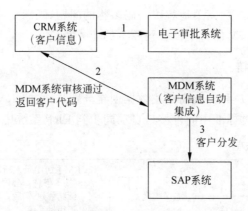

- MDM系统与企业自建系统（CRM系统、电子审批系统）做数据交互集成，需报总部审核。

图 13.17　客户主数据集成方案

实现主数据标准化、会计核算标准化、统一了会计科目及其辅助项目，并将会计科目的增减变动纳入总部统一管理，满足总部自动生成报表和穿透查询需要；统一了公用工程业务的财务流程和财务主数据，实现公用工程核算产品化；统一了成本结算方式，由成本收集器改为订单式管理；清理了系统中的不规范数据和垃圾数据，整理并规范各类主数据共110.5万条，实现数据标准化，满足总部的管理和控制要求。

本章小结

石化企业因为在规模、所有制、系统数据现状等方面存在较大差异，其大数据治理面临的实际问题和采用的解决方案也千差万别。本章提供的四个案例，覆盖了千亿级国有大型企业、跨国石油公司、国内精细化工公司和国内大型合资石化公司等典型场景，涉及石化企业大数据治理目标识别方法、数据治理框架、数据治理组织架构、数据治理实施流程和策略、数据治理平台选用方法、数据入湖策略等关键问题，具有一定的代表性。这四个案例，可以帮助学生更好地理解石油化工企业在大数据治理方面遇到的实际问题，培养学生提出分析企业大数据治理目标、难点、框架、组织架构、平台选型、实施流程和实施策略的能力。

思考题

1. 阅读案例一，简述建设专职实体数据治理组织对于 A 集团的作用。
2. 阅读案例一，简述 A 集团在 H 公司和 G 公司的数据治理成功案例中可借鉴和复制之处。
3. 阅读案例二，简述石油公司引入大数据治理需要哪些必要的步骤。
4. 阅读案例二，简述如何评估一个公司的数据治理成熟度水平。
5. 阅读案例三，简述该精细化工集团企业的大数据治理实施步骤及其遵循的原则。
6. 阅读案例三，简述该精细化工集团企业在实施大数据治理时所重点关注的方面。
7. 阅读案例四，简述数据标准化对于 E 公司在大数据处理上的意义。
8. 阅读案例四，简述 E 公司将从哪几个方面实现主数据标准化。

即测即练

第 14 章
医疗大数据治理

思维导图

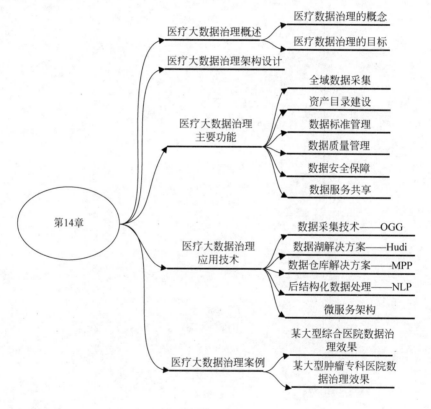

内容提要

随着政策的加持和医疗行业需求的推动,医疗数据呈现爆发式增长,医院建设了不少服务于具体业务的应用信息系统,这些系统满足了患者、医护人员、医院管理的需求,但也造成了医院烟囱式的数据环境,这些业务系统相互之间数据标准没有统一,数据接口错综复杂,系统间的耦合程度高,数据质量问题不能及时稽查整改,大量的数据资产沉积在医院数据库里得不到有价值的利用。因此,在复杂的大数据环境下,医院需要做好全域数据采集、资产目录建设、数据标准管理、数据质量管理、数据安全保障、数据服务共享等数据治理工作,以便更好地整合医院数据资产,服务好临床、运营和科研等领域。

本章重点

- 全域数据采集。
- 资产目录建设。
- 数据标准管理。
- 数据质量管理。
- 数据安全保障。
- 数据服务共享。

14.1 医疗大数据治理概述

政策对医疗健康大数据的推动、医疗行业对大数据应用的需求、医疗数据的爆炸式增长、公共医疗管理数据的聚合、医疗数据分析技术和工具的进步等一系列因素共同促成国内医疗大数据的发展。然而,我国的医疗大数据发展仍处于早期阶段,各大医疗机构的信息资源基本还是躺在数据库中"沉睡",仅满足窗口式业务,对于医院科研、运营、临床分析等需求是极大的阻碍。由于数据收集、存储、整合、管理不规范,数据利用率不高;加之跨部门、跨机构数据共享机制缺失,直接影响到大数据的有效利用,"信息孤岛"现象普遍。

根据行业信息化发展的现状,结合当今医疗行业数据治理的要求,医疗机构现阶段数据管理方面存在以下不足。

(1) 多系统分散建设,没有规范统一的数据标准和数据模型。各组织机构和部门为了各自的需求建立各自的信息系统,使得数据分散在不同的部门和信息系统中,缺乏统一的数据规划、可信的数据来源和数据标准,导致数据不规范、不一致、冗余、无法共享。

(2) 信息系统建设和管理职能分散在各部门,致使数据管理的职责分散,权责不明确。数据多头管理,缺少专门对数据管理进行监督和控制的组织。组织机构各部门关注数据的角度不一样,缺少一个组织从全局的视角对数据进行管理,导致无法建立统一的数据管理规程、标准等,相应的数据管理监督措施无法得到落实。组织机构的数据考核体系也尚未建立,无法保障数据管理标准和规程的有效执行。

(3) 缺乏统一的数据质量管理流程体系。当前数据质量管理由各组织和部门分头进行,跨科室的数据质量管理沟通机制不完善;缺乏清晰的跨科室的数据质量管控规范与标准,数据分析随机性强,存在业务需求不清的现象,影响数据质量;数据的自动采集尚未全面实现,处理过程存在人为干预问题,很多部门存在数据质量管理人员不足、知识与经验不够、监管方式不全面等问题;缺乏完善的数据质量管控流程和系统支撑能力。

(4) 数据全生命周期管理不完整。目前,大型医疗机构,数据从产生、使用、维护、备份到过时被销毁的生命周期管理规范和流程还不完善,不能确定过期和无效数据的识别条件,且非结构化数据未纳入数据生命周期管理的范畴;无信息化工具支撑数据生命周期状态的查询,未有效利用元数据管理。

(5) 缺少统一的主数据。组织机构核心系统间的人员等主数据信息并不是存储在一个独立的系统中,或者不是通过统一的业务管理流程在系统间维护。缺乏对医院各业务系统主数据的管理,无法保障主数据在整个业务范围内保持一致、完整和可控,导致业务数据正确性无法得到保障。

14.1.1 医疗数据治理的概念

医疗数据治理是指将医疗数据作为医疗组织资产而开展的一系列具体的数据处理工作,是对医疗数据的全生命周期管理。

14.1.2 医疗数据治理的目标

医疗数据治理的目标是提高医疗数据的质量(准确性和完整性),保证医疗数据的安全性(保密性、完整性及可用性),实现医疗数据资源在各组织机构部门的共享;推进信息资源的整合、对接和共享,从而提升医疗机构信息化水平,充分发挥信息化作用。

成熟的医疗大数据平台,应该面向医疗业务场景重点开展数据治理,包括大数据采集、元数据资产、数据安全、数据质量、主数据和数据生命周期等环节。在数据采集、数据挖掘、数据治理等关键环节,根据医疗大数据特性来遴选相关技术,特别是要符合医疗机构实际情况,从业务、模型、物理资源等各方面综合评估,选择合适的大数据技术和架构。

14.2 医疗大数据治理架构设计

医疗数据治理架构分基础层、数据层、治理层、应用层,同时数据标准规范管理和数据安全管理贯穿数据治理的整个流程,形成闭环管理,如图14.1所示。

基础层包括医院的服务器、存储、终端、网络设备等。

数据层解决从各种异源、异构的业务源数据中自动化采集数据的问题,支持不同类型数据库引擎,如 HBase 引擎、Hive 引擎、SQL Server 引擎等;针对实时数据,医疗大数据平台通过 CDC(change data capture,变化数据捕获)同步数据,基于日志捕获技术实现实时增量数据的同步;针对离线数据,通过异构数据源离线同步工具 DataX,实现跨平台、跨数据库的不同系统的数据同步,支持 SQL Server、Oracle、MySQL 等数据库的离线同步。通过 CDC 及 DataX 实现全量的"热"数据中心。

治理层基于海量多源异构医疗大数据,在完成数据收集后,按照统一的标准进行数据清洗,围绕数据应用场景进行加工,将汇聚整合的数据和国际、国内、行业医学术语进行比对,统一格式转换为标准化的数据。但在实际应用中,采集汇总的可信数据仍然可能出现质量问题。因此需要采用健康医疗数据质量管理工具,进行数据逻辑校验规则管理,并根据汇总数据的修正情况,对接入业务应用系统的数据质量进行可信度评价管理,实现可信度升、降级,最终确保各数据的最高可信来源,提高汇总数据的质量,保证数据的完整性、准确性、一致性、关联性、规范性、及时性、有效性等。

应用层基于治理层,建立包括辅助诊断、精细化管理、精准医疗、临床科研、深度挖掘增值服务等方面的数据应用系统,为精准医疗、智慧医疗和转化医学等服务。

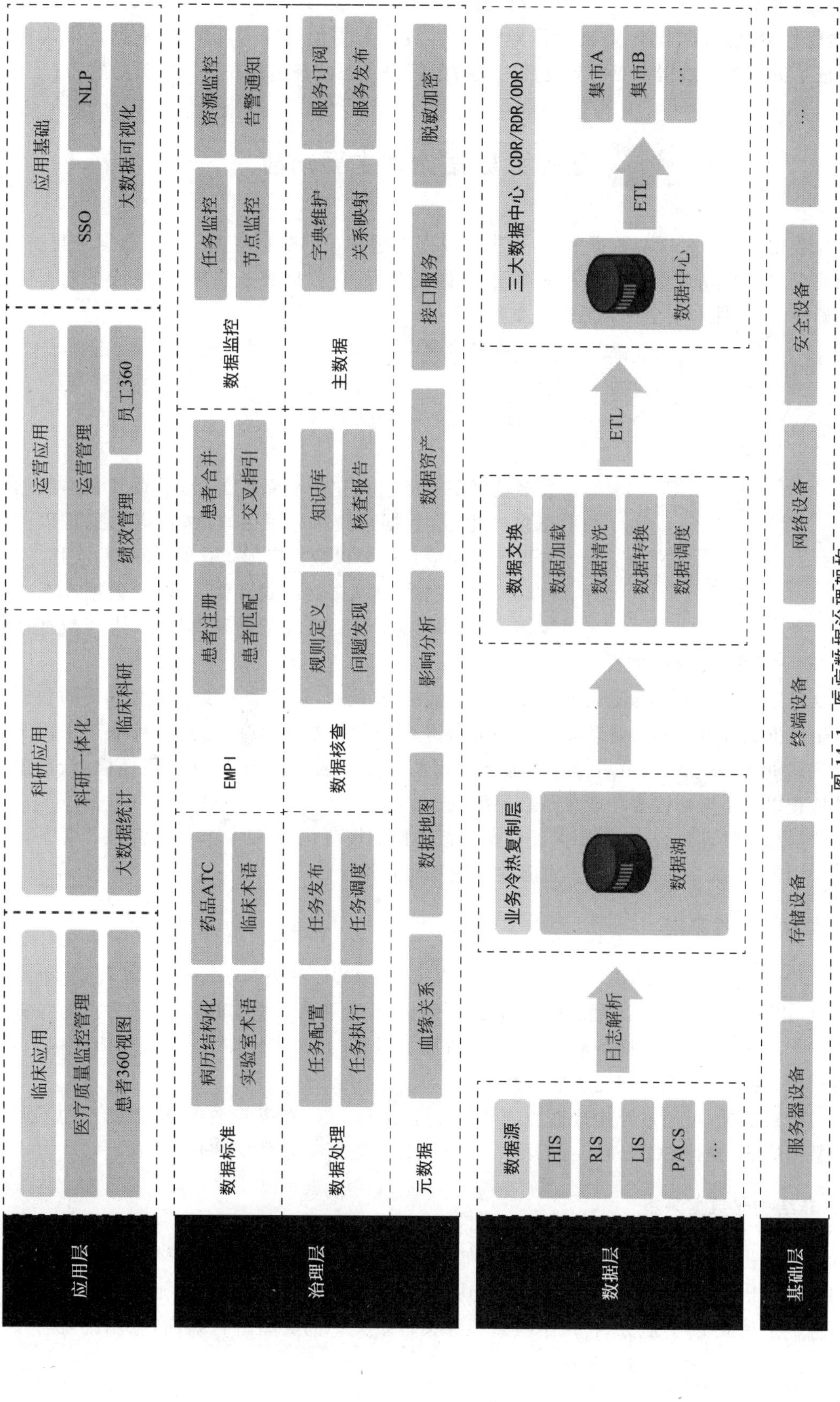

图 14.1 医疗数据治理架构

贯穿数据始末的是数据安全管理及数据标准规范管理，数据安全管理提供分类分级管控、权限管控、敏感数据监控、数据操作异常行为监控、数据加密等工具服务，数据标准规范管理保证了健康医疗数据中心的规范性、共享性，解决了医院普遍存在的数据孤岛的痛点。

14.3 医疗大数据治理主要功能

医疗数据治理平台围绕数据中心，提供了数据治理相关的数据应用：全域数据采集、资产目录建设、数据标准管理、数据质量管理、数据安全保障、数据服务共享等，保证了数据中心的准确性、稳定性和安全性，如图14.2所示。

医疗数据治理主要功能有以下几个模块。

14.3.1 全域数据采集

图 14.2 医疗数据治理应用

大多数医院业务信息化厂商系统繁杂，导致其真实数据的形态多样化，给数据采集带来很大难度，使得数据难以汇聚。常规的诊疗信息主要以数据库形式存储，而一些文档、图片、影像等医疗数据，则以文件形式存储。另外，数据库系统种类较多，且版本多样，需要有规范的采集技术，进行数据捕获和同步。

需要采用智能化的数据整合流程ETL，即抽取-转换-加载技术手段解决。采集的数据要按卫生数据元标准体系的管理要求重组并补充各类数据描述信息，通过各种加工手段丰富基础数据资源的构成，满足后续各类业务应用的需要。数据清洗、数据完整性检查、数据正确性检查以及错误修改等功能也是必要组成。

在数据加工处理过程中，需要保证数据加工操作的规范化、自动化和可追溯性。每条数据应该采用标准、统一的方式生产，并且生产过程可追溯。

1. 结构化数据采集

针对传统关系型数据库，如DB2、Oracle、PG、MySQL、SQL Server等，可利用OGG(Oracle GoldenGate)的方式对数据库日志进行解析，实现业务数据实时同步，该方式对业务生产库不产生任何影响，数据落地数据湖后，增加了增量时间戳和isDelete(是否删除标识)等数据标记，为下游数据处理提供准确性保障。

针对离线数据，可通过异构数据源离线同步工具DataX，实现跨平台、跨数据库的不同系统的数据同步，支持SQL Server、Oracle、MySQL等数据库的离线同步。

2. 非结构化数据采集

针对业务生产库存在的非结构化数据，如图片、视频、Excel/Word/PDF等文件数据，采用FTP/HTTP(文件传输协议/超文本传输协议)等方式同步到数据平台。通过在业务系统文件服务器上建立FTP服务，将医学检查影像文件按照不同类型进行判断，利用医院与平台之间的专网进行传输,实时写入平台的 HDFS,为后续文件数据的解析提供统一的存储和访问接口。

3. 数据湖

海量异构业务数据同步到平台后,面临两大挑战:一是结构化数据和非结构化数据存在不同的数据格式,如何进行统一存储,并提供统一的查询和计算引擎对数据进行分析和挖掘。二是海量数据存储后,计算和存储资源如何实现灵活、快速扩展。这些挑战可以通过构建数据湖的方式解决。

数据湖技术解决了海量医疗数据的统一存储和访问问题,为后续数据治理提供了查询、计算、挖掘等能力支撑。

4. 临床数据中心

临床数据中心(CDR)是医院大数据的核心组成部分,通过对各类临床数据进行标准化、结构化的表达、组织和存储,以及在此基础上开放各种标准的、符合法律规范和安全要求的数据访问服务,为医院的各类信息化应用提供一个统一的、完整的数据视图,最终实现辅助改善医疗服务质量、减少医疗差错、提高临床科研水平和降低医疗成本等主要目标。随着对医疗质量的要求不断提高,新的临床应用也会不断涌现,因此建设临床数据中心对于实现这些应用扩展是非常必要的。

在建立临床数据中心的过程中,标准化是一个非常重要的问题。标准化的数据类型、标准化的信息组织结构、标准化的医疗术语集、标准化的数据访问服务能够满足各种应用系统的临床数据需求,最大限度地支持不同系统之间的语义互操作,从而构建统一的医疗信息环境。临床数据中心构建图如图 14.3 所示。

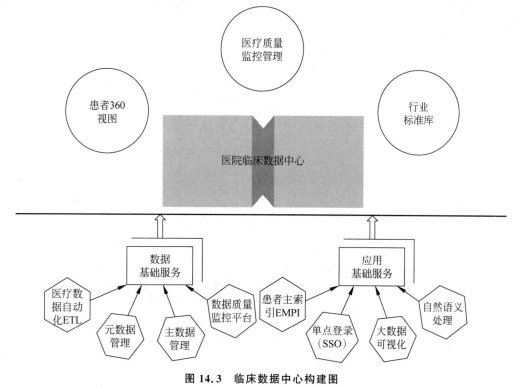

图 14.3 临床数据中心构建图

参考国际 HL7 标准和《电子病历基本数据集》《卫生信息数据元目录》《电子病历共享文档规范》《健康档案共享文档规范》《妇女保健基本数据集》《儿童保健基本数据集》《医院人财物运营管理基本数据集》《全国医院信息化建设标准与规范（试行）》《国家医疗健康信息医院信息互联互通标准化成熟度测评方案》等标准与规范，将临床活动产生的所有数据通过 ETL 技术进行抽取、转换、清洗并转存到标准化的 CDR 数据模型中，形成按领域组织、方便利用的临床数据集。

实施数据领域包括患者信息、医嘱、检查、检验、病理、手术、病案、病历、临床路径等，涉及数千个数据字段的采集、清洗、转码、载入工作，涵盖 HIS（医院信息系统）、LIS（实验室信息系统）、RIS（放射科信息系统）、NIS（网络信息服务）、CPOE（医嘱录入系统）、EMR（电子病历）等各类业务系统，异构数据库涵盖 SQL Server、Oracle，数据时间范围包括信息化以来的历年数据及实时数据等。

临床数据中心至少整合、清洗包括以下领域数据元（表 14.1）。

表 14.1 临床数据中心数据域

序号	数据领域	相关数据源
1	患者管理域 （patient administration）	患者基本信息 挂号信息 出入院登记信息 诊断信息 接诊信息
2	医嘱域 （orders）	门诊药品处方 门诊检查处方 门诊检验处方 门诊治疗处方 门诊手术处方 住院药品医嘱 住院检查医嘱 住院检验医嘱 住院手术医嘱 住院护理医嘱 住院输血医嘱 住院治疗医嘱 住院膳食医嘱
3	实验室域 （laboratory）	申请登记信息 标本信息 临检及生化报告 微生物报告 病理报告
4	观察域 （observations）	观察报告 生命体征观察信息 过敏信息观察信息

续表

序号	数据领域	相关数据源
5	病历域 (CDA)	病历主数据 病历分段数据 病历样式数据 病历全文索引 非结构化病历数据 医院门诊病历
6	病案域 (medical record)	病案首页 病案诊断 病案手术
7	手术域 (surgery)	手术登记 手术记录 手术诊断 手术麻醉信息 术后苏醒信息 手术参与人员
8	护理域 (care provision)	医嘱执行记录 护理提供记录 不良反应记录

5. 运营数据中心

医院日常经营及管理过程中的运营情况、运管数据等主要集中在信息部门及其他各类职能科室中,部分职能部门基于相应辅助软件进行日常的运营管理工作。但多数医院目前运营管理制度、流程规范缺乏统一梳理监管,数据标准未完全统一,同时数据使用率不高,数据挖掘及数据分析层面效率不高。为了提高医院运营管理效率,实现运营管理数据的有效利用与分析,需建立有统一标准、按领域组织的医院运营数据中心(ODR)。

运营数据中心通过对各类运营数据进行标准化、结构化的表达、组织和存储,以及在此基础上开放各种标准的、符合法律规范和安全要求的数据访问服务,为医院的各类信息化应用提供一个统一的、完整的数据仓库,最终实现辅助改善运营。运营数据中心构建图如图14.4所示。

参考国际HL7标准和《电子病历基本数据集》《卫生信息数据元目录》《电子病历共享文档规范》《健康档案共享文档规范》《妇女保健基本数据集》《儿童保健基本数据集》《医院人财物运营管理基本数据集》《全国医院信息化建设标准与规范(试行)》《国家医疗健康信息医院信息互联互通标准化成熟度测评方案》等标准与规范,将管理活动产生的所有数据通过ETL技术进行抽取、转换、清洗并转存到标准化的ODR数据模型中,形成按领域组织、方便利用的管理数据集。

实施数据领域包括人事、物资、费用、药房等,涉及数百个数据字段的采集、清洗、转码、载入工作,涵盖HIS、人事、物资、设备等业务系统,数据时间范围包括信息化以来的历年数据及实时数据等。

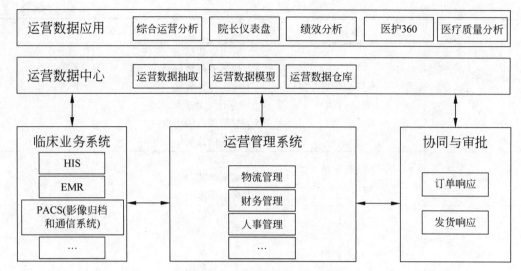

图 14.4 运营数据中心构建图

ODR 数据领域及数据源至少包括表 14.2 所示的领域数据元。

表 14.2 运营数据中心数据域

序号	数据领域	相关数据源
1	账务与计费 (account and billing)	门诊费用总 门诊费用细 住院费用总 住院费用细
2	服务者管理 (personnel management)	组织 人员 薪酬 角色 职位 职责 特权 资质 工作场所 证书 培训 考试 晋升 科教
3	资源 (resource)	床位 设备 物资 耗材

6. 科研数据中心

建设研究型科研数据库,涵盖科教各领域的数据,实施数据领域有基线数据、随访数据、研究对象、研究人员、课题数据、教学数据、样本数据等,并以此数据库来支撑多中心研究工作的开展。科研数据中心(RDR)构建图如图 14.5 所示。

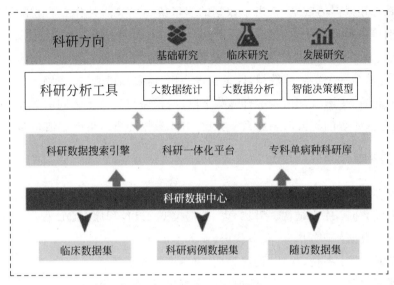

图 14.5　科研数据中心构建图

科研数据中心应包括表 14.3 所示的数据领域。

表 14.3　科研数据中心数据域

序号	数据领域	相关数据源
1	科研病种库	研究对象库 病种库
2	随访信息库	回顾性研究随访信息 前瞻性研究随访信息 分病种随访信息
3	科研样本库	科研样本信息 样本存储位置信息
4	科研项目库	科研项目信息 科研人员信息 科研经费信息

14.3.2　资产目录建设

生产系统中的数据大多含义不清晰、业务属性不明确,数据难以利用,难以发挥出价值。所以医院需要构建元数据资产目录,参考 DAMA 指南从业务、技术、管理三个角度来描述数据资产，帮助医院信息化人员和临床人员知道拥有哪些数据、这些数据放在哪里、这些数据从哪里来到哪里去、分别由谁负责、其中每个数据代表什么、数据生命周期做了哪些内容、如何保证数据的安全性，以及数据的质量如何等，从而让医院的数据摆脱黑盒管理。

1．元数据定义

元数据是描述数据的数据，相当于数据的户口簿。户口簿是什么？它除了包含个人姓名、年龄、性别等各种基本描述信息外，还有这个人和家人的血缘关系，比如说父子、兄妹等。所有的这些信息加起来，构成对这个人的全面描述，也可以称之为这个人的元数据。同样地，如果要描述清楚一个实际的数据，以某张表为例，需要知道表名、表别名、表的所有者、数据存储的物理位置、主键、索引、表中有哪些字段、这张表与其他表之间的关系等。所有的信息加起来，就是这张表的元数据。这么一类比，对元数据的概念可能就清楚多了。

2．元数据类型

元数据通常分为以下类型。
（1）技术元数据：库表结构、字段约束、数据模型、ETL 程序、SQL 程序等。
（2）业务元数据：业务指标、业务代码、业务术语等。
（3）操作元数据：备份、保留、创建日期、灾备恢复预案等。
（4）管理元数据：数据所有者、数据质量定责、数据安全等级等。

根据这些元数据属性，结合业务需求，可以清晰描述医院内部分布在不同服务器上的数据，帮助医院掌握数据地图，从而支撑科研、临床、运营等应用。

3．数据血缘分析和影响性分析

数据血缘分析和影响性分析主要解决"数据之间有什么关系"的问题。

1）数据血缘分析的典型应用场景

某科室人员发现"月度运营分析"报表数据存在质量问题，于是向信息科提出异议，技术人员通过元数据血缘分析发现"月度运营分析"报表受到上游 ODS 层四张不同的数据表的影响，从而快速定位问题的源头，低成本地解决问题。

血缘分析指的是获取到数据的血缘关系，以历史事实的方式记录数据的来源、转化过程等。以某张表的血缘关系为例，数据血缘分析展示信息如图 14.6 所示。

数据血缘分析对于用户具有重要的价值，如：当在数据分析中发现问题数据的时候，可以依赖血缘关系，追根溯源，快速地定位到问题数据的来源和加工流程，减少、降低分析的时间和难度。

2）影响性分析的典型应用场景

某机构因业务系统升级，在"YY_SFBMK"表中修改了字段：TRADE_ACCORD 长度由 8 修改为 64，需要分析本次升级对后续相关系统的影响。对元数据"FINAL_ZENT"进行影响性分析，发现对下游数仓相关的表和 ETL 程序都有影响，信息科定位到影响之后，及

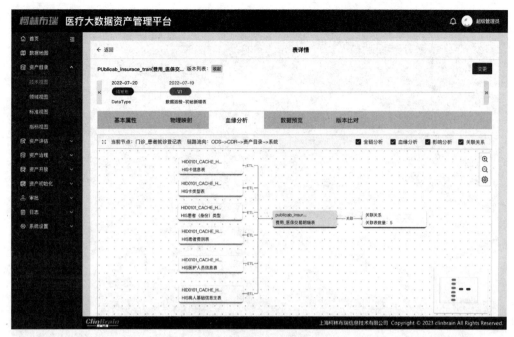

图 14.6 数据血缘分析展示信息

时修改下游的相应程序和表结构,避免了问题的发生。由此可见,数据的影响性分析有利于快速锁定元数据变更带来的影响,将可能发生的问题消灭在萌芽之中。

影响性分析能分析出数据的下游流向。当系统进行升级改造的时候,如果修改了数据结构、ETL 程序等元数据信息,依赖数据的影响性分析,可以快速定位出元数据修改会影响到哪些下游系统,从而减小系统升级改造带来的风险。从上面的描述可以知道:数据影响性分析和血缘分析正好相反,血缘分析指向数据的上游来源,影响性分析指向数据的下游来源。

4. 数据冷热度分析

观察到某些数据资源处于长期闲置,没有被任何应用调用,也没有别的程序去使用的状态,这时候,用户就可以参考数据的冷热度报告,结合人工分析,对冷热度不同的数据做分层存储,以更好地利用 HDFS 资源,或者评估是否对失去价值的这部分数据做下线处理,以节省数据存储空间。

冷热度分析主要是对数据表的被使用情况进行统计,如表与 ETL 程序、表与分析应用、表与其他表的关系情况等。从访问频次和业务需求角度出发,进行数据冷热度分析,用图表的方式,展现表的重要性指数,对于用户有巨大的价值。数据冷热度分析如图 14.7 所示。

5. 数据广度分析

数据广度分析是统计元数据下游影响了多少分析场景,关联关系涉及多少。数据广度分析如图 14.8 所示。

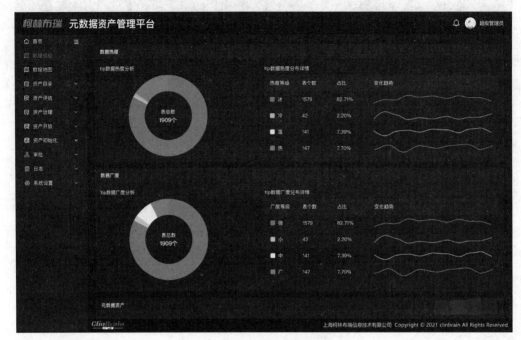

图14.7 数据冷热度分析

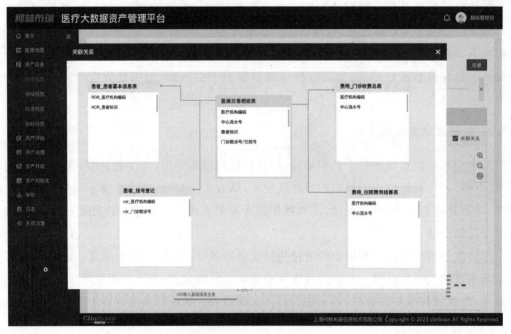

图14.8 数据广度分析

6. 数据地图

数据地图一般用于在宏观层面组织信息,以全局视角对信息进行归并、整理,展现数据量、数据变化情况、数据存储情况、整体数据质量等信息,为数据管理部门和决策者提供参考;地图可切换技术视图、领域视图、指标视图按目录层次展示。数据地图如图 14.9 所示。

图 14.9 数据地图

7. 其他应用

元数据资产管理中还有一些重要功能,如:①元数据变更管理,对元数据的变更历史进行查询,对变更前后的版本进行比对等;②元数据对比分析,对相似的元数据进行比对;③元数据统计分析,统计各类元数据的数量、种类等,方便用户掌握元数据的汇总信息;④元数据成本分析,统计数据的计算成本、存储成本、文件数、ETL 任务数、治理后预计节省成本;⑤元数据自动巡检,对数据采集添加的数据源进行定时自动巡检,及时发现属性变化并做版本迭代处理,形成历史变更记录及日志。

14.3.3 数据标准管理

大量的业务系统,众多厂商的参与,满足了医院窗口式业务,却导致了系统间数据标准的不统一,医院很难找到高质量的数据。可以从交易数据、主数据和参考数据、医学术语、指标数据等方向,将汇聚整合的数据和国际、国内、行业医学术语及标准进行比对,统一格式转换为标准化的数据;建立标准化健康医疗中心,提供健康医疗数据查询、分析和展示等服务。

1. 数据标准池

数据标准池如表 14.4 所示。

表 14.4 数据标准池

数据类型	标准池
交易数据	1. 卫生信息数据元目录 2. 城乡居民健康档案基本数据集 3. 医疗服务基本数据集 4. 卫生管理基本数据集 5. 疾病控制基本数据集 6. 儿童保健基本数据集 7. 妇女保健基本数据集 8. 电子病历基本数据集 9. 居民健康卡数据集 10. 医学数字影像通信基本数据集 11. 远程医疗信息基本数据集 12. 继续医学教育管理基本数据集 13. 新型农村合作医疗基本数据集 14. 院前医疗急救基本数据集 15. 医院人财物运营管理基本数据集 16. 医疗健康物联网感知设备通信数据命名表 17. 高血压患者家庭监测健康档案数据集 18. 高血压专科电子病历数据集 19. 健康体检颈动脉超声检查基本数据集 20. 健康体检报告首页数据集 21. 健康体检自测问卷数据集 22. 健康体检基本项目数据集
主数据和参考数据	1.《卫生信息数据元值域代码 第1部分：总则》(WS 364.1—2011) 2. 中国医院信息基本数据集标准 3.《个人基本信息分类与代码 第4部分：从业状况（个人身份）代码》(GB/T 2261.4—2003)、《疾病分类与代码》(GB/T 14396—2016) 等卫生行业国家标准
医学术语	1. Entity 术语 2. ATC 术语 3. HPO 术语 4. ICD-10 5. LOINC Root 术语 6. SNOMED CT 术语 7. OMAHA 七巧板医学术语
指标数据	1.《国家三级公立医院绩效考核操作手册(2022版)》 2.《三级医院评审标准(2022年版)》

2. 数据标准管理

数据标准管理是依据标准池的顶层设计构建标准管理基础能力，主要包括：基础标准管理、指标标准管理、代码集管理以及编码规则。

（1）基础标准管理：为医疗参考数据和主数据标准、数据模型标准、元数据标准、代码集标准等提供标准定义、标准映射、标准审核以及标准版本等能力。

（2）指标标准管理：对医院的计算指标和组合指标进行管理，指标标准管理主要提供维度定义、度量定义、指标审核以及指标版本等能力。

（3）代码集管理：对医院的某一标准所涉对象属性的编码进行管理，主要包括代码集定义、代码集列表、关联数据元、代码集查询等能力。

（4）编码规则：为医院提供数据标准的编码规范，根据数据标准体系的设计要求自动生成数据标准的编码，编码规则主要提供编码申请、规则定义、编码维护、编码查询等能力。

3. 数据标准应用

数据标准应用是数据标准管理形成成果后，对外输出的标准服务能力，数据标准应用主要包括标准检索、标准检查、标准建模、标准分析、标准接口。

（1）标准检索：对医院所有标准按编号、名称、描述等内容进行检索，快速查找出对应的标准内容。

（2）标准检查：对数据平台中的数据进行标准检查，查看整个数据平台中数据的标准符合性测试通过率。

（3）标准建模：对标准与对应表关系进行映射，实现基于标准规范的对应表模型设计。

（4）标准分析：实现医院所有标准的分布情况、使用情况、访问情况等的分析。

（5）标准接口：主要为医院提供数据标准的第三方应用系统服务，扩大标准的应用范围。

14.3.4 数据质量管理

医疗数据质量核查系统为医院提供医疗数据质量管理与控制，用于解决业务系统运行、数据仓库建设及数据治理过程中的数据质量问题。它以标准化的数据质量规范为基础，运用数据精确比对、数据多维分析、规则评估、问题追踪、配置可视化、自动化补录等技术帮助组织建立数据质量管理体系，提升数据的完整性、规范性、及时性、一致性、逻辑性，降低数据管理成本，减小数据不可靠导致的决策偏差和损失。

1. 闭环管理流程

数据质量核查系统对质量需求和问题进行全生命周期管理，包括对数据问题的定义、监控和告警、补救和整改等功能，通过数据核查 PDCA（即 plan——计划、do——执行、check——检查和 act——处理）方法论构建数据质量闭环管理，实现多角度诊断数据状态，出具多维核查分析报告，倒逼业务系统优化以提高数据生产端的质量。

由于数据清洗工具通常被称为数据质量工具,因此很多人认为数据质量管理就是修改数据中的错误、对错误数据和垃圾数据进行清理。这个理解是片面的,其实数据清洗只是数据质量管理中的一步。数据质量管理,不仅包含对数据质量的改善,还包含对组织的改善。针对数据的改善和管理,主要包括数据分析、数据评估、数据清洗、数据监控、错误预警等内容;针对组织的改善和管理,主要包括确立组织数据质量改进目标、评估组织流程、制订组织流程改善计划、制定组织监督审核机制、实施改进、评估改善效果等多个环节。数据质量管理闭环流程如图14.10所示。

2. 数据问题的定义

数据问题的定义离不开DAMA提出的数据的六个维度,根据这六个维度,同时结合医院电子病历评级场景中数据质量评价具体要求,将质量规则整合沉淀,涵盖了3 000多项数据质量规则。

数据质量维度如图14.11所示。

(1)完整性:指数据信息是否存在缺失的状况,常见数据表中行的缺失、字段的缺失和码值的缺失。不完整的数据所能借鉴的价值就会大大降低,也是数据质量问题最为基础和常见的。

(2)有效性:指范围有效性、日期有效性、形式有效性等,主要体现在数据记录的规范和数据是否符合逻辑。规范指的是,一项数据存在它特定的格式,如手机号码一定是11位数字;逻辑指的是,多项数据间存在着固定的逻辑关系,如身份证号中的生日、性别信息。

(3)准确性:指数据记录的信息是否存在异常或错误,最为常见的数据准确性错误就是乱码。异常的大或者小的数据也是不符合条件的数据。准确性可能存在于个别记录,也可能存在于整个数据集,例如年龄大于150岁。

(4)及时性:指数据从开始处理到可以查看的时间间隔。及时性对于数据分析本身的影响并不大,但如果数据建立的时间过长,就无法及时进行数据分析,可能导致分析得出的结论失去借鉴意义。比如,实时业务情况、及时反映业务关键指标的情况、暴露业务指标的异常波动、机动响应特殊突发情况都需要数据的及时更新和产出。某些情况下,数据并不是单纯为了分析用而是线上策略用,数据没有及时产出会影响线上效果。

(5)一致性:指相同含义数据在多业务、多场景中是否具有一致性,一般情况下是指多源数据的数据模型不一致,例如,命名不一致、数据结构不一致、约束规则不一致;数据实体不一致,例如,数据编码不一致、命名及含义不一致、分类层次不一致、生命周期不一致等。

(6)唯一性:指在数据集中数据不重复的程度,即唯一数据条数和总数据条数的百分比。比如count(distinct business key) / count(*),一般用来验证主键唯一性。

3. 数据监控和告警

质量管理少不了问责、管理制度,系统定义好数据质量的监控策略,每天定时把数据问题告警到相应责任人处理,责任人处理后要及时反馈,制度允许的情况下,这里的反馈效率可以纳入绩效管理,以提高问题出现后响应的积极性。告警通知设置如图14.12所示。

第 14 章 医疗大数据治理

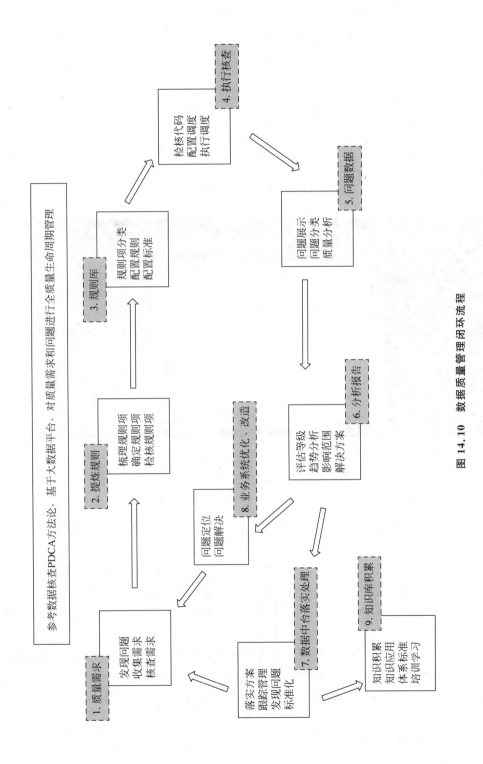

图 14.10 数据质量管理闭环流程

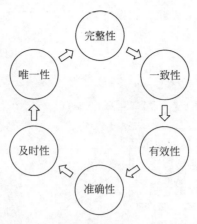

图 14.11 数据质量维度（DAMA）

图 14.12 告警通知设置

4. 数据补救和整改

在告警问题数据后,要对问题的形成进行追溯和分析,并作出补救,具体的处理方法有两种。

(1) 智能辅助清洗。如果质量问题出自抽取、转换、加载过程,由于系统环境、工具性能等影响导致的数据遗漏,或者人为物理删除、篡改,数据质量核查系统会形成清洗策略,联合 ETL 工具自动补救和整改,例如自动化补录缺失遗漏的数据、标记数据采集过程中源端物理删除的数据、自动同步源库变更数据等。

(2) 责令源头业务系统整改优化。如果问题来自业务系统本身的逻辑缺陷,例如在病例质控中要求的必填项,在业务系统中未设置强制必填要求,导致病历数据质量差,核查系统定位问题后可以倒逼业务系统从源头整改,优化业务逻辑。

14.3.5 数据安全保障

医院各业务系统间数据壁垒高筑、数据权限不明晰,使数据无法实现共享交换,难以推进数据的流通。我们需要建立医疗大数据安全管理体系,保障数据存储、网络设备、基础设施等安全工作,并提供数据安全保障相应措施,包括数据流转全程留痕、数据安全监测和预警、数据泄露事故可查询及可追溯等。

1. 数据分级分类

基于元数据资产平台,参照国标《信息安全技术 健康医疗数据安全指南》(GB/T 39725—2020)中对健康医疗数据的类别与范围定义,构建医院安全数据目录,并对其进行类别和范围定义,安全等级划分,敏感数据识别、脱敏加密,行列权限限制等,将数据通过服务共享平台提供出去。

健康医疗数据可以分为以下几种。

(1) 个人属性数据,是指单独或者与其他信息结合能够识别特定自然人的数据。

(2) 健康状况数据,是指能反映个人健康情况或同个人健康情况有着密切关系的数据。

(3) 医疗应用数据,是指能反映医疗保健、门诊、住院、出院和其他医疗服务情况的数据。

(4) 医疗支付数据,是指医疗或保险等服务中所涉及的与费用相关的数据。

(5) 卫生资源数据,是指那些可以反映卫生服务人员、卫生计划和卫生体系的能力与特征的数据。

(6) 公共卫生数据,是指关系到国家或地区大众健康的公共事业相关数据。

健康医疗数据类别与范围见表14.5。

表14.5 健康医疗数据类别与范围

类别	范围
个人属性数据	(1) 人口统计信息,包括姓名、出生日期、性别、民族、国籍、职业、住址、工作单位、家庭成员信息、联系人信息、收入、婚姻状态等; (2) 个人身份信息,包括姓名、身份证、工作证、居住证、社保卡、可识别个人的影像图像、健康卡号、住院号、各类检查检验相关单号等; (3) 个人通信信息,包括个人电话号码、邮箱、账号及关联信息等; (4) 个人生物识别信息,包括基因、指纹、声纹、掌纹、耳郭、虹膜、面部特征等; (5) 个人健康监测传感设备ID等
健康状况数据	主诉、现病史、既往病史、体格检查(体征)、家族史、症状、检验检查数据、遗传咨询数据、可穿戴设备采集的健康相关数据、生活方式、基因测序、转录产物测序、蛋白质分析测定、代谢小分子检测、人体微生物检测等
医疗应用数据	门(急)诊病历、住院医嘱、检查检验报告、用药信息、病程记录、手术记录、麻醉记录、输血记录、护理记录、入院记录、出院小结、转诊(院)记录、知情告知信息等
医疗支付数据	(1) 医疗交易信息,包括医保支付信息、交易金额、交易记录等; (2) 保险信息,包括保险状态、保险金额等
卫生资源数据	医院基本数据、医院运营数据等
公共卫生数据	环境卫生数据、传染病疫情数据、疾病监测数据、疾病预防数据、出生和死亡数据等

资料来源:《信息安全技术 健康医疗数据安全指南》(GB/T 39725—2020)。

根据数据重要程度、风险级别以及对个人健康医疗数据主体可能造成的损害和影响的级别进行分级,可将健康医疗数据划分为五级(表14.6)。

表 14.6 健康医疗数据分级划分

安全等级	描述
第 1 级	可完全公开使用的数据,包括可以通过公开途径获取的数据,例如医院名称、地址、电话等,可直接在互联网上面向公众公开
第 2 级	可在较大范围内供访问使用的数据。例如不能标识个人身份的数据,各科室医生经过申请审批可以用于研究分析
第 3 级	可在中等范围内供访问使用的数据,如果未经授权披露,可能对个人健康医疗数据主体造成中等程度的损害。例如经过部分去标识化处理,但仍可能重标识的数据,仅限于获得授权的项目组使用
第 4 级	在较小范围内供访问使用的数据,如果未经授权披露,可能对个人健康医疗数据主体造成较高程度的损害。例如可以直接标识个人身份的数据,仅限于参与诊疗活动的医护人员访问使用
第 5 级	仅在极小范围内且在严格限制条件下供访问使用的数据,如果未经授权披露,可能对个人健康医疗数据主体造成严重程度的损害。例如特殊病种(例如性病)的详细资料,仅限于主治医护人员访问且需要进行严格管控

资料来源:《信息安全技术 健康医疗数据安全指南》(GB/T 39725—2020)。

针对特定数据、特定场景,相关组织或个人可划分为四类角色(表 14.7)。对任何组织或个人,围绕特定数据,在特定场景或特定的数据使用处理行为上,其只能归为其中一个角色。

表 14.7 安全角色分类

角色分类	描述
个人健康医疗数据主体(以下简称"主体")	个人健康医疗数据所标识的自然人
健康医疗数据控制者(以下简称"控制者")	判断组织或个人能否决定健康医疗数据的处理目的、方式及范围,可以考虑: (1) 该项健康医疗数据处理行为是否属于该组织或个人履行某项法律法规所必需; (2) 该项健康医疗数据处理行为是否为该组织或个人行使其公共职能所必需; (3) 该项健康医疗数据处理行为是否由该组织或个人自行或与其他组织或个人共同决定; (4) 该项健康医疗数据处理行为是否由相关个人或者政府授权该组织或个人。共同决定一项数据使用处理行为的目的、方式及范围等的组织或个人,为共同控制者
健康医疗数据处理者(以下简称"处理者")	代表控制者采集、传输、存储、使用、处理或披露其掌握的健康医疗数据,或为控制者提供涉及健康医疗数据的使用、处理或者披露服务的相关组织或个人。常见的处理者有:健康医疗信息系统供应商、健康医疗数据分析公司、辅助诊疗解决方案供应商等
健康医疗数据使用者(以下简称"使用者")	针对特定数据的特定场景,不属于主体,也不属于控制者和处理者,但对健康医疗数据进行利用的相关组织或个人

资料来源:《信息安全技术 健康医疗数据安全指南》(GB/T 39725—2020)。

基于不同角色之间的数据流动,数据流通使用场景可分为六类,如图 14.13 所示。

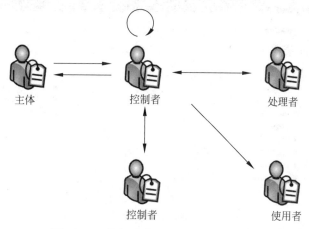

图 14.13　数据流通使用场景分类示意图

资料来源:国标《信息安全技术　健康医疗数据安全指南》(GB/T 39725—2020)。

(1) 主体—控制者间数据流通使用。
(2) 控制者—主体间数据流通使用。
(3) 控制者内部数据流通使用。
(4) 控制者—处理者间数据流通使用。
(5) 控制者间数据流通使用。
(6) 控制者—使用者间数据流通使用。

2. 敏感数据识别

针对医院海量数据资产,想要精准、省时、省力地识别所有敏感信息,可结合 AI(人工智能)机器训练识别、元数据血缘分析识别等技术,提高便捷且精准识别院内海量数据字典中敏感数据的能力。敏感数据识别如图 14.14 所示。

3. 脱敏加密策略

通过支持 MD(信息摘要)5、ACE(存取控制项)、正则等加密方法,所有对外数据服务通过数据权限＋脱敏加密策略过滤输出,数据权限需要控制到字段级别及行记录级别。脱敏加密策略如图 14.15 所示。

4. 管理安全

管理安全重点强调如何从管理的角度保证信息安全,主要内容包括:一系列有针对性的安全管理规章、制度、标准、安全组织、人员的配合、培训、服务水平协议、人员技能培训等。

管理安全的解决方案是以建立及完善信息安全管理的政策、标准、制度和手册为基础,建立及维护信息安全服务水平协议为手段,不断巩固与提高信息安全管理水平的方案。

管理安全具体内容包括:建立并完善各种信息安全管理的政策、制度、标准和手册;建立系统的信息安全管理组织;在安全政策、标准成功推广的基础上,建立信息安全服务水平

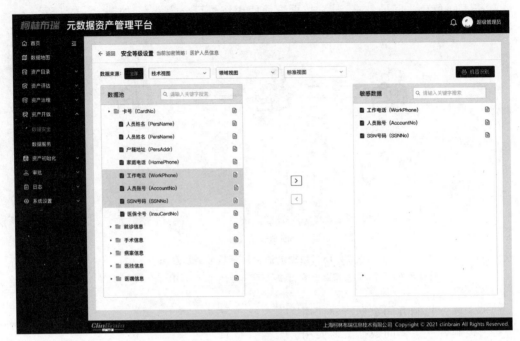

图 14.14　敏感数据识别

A	B	C	D	E	F	G	H	I	J
领域	表中文名	表英文名	字段名	字段code	是否保护	数据保护规则	加密技术脱敏规则	元素大类	元素子类
01 人员	人员_不良反应信息表	Pers_AdverseReactionInf	物品	Substance	Y	加密		人员信息	患者不良反应
01 人员	人员_不良反应信息表	Pers_AdverseReactionInf	表现	Manifestation	Y	加密		人员信息	患者不良反应
01 人员	人员_不良反应信息表	Pers_AdverseReactionInf	描述	Description	Y	加密		人员信息	患者不良反应
01 人员	人员_不良反应信息表	Pers_AdverseReactionInf	症状等级	SymptomLevel	Y	加密		人员信息	患者不良反应
01 人员	人员_不良反应信息表	Pers_AdverseReactionInf	接触途径	ExposureRoute	Y	加密		人员信息	患者不良反应
01 人员	人员_卡信息表	Pers_CardInfo	卡号	CardNo	Y	脱敏	卡号类脱敏	人员信息	患者重要信息
01 人员	人员_卡信息表	Pers_CardInfo	办卡员	CardOperator	Y	加密		人员信息	操作员信息
01 人员	人员_卡信息表	Pers_CardInfo	余额	Balance	Y	加密		人员信息	患者基本信息
01 人员	人员_唯一标识信息表	Pers_EMPIInfo	人员姓名	PersName	Y	脱敏	姓名脱敏	人员信息	患者重要信息
01 人员	人员_唯一标识信息表	Pers_EMPIInfo	别名	Alias	Y	加密		人员信息	患者基本信息
01 人员	人员_唯一标识信息表	Pers_EMPIInfo	种族	Race	Y	加密		人员信息	患者基本信息
01 人员	人员_唯一标识信息表	Pers_EMPIInfo	现住址	PresentAddr	Y	脱敏	地址脱敏	人员信息	患者重要信息
01 人员	人员_唯一标识信息表	Pers_EMPIInfo	户籍地址	ResidenceAddr	Y	脱敏	地址脱敏	人员信息	患者重要信息
01 人员	人员_唯一标识信息表	Pers_EMPIInfo	家庭电话	HomePhone	Y	脱敏	手机号码脱敏	人员信息	患者重要信息
01 人员	人员_唯一标识信息表	Pers_EMPIInfo	工作电话	WorkPhone	Y	脱敏	手机号码脱敏	人员信息	患者重要信息
01 人员	人员_唯一标识信息表	Pers_EMPIInfo	婚姻状况名称	MaritalStatusName	Y	加密		人员信息	患者基本信息
01 人员	人员_唯一标识信息表	Pers_EMPIInfo	人员账号	AccountNo	Y	脱敏	卡号类脱敏	人员信息	患者重要信息
01 人员	人员_唯一标识信息表	Pers_EMPIInfo	SSN号码	SSNNo	Y	脱敏	卡号类脱敏	人员信息	患者重要信息
01 人员	人员_唯一标识信息表	Pers_EMPIInfo	医保卡号	InsuCardNo	Y	脱敏	卡号类脱敏	人员信息	患者重要信息
01 人员	人员_唯一标识信息表	Pers_EMPIInfo	驾驶执照号码	DriveLicenseNo	Y	脱敏	卡号类脱敏	人员信息	患者重要信息
01 人员	人员_唯一标识信息表	Pers_EMPIInfo	母语	MotherTongue	Y	加密		人员信息	患者基本信息

图 14.15　脱敏加密策略

协议。

5. 系统安全

系统安全主要包括支持应用的中间件平台、系统软件平台及关系型数据库管理系统等方面的内容。

系统安全上的解决方案是以中间件平台，系统软、硬件平台及关系型数据库管理系统自身的安全性为基础，以身份认证、登录控制、系统审计、接入控制、审计、系统升级或打补丁、权限更新为手段，保证与提高系统安全性的方案。

6. 网络安全

网络安全主要考虑操作系统、防病毒、防黑客攻击等方面安全问题,采用以下技术手段来实现。

1) 访问安全控制

对于局域网内用户主要通过划分不同网段和 VLAN(虚拟局域网)的方法控制访问安全,对于数据存储区域应该通过安全审计等控制手段进行访问控制;对于广域网用户应该通过访问控制列表和访问口令进行控制。

2) 操作系统安全

操作系统是应用软件和服务运行的公共平台,操作系统会影响整个系统的运行。通过多访问用户授权来控制操作系统的安全。

3) 防病毒系统

现在计算机病毒种类很多,而且危害也越来越大,轻者影响系统的运行性能,重者破坏整个系统数据,使系统陷于瘫痪,所以无论是在客户端还是在服务器端,都应该加装安全可靠的软硬件杀病毒、防病毒产品。

4) 安全网闸系统

隔离网闸(GAP),是基于链路层的硬隔离,通过采用 GAP,内部网络与不信任公网在物理上不存在通路,使得黑客基于网络协议的攻击失效,这样不但消除了 TCP(传输控制协议)/IP 本身不安全的问题,同时也使内部系统或软件的后门不会被外网利用,即使是目前最难对付的 DoS(拒绝服务)攻击,对该产品本身和内部网络也没有影响,其在设备和物理链路上实现了系统物理隔离的安全设计。

5) 防火墙系统

为实现网络之间安全隔离,防治非法攻击对网络平台的损害,采用防火墙系统进行安全隔离,对进出本系统内部网络的外部信息进行过滤,管理进、出本系统网络的访问行为,封堵某些禁止的业务,记录通过防火墙的信息内容和活动,对网络攻击检测和告警。

6) 网络层数据加密

为了保证传输数据的安全,对传输数据进行加密,实现网络层的传输数据加密。

7) 安全响应和处理

通过网络安全扫描系统和网络实时监控预警系统,对系统安全事件及时作出响应和处理。

7. 物理安全

系统的物理安全是整个系统安全的基础,要把系统的危险降至最低限度,需要选择适当的设施和位置,保护计算机网络设备、设施和其他媒体免遭地震、水灾、火灾等环境事故以及人为操作失误或错误及各种计算机犯罪行为导致的破坏。它主要包括机房环境、设备保护、容灾保护、犯罪活动以及工业事故等几方面的内容。

14.3.6 数据服务共享

数据治理的最终目的就是服务于各部门单位、人员等,能更准确、更快、更方便地服务是数据服务管理的目标。

数据服务采用中台化设计思路，最大限度实现服务的复用；按照服务全生命周期进行管控，实现服务资产化的统一管控，为医院业务系统的快速对接提供有力保障。通过简单SQL语句的配置，即可快速生成API服务；通过开放与联调平台实现消费系统的快速对接。API管理包括：服务设计、服务配置、服务发布、服务申请、服务授权、服务联调、服务监控等闭环管理。

（1）服务设计。对服务的类别以及服务类别层级进行新增、修改及删除的操作；对服务代码、名称、版本、使用场景及出入参数进行详细设计与定义。

（2）服务配置。通过配置数据库的类型、数据库的地址、数据库名、用户名和密码等信息连接数据库。通过简单的SQL语句配置或者存储过程的封装，轻松实现数据即服务的功能。

（3）服务发布。对已经完成配置的服务进行测试且成功后进行发布管理，发布后的API实例实现服务自动注册与上线的功能。在服务注册中心对服务实例列表、API列表以及有效API列表进行查看与管理。

（4）服务申请。消费方厂商根据实际业务，对需要对接系统及对应的API提出申请。申请单涉及服务编码、服务名称、服务版本号、引擎类别编码及现在情况等信息。

（5）服务授权。管理员在审核模块中，查看已经提交申请的单据，对服务编码、名称、申请单据号、申请应用系统、申请人及状态进行统一查看。根据实际情况对服务申请单进行审核通过或者审核中止等操作。

（6）服务联调。消费方厂商能够根据已经审核通过的服务进行联调与测试。联调的服务参数支持普通模式与高级模式。录入请求参数、选择联调的业务系统后，单击发送请求，查看返回结果即可轻松实现联调。在服务详情页中，能够查看服务编码、请求路径、入参、出参及错误码等信息。

（7）服务监控。通过服务监控概览对服务数、接入系统数、请求总量、请求成功率、请求平均耗时等指标进行查看。通过监控拓扑图，以业务系统的视角查看已经对接的服务的平均耗时及成功率等信息。通过交互日志功能查看每次交互的具体服务的内容，包括出入参数、状态结果、耗时等信息。根据服务保护规则对服务进行限流、降级、熔断等保护。

1. 患者中心

患者中心对外提供标准统一的患者基本信息模型，包括患者基本信息子集、基本健康信息子集、卫生事件摘要子集等。患者基本信息子集记录了患者唯一身份标识及其基本信息内容，如姓名、性别、身份证号、家庭信息等。基本健康信息子集记录了患者的历史健康数据，如手术史、过敏史、个人史、婚育史、家族史等。卫生事件摘要子集记录了患者卫生事件的概要信息。患者中心对患者基本信息模型内容进行内部管理、组装，提供统一API，对外提供服务。应用方通过接口与患者中心进行交互，获取想要的服务，除了统一接口外，患者中心还可以根据应用方要求自定义组装内容，满足应用方需要。患者中心对外提供的主要服务有患者基本信息、健康历史信息等的新增、修改、查询等。

2. 就诊信息中心

就诊信息中心主要管理患者的就诊信息，如患者挂号、住院就诊、诊断等内容。就诊信息中心以就诊信息模型为基础，为应用方提供统一服务，其提供管理方式与患者中心方式相同，主要提供内容以患者就诊操作服务为主，包括患者挂号、住院就诊、诊断等服务。

3. 医疗服务中心

医疗服务中心是以患者医疗服务为主的管理中心，主要包括处方、医嘱、检查、检验、手术、麻醉、治疗等，包含了临床所有就诊记录内容。医疗服务中心以临床医疗模型为基础，对外提供统一标准服务。

医疗服务中心对外提供服务模式与患者中心模式相同。其主要围绕临床医疗的记录信息对外提供统一服务。其提供的服务主要包括处方服务、医嘱服务、各类申请单如检查、检验、手术等。

4. 药品中心

药品中心是以医院药品为主的管理中心，以用药内容为主，包括药品请领、药品发放、药品执行等全流程管理涉及的内容。药品中心以药品模型为基础，对外提供统一标准服务。药品中心对外提供服务模式与患者中心模式相同。其主要围绕临床用药的记录信息对外提供统一服务。其提供的服务主要包括药品领用、药品发放和药品执行等。

5. 财务中心

财务中心是以医院费用为主的管理中心，以收费、结算、项目内容为主，包括门诊就诊挂号收费、处方费用、检查和检验费用、住院费用、费用清单等内容。财务中心以费用模型为基础，对外提供统一标准服务。财务中心对外提供服务模式与患者中心模式相同。其主要围绕医院费用记录信息对外提供统一服务。其提供的服务主要包括患者门诊费用、住院费用及其费用明细清单等。

6. 用户中心

用户中心实现统一组织架构、人员管理，对用户的属性、权限进行划分设定；采用基于角色的授权方式，可以动态维护角色，并把用户添加到指定的角色中去。

用户中心可以进行管理权限的划分，把部分管理权下放到各个单位，如对本单位的人员进行管理、添加、删除等。

统一用户管理基于数据库目录开发。目录服务的作用是对所有用户进行统一管理和认证，目录服务基于数据库目录技术，集中存放所有用户的信息及其安全凭证，还存放系统中所有对象的属性、安全凭证、访问权限等信息，提供集中式的管理、授权、验证、权限检查服务。

需提供多种认证方式和认证策略，以满足不同应用系统认证服务的业务规则的需要，具体内容包括但不局限于如下方面。

（1）认证方式。提供多种即插即用的认证方式，包括用户名和密码、静态口令校验、图片检验码、短信认证、邮件认证、口令、OTP（一次性密码）令牌认证、UKEY（电子钥匙）认证、指纹、人脸识别、二维码扫描等,可以集成现有的指纹认证方式,同时也支持人脸、声纹等生物认证方式集成扩展;支持多种认证技术按策略进行认证链组合,支持组合认证、双因素认证、二次认证等认证方式,以便满足不同场景的认证要求。

(2) 认证方式分级。认证方式建立分级管理机制,不同的认证方式划分为不同的级别,实现不同的认证等级,对应用系统、用户可进行不同认证等级管理,仅当用户等级高于应用系统认证等级时才能访问该应用系统。

(3) 移动认证。支持移动端应用的接入,提供统一认证服务,包括提供移动门户接入和SDK(软件开发工具包)模式接入等。

14.4 医疗大数据治理应用技术

14.4.1 数据采集技术——OGG

Oracle GoldenGate 是一种基于日志的结构化数据复制软件,能够实现大量交易数据的实时捕捉、变换和投递,实现源数据库与目标数据库的数据同步,保持亚秒级的数据延迟,能够支持多种拓扑结构,包括一对一、一对多、多对一、层叠和双向复制等,如图 14.16 所示。

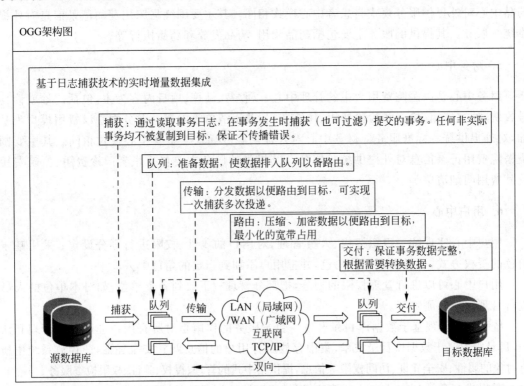

图 14.16 OGG 架构图

Oracle GoldenGate 数据复制过程如下。

利用抽取进程(extract process)在源端数据库中读取 Online Redo Log 或者 Archive

Log,然后进行解析,只提取其中数据的变化信息,比如 DML 操作——增、删、改,将抽取的信息转换为 OGG 自定义的中间格式存放在队列文件(trail file)中。再利用传输进程将队列文件通过 TCP/IP 传送到目标系统。

目标端有一个进程叫 Server Collector,这个进程接受了从源端传输过来的数据变化信息,把信息缓存到 OGG 队列文件当中,等待目标端的复制进程(replicate process)读取数据。

OGG 复制进程从队列文件中读取数据变化信息,并创建对应的 SQL 语句,通过数据库的本地接口执行,提交到目标端数据库,提交成功后更新自己的检查点,记录已经完成复制的位置,数据的复制过程完成。

OGG 可以在多样化和复杂的 IT 架构中实现实时事务更改数据捕获、转换和发送;其中,数据处理与交换以事务为单位,并支持异构平台,例如:DB2、MSSQL 等。

对于部分业务生产系统的数据库 SQL Server 2008 之前的版本,如 SQL Server 2000、SQL Server 2005 等,通过搭建一个中间做跳转的发布订阅库实现数据的实时采集,在发布订阅库上安装 SQL Server 为 2008 或以上版本,同时开启日志的完整模式,再通过部署 OGG 的源端,实现数据实时同步到大数据平台上。

14.4.2 数据湖解决方案——Hudi

为了海量结构化与非结构化业务数据能统一存储和高效访问,需要构建一套高性能、高可用、易扩展的分布式数据湖体系。目前数据湖解决方案比较成熟的是 Hudi,Hudi 是 Uber 在 2016 年以"Hoodie"为代号开发的,内置文件锁机制,实现了 HDFS 上数据的 OLTP(联机事务处理)操作,同时利用小文件以时间线方式存储变更数据,解决了以往基于 HDFS 进行数据增量查询的低效问题,提高了离线数据在查询与计算环节的准确性和效率。Hudi 方案如图 14.17 所示。

14.4.3 数据仓库解决方案——MPP

医疗数据仓库存储了临床、运营、科研相关的所有数据,为了满足前台应用的高效查询需求,数据仓库采用 MPP(大规模并行处理)集群方式构建,数据和计算能力平均分布在多个数据节点上,保证了秒级查询响应;集群 master 节点接收查询请求,segment 节点执行相关数据计算;每个节点通过建立双副本实现集群高可用。MPP 方案如图 14.18 所示。

14.4.4 后结构化数据处理——NLP

针对患者非结构化病历文书,利用 NLP 处理引擎对文本进行数据清洗[全角、半角,换行,HTML(超文本标记语言)转纯文本等],通过算法模型提取出包含重要医学信息的结构化知识数据(病理:肿瘤大小、免疫组化、淋巴结转移等),从而帮助科研人员更好地利用这些结构化数据进行科学研究和临床转化。后结构化数据处理——NLP 如图 14.19 所示。

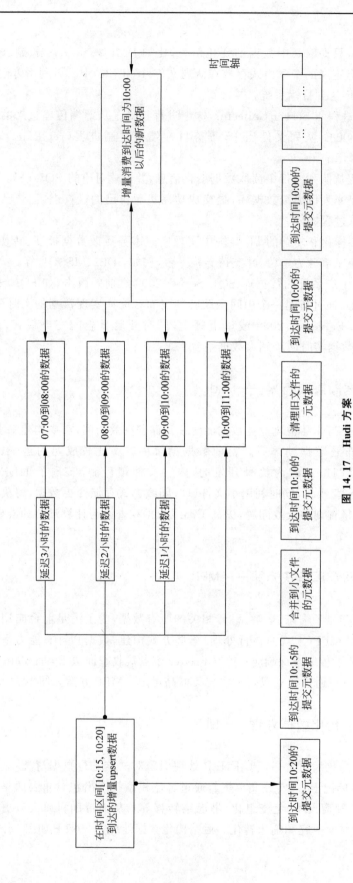

图 14.17 Hudi 方案

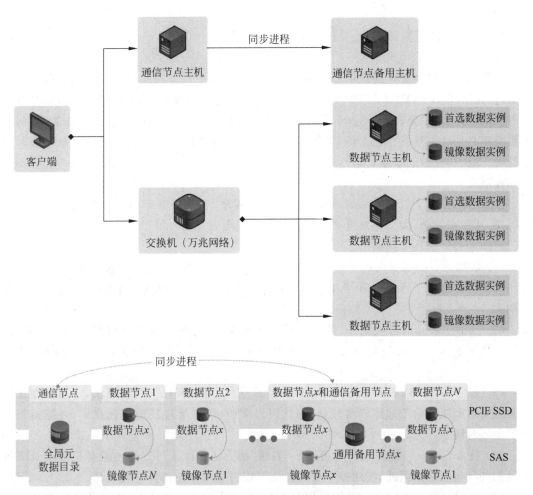

图 14.18　MPP 方案

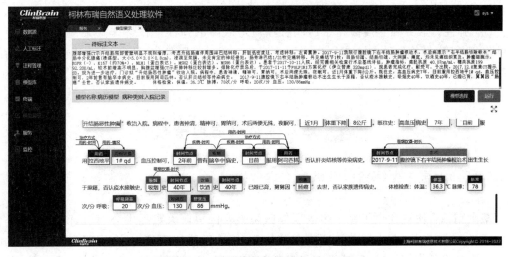

图 14.19　后结构化数据处理——NLP

14.4.5 微服务架构

该技术是一种将服务器应用程序构建为一组小型服务的方法。每个服务在自己的进程中运行，并使用 HTTP/HTTPS、WebSockets 或 AMQP（高级消息队列协议）等协议与其他进程通信，每个微服务都在一定的上下文边界内实现了特定的端到端领域或业务能力，每个微服务都必须自主开发并独立部署，同时每个微服务应该拥有其相关的领域数据模型和领域逻辑（主权和分散的数据管理），并且可以基于不同的数据存储技术（SQL、NoSQL）和不同的编程语言。

微服务基于多个可独立部署的服务创建应用程序，每个服务都具有细粒度和自主的生命周期，从而在复杂、大型和高度可扩展的系统中实现更高的可维护性。

该技术有以下几个特点。

（1）敏捷性。微服务促进若干小型独立团队形成一个组织，这些团队负责自己的服务。各团队在小型且易于理解的环境中行事，并且可以更独立、更快速地工作。这缩短了开发周期。

（2）灵活扩展。通过微服务，独立扩展各项服务，满足其支持的应用程序功能的需求。这使团队能够适当调整基础设施需求，准确衡量功能成本，并在服务需求激增时保持可用性。

（3）轻松部署。微服务支持持续集成和持续交付，可以轻松尝试新想法，并可以在无法正常运行时回滚。由于故障成本较低，因此可以大胆试验，更轻松地更新代码，并缩短新功能的上市时间。

（4）技术自由。微服务架构不遵循"一刀切"的方法。团队可以自由选择最佳工具来解决他们的具体问题。因此，构建微服务的团队可以为每项作业选择最佳工具。

（5）可重复使用的代码。将软件划分为小型且明确定义的模块，让团队可以将功能用于多种目的。专为某项功能编写的服务可以用作另一项功能的构建块。这样应用程序就可以自行引导，因为开发人员可以创建新功能，而无须从头开始编写代码。

（6）弹性。服务独立性提高了应用程序应对故障的弹性。在整体式架构中，如果一个组件出现故障，可能导致整个应用程序无法运行。通过微服务，应用程序可以通过降低功能而防止整个应用程序崩溃来处理总体服务故障。

14.5 医疗大数据治理案例

14.5.1 某大型综合医院数据治理效果

某大型综合医院建设了基于多医联体医院整合的科研大数据中心，该医院大数据平台集成了近15年数据，基本覆盖了所有主流业务，接入医联体医院10余家，累计近1.5亿的就诊人次体量数据，目前医院建设有元数据资产管理、主数据管理、术语管理、质量管理、数据安全管理、自助式开放服务、科研搜索引擎等应用，基于其数据体量大、涉及系统复杂，重点展示采集清洗、资产目录建设及标准化建设等应用效果。

此类大型综合医院涉及多家医联体或者分院的医疗机构,其信息化厂商系统版本肯定是繁杂的,由此形成医院数据多源异构的情况,因此我们需要适配多种类型数据库才能采集、清洗、转化这些脏数据,同时还要求 ETL 工具对任务的调度能够实时监控,数据流任务编辑满足简单化、可视化和易操作等特性,如图 14.20 所示。

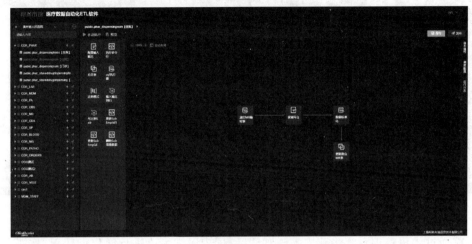

图 14.20　ETL 任务流

医院通过元数据资产管理平台掌握全院全域数据资产,构建数据资产目录,所有数据通过元数据从业务、技术、操作层面清晰描述,并且医院可以根据业务需求,自主设计数据架构,基于业务领域设计逻辑模型,或者直接引用标准数据集模型,通过元数据血缘图谱创建 ETL 任务、物理模型,实现了医院数据架构设计的自主性,如图 14.21 所示。

图 14.21　领域视图

医院通过主数据管理系统,将目前接入的十几家医联体医院的非标准字典和总院的标准字典对照映射,并通过数据服务订阅发布给各医联体,实现了多医联体机构标准统一,并且这些标准转换关系在多中心科研、运营分析等场景被广泛应用,如图14.22所示。

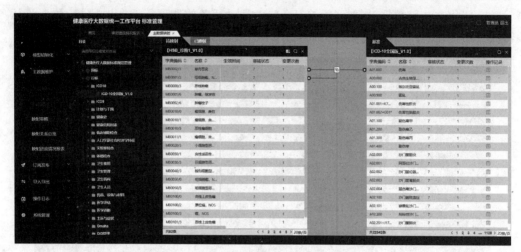

图14.22 主数据管理系统

医院通过术语管理系统将院内术语和国际、国内医学术语进行同位词映射,实现了院内术语标准化,并在科研搜索引擎中做到更加精准、全面地检索病历,为医院科研科提供了不小的助力,如图14.23、图14.24所示。

图14.23 术语管理系统

14.5.2 某大型肿瘤专科医院数据治理效果

某大型肿瘤专科医院建设了临床大数据中心,平台集成了近20年数据,累计达近3 000万的就诊人次体量数据,早期数据质量较差,因此在院建设了数据标准管理、数据质量管理等治理应用。

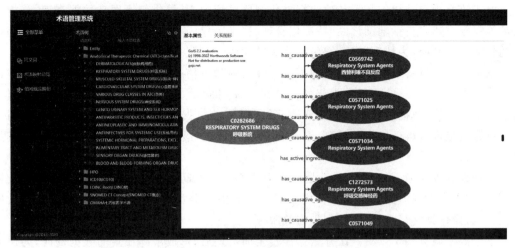

图 14.24　术语关系图谱

通过数据质量管理平台将采集到数据湖及数据仓库的数据，基于数据的一致性、完整性、准确性、整合性、规范性、及时性等做了综合的质量检测，并提供明细问题数据追溯、告警通知，便于数据整改纠错，保证了质量的闭环管理，保障了数据中心的可信度，如图 14.25 所示。

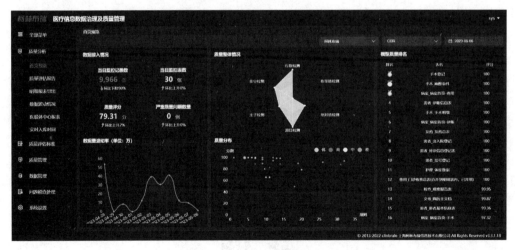

图 14.25　数据质量管理平台

本章小结

本章首先对医疗数据管理的背景和现状进行了总结，描述了医疗领域复杂的数据环境和数据管理的乱象。在理解了医疗数据治理的概念和目标后，围绕数据应用场景，引入以下数据治理工具。

一是全域数据采集与引入工具。以需求为驱动，以数据多样性的全域思想为指导，采集与引入全业务、多终端、多形态的数据。

二是标准化数据处理工具。将汇聚整合的数据和国际、国内、行业医学术语进行比对，统一格式转换为标准化的数据。建立标准化健康医疗中心，提供健康医疗数据查询、分析和展示等服务。建立包括辅助诊断、精细化管理、精准医疗、临床科研、深度挖掘增值服务等方面的数据应用系统，为精准医疗、智慧医疗和转化医学等服务。

三是数据质量管理工具。通过数据一致性校验和可信度管理可以提高数据质量。但在实际应用中，采集汇总的可信数据仍然可能出现质量问题。因此需要采用健康医疗数据质量管理工具，进行数据逻辑校验规则管理，并根据汇总数据的修正情况，对接入业务应用系统的数据质量进行可信度评价管理，实现可信度升降级，最终确保各数据的最高可信来源，提高汇总数据的质量。

四是数据安全管理工具。其满足数据全生命周期（即采集、传输、存储、处理、交换、销毁）各环节中的数据泄露防护需求。安全管理工具提供分类分级管控、权限管控、敏感数据监控、数据操作异常行为监控、数据加密等服务。

五是数据服务共享工具。医疗数据经过全面治理后，形成了高质量的数据资产，为保证平台数据访问的安全和稳定，利用数据及API共享平台，替换以往通过JDBC（数据库连接）的方式直连数据仓库，解决了数据查询权限混乱、数据查询请求不稳定、敏感数据泄露等问题与风险。共享服务平台利用API引擎和ESB引擎，对数据资产定义对外访问服务，包括服务的定义、配置、发布和撤销等全生命周期管理，形成标准的API服务资产，第三方通过服务平台对服务发起申请和联调，服务平台对已授权的服务进行全方位的监控和保护。

思考题

1. 数据的形态多样化，给数据采集带来很大难度，如何让数据全域全量汇聚？
2. 医院内部存在大量的IT系统，众多厂商的参与，使得系统间数据标准各自为政，该如何保证全院统一标准，且跟国际、国内及行业标准接轨？
3. 医院的大部分底层数据含义不清晰、业务属性不明确，医疗数据资产目录如何梳理？
4. 在数据质量管理活动中数据质量维度有哪些？
5. 如何对医疗行业健康数据中的敏感数据进行分级分类梳理？

即测即练

第 15 章 养老大数据治理

 **思维导图**

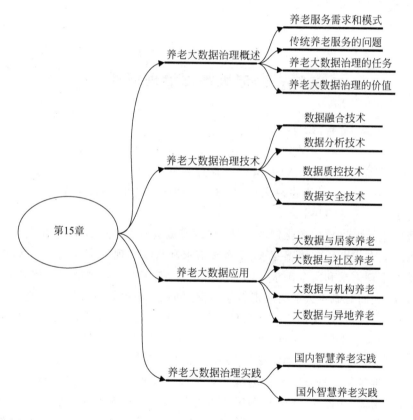

 内容提要

　　养老大数据是基于大数据背景提出的,涵盖老年人的生活起居、安全保障、保健康复、医疗卫生、娱乐休闲等方面,包括老人基础数据、养老服务数据、物联网数据、非结构化数据和开放数据。养老大数据治理除了给老人带来了科学的专业服务和个性化的养老选择外,也让政府实现了养老监管、资源整合和优化配置。养老大数据治理过程中的主要任务是什么?涉及哪些关键技术?在不同的养老模式中,大数据治理需求以及应用有哪些?这些问题都需要回答。

本章重点介绍了养老大数据治理的任务、治理的价值、治理的技术以及养老大数据在不同养老模式中的应用。强调养老大数据治理必须坚持以数据共享和隐私保护为原则,以满足老人实际需求为出发点,构建多元主体相辅相成、合理分工、协作互动的养老服务供给数字生态。最后,本章通过国内外多个养老大数据实践案例,介绍了养老服务体系构成,以及大数据在其中发挥的作用。

本章重点

- ◆ 养老服务模式。
- ◆ 传统养老服务存在的问题。
- ◆ 养老大数据治理任务。
- ◆ 养老大数据治理技术。
- ◆ 大数据在不同养老模式中的应用。
- ◆ 国内外代表性养老服务实践。

15.1 养老大数据治理概述

15.1.1 养老服务需求和模式

2021年国家统计局发布的第七次人口普查数据显示,我国60岁以上人口为2.64亿,65岁以上人口为1.9亿,分别占总人口的18.7%和13.5%。相较于第六次人口普查数据,其分别上升了5.44%和4.63%。

随着我国老年人口数量和比例的迅速增长,家庭规模和代际结构也在发生变化。老年人的养老需求正在逐渐转向情感需求、受尊重需求和自我实现需求等更高层次的需求,而不再只是简单的生理需求和安全需求。随着年龄增长,老年人的多种能力会逐渐衰退,但在科技发达的今天,人们对老年人能力衰退有了更深入的了解,也能更有针对性地满足老年人的养老需求。马斯洛需求层次理论是行为科学研究的基础之一,根据这一理论,左美云等学者提出了老年人需求层次模型,包括"生理需求""安全需求""情感需求""受尊重需求"和"自我实现需求"。目前,社会对前三类需求的关注度较高,但对后两者即"受尊重需求"和"自我实现需求"的关注度较低。这可能是家庭规模和代际结构的变化以及养老服务人员的紧缺所致。目前,人工智能、物联网、大数据和区块链等技术已经在老年人的生活服务、安全服务、医疗卫生服务、保健康复服务、娱乐休闲服务和学习交流服务等方面发挥了积极作用。这些技术的应用可以实现对老年人的健康监测、危机预警、智能照料、友好交互和个性化养老服务,我们称这种养老方式为智慧养老(smart senior care,SSC),具有全域性特征。iiMedia Research(艾媒咨询)数据显示,2022年中国养老产业的市场规模约为10.3万亿元,智慧养老产品不断升级创新,服务范围愈加广泛,通过各种人机交互形式提供多样化的产品和服务,满足老年人不断增长的个性化生活需求,同时满足老年人的"生理需求""安全需求""情感需求""受尊重需求"和"自我实现需求"。

老年人养老制度和保障机制被称为养老服务模式。虽然目前还没有成熟的养老模式分类框架,但是,一些学者也提出了几种较为全面和系统的养老分类方法:其一,从养老经济来源和养老支持力的角度来看,可以将养老分为家庭养老、社会养老和自我养老;其二,从养老职能的承担者角度来看,可以将养老分为机构养老、居家养老和多方参与养老;其三,从养老服务地点的角度来看,可以将养老分为异地养老、机构养老、居家养老和社区养老;其四,从养老服务技术支持水平的角度来看,可以将养老分为传统养老、科技养老和智慧养老。

本章后续内容将按照养老服务地点的分类方式,分别介绍大数据在异地养老、机构养老、居家养老和社区养老中的应用情况。

15.1.2 传统养老服务的问题

1. 城乡养老服务失衡

我国除老龄化现象日趋严重外,"城乡老龄化倒置"的问题也逐渐显现。第七次全国人口普查公报指出,60岁以上的农村老年人比城镇多7.99%,占比达到23.81%。这种趋势未来会持续下去,到2028年,中国农村老年人口占比将突破30%,比城市高11个百分点。目前,我国农村养老服务存在三大问题:第一,城乡养老服务不均衡,农村养老资源相对匮乏。由于规划、资源配置和制度建设方面的问题,我国养老公共服务的供给存在"重城轻乡"的现象。相比城市老年人,大多数农村老年人主要依靠家庭养老、邻里互助和土地养老等方式进行养老,而养老资源的可及性较差,养老公共服务的内容较少,供应方式也比较单一。第二,农村家庭养老的功能逐渐减弱,养老供给能力不断下降。尽管传统文化和乡土情结对居家养老仍然有一定的影响,但是随着城镇化进程、家庭结构变化以及乡村文化变迁等因素的影响,家庭养老在经济支持、生活照料和精神慰藉等方面的功能逐渐减弱,养老供给能力不断下降。第三,农村养老服务观念相对落后。由于经济负担能力和传统养老观念的限制,大多数农村老年人及其子女对机构和社会养老服务持怀疑与排斥态度。

2. 多元主体协作不畅

养老服务需要多个主体和部门的合作,且不局限于某一地区。它涉及政府、企业、社会组织、老年人等多个主体,同时也涉及民政、医疗卫生、信息、安全、人社、交通等多个部门。各个主体和部门之间信息共享不畅将直接影响到资源的有效整合和养老服务的有效监管。目前,智慧养老服务尚处于发展期,不同来源的智能终端和信息服务平台使用的数据治理技术不够先进,缺乏统一的数据标准,导致技术、平台、行业不兼容,进而导致养老服务行业僵化和碎片化。此外,一些以区域和部门为中心的信息化发展方式导致了"信息孤岛"产生。这些部门和区域会将收集和储存的数据视为"私有财产",数据共享意识薄弱,这阻碍了数据信息的流动,也降低了智慧养老服务的效率。

3. 传统监管资源有限

政府在养老服务领域扮演着关键的监管角色。在推动供给侧改革、深化"放管服"的背景下,我国政府的监管重心已从严格的事前监管转变为注重事中和事后的长期监管。为了消除养老机构乱象,民政部、住房和城乡建设部、市场监管总局于2021年联合印发《关于推进养老机构"双随机、一公开"监管的指导意见》,明确提到2023年底将实现养老机构全覆盖、法治化、规范化、常态化的"双随机、一公开"监管,并计划到"十四五"末,养老机构综合监管领域相关部门将实现"双随机、一公开"监管全覆盖。尽管如此,我国养老服务在服务内容、服务标准、服务质量、人员技能和安全规范等方面仍然存在诸多问题。例如,居家养老护理员的实际护理能力与其资格认证水平不符,无法满足服务标准和服务质量的要求,这些问题都亟待解决。

4. 服务供需匹配度低

智慧养老产业需要设计出能够真正满足老年人实际需求的产品和服务,而不仅仅是简单地发展智能化设备。然而,智慧养老产业目前的供需匹配度很低,主要体现在以下几个方面:首先,该产业将大量精力投入技术和硬件层面的发展,追求技术先进和高端产品,同时大规模推广各类高科技智能化设备,呈现出"技术至上"和"技治主义"的趋势,这超出了大多数老年人的消费能力,并忽视了与老年人实际需求的匹配。例如,当前的智能可穿戴设备显示屏尺寸过小,按键设计也过于复杂,缺乏适老化考虑。其次,现有智慧养老服务内容主要针对老年人的生理层面需求,如生活照料和医疗保健,而忽略了老年人的更高层次需求,如精神慰藉和自我实现。最后,智慧养老服务缺乏对老年人动态需求的管理。我国智慧养老信息技术应用目前仍处于初级阶段,应用多数在数据的存储、监测、分析以及管理等方面,而在业务层面扩展不足。智慧养老服务的供给只局限于老年人最初阶段需求数据的获取,忽视了老年人在不同时期、阶段和环境中的需求的动态变化,提供的产品或服务与老年人实际需求存在出入。综上所述,智慧养老服务应该满足老年人多层次、多样化、个性化的需求,针对不同文化水平、经济基础和健康需求的老年人提供不同的养老服务。

5. 专业服务人员缺乏

虽然智慧养老在一定程度上节约了人力和物力的投入,但该行业仍然需要专业的养老护理人员和相关技术人员,才能提供服务并发展产业。养老护理人员需要具备扎实的健康照护技能,特别是在护理高龄、失能老人时,还需要掌握心理疏导、突发急救等专业技能知识。此外,智慧养老产品包含的设备终端和信息平台,需要相关技术人员熟练掌握云计算、大数据等信息技术,以及能够操控智能系统和处理信息数据的专业技能。然而,目前该行业的养老服务人员、医护人员和技术人员都严重缺乏。参照我国的老年人口数,我国至少需配置1 300万名专业养老护工,才能符合国际标准。然而研究结果显示,目前我国养老服务从业人员仅30万人,医养结合机构的照护者中初中及以下学历者占78.9%,多数为家庭主妇、下岗职工、退休人员。① 由于这些人员教育水平低和年龄结构大等特点,他们无法及时有效地了解老年人的真实需求、处理智慧养老服务中的专业问题,因此难以制定出科学、可行的

---

① 张彦芳,袁圳伟,卢羽彤,等.医养结合机构老年人长期照护分级服务的SWOT分析[J].护理研究,2023,37(14):2544-2549.

智慧养老方案并保证服务质量。

15.1.3 养老大数据治理的任务

目前,大数据技术已经广泛渗透到养老服务领域,相关治理理念也在逐步普及,已成为公共领域提升政府治理能力、推进治理现代化水平、有效地整合养老资源、提高服务效率和质量的核心。养老大数据治理是智慧养老发展的基础。在养老服务领域,大数据治理的任务有以下几个。

第一,深度挖掘和处理多层次、多元主体的海量服务数据,以实现精准养老服务的需求。在养老服务生态系统的各个主体长期运行中,已经积累了大量有价值的养老数据。这些数据来源广泛,包括:①老年人基础信息,这些信息来自不同行政部门,包括基本信息、家庭档案、健康档案、经济社保档案等;②网络信息,这些信息来源于社交媒体和互联网站,如微博、微信、QQ等;③物联网信息,这些信息来源于老年人使用的各种智能传感设备,如智能手表、智能血压计、智能血糖仪、智能心电检测仪等;④第三方信息,这些信息来自第三方业务系统,如城市管理系统、社区管理系统等,以及第三方大数据,如金融、交通、医疗等领域的数据。

第二,统一各类数据的标准,确保数据的一致性和可比性。在我国的养老服务中,数据平台的建设通常由政府或企业来负责,然而,不同的建设标准会导致养老数据收集和建设面临不同的问题。例如,项目周期结束后,政府重新招标采购可能导致系统重复建设、信息共享不畅,以及服务效率低下等问题的出现。

第三,数据整合。其需要对养老相关数据进行抽取、转换和加载,采用标准化的数据接口和技术架构等手段来实现。利用云计算、数据交换和挖掘等技术,建立养老数据平台,集成和整合养老数据,并协调各养老相关部门和组织的合作。有效整合这些数据有助于科学决策、精细管理,以及实现养老服务对象需求的精准匹配。

第四,资产变现。数据已经成为一种被广泛认可的生产要素,因此在市场竞争中,需要基于数据来提供养老服务解决方案。通过开发和利用养老数据,根据老年人的个性化需求输送精准的服务,从而构建一整套智慧养老的生态系统,该系统覆盖老年人的全部生命周期,包括生活照护、医疗护理、紧急呼叫、休闲娱乐以及心理健康等方面的服务需求。该生态系统依赖于不同主体之间的协同合作。

第五,加强监管。由于数据便利和数据安全之间的冲突,个体隐私数据在养老大数据平台中可能面临着不确定性,因此,政府应加强对养老大数据平台的法律规制和监督,界定大数据算法运用的合理边界,制定数据使用协议和规范,以减小老年人隐私信息泄露或权利受损的风险。

随着科技创新成为老龄化社会治理的重要支撑,大数据在养老服务高质量发展中的优势将得到充分发挥,因此必须基于大数据构建面向老年人美好生活需求的老龄治理生态。随着大数据的发展,其在数据整合、资产变现、运营监管等方面的优势将深度推进。影响养老服务质量的关键因素是养老服务供给端的养老大数据治理能力。

15.1.4 养老大数据治理的价值

基于大数据的养老服务给社会带来了科学、专业和个性化的养老选择,实现了智慧养老。智慧养老的发展需要技术的创新、理念的转变、资源的整合和组织的协同,且必须坚持以数据共享和隐私保护为原则、以满足老年人实际需求为出发点。政府、市场和社会必须协同治理智慧养老。未来,老年人的生活环境将越来越智能化,基于大数据技术的智慧养老将实现老年人与信息化、数字化相伴而行,并带来以下方面的社会效应。

1. 实现高质量养老服务

构建高质量的养老服务体系是应对人口老龄化的重要措施,为每个老年人实现高质量的晚年生活提供保障。大数据养老服务采用信息化改造,引入多元社会养老主体,借助智能终端设备,打造数字化养老平台,不断激发新兴养老模式的发展活力。通过实现医疗服务的个性化、护理服务的精细化和健康服务的动态化,从而实现高质量养老的目标。

首先,利用基于智慧养老服务内容的动态调整和分类化供给机制,大数据养老服务可以实现为健康老年群体、失能老人等提供不同选择的服务。这种方式能够满足老年人对于养老服务内容的个性化需求,实现养老服务的个性化匹配,使服务内容和供需能够精准匹配。可以通过养老数据库中的多源养老数据分析老人个性化养老需求,将老人分配至不同的医疗服务组,提供精准化医疗服务。对于健康状况较好的老年人,大数据养老服务可以依托社区养老服务中心/养老机构,为老人提供便捷的常见病诊疗服务、体检服务、健康知识教育服务等。针对老年人慢性疾病,如高血压、糖尿病和冠心病,大数据养老服务能够提供基础的医疗保健和专业的医护服务。例如,大数据养老服务可对高血压老人进行定时的血压监测,并根据血压情况进行分级医护管理,定期反馈血压管理效果;对糖尿病患者进行血糖监测、运动指导和并发症防治的医疗护理;对冠心病患者则提供渐进式的康复指导、治疗和协助锻炼以及心理疏导。

其次,通过应用大数据技术,智慧养老机构可以实现智能化管理。入住老年人的床位、护理等级、餐饮服务、身体状况评估、健康档案以及日常服务等都能通过智能系统来自动安排和管理,这可以有效避免人为差错,提高服务质量,使服务更加精细化和科学化。在老年人入住养老机构之前,对其进行生活能力和健康评估以确定护理等级,并发放相关服务补贴。在老年人入住之后,根据老年人的起居、饮食、认知能力、健康状况、运动能力、洗漱等方面的评估结果,智能平台会自动匹配老年人所需的养老服务内容,并生成老年人的照护计划,以实现精细化的护理服务。

最后,智慧养老平台的"健康服务动态化"包括身体指标动态监测和健康指标预测两个方面。对于糖尿病人群或血糖偏高人群,智慧养老平台提供 3 年专属健康顾问,全程跟踪和监督血糖管理,家人可通过移动终端 App 及时了解老人的血糖状况和变化趋势,参与血糖管理、监督和亲情关怀。智慧养老平台通过采集个体化健康数据以及平台多维度数据信息,进行综合评估回访,并给予相应的健康干预方案。此外,平台可根据老年人的运动能力及健康行为数据构建跌倒预测模型,可筛选高跌倒风险人群,及时做好跌倒的防护,降低老年人跌倒的发生率,减轻跌倒带来的经济负担及减少医疗支出。智慧养老平台实现了健康服务的动态化,从而更好地服务于老年人的健康管理。

2. 促进养老服务社会化

在我国养老服务体系构建过程中,以家庭养老为代表的传统养老模式一直占据着中心地位。这种传统养老模式维护了家庭的基本结构、赡养关系和伦理关系。然而,随着人口老龄化加剧、养老资源紧张等问题的出现,传统养老模式存在单一化的问题,需要进行转型。基于此,大数据驱动的智慧养老模式应运而生。智慧养老在传统家庭养老的基础上,探索发展了家庭养老、机构养老和社区养老中心等多位主体融合的养老模式。这种模式是养老发展的必然选择,为解决养老资源紧张和养老服务供需矛盾等问题提供了有效实践。智慧养老的实施需要各方力量的整合运用,政府主导平台建设、社会组织负责实施、服务商加盟,从而实现养老服务智慧化协同管理平台的搭建。这种平台可以为老年人提供紧急救护、家政服务、日常照顾、康复护理、精神慰藉、法律维权和休闲娱乐等综合性的服务项目。

3. 推动养老服务公平化

养老服务政策是公共服务的重要组成部分,应该遵循公平的服务理念。在老年人接受养老服务的过程中,服务目标是否一致、资源投入是否稳定、服务管理是否及时、人员安排是否完善等都可能会影响养老服务质量。大数据驱动的养老服务可以通过多方面的数据采集来了解老年人的养老服务需求,并对这些需求进行分类,以便将养老服务资源合理地分配给有需要的服务对象,从而实现资源的最佳利用。此外,大数据驱动的养老服务还可以利用远程技术提供服务,并扩大服务空间范围,解决不同区域养老资源的差异问题。在市场规范的框架内,应对养老服务的各参与主体的资格、准入条件、服务范围等进行明确的规范,以防止市场部门追求效率而导致不公平的现象。

4. 加速养老标准化建设

在养老管理部门中,随着智慧养老体系的建设不断完善,系统化、规范化已经形成,各类信息化系统如营销系统和统计信息系统等都广泛应用于智慧养老。但因专用通信系统可扩展性差、统一管理标准和规范的缺乏等,上述系统的深化使用也致使各级管理部门间的信息化建设鸿沟逐渐扩大,各地区管理部门的重要数据难以共享和共存,交流变得困难。在养老业务部门中,由于同一个养老机构或者不同养老机构间养老业务需求的差别,数据存储格式、开发标准和系统结构的标准和规范缺乏等,一些养老系统的数据无法与上级养老系统兼容,不兼容的信息处理格式和数据内容将养老系统划分为许多"信息孤岛",直接阻碍了我国养老事业的开展。

上述情况的出现将会促进养老数据技术架构标准体系、服务通用基础标准体系、服务提供标准体系和服务保障标准体系的建立,这些标准体系涉及数据安全、数据共享、居家养老、社区智慧养老、智能养老院管理、养老服务员培训以及养老人员管理等方面。

5. 助力高水平政府监管

养老服务监管的范围涵盖了养老机构、服务机构、服务中心、居家养老等场景的消防安全、食品安全、安防监控、养老服务、养老资金等内容。通过养老大数据平台,政府可实现对老年人日常生活、健康管理、运动保健、社会保障、家庭服务、卫生服务利用等全过程数据的监督管理。另外,除了对服务对象数据监管外,政府也可通过该平台对养老服务供需信息、服务商信用和资质、服务绩效以及政策补贴等多方面实现监管,这拓展了监管对象的范围,也进一步提升了服务的响应性和监管程序的规范性。同时,政府可根据反馈结果及时对机构和站点设施在服务内容、服务标准和质量、人员技能、安全规范等方面作出改善。

综上,通过养老大数据平台的建设,可实现对养老服务及业务实施过程的监管,帮助政府解决养老服务监管难题,提升民政部门对养老机构的监管水平,同时促进多部门信息共享和业务协同。

6. 增进社会和谐与文明

养老大数据技术的应用有利于老年人实现自我养老,实现自立、有尊严的生活,缓解子女养老负担,也有利于社区劳动力再就业,促进社会和谐稳定。其具体表现在以下三个方面:第一,通过采用多种通信接入方式,提供呼叫服务、语音信息服务、网上娱乐等功能,打造出无障碍的虚拟社区,形成稳定的基础应用和良好的扩展接口,使老年人可以方便地使用康复、教育、就业、生活、娱乐等各种服务产品,从而满足他们医疗保障、社会交往、亲情服务等需求。第二,在老龄人口不断增长的同时,家庭代际数和平均规模正在缩小,拥有三代人的中国家庭所占比例不足 18%,到 2030 年我国家庭平均人口数预计缩减为 2.6 人[①],家庭养老结构呈现"4+2+1"状态,即夫妻 2 人要赡养 4 位老人和抚养 1 个孩子,而子女通常由于工作繁忙无法拿出较多的时间和精力照料老人,这给社会施加了更大的人力和财政压力。老年人逐渐失去独立生活能力时,子女却忙于工作和生活,其健康需求、安全需求和情感需求得不到满足。养老大数据平台通过信息互通,使子女了解老年人的服务需求和养老服务机构提供服务的状况,也可通过相关 App 实时查看父母的身体指标状况及变化趋势,及时提醒父母注意相关事项,更能便捷安排父母生活照料和医疗服务等事务,缓解子女养老压力,促进两代人的沟通交流,使其轻松、主动地传承孝道文化。第三,推动志愿服务和就业的融合。智慧养老服务圈由志愿者和社会工作者、专业人员、再就业劳动者组成。一类是志愿者,包括党员在内,采取免费服务的方式,另一类是社会工作者、专业人员、再就业劳动者,采用政府全部或部分购买的方式,打造互帮互助服务,在为服务对象提供服务的同时取得应有的服务酬劳。

15.2 养老大数据治理技术

15.2.1 数据融合技术

养老大数据是基于大数据背景提出的,涵盖老年人的多个生活领域,包括但不限于日常起居、安全保障、健康康复、医疗保健、休闲娱乐等方面。养老大数据采集需要利用各种信息

---

① 张娉,罗娟."十四五"时期中国家庭养老体系构建路径[J].经济研究导刊,2022(21):42-44.

通信技术，面向老人、服务单位、政府机构等相关人员和组织开展。采集的数据涉及养老服务过程中的基础数据、服务数据、物联网数据、非结构化数据和开放数据，见表15.1。

表 15.1 养老服务数据类型

数据类型	描 述
养老基础数据	包括老年人口基础数据、养老服务机构基础数据、养老服务人才队伍基础数据等
养老服务数据	包括服务评估数据、老年人刷卡乘车数据、移动支付数据、网上购物数据、养老补贴数据、老年人助餐数据、机构养老业务数据等
养老物联网数据	包括物联网设备信息及物联网终端主动发送而接收的信息和采集的数据等
养老非结构化数据	各类养老服务主体服务过程中产生的非结构化数据，如给老人提供服务时的音频、视频、图片和养老行业报告等
养老开放数据	互联网上涉及养老服务的各种开放数据，如政府机构、非营利组织和企业发布的涉老数据和各种报告等

要提供集成化的养老服务，就需要把上述各种养老服务数据资源集中在一起。然而，各种养老服务资源信息以碎片化的形式存放在不同的养老服务平台中。针对庞杂的养老服务平台，应该构建统一的整合平台，对分散在各处的养老数据资源进行整合。数据融合(data fusion)一词产生于20世纪70年代，起初用于军事领域。数据融合主要涉及数据的多源性、数据标准化和数据关联化几个主要因素，一般需要经历数据预处理、本体对齐、实体链接、冲突解决和关系推演五个步骤。目前，在养老服务中尚未发现成熟的数据融合解决方案，现有文献资料中关于养老数据融合框架和技术的探讨都是以项目形式呈现的。在这些项目中，编程人员利用XML或者本体建模技术，对一些医疗和养老系统的少量数据进行清洗和融合。然而，由于灵活性和扩展性较低，其未能进行大范围推广和使用。数据融合技术主要有以下几种。

(1) 关联数据技术，该技术由蒂姆·伯纳斯-李(Tim Berners-Lee)于2006年提出，利用RDF数据模型和统一资源标识符将数据链接起来，使分散的数据变得有序和互相关联。通过HTTP，将数据资源发布在互联网上，供用户使用。这项技术已经被广泛应用于语义互联、资源聚合和知识组织等领域。在整合养老服务数据时，使用此技术可以解决养老数据格式不一致、关联性低和价值密度低等关键问题，以实现多源数据的有序整合。

(2) 语义元数据技术。语义元数据作为资源描述框架已在数据集成和知识抽取领域有较多研究和应用。语义元数据具有结构紧凑、表达直观、语义丰富等特点，能够采用多种表示方法，例如元组、XML_DTD(文件格式定义)、RDFa(资源描述框架属性)等。元组是最直观的方法之一，具有较好的可读性和紧凑性，支持数据模型的扩展。我国研究者季文飞等为了解决医养数据融合的问题，设计出了灵活性好、可扩展的数据融合系统，使用五元组表示语义元数据。

(3) 面向服务架构技术。SOA是一种基于组件模型的架构，它使用标准化的接口和协议，如 Web Science 标准化集成模块、XML格式、HTTP等，将应用程序的不同功能单元连接起来。该技术可以有效地集成和调用多源异构数据，实现数据的交换和共享，为养老平台提供了弱耦合、异构的数据交换标准，有助于解决养老平台之间的数据融合和交互问题。

15.2.2 数据分析技术

养老大数据分析,即对表15.1中列出的各种类型的数据做分析,从中发现数据之间的关联性或数据分布特征,可帮助各养老服务主体更好地适应变化,作出决策。对于养老数据分析,常用的方法主要有描述性分析、因果探索分析和预测性分析三大类。

(1) 描述性分析。描述性分析主要描述各类数据的分布特征,可利用可视化图表工具,展示各类数据的均值、标准差、分位数等,从而了解数据的一般情况。如某类养老服务业务时间或季节变化的趋势。

(2) 因果探索分析。因果探索分析主要通过各类回归模型,探索分析结局变量的影响因素,给出出现某种现象的可能原因是什么。如老人血压数据变化同老人的睡眠、服药和饮食等因素的关系。

(3) 预测性分析。预测性分析主要通过预测模型,如时间序列模型等预测某指标的可能走向,并发出预警指令。这是大数据分析的重要功能,如老人的血糖管理平台可根据老人智能血糖仪测量的血糖数据,预测老人血糖值走势,当触发预警值时向老人责任医生和家属发送提醒信息。

上述三类数据分析方法涉及的数据分析技术主要包括:①可视化分析(analytic visualizations),是一种使用交互式可视化界面的推理形式,使用数据分析及数据可视化,通过数据面板展示数据交互结果,使用户能够解释海量数据。目前多数智慧养老平台均具备数据可视化监管功能,该功能可允许相关部门实时查看养老数据分布和变化趋势。②数据挖掘算法,是指通过相关算法对数据进行集群、分割、孤立点分析,深入数据内部挖掘价值。目前数据挖掘算法已经广泛应用于老年人养老模式预测、个性化养老服务推荐、养老服务质量评价、个人需求动态监测等方面。③用户画像技术,是一种通过给养老服务相关主体打标签的方法,将养老数据转化为标签化的用户模型。现在,大数据技术已经能够生成特定区域(例如市、区、街道、社区)或特定类型老人的基本特征画像、消费行为画像、迁徙画像以及出行行为画像等。④数据脱敏技术,养老数据中包含大量敏感信息,例如老人的身份证号、手机号码、卡号以及家庭住址等,为了保护老人的个人隐私数据,需要采取一些数据变形技术来保证数据的安全性和可用性之间的平衡。

养老数据分析的意义主要有以下几点:第一,通过在养老产品或服务中部署先进的数据分析技术,可以对涉老产品或服务进行更好的管理和决策,提高养老服务的体验和满意度,让不同的养老主体受益。第二,养老数据的预测分析可以提供老年人在疾病预防、精神抚慰、安全预警等方面的预先服务。预测分析技术可以帮助老年人及时发现健康风险和疾病风险,从而采取预防和干预措施,避免潜在的健康风险对老年人健康的威胁。第三,老年人的养老需求是多样化和动态化的,不同的老年人或同一个老年人在不同阶段的需求也有所不同。通过实时地动态分析养老大数据,构建个人需求动态监测模型,并不断根据最新数据和反馈信息进行修正,可以实现个性化和动态化的养老需求管理,提高老年人的生活质量和幸福感。

15.2.3 数据质控技术

在智慧养老的监管、运营和服务体系中,数据是关键的基础。然而,数据的质量直接影响到数据分析和挖掘的有效性与准确性,且数据驱动的决策也必须建立在提高数据质量和可用性的基础之上。因此,保障数据质量和可用性是养老大数据治理的一个至关重要的方面。数据治理需要达成六个目标:一致性、完整性、及时性、准确性、有效性和唯一性。

数据质量问题来源于多个方面,可以分为管理、流程、技术和信息等方面。管理问题主要是管理机制不完善或人员素质不高导致的数据质量问题;流程问题则指在数据的创建、传递、使用和维护等过程中,由于缺乏标准或操作不当等产生的问题;技术问题是数据处理技术的缺陷或使用不当而导致的问题;信息问题则是对数据的描述、理解和更新不当而引发的质量问题。

数据质量治理需要以上文提到的六大数据质量治理目标为导向,并以元数据为检核对象,通过向导化和可视化等简易的操作手段,将质量评估、检核、整改和报告等工作整合成完整的数据质量治理闭环。在数据生命周期的各个阶段,都要采用严格的数据规划和约束,以防止脏数据的产生。总的来说,将其分为事前预防、事中监控、事后改善三个阶段,每个阶段的具体措施如图 15.1 所示。

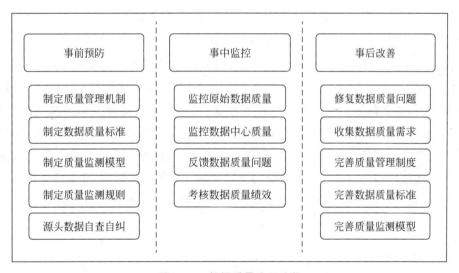

图 15.1 数据质量治理阶段

15.2.4 数据安全技术

养老数据安全风险主要是指养老数据在网络传输和交换过程中,发生增加、修改、丢失和泄露等。从养老数据全生命周期来看,养老数据安全技术覆盖数据采集、数据传输、数据存储、数据访问和数据发布五个环节,养老数据安全治理需要确保养老数据的保密性、完整性和可用性。

1. 数据采集安全技术

养老数据采集是养老数据安全建设的第一步，需要采集分布在异构系统中的养老相关数据，为后续服务提供数据支持。目前市面上有不少公司自主研发了数据采集分析系统，通过应用采集探针和采集代理来采集分析系统的运行日志、安全事件、用户行为等各类数据信息，不同的数据类型采用不同的采集策略，并通过解析技术对数据初步加工和标准化处理，最终形成人工可阅读、可理解的数据。

2. 数据传输安全技术

为了保障养老数据传输的安全性，常用的方法是采用虚拟专用网络，通过将隧道技术、协议封装技术、密码技术和配置管理技术结合在一起，对原始数据进行加密和封装，嵌套装入另一种协议的数据报文中进行传输。此外，也可以利用安全通道技术，如SSL（安全套接层）、VPN（虚拟专用网络），来确保数据的保密性和安全性。这些方法可以满足养老数据在远程接入访问时的需求，并在大数据环境下发挥重要作用。

3. 数据存储安全技术

养老数据存储安全技术主要包括隐私保护、数据加密和备份与恢复三方面内容。首先，隐私保护主要确保养老数据在应用过程中不泄露隐私以及高效使用养老数据，隐私保护技术主要分为基于数据交换的隐私保护技术（数据失真技术）、基于数据加密的隐私保护技术（对称或非对称加密技术）和匿名化的隐私保护技术（抑制和泛化操作）。其次，数据加密技术从数据类型（动态数据和静态数据）、加密算法、密钥管理方案等方面解决大数据保密问题。最后，对于养老大数据存储系统，养老数据的备份与恢复机制十分重要，它能够确保数据不会因为故障或破坏而丢失，在发生数据丢失或破坏时，可以利用备份来恢复数据，从而保证业务的连续性和稳定性。数据备份与恢复机制应当是完备的，并且支持多种备份方式，如异地备份、独立磁盘冗余阵列、数据镜像和数据快照等。这些备份方式各有优缺点，应当根据实际需求和预算情况进行选择和配置。

4. 数据访问安全技术

数据访问安全技术主要包括身份认证技术、访问控制、关系型数据库安全策略和非关系型数据库安全策略四个方面。首先，身份认证技术分为基于密钥信息的身份验证技术、基于信物的身份认证技术和基于生物特征的身份认证技术（如人脸图像、掌纹图像、指纹和声纹等）。其次，访问控制是一种保护系统资源免受未经授权的访问的技术，它可以限制用户对系统中特定资源的访问。这种技术可以分为三种类型：自主访问控制、强制访问控制和基于角色的访问控制。自主访问控制允许资源拥有者对自己的资源进行控制，强制访问控制由系统管理员设置，而基于角色的访问控制则是根据用户所扮演的角色来进行访问控制的。基于角色的访问控制技术可以保护重要的系统资源免受未经授权的访问，并限制不同等级的用户对这些资源的访问。再次,养老大数据存储可以依赖于关系型数据库本身具备的安全机制,SQL Server 作为关系型数据库的代表已具备数据库加密、完整性机制和触发器机制等安全策略。最后,非关系型数据库相对于关系型数据库来说,缺乏足够的安全保证,其安全策略主要依赖于分布式集群(如 Hadoop 集群)。

5. 数据发布安全技术

数据发布安全技术主要包括安全审计和数据溯源。安全审计记录与系统安全相关的活动,通过分析、评估和审查,查找安全隐患并追查事故原因,以便作出进一步的处理,主要技术包括基于日志、网络监听、网关和代理的审计技术。数据溯源是对数据应用周期的操作进行标记和定位,以便在发生数据安全问题时及时、准确地定位问题和责任者,数字水印技术是一种常用的溯源技术。这些技术在养老大数据应用领域具有重要意义,可以确保数据安全和可靠性。

15.3 养老大数据应用

15.3.1 大数据与居家养老

1. 居家养老现状

我国老年人大多受传统家庭观念影响,不愿离开家庭到新环境中养老,更倾向于选择居家养老。《中国城市居民养老服务需求调查报告(2021)》显示,67.24%的受访者的父母仍然选择居家养老。居家养老的主要特点是:解决了社会养老机构不足的问题,同时满足了失业老年人和需要居家看护的老年人的需求,凝聚了社会和企业力量,形成了受益于老年人、养护员、政府和其他方面的良好模式。通过多年的建设,目前居家养老服务逐渐多元化、服务软件不断成熟、服务内容逐步走向体系化、服务队伍日益完善等特征逐渐显现。

2. 居家养老服务需求

居家养老在我国快速发展,但也面临着许多问题,主要问题包括:第一,政府和社区在居家养老服务方面缺乏清晰的管理边界或角色定位;第二,因身体不能频繁外出的老人,医疗护理、健康管理、文化娱乐和教育学习需求较大;第三,居家养老服务的人工实施受到了很多因素的影响,比如服务对象居住分散、服务需求碎片化、服务实施成本高、服务过程监管难等。这些问题正是大数据技术应用于居家养老的潜在发挥领域。

3. 居家养老大数据应用

通过整合居家养老主体资源,大数据技术实现了"线上+线下"智慧居家养老服务模式。在居家养老服务中,大数据技术通过技术手段,兼顾老年人的需求和子女时间精力的不足,让老年人无须出门便可以在熟悉的环境中得到优质的照顾。大数据技术在居家养老服务中的应用主要体现在服务信息化上,具体包括以下四个方面。

第一,健康管理。大数据技术在智慧居家养老系统中应用广泛,通过建立老年人健康大数据平台,提供健康服务,如老年人健康实时监测与评估、慢性病筛查、个性化养老等。这些服务涉及预约家庭医生、管理健康档案、采集健康数据并记录,结合家庭医生的评估意见给出个性化健康评估报告,同时提供慢性病购药服务、远程问诊服务等健康管理功能。这种利用互联网数据资源来解决老年人健康问题的方式,能够为老年人提供便捷、个性化的健康服务。

第二,生活需求。通过利用多种公共与社会服务资源数据,可以为老年人提供各种细致的生活服务,例如餐饮订购配送、上门理发等,同时建立老年人线上社交空间,满足老年人的求知、求健、求乐需求。此外,还可以开设线上各领域课程,例如琴棋书画和养生讲堂,帮助老年人获得精彩的课程体验。这些服务能够满足老年人的养老生活需求。

第三,信息交互。通过大数据技术,可以实现医院、药店、医疗保险机构等部门与互联网的关联,实现信息交互、业务往来与优势互补,进而优化资源配置。例如,通过大数据平台,可以实现可穿戴设备的信息读取与处理,如"一键报警器""健康手环""血压仪器"等,从而与落地业务对接。另外,大数据平台可作为社区的纽带,为居家老年人推荐养老保险信息,带动老年人进行运动打卡,并将相关信息传递到老年人的用户账号。大数据技术还可根据老年人在家自行测量的身体数据与子女和医院进行联动,通过 App 将身体数据及其分析结果传递给相关人员,实现信息交互。这些功能可使优质医疗服务交叉融合,从而更好地优化资源配置。

第四,居家养老平台建设。改善老年人居家养老支持环境的重要手段是利用大数据技术加强居家服务信息化平台建设。平台的功能应包括老年人数据管理、呼叫提醒、实时定位、报表统计、运营加盟、服务商管理、远程健康监护、远程查看等。这些功能可以大大提升老年人的居家养老质量,增强他们的安全感和信心,让子女也更加放心。

15.3.2 大数据与社区养老

1. 社区养老现状

社区养老是一种常见的养老方式,它与居家养老不同。在社区养老模式中,老年人居住在自己家中,同时社区服务人员为老年人提供上门服务或托老服务,使老年人在熟悉的环境中得到家人和社区的双重照顾。社区养老模式整合了包括社居委、养老驿站、养老日间照料中心、老年活动站、文化站、社区卫生服务中心、社区医院、社区志愿者等在内的社区养老资源。

2. 社区养老服务需求

要实现社区养老服务的有序运作,需要整合老年用品、高端医疗、智能设备、适老化改造、信息平台和养老地产等全要素序列化的养老产业链。但目前,我国社区养老服务内容单一、社区养老平台不够智能、无法有效整合区域内养老资源,导致各类养老服务主体融合度不高,同时,社区养老机构的运行成本也在不断增加。因此,住房和城乡建设部等六部门于2020年发布了《住房和城乡建设部等部门关于推动物业服务企业发展居家社区养老服务的意见》,积极推进智慧化建设,以解决上述问题。此外,我国"十四五"规划中,明确提出要积极应对人口老龄化问题,并加强社区养老服务网络建设,以促进社区养老服务的发展。

3. 社区养老大数据治理

将大数据和物联网技术应用于社区养老服务可以创建高品质的社区养老大数据生态系统,除了可为老年人提供全方位便利化的养老服务外,也可促进社会参与养老,重新激活老年人及其家庭的生产力资源。大数据在社区养老中的应用模式主要有三种。

(1) 需求方平台供应商,即 DPS(demander-platform-supplier)。智慧养老平台可以通过 DPS 模式,整合社区内的养老资源,收集老年人的服务需求,并利用大数据技术进行智能分析,以匹配合适的服务供给方。这些服务供给方可以是社区、志愿组织、医疗机构、养老机构等。此外,政府还可以通过审核补贴项目申请来支持这一模式。智慧养老平台可以收集各种服务机构的具体信息,包括空间分布、联系资料、服务种类、评价级别、价格范围等。同时,智慧养老平台也可以提供养老资料,如政策法规、老龄数据、行业管理和服务项目等。通过 DPS 模式,智慧养老平台可以帮助老年人方便地享受全方位的服务,提高老年人的生活质量,同时也可以激活老年人及其家庭的生产力资源。

(2) 线上线下结合,即 O&O(online and offline)。它将在线数据收集和智能评估功能与线下服务提供和反馈评估相结合,从而实现了多个服务主体协同提供服务并且使服务渠道直接透明。社区养老服务网站将养老数据中心、大数据小程序、餐饮服务平台和家庭护理服务平台作为养老服务的中间平台,使所有服务主体可以参与共享。需求方可以在平台上选择服务并由服务供给方提供上门服务或在就近定点提供服务,同时提供反馈功能,为供给方提供评价依据。对于餐饮服务,通过让利和街道补贴的方案,选取符合资质的两家老年餐饮服务供应商,为老年人提供八折用餐优惠。

(3) 主动提供服务,即 STD(supplier to demander)。通过将大数据技术与物联网技术相结合,监测老年人生活中的异常情况,例如老年人长时间未进出门时,社区或医疗机构会及时上门查看老年人的情况,从被动供给转向主动供给,有效提高了社区养老服务的能动性。再如,智慧六件套是一种监测设备,包括红外线感应、水表检测、门磁检测、门禁、烟感探测和紧急按钮,可以及时发现老年人的异常情况。当异常情况发生时,专门人员会及时上门查看老年人的情况,并将记录上传到系统中,向老年人的子女或社区组织发送警示信息。这种模式主要以感知技术为主导,对社区养老的生活服务和紧急救援等方面具有重要的促进作用。

15.3.3 大数据与机构养老

1．机构养老现状

机构养老是指老年人在社会机构中获得全面的养老服务,包括饮食、生活护理、清洁卫生、健康管理以及文体娱乐等多个方面。社会机构可以是独立的法人机构,也可以是医疗机构、企事业单位、社会团体或组织,以及综合性社会福利机构的部门或分支机构。机构养老服务需求的不断增长,促使社会机构不断提升养老服务质量和水平,以满足老年人多样化的需求和期望。

机构养老服务具有公益性、服务性、风险性和经营性等特点,主要服务包括:生活照料服务,如个人卫生清洁、衣着管理、外貌整饰、饮食管理、排泄卫生、口腔清洁、皮肤卫生、预防压疮、管理大小便等服务;护理服务,如社区护理、基础护理、疾病护理、精神心理卫生、老年康复训练、老年健康教育、健康咨询等服务;精神心理支持服务,如互助群、危机处理、公益活动、送温暖等;安全保护服务,如提供床挡、防护垫、安全标识、紧急呼救系统等;环境卫生服务,如老人居室、公共区域的卫生清洁等;休闲娱乐服务,如书法、绘画、戏曲、趣味活动、参观游览等;膳食服务,包括采购、处理、储存、烹饪、供应过程。除此之外,机构养老服务还包括环境卫生服务、协助医疗护理服务、功能训练服务、步态训练服务、听力训练服务、医疗保健服务、教育服务、购物服务、安宁服务等。

2．机构养老大数据应用

在养老机构中,大数据技术应用的重点主要是预测老年人跌倒、行为智能分析、防止阿尔茨海默病患者走失和移动定位等方面。机构利用传感器、大数据计算和物联网等技术与理念,构建智慧化管理系统,该系统的模块一般覆盖养老服务内容。例如,系统可以智能分析老人的行为活动,发现危险并及时发出警告;实时定位和跟踪看护人员的位置,以便老人需要帮助时快速寻找最近的看护人员。

未来养老机构的发展将受到数字技术的驱动和数字化价值链的影响。这将包括:建设完善的智能产品和设备圈,实现信息自动采集;构建数据分析模型,实现养老服务分析和预测,从而提供更加精准化的服务;打通和整合政府、医院、养老服务提供者和社区等养老服务的价值链主体,从而促进各主体层次的深化及其价值的充分发挥。

15.3.4 大数据与异地养老

1．异地养老现状

异地养老是一种新兴的养老服务模式,指老年人离开自己熟悉的居住地到其他地区享受养老服务的方式。它包括旅游养老、度假养老、回到原籍养老和随子女养老等不同形式。近年来,这种养老方式越来越受到人们的认可和青睐,并成为未来养老的一种新趋势。

异地养老有着许多优点，比如老人可以选择环境优美的地区进行养老，避免了城市的喧嚣，有益于老人的身心健康。此外，异地养老也能帮助老人摆脱长期居家养老的弊端，增加其社会参与度，避免老人因为生活范围限制而无法交到新朋友。然而，异地养老也存在很多问题和障碍，例如各地区经济发展水平和医疗水平的差异化、异地医保结算的困难，导致异地养老老人看病就医难度增大，国家倡导的"医养结合"养老发展仍处于初始阶段，养老保险政策尚不成熟等。此外，异地养老服务体系不完善，资金和人才紧缺，机构之间的沟通不畅也是制约合作的原因。最后，异地养老还有可能弱化子女与父母之间的精神赡养义务，减少代际交流的机会。

综上所述，异地养老的核心难点在于"异地"。借助大数据和人工智能等先进的技术手段，可以消除异地养老的壁垒，减少异地养老的困难和障碍。

2. 异地养老服务需求

影响老年人是否选择异地养老或选择何种异地养老的主要因素是老年人的健康状况。健康自理型的老年人可能出于帮子女照顾家庭、回原籍或享受自然环境等原因选择异地养老。这些老年人年龄通常在 60 岁左右，处于中低年龄段。然而，他们在异地养老过程中往往会面临情感交流和社会福利方面的困难。非健康自理型老年人身体状况较差，无法独立生活。他们通常选择跟随子女养老，但由于子女工作或个人原因无法全天照顾，这类老人对社区养老和机构养老的服务需求较大。同时，由于社交范围的局限，他们也需要情感关怀。经济条件较好、身体健康且性格乐观积极的老年人更倾向于选择暂住型异地养老，例如旅游养老或候鸟养老。在异地养老过程中，他们常常会面临入住养老机构流程烦琐、对异地养老政策和环境不熟悉等问题。此外，突发事件的安全责任也是他们需要考虑的因素。

3. 异地养老大数据应用

大数据和人工智能等先进技术越来越多地融入异地养老，这得益于"互联网＋异地养老"模式的推进。政府机构和养老企业致力于满足老年人在异地养老过程中的自主选择需求，因此异地养老市场属性突出，老年人的意愿对市场发展起着至关重要的作用。基于此，大数据和互联网技术的充分应用有助于提高消费者的主观能动性，特别是通过搭建旅居养老网络服务大数据平台，整合资源，解决养老金和异地医疗问题。

旅居养老网络服务大数据平台的具体功能，包括以下四个方面：第一，建立养老金领取反馈平台，老人异地领取养老金遇到问题时，可以通过平台反馈给社保部门，以解决问题。第二，整合地域分割的养老数据，建立统一的养老金认证信息采集数据库，使异地信息能够同步采集和认证。第三，整合医疗信息资源，包括医院的病历信息、就医支出信息、药品使用信息和公安部门的基本社会关系信息，以解决老人异地就医时病历信息互通、健康信息查询等问题。第四，数据统计功能，通过观察异地养老趋势，合理提出异地养老保险的实现路径，优化养老策略。总之，充分利用大数据和互联网技术可以提高异地养老的质量和效率，为老年人提供更好的服务。

15.4 养老大数据治理实践

15.4.1 国内智慧养老实践

1. 安徽省烛光妈妈数字化养老平台[①]

安徽烛光妈妈健康科技集团有限公司(以下简称"烛光妈妈")专注于数字化养老服务体系建设与运营,总体建设目标是构建一套集政府监管、运营服务、产业发展为一体的数字化养老服务体系。烛光妈妈采用"政府监管体系＋市场运营体系＋商家服务体系"的服务模式,通过对居家、社区、机构、政府、各类养老服务项目的数字化建设,打通养老全场景数据,同时融合政府监管、业务管理、运营服务、产业发展等功能需求,有效地归集养老数据,提升大数据应用能力,以满足老年人多样化、多层次的养老服务需求,提升养老服务体验,平台的应用也取得了良好的经济效益和社会效益。其服务体系构成如图 15.2 所示。

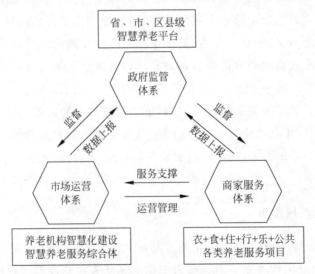

图 15.2 服务体系构成

传统的智慧养老系统在数据存储、拓展能力和存储类型方面均有缺陷。烛光妈妈基于统一的数据模型、统一的数据标准以及统一的数据安全体系,通过相关接口和物联网设备实现街道、乡镇、服务中心、居家养老、机构养老等各层级、各场景的养老数据采集,养老平台运营服务过程中产生结构化数据以及非结构化数据,通过 SQL 与 NoSQL 数据库进行结构化数据存储,文件存储服务器实现对文本、图片、语音、视频等非结构化数据存储,对老年人数据、为老服务资源数据、动态监测数据进行专题存储;依托物联网平台、数据共享、数据服务平台对接入和共享的数据进行处理,支撑区域内智慧养老监管、运营、数据可视化、基础服务以及养老事业与产业发展等核心应用。智慧养老平台大数据架构如图 15.3 所示。

[①] 资料来源:烛光妈妈公司官网,https://www.zhuguangmama.com/home/index.html;烛光妈妈公司主管提供的文档资料。

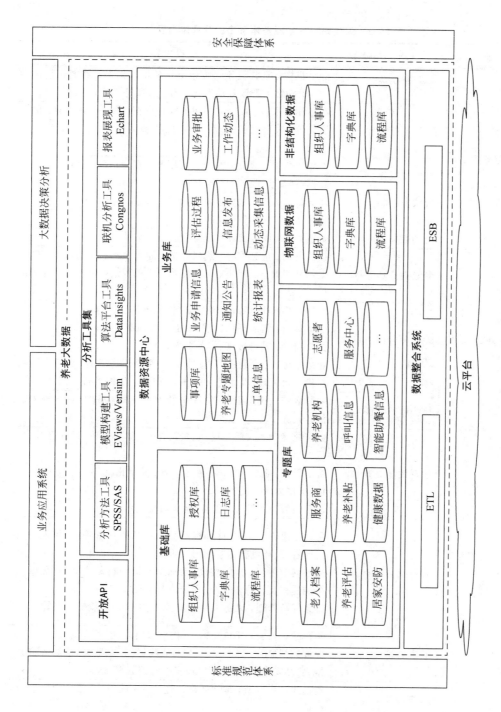

图 15.3 智慧养老平台大数据架构

烛光妈妈养老体系主要包括政府智慧养老平台、智慧社区养老服务三级中心、养老机构智慧化、智慧适老化改造/智慧家庭养老床位。烛光妈妈养老服务体系建设及具体内容见表 15.2。

表 15.2 烛光妈妈养老服务体系建设及具体内容

养老体系	功能/活动	建设内容
政府智慧养老平台	智慧化监管	养老机构；养老服务三级中心；老年人助餐；养老长期护理险；保障性人群服务动态化；第三方服务组织；养老资金
	智慧业务管理	高龄津贴审核；政府购买服务资格审核；服务投诉处理；满意度评价；改进意见处理；养老机构备案核查；养老组织备案核查
	数据可视化	老年人数据可视化；养老机构数据可视化；养老服务三级中心数据可视化；服务人员数据可视化
	大数据中心	养老基础数据库；养老业务数据库；数据存储与网络安全
	政策发布	政策文件；新闻资讯；通知公告
	公共服务	资格审核；服务获取；意见反馈
智慧社区养老服务三级（区县、街道和社区）中心	养老服务功能区	接待咨询；信息中心；建档评估；健康服务；六助服务；老年人用品租售；呼叫中心；调度指挥；教育培训；嵌入式社区微机构；成果展示；产业孵化
	养老综合体运营支撑系统	数据采集：评估数据、服务数据、客户管理数据；数据分析：需求评估数据、智能设备检测数据；数据监管：基础数据、服务数据；业务系统：中心服务导航图、助餐消费运营管理、老年人用品租售运营管理、服务商入住管理、服务人员服务过程记录
	核心服务功能	智慧老年人用品租售中心；智慧养老健康服务中心；智慧养老信息服务中心
养老机构智慧化	运营效能提升	数字化运营：入住与退住、费用结算、护理排班、远程探视、智慧查房；院前管理：院前接待数字化管理、智慧化老年人能力等级评估、试住体验管理；运营监管：运营实时监管、运营数据展示
	智慧化管理	主动健康管理：心理检测与管理、智慧膳食管理、老年人慢病用药管理、环境智能监测与消杀；主动安全管理：紧急救援、无感知感情与行动力监护、无感知智能巡查及床位监管、院内定位及远程监控；智慧安防管理：来访人流量监测、危险区域人脸抓拍告警
	政府监管	基数数据监管：床位数据、入住对象信息、服务人员数据；业务数据监管：入住老年人评估数据、补贴数据、消防安全数据、食品安全数据、公共区域安全监控数据
智慧适老化改造/智慧家庭养老床位	建筑硬件	通道无障碍改造；地面防滑改造；卫生间安全改造；卧室安全改造
	家具家装	厨具适老化改造；灯具适老化改造；五金配件适老化改造
	康复辅助器具	助餐类辅助器具；助行类辅助器具；助穿类辅助器具

续表

养老体系	功能/活动	建设内容
智慧适老化改造/智慧家庭养老床位	智慧化助老服务设施	主动健康管理设施设备；主动安全管理设施设备；智能家居系统配备；用水用电安全管理
	家庭床位管理运营系统	改造记录管理：改造对象汇总、改造入户评估、改造过程记录、改造清单记录、改造结构验收、改造成果展示； 服务运营管理：老年人紧急救援、老年人服务记录跟踪、老年人服务评价； 主动健康管理：智慧血压监护、智慧血糖监护、智慧心电监护、智慧尿酸监护、智慧慢病管理； 主动安全管理：老年人紧急呼叫、老年人防跌倒、老年人防走失、居家无感知安全监护、夜间睡眠监护； 服务监督管理：设备告警数据监管、设备数据推送监管、服务数据监管

烛光妈妈政府智慧养老平台的建设主要是为了辅助政府机构在养老服务过程中的职责发挥。一方面，政府是养老服务多元治理的中心，通过制定规则和政策，起到协调和引导多方的作用。另一方面，政府需要与其他社会力量高效合作，以求共同实现智慧养老的科学发展。烛光妈妈政府智慧养老平台集智慧化监管、智慧业务管理、数据可视化、大数据中心、政策发布和公共服务等功能于一体，辅助政府机构发挥计划、监管、决策和信息公开等职责。

智慧养老社区作为数字时代的产物，具有互动性、平台化和精准性特点。烛光妈妈智慧社区养老服务三级中心旨在打造区县、街道和社区三级的养老服务中心协同运营体系，将社区养老中心建设为集数据采集、政府监管、运营服务于一体的数字化智能养老服务体系，对周边居家老年群体的各类普惠化养老服务需求进行有效供给。该中心是一个功能齐全的技术运行系统，由1个数据库、3个平台、12个服务功能区以及服务运营平台构成，通过支撑"云—管—端"到供需匹配的社区养老服务"供应链"，提供全方位的养老服务。

烛光妈妈养老机构智慧化是指对养老机构进行信息化、物联化的改造，以满足多元化、高要求的养老需求，为机构内老人提供智慧养老服务，解决老年照护资源不足的问题。烛光妈妈养老机构智慧化改造主要建设内容为运营系统、管理系统和监管系统。

烛光妈妈智慧家庭养老床位改造建设是一项涉及多学科、多行业的系统工程。烛光妈妈引入养老服务机构和政府部门作为家庭养老服务的管理方，将互联网和物联网等先进技术融入家庭养老床位建设中，建设了一套集"改造记录管理""服务运营管理""主动健康管理"和"服务监管管理"四大功能于一体的家庭养老床位管理运营系统。该系统是政府部门实施辖区内智慧家庭养老照护床位的服务商管理、服务项目管理、建设申请审批、改造结果验收、服务流程监管及各级民政部门实现智慧家庭养老照护床位常态化监管的重要工具。对于养老机构或亲属来说，可通过该系统提供的移动终端设备，如智能定位设备、跌倒报警设备、心率及相关行动力指标采集设备，监控老人的健康状况。老人可通过设备第一时间联系服务中心，寻求相关居家养老服务。智能移动终端还将与110、120、119等社会紧急救护平台建立网络互联，充分发挥互联网的便捷性和实时性，逐步构建科学、系统的居家养老线上服务。

2. 国内其他代表性智慧养老实践

目前，我国多省市将大数据等"智慧"技术应用于满足老人养老的生理需求、安全需求、情感需求等方面。以下列举几个代表性的应用(表15.3)。

表15.3 国内代表性智慧养老实践

案例地	服务需求	名称	主要内容
江苏省	生理需求	虚拟养老院	虚拟养老院建设由政府主导,依托"居家乐221养老服务系统",实现信息化运营管理,通过系统平台中心及老人居家客户端、通信及信息传输等完成对使用虚拟养老服务老年人的生活需求分析,服务项目确定,养老服务上门提供,服务费用汇总生成以及质量评价、跟踪、回访全过程。通过设立统一的标准化服务,保障养老服务质量及品质,服务人员均要求具备家政服务技能及养老护理员双证书
河南省	生理需求 情感需求	智慧养老顾问	焦作市设立"智慧养老顾问",对接卫健委关于家庭医生的数据资源,通过老人在家庭医生那里的问诊、就医信息以及老人的养老顾问服务情况,掌握老年人医疗健康基础数据。老人通过"智慧养老顾问"可以了解自己的健康状况,获得所需的生活照料、医疗保健、精神慰藉等养老知识与服务
安徽省	生理需求	皖维集团一体化智慧社区养老模式	以大数据为依托,创建新型的联动机制,以此来构建医疗机构、养老机构、保险机构合作新模式,即构建"医疗-养老-保险"一体化智慧养老模式。这种新模式可以有效整合医院、社区和保险机构的资源,为企业退休员工提供更好的一体化智慧社区养老服务体验与服务
浙江省	安全需求	乐湾智眼防走失系统	乐湾智眼防走失系统拥有完善的监控、检测、检查等设施设备,在视野开阔的地方安装智能监控设备,固定的大门场所安装检测设备,在养老公寓、养老院、养老小区等都比较适用。通过终端设备运用AI识别技术,分辨外来人员和常住人员,发现异常并警告
辽宁省	安全需求	老年人能力评估系统	沈阳市红十字会建立了老年人能力评估系统,委托开发老年人能力评估系统、养老照护培训系统软件,形成老年人大数据信息系统,开发App手机客户端,信息系统内包括老年人基本情况和身体状况,有利于家属和志愿者随时掌握老年人的状况。运用App手机客户端,导入和收集老年人信息,及时发现问题和解决问题。这种智慧养老的大数据模式可以将老年人的基本情况和身体状况纳入信息系统,使家属和志愿者随时掌握老年人的状况
广东省	安全需求 情感需求	"平安通"服务终端	"平安通"服务是利用"互联网+"与通信设备,将呼叫援助服务作为基础,采用人工服务和网络相结合的方式,为老年人提供养老服务查询、亲情通话、定期关怀、心理慰藉等服务,并且包括健康监测、移动医疗等其他收费服务项目
浙江省	安全需求	智慧巡更系统	嘉兴市南湖区研发"智慧巡更系统"对养老机构进行安全管理。通过设定养老机构从业人员每日巡更时间和次数,确保消防安全管理人员在规定时间内手持移动端完成安全生产检查工作

续表

案例地	服务需求	名称	主要内容
山东省	生理需求	滨州市养老产业协会App	滨州市民政局推出"滨州市养老产业协会"App,涵盖养老政策、养老咨询、养老院查询、养老社区等综合性内容。老年人通过登录App可以查询获知众多养老信息,还可以针对自己的疑问发帖询问,工作人员会第一时间给予答复,以此帮助老年人获得更多信息
上海市	生理需求	"1+25+X"康健智慧养老模式	上海市静安区共和新路街道落地实施的"1+25+X"康健智慧养老模式,通过健康信息管理系统,把一个康健驿站、25个居委会及多家社区单位的健康检测设备联网起来进行集中数据管理,通过远程设备实现了"1+25+X"的内网互联互通

15.4.2 国外智慧养老实践

当前许多国家都在探索智慧养老的技术和服务内容,以应对人口老年化的挑战。以下列举几个代表性的应用(表15.4)。

表15.4 国外代表性智慧养老实践

案例国家	服务需求	名称	主要内容
美国	生理需求	Honor养老应用平台	整体运营模式类似于"滴滴出行",不提供服务支持,而是通过大数据匹配算法将老人和养老服务提供人员匹配起来,实现在线上提交订单后的养老服务。目前Honor平台提供老人转移、护理照料、辅助出行、餐饮服务、用药提醒、运动锻炼和简单家务等居家养老服务内容的订单匹配。Honor平台的养老人才队伍由养老顾问、养老专业人员以及Honor专家构成
加拿大	生理需求	SIPA(老年人综合护理系统)养老模式	SIPA采用人人模式作为主要交互方式。老人可以通过系统大数据技术筛选出合适的养老管家,养老管家则根据老人的各种需求制订养老服务计划,并利用大数据算法匹配出相应的服务资源,以更贴心地服务,老人能够尽可能地享受到合适的服务。这种模式对养老管家和整个管理团队的IT素养要求较高,而不强求老人能够使用大数据平台。SIPA提供的整合服务内容包括整合健康、协同照料、综合照料、无缝照料等
日本	生理需求 情感需求	智能养老机器人	日本主要的几家汽车制造企业正在积极研发养老护理机器人,以辅助行动不便的老年人完成站立、行走和搬运等活动。另外,一些小型机器人可以完成交流沟通、健康记录以及情感陪伴等高级任务。此外,在养老机构中,能够提高老人运动能力的广播体操机器人、喂饭机器人、自动洗发机器人、监视用药机器人等多种护理机器人也被广泛应用

本章小结

养老大数据包括：①来源于不同行政部门的老年人基础信息：基本信息、家庭档案、健康档案、经济社保档案等；②网络信息：互联网信息（来源于微博、微信、QQ等社交媒体及互联网站）；③物联网信息（来源于老年人使用的各种智能传感设备，如智能手表、智能血糖仪、智能心电检测仪等）；④第三方信息［来源于第三方业务系统（城市管理系统、社区管理系统等）、第三方大数据（金融、交通、医疗等）］。

大数据技术以及相关治理理念已经广泛渗透到养老服务领域，养老大数据治理主要任务包括：数据整合，资产变现和加强监管。这其中使用的主要大数据技术包括数据融合技术、数据分析技术、数据质控技术和数据安全技术。

大数据技术目前在居家养老、社区养老、机构养老和异地养老等模式中广泛应用。其中，在居家养老中，主要应用在健康管理、生活需求、信息交互和居家养老平台建设四个方面；在社区养老中的应用模式主要有DPS模式、O&O模式和STD模式；在机构养老中的应用重点是机构内老年人跌倒预测、行为智能分析、阿尔茨海默病患者防走失、移动定位等；在异地养老中的应用主要体现在旅居养老网络服务大数据平台建设上，旨在解决异地养老金领取和认证以及异地就医等问题。

思考题

1. 简述养老服务需求。
2. 简述养老服务中存在的困难和阻碍。
3. 养老大数据治理的任务包括哪些？养老大数据治理的价值有哪些？
4. 养老大数据治理主要涉及的技术有哪些？简述关键技术在大数据治理过程中的注意事项。
5. 不同养老模式下，养老需求和对应的大数据应用有哪些？
6. 分析国内外养老服务，简述大数据技术在这些养老服务中的应用。

即测即练

第 16 章

药物大数据治理

 **思维导图**

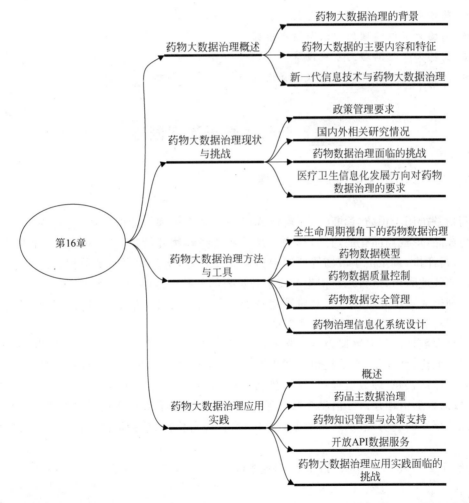

 内容提要

  一种药物从研发、试验到上市生产,涵盖各种数据资料,如研究资料、药理毒理、生产工艺、产量产能、试验资料、临床应用方式、疗效、不良反应、不良禁忌、对实验室检验和检查等的影响、对其他药物的影响等。大量药物数据在原始状态下是零散、孤立、非结构化和不标准的，难以适应当前医疗卫生信息化快速发展环境下的数据应用要求。药物大数据治理的目标即提供标准化、高质量、易使用的数据，以支撑不同的应用场景，并方便药物数据在不同领域、场景和系统之间的交换与共享。

本章从阐述当今世界在药物大数据治理方面的研究情况和面临的挑战开始，引出医疗卫生信息化行业对于药物数据治理在标准化、平台化、智能化、互联网化方面的整体要求；之后，通过对药物数据治理生命周期、数据模型、数据质量控制、数据安全等内容的探讨，从方法论的角度为药物数据的管理与治理提供思路与指导；最后，分享了药品主数据治理、药物知识管理与决策支持和开放 API 数据服务三个实践案例，包含从理论到设计，再到落地实现的过程，以及应用效果与需要面对和解决的问题。

本章重点

- 药物大数据治理的要求与挑战。
- 药物大数据治理的方法与模型框架。
- 药物大数据治理的系统设计。
- 药物大数据治理应用实践的案例分析。

16.1 药物大数据治理概述

16.1.1 药物大数据治理的背景

药物是指用于预防、诊断、治疗疾病或影响人体构造和功能的物质，将药物（原料药）加工制为成品，形成商品化的药物，称为药品。从选择药物开始，到药品的研发、注册评价、上市使用、再评价，直至由于市场等原因退市的整个过程，会产生大量的数据。如果这些数据能够被有效地利用，这将是新型生产要素和重要的基础性战略资源，蕴藏着巨大价值——诺华公司利用大数据分析技术对其旗下超过 200 种在研或已上市药品进行了重新评估，并发现了一些具有潜在治疗价值的新适应证。

药物大数据治理以数据为生产要素，围绕药物数据的收集、整合、分析和应用过程，对数据进行规范化、标准化、质量化和安全化的管理，使药物大数据可以实现对药物全生命周期的监测和评估，为管理数据资产、释放数据价值、守护数据安全提供了不可或缺的支持。同时，高效的数据治理是医疗信息互联互通与医疗数据价值有效挖掘的重要基础，结合人工智能等先进技术的应用，实现药物数据对临床价值、经济价值、社会价值、病人价值的提升。

16.1.2 药物大数据的主要内容和特征

药物大数据涵盖了药物从研究、生产、试验到临床应用等各个阶段产生的各种数据资料，比如研究资料、药理毒理、生产工艺、产量产能、试验资料、临床应用方式、疗效、不良反应、不良禁忌、对实验室检验和检查等的影响、对其他药物的影响等。这些数据资料，不论是对于西药新药的研发和落地、现有药品的合理使用和工艺优化，还是对于中成药的研究并将中医发扬光大,都具有巨大的参考价值和指导作用。

总体来说,药物大数据具有一些基本的特征。首先体现的特征是体量大,药物大数据的规模和数量,一般以 TB(太字节)或 PB(拍字节)为单位。随着生命科学技术和信息技术的发展,药物大数据已呈现出爆炸式增长趋势;同时,药物数据也在快速地迭代和更新,药物从研发、生产到销售、应用各个环节都在不断地生成新的数据,所以药物大数据还具有高速更新和实时性特征。然后,药物数据还呈现出明显的多样性特征,由于药物大数据来源于不同系统、平台、软件,分别具有不同维度属性,因此会产生多种类型和格式的数据,如结构化(数值)、半结构化(文本)和非结构化(图像)等;这些数据在真实世界中产生,反映了真实世界中发生的事实,这些事实可能是客观存在或主观感知。此外,随着时间推移,某些原本有效可靠的数据,在当下环境中可能已经过时、失效或是错误;数据是否符合预期目标或需求,需要根据不同场景来定义有效性标准,并对其进行筛选或清洗,因此数据是具有显著的时效性特征的。

16.1.3 新一代信息技术与药物大数据治理

随着全行业信息化的不断推进,药物数据的积累获得了快速的增长。然而,这些药物数据资料在没有进行数据治理之前,是零散的、分开存储的、缺乏关联的。对于需要查阅和使用数据资料的人来说,只能访问局部的、有限的数据资料,比如某家医疗机构内的药物、药事数据。基于这样局部的、相对片面的数据资料得到的研究结论,也很可能不具有泛用性。比如,得到的临床应用效果仅代表某个城市的情况,在其他城市人群中并不适用。又比如,由于缺乏充足、全面的数据资料,仅能研究发现某药品具有不良作用,但无法继续向下挖掘,确定此不良作用是药物本身导致的,还是生产工艺导致的。

随着大数据挖掘、知识图谱、人工智能等新一代信息技术的发展,新技术被应用于药物大数据治理的各个环节,从而带来了治理技术、治理手段和治理模式的改进,对数据治理进行了全方位的"数字赋能"。通过药物大数据的采集、存储、处理、安全等环节,结合科学的主数据管理过程,将零散的、分开存储的、缺乏关联的数据资料进行集中存储、管理并分析,形成覆盖范围更广、更全面的药物大数据资料是必要的,也将会是未来的发展趋势。

16.2 药物大数据治理现状与挑战

我国的大数据已在各行业广泛应用,但药物大数据方面还面临着很多的挑战。药物大数据作为医疗大数据的一个组成部分,具有复杂性、精确性、隐私性、异构性及封闭性等特点。药物大数据种类繁杂、标准不统一,可能是结构化、半结构化或非结构化的,数据缺乏规范性、完整性以及一致性,质量参差不齐。如果想让数据发挥它潜在的价值,回溯过往,预测未来,数据治理就是一种必要的手段。

16.2.1 政策管理要求

2015 年国务院发布的《促进大数据发展行动纲要》中提出:构建包括医疗服务、医疗保障以及药品供应等在内的医疗健康管理和服务大数据应用体系;鼓励和规范有关企事业单位开展医疗健康大数据创新应用研究,构建综合健康服务应用。

2016年,国务院办公厅印发了《国务院办公厅关于促进和规范健康医疗大数据应用发展的指导意见》(以下简称《意见》),鼓励推动将医疗信息系统和公众医疗数据互联互通,资源共享,在数据安全规范的前提下,形成健康有序的医疗数据产业体系,造福人民群众。《意见》重点强调推进远程医疗和检查检验结果共享互认,以及基本医保全国联网和异地就医结算等亟须解决的问题。

2019年12月实施的修订的《中华人民共和国药品管理法》第三条规定:"药品管理应当以人民健康为中心,坚持风险管理、全程管控、社会共治的原则,建立科学、严格的监督管理制度,全面提升药品质量,保障药品的安全、有效、可及。"其中第一次提及了"社会共治",为药物大数据治理明确了方向和要求。

2021年工业和信息化部联合国家卫健委等九部门共同发布的《"十四五"医药工业发展规划》中提道:推进健康医疗大数据的开发应用和整合共享,探索建立统一的临床大数据平台,为创新药研发及临床研究提供有力支撑。

虽然过去10年国内医疗信息化系统高速发展,尤其产生的医疗数据量也呈现指数级增长,但是如果无目的、不以真实的临床场景为基础,收集而来的数据粗糙且杂乱,那么低质量的数据难以将真实世界的数据高质量地展现出来。因此,科学地设计、有效地纠正数据偏差是一项基础且长远的重要工作。国内有一定规模的医疗机构都具有完善的信息化系统和数据安全堡垒,市场上专项管理软件越来越普遍,例如:抗菌药物管理软件、合理用药管理系统、临床辅助决策支持系统等。这些软件依据《中华人民共和国药品管理法》《处方管理办法》《医院处方点评管理规范(试行)》《抗菌药物临床应用管理办法》等法律法规,在软件技术上为医生、药师、患者提供了专业支持。上述各种信息系统提供的信息与决策支持多数依赖于原始数据的精确性和数据字典的标准性。

国内已有《电子病历基本数据集》《电子病历系统功能规范(试行)》《基于电子病历的医院信息平台技术规范》《基于电子病历的医院信息平台建设技术解决方案》《中国医疗服务操作项目分类与编码》《人口健康信息管理办法(试行)》等零散的管理办法和规范要求,但数据治理实施需要提纲挈领的顶层制度设计,要对医疗数据的全流程管理提出全局性的要求,实现数据的规范化和统一性,以便后续的数据挖掘分析和互联互认。

16.2.2 国内外相关研究情况

日本早在2001年就开始了医疗大数据的探索,出台了"电子日本战略"等,2018年出台了《关于为推动医疗领域的研究开发而匿名加工医疗信息的法律》,法案制定了基本方针,对医疗信息及匿名加工医疗信息的处理等作出了规定,在保护个人隐私的同时能够更好地推动医疗信息化,产生了更广泛的社会效用。

日本"医疗大数据法"中,规定了匿名处理医疗信息的流程,包括:①根据使用目的,删除不必要的数据;②确定使用范围,如公开发布或提供给部分医疗机构;③尽量缩短收集医疗信息的期限;④信息连续性检查;⑤确认需要处理的数据项。

同时,其通过医疗机构网格化,实现信息安全、方便地交换;既往的健康信息可以进行统计分析;医疗费用请求账单网格化,社保卡普及;信息系统互操作性标准化;建立区域医疗网络系统。

2014年，美国FDA（食品药品监督管理局）启动了一项大数据共享策略——openFDA项目，通过企业、FDA、患者、医院多方数据共享与数据挖掘，实现合理用药、短缺药品信息追踪、不良反应信号挖掘等工作，同时企业与研究机构利用FDA开放数据，进一步实现商业价值和研究价值。另外，欧盟通过SPOR项目建立符合IDMP（Identification of Medicinal Products，医药产品标识）标准的药品编码字典。IDMP是由5个国际标准化组织为解决全球范围内对医药产品进行统一识别和描述的需求而制定的规范。IDMP系列标准包括医药产品的名称、成分、给药途径、剂量、上市许可、包装以及制造等。对于药品监管而言，通过提供明确、唯一的医药产品标识，IDMP标准能够让繁杂的药品标识实现跨区域的唯一性，帮助优化药物警戒及注册活动的质量与稳健发展。实现药物大数据的共享，需要以统一、规范的药品字典为基础。

我国医疗大数据资源丰富，潜在开发价值巨大，药物数据标准化的进程需要集中更多力量共同推动。2020年，国家医疗保障局办公室发布了《国家医疗保障局办公室关于贯彻执行15项医疗保障信息业务编码标准的通知》，要求在全国范围内积极推进医保药品编码标准，以便实现"一药一码"，为后续开展医保药品大数据分析以及制定医保药品招标等相关政策提供决策支持。药物数据标准的统一，将为我国医药行业发展建设信息高速路，对提升医疗水平具有重要意义。

16.2.3 药物数据治理面临的挑战

我国药物大数据的应用和药物数据治理正处于起步阶段，面临很多问题和挑战，主要包括以下几点。

1. 数据采集成本高

相比发达国家，中国的信息化建设起步较晚，由于各地区医疗发展水平参差不齐，在信息化推进的过程中，仍存在医药资料通过纸质介质进行存储的情况，为信息采集增加了难度，甚至出现无法采集的情况。除此之外，数据标准的不统一也为采集工作增加了成本。由于数据资料存储格式的多样化，建立起一套可以支持当前所有存储格式的数据结构标准，几乎是难以做到的。

2. 集中存储运维成本高

由于医药数据的高保密性和敏感性，数据采集后的集中存储数据中心，需要具备很高的安全性，采用高安全性的技术方案，并具备严格的安全制度。因此存储数据中心不论从软硬件的资源方面，还是从管理方面，都需要投入相当的成本。

3. 数据缺漏

由于采集区域范围内，各机构信息化建设成熟度不同，数据的完整性也参差不齐，存在某些机构数据缺漏较严重，某些机构缺漏较少的情况。在使用这部分数据时，会产生数据覆盖面不足的情况。

4. 主数据的建立困难和数据处理复杂

由于前述挑战中提到的,数据资料结构化程度参差不齐、多异构数据存储格式、数据缺漏等情况,在进入数据处理环节时,会出现主数据的建立困难和数据处理复杂的后果。比如门诊处方的单次用量,有些机构是数值型,如 0.5,单位为 g;有些机构是字符型,如 0.5 g;还有些机构也是字符型,但格式为 0.5-1,表示第一次吃 0.5 g,第二次吃 1 g。后期的数据处理,需要对出现的各种情况都具备处理程序,把数据处理成能够使用的数据。

5. 药物数据治理人才极度匮乏

由于受到体制、编制的限制,国内各医疗机构从事医疗信息化建设的工作人员普遍不足,人员学历普遍不高,具备大数据分析和挖掘技术的人才少之又少,更缺少既有临床药学知识专业背景又掌握大数据治理能力的复合型人才,导致实现药物大数据治理的人才极度匮乏。

16.2.4 医疗卫生信息化发展方向对药物数据治理的要求

近年来,随着大数据、云计算、物联网、视联网、移动互联网、智能卡等新技术在医疗机构的应用,未来医疗卫生信息化发展方向对药物大数据治理的要求主要体现在四个方面:标准化、平台化、智能化和互联网化。

1. 标准化

标准化是指需要对药物数据治理的过程制定一系列统一的标准,来规范药物数据治理的工作内容。这样的标准,将涉及药物数据治理采集、存储、处理、安全等每个环节,体现在准入资质、安全制度、交付文档、数据格式、实施规范、运维要求等多个方面。

标准化有助于提高药物大数据治理的规范性和效率,同时有助于降低药物大数据治理项目的实施成本和失败风险,为后续药物数据治理的实施奠定了基础。

2. 平台化

平台化是指鼓励第三方厂家基于产业全链数字化相连而建设并提供端到端的优质体验和差异化服务平台,提供药物大数据治理项目中的数据采集方数据接入服务,提供项目中的数据使用方数据使用服务。

平台化是对标准化进一步的系统实现,药物大数据治理平台需遵照药物大数据治理过程的一系列标准,提供相关服务。这些服务包括但不限于:数据采集服务、数据存储服务、数据处理服务、数据安全服务和数据使用服务。

平台化有助于将药物大数据治理的相关标准通过信息化产品的方式进行固化,从而实现药物数据治理的集中整合。随着平台化的落地,药物数据的来源将更为广泛,可以进行全数据的集中收集,并在此基础上进行整合分析。

3. 智能化

智能化是指基于人工智能原理和大数据分析技术，用计算机算法代替部分人工操作，缩短药物数据从采集到产出结果中间过程的时间周期，减小人工操作造成的误差，降低药物大数据治理项目的实施成本和后期运维成本。

智能化凸显了药物数据治理的应用价值，是对平台化的系统功能的进一步要求，是平台成熟度的重要指标。

4. 互联网化

互联网化是指药物大数据治理平台能够基于互联网（包括移动互联网）平台和技术提供药物大数据治理服务。也就是说，任何药物大数据治理项目中的大数据采集方，都可以通过互联网获得接入服务，而不需要额外搭建其他网络或通道，而项目中的数据使用方也是通过互联网获得数据使用服务。

互联网化扩展了药物数据治理的使用场景，是对药物大数据治理平台的网络架构要求，是平台的准入资质标准要求。

16.3 药物大数据治理方法与工具

在医疗卫生领域，药物作为一种核心资源，通常使用一系列属性来描述。而这些用于描述一个药物的属性在来源、结构、组织方式上均体现出多元化的特点，给药物数据的交换和共享带来障碍。结合科学的数据治理理论与工具，规范药物数据全生命周期管理过程，提供标准化、高质量、易使用的数据来满足实际应用需求是药物数据治理的核心目标。

16.3.1 全生命周期视角下的药物数据治理

任何事物的演变和发展都存在一定的规律性，并遵循某种生命周期。数据作为一种资源，同样会经历从诞生至消亡的生命周期。目前行业内大众认可度比较高的关于数据生命周期的定义来自国际数据管理协会，即数据生命周期是数据从创建、采集、使用到消亡的全过程。

结合医药行业的特点，将药物数据生命周期全过程归纳为采集、标化、评估、存储、更新和清除六个阶段，如图 16.1 所示。

1. 采集阶段

随着硬件设备、软件应用及相关技术的发展，数据的收集也越发高效、便捷。应用不同的技术手段，往往可以通过不同渠道进行数据的获取。对于药物数据，

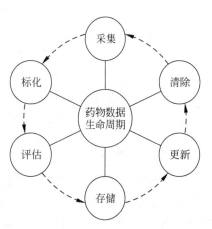

图 16.1 药物数据生命周期

具有同样的特点。首先,按照数据产生的渠道不同,对数据来源进行划分。以下为药物数据来源划分示例:

(1) 医疗机构各信息系统:HIS,EMR,CIS(临床信息系统),LIS,RIS;
(2) 互联网网站:政府公共管理网站,药品采购网站,医药资讯网站等;
(3) 电子期刊:专业电子期刊指南;
(4) 机器系统:传感器设备,智能设备等。

对于不同来源的数据,其数据类型也不尽相同,按照数据结构化的程度可分为以下类型。

扩展阅读 16-1
非结构化、半结构化和结构化数据的示例

(1) 结构化数据。结构化的数据是指可以使用关系型数据库表示和存储,表现为二维形式的数据。

(2) 半结构化数据。半结构化数据通常是结构不规则的自我描述型数据。它既区别于完全结构化的数据(如关系型数据库),又区别于完全无结构的数据(如图像、文本文件等),是介于两者之间的数据。它的来源广泛,没有固定的数据结构和格式。例如:XML、HTML、JSON(JavaScript 对象表示法)文件和一些 NoSQL 数据库等就属于半结构化数据。

(3) 非结构化数据。非结构化数据是指信息没有一个预先定义好的数据模型或者没有以一个预先定义的方式来组织的数据形式。通俗理解,它就是没有固定结构的数据,包括所有格式的办公文档、文本、图片、各类报表、图像和音频/视频信息等。

为了采集各种来源、不同类型的药物数据,需要应用相应的采集工具。具体来说,通过抽取-转换-加载流程,对采集的数据源进行加工处理,使其符合预先准备的数据模型,并且存入指定的数据库中。它可以对多源异构的数据进行抽取,并应用技术框架在抽取的同时对业务数据进行治理,例如进行数据格式转换、无效数据过滤与数据规范化,最终保证获取到完整、准确、一致的数据。常见的数据采集方式有以下两种。

1) 工具采集

半结构化数据源的采集也将通过自动化的手段完成,具体来讲,主要包含三个方面:①选择合适的采集工具,进行配置,并对半结构化数据进行初步解析,统一数据格式。②通过其他采集工具接收解析后的数据,检查数据的取值逻辑,修正各类数据问题。③将修正后的数据做入库前验证,将验证通过的数据存入预先准备的数据库中。

2) 爬虫或开放 API 采集

网络数据采集是指通过爬虫或网站开放 API 等方式从网站上获取数据信息的过程。其主要采集的数据对象除了结构化数据之外,还有大量的文件、图片、音频、视频等非结构化数据。对于部分网站数据,可使用 Python 编写爬虫代码,或者直接使用抓取工具进行采集,之后将采集到的数据通过结构化处理存入关系型数据库进行使用。

2. 标化阶段

随着医院信息化的进程不断加快,各级医疗机构越发重视对临床数据的规范化管理,逐渐从人工手动记录信息及纸质文件管理的方式过渡到信息化手段进行数据管理。然而,药物数据在各大医院及医疗机构中的信息化存储方式不尽相同,各系统之间的存储逻辑及流程也存在较大差异,加之相关概念标准的不统一,造成了临床药物数据的同源异构性。为了进一步对数据质量进行管理,应优先对药物数据进行标化处理。

由上文可以了解,对于不同类型的药物数据,可以选择不同的采集工具对其完成初步采集。进一步地,需要对采集到的原始数据进行二次处理。处理的核心内容包含以下几点。

1) 非结构化数据转化为结构化数据

在医药领域,存在大量诸如药品说明书、药品包装图片、药品用药教育视频等非结构化数据,对于此类数据,需要预先设计数据存储模型,通过特定的转化工具及技术手段,将散乱的、无规则的非结构化数据进行结构化处理转换,并最终存储至结构化数据库中,方便后续的调取及查询使用。

2) 消除数据中语义歧义

建立标准化术语是数据标化的首要内容。药学术语集包含药学概念域、药学概念、关系和实例等,示例如图 16.2 所示。

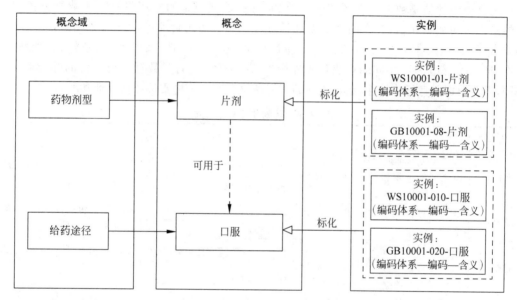

图 16.2 药学术语集示例

通过建立标准化术语,可将数据源中不同编码体系下的数据进行统一管理,同时建立并管理概念之间的关系,将实例中的信息与标准化术语进行关联,从而实现数据语义层面的标准化,有效消除不同数据源下语义歧义的问题。

3) 对数据进行格式转化

尽管完成了数据从非结构化到结构化的转换,但仍需处理数据格式不统一的问题。数据格式转换示例见表 16.1。

表 16.1 数据格式转换示例

数据类型	转换前	转换后	数据类型	转换前	转换后
日期	2022-10-31	20221031	布尔值	是/否	T/F
时间	09:55 pm	2155	小数	123.4	123.40
日期时间	2022-10-31 09:55	202210310955	金额	1 234 元	1 234.00(CNY)

标化,是将数据按数据标准进行转化的过程。对此,应该制定统一的数据标准。药物数据的来源众多,分布在不同的系统中,且应用的业务场景也不同,因此必须制定明确的标准。第一,要明确数据的格式,把各种非结构化、半结构化、结构化的数据统一转化为程序可处理的数据,以便后续的存储与使用;第二,要制定规范的语义描述标准,建立标准化术语,便于语义统一;第三,针对主数据,要制定明确的数据格式,从而便于对不同来源、不同格式的数据进行格式转化;第四,要构建药物数据的元数据标准和规范,对数据来源和数据使用期限进行分类,考虑相关数据的持续更新性,元数据的标准也要随之进行迭代;第五,构建组织标准,就是从药物数据收集、数据处理、数据分析、数据使用等生命周期环节方面考虑,对组织标准进行规范和管理。

3. 评估阶段

药物质量评估是数据治理环节中重要的节点,数据质量的好坏将直接影响数据挖掘分析的结果。对数据评估,要先明确数据评估标准。结合医药行业实际的业务场景,总结了数据质量评估的七个核心维度对数据进行质量检测,包括准确性、及时性、完整性、合理性、一致性、唯一性、安全性。不同的企业和业务场景,在实际应用时对数据进行评价的标准都不尽相同,需要根据自身行业特性,制定统一的数据评价标准。药物质量评估标准参考表16.2。

表 16.2 药物质量评估标准

评估维度	描述	示例数据	问题说明
准确性	是指一个数据值与设定为准确的值之间的一致程度,或与可接受程度之间的差异	亚甲兰注射液(标) 亚甲蓝注射液(误)	其中"兰"为准确数据,"蓝"为错别字,数据准确性较低
及时性	是指数据能否得到及时更新和维护	2022-01-10(采) 2022-08-10(评)	从数据采集到评估,时间跨度过大,及时性较差
完整性	是指在采集数据时,从端到端的数据处理过程中,得到符合数据模板要求的数据的完整程度	模板所需填写字段:50 个 实际填写字段:38 个	实际获取的字段数完整性较低
合理性	是指需要评判数据质量是否存在超出业务合理取值范围的情况	止咳糖浆:250 mL(标) 止咳糖浆:250 片(误)	"片"不符合业务数据中对"糖浆"的单位计量
一致性	是指数据在不同系统之间的一致程度	0.6 g×12 片/盒(药库管理) 0.6 g×18 片/盒(临床应用)	同一药品在不同系统中属性描述存在差异
唯一性	是指数据在系统中所定义的唯一属性下,无重复	ZN0000000000001(药品 A 贯标码) ZN0000000000001(药品 B 贯标码)	国家贯标码为药品唯一属性,不允许多个药品对应同一个国家贯标码
安全性	是指数据符合国家及行业数据安全规范的程度	数据来自医院信息科维护的数据库 数据来自医生本地储存的办公文档	个人存储的本地数据不符合安全性要求

4. 存储阶段

数据存储阶段针对数据的特点选择对应的存储方式来保存数据,形成数据中心。有如下三种常见的数据存储方式。

1）关系型数据库

采用关系模型组织数据，需要预定义表结构，通过主外键关联来建立表与表之间的关系。这种存储方式强调 ACID 原则（atomicity——原子性，consistency——一致性，isolation——隔离性，durability——持久性），能满足对事务性要求较高或者复杂数据查询的数据操作，适用于结构化数据的存储。

2）非关系型数据库（NoSQL 数据库）

除了结构化的药物数据，还有如用药宣教文章、药品说明书这种文档类数据。这类数据通常作为一个整体进行调阅和使用，并且文档内容的结构并不固定。考虑到非关系型数据库在扩展性和高并发环境下读写性能方面的优势，更适合存储这类数据。

3）文件存储

此外还有以图片、音频、视频这种形式存在的药物数据，需要占用更多的存储空间，同时在访问数据时对磁盘 IO（输入/输出）和网络带宽都有着较高的要求。因此，这类数据通常以文件形式直接存储到磁盘上，当接收到应用端的访问请求时，先从数据库中读取到文件访问路径，再根据该路径重定向到文件进行读取。

5．更新阶段

在数据日常使用的过程中，随时可能发生信息的更新。及时发现并管理更新数据，将会为医疗业务顺利发展保驾护航。对于药品数据，其会随着行业标准的更新、国家相关政策法规的制定及药品属性信息的变更而发生更新。数据更新内容涉及国家医保药品目录、国家集采药品目录、国家基本药品目录等和国家政策相关的数据变更，以及药品适应证、生产企业、不良反应等与药品生产和临床应用相关的信息的变更。

数据更新是一个动态变化的过程。然而，在使用数据时，是在固定的范围内进行存取。由此，在对数据进行管理时，应优先定义数据版本，从而保证对动态数据的静态管理。在具体操作时，从技术层面，将需要建立数据的动态维护数据库及最新版本发布数据库。在数据发生变更，需要进行更新维护时，操作人员将对动态维护数据库进行操作，不定期对数据进行增、删、改的处理。根据实际业务需求，将对当前维护的数据进行版本发布，发布成功后，最新版本发布数据库将进行相应更新。

在数据使用的过程中，业务端需要及时捕捉到信息的更新情况。随着技术手段的不断改进，对更新的数据的发布可以通过自动化的方式进行管理。通过开发数据接口，按照既定的规则，能够将版本库的数据进行定时自动化发布。如此可以大大降低人工能耗，并能够最大化地保证数据库数据的时效性。另一种数据更新方式是生成数据包并提供下载链接，业务端有更新数据的需求时，可下载此数据包，并导入业务系统进行使用。

6．清除阶段

随着生产及业务的推进，每天会诞生海量数据，与此同时也存在大量冗余数据需要被清除。作为数据生命周期的重要组成部分，在数据处理的各个环节，都可能面临数据清除的需求，同时，数据清除又是最容易被忽略的治理环节。哪些数据可以被清除以及如何清除是值得关注的重点。

1) 数据清除的范围

当数据主体主观认为数据为失效数据，并可能对系统操作造成负担时，可以选择对此部分数据做清除操作。由于药品数据具有时效性，过期的数据会对实际业务应用造成影响，要结合实际业务需求，有选择地将过期冗余数据进行处理。

2) 数据清除的策略

对数据进行处理时，需要专门设置数据清除机制。可将处理的数据类型大致分为两类：一类是与业务无依赖关系，如格式错误、数据残缺等，这类数据无须根据业务场景判断，可独立处理；另一类是与业务有依赖关系，需要根据特定的逻辑规则，对数据之间的关系进行判断，进而清除错误数据。对不同类型需要被清除的数据进行分类标记后，进而按照对应的处理策略对数据进行处理。

16.3.2 药物数据模型

药物数据模型是一个静态模型，是对医疗卫生活动及临床诊疗过程中涉及的药物数据特征的抽象，同时也是实现药物数据共享和交换的基石。FHIR（快捷健康互操作资源）是由HL7组织发布的一套医疗卫生数据交换标准，其中药物定义模块从药品、包装、生产、物质、管理等方面描述了药物数据的模型，是国际上广泛采用的标准。IDMP是用于医药产品的标识的一套EN/ISO国际标准，由五项标准组成，分别描述标识物质、制剂和药品相关的数据模型及计量单位、剂型、给药途径、包装等术语；同时，IDMP与HL7中的通用产品模型（CPM）和结构化产品标签（SPL）兼容。目前，IDMP还在持续实施和推广的阶段。然而，我国药品研发、试验、上市审批及信息管理的政策有着本土化特色，完全照搬国外标准在落地应用时难免碰到水土不服的情况，因此需要根据国内医疗卫生行业的应用情况设计符合本土业务场景特点的兼容相关国际标准的药物数据模型。

1. 药物数据模型的层次结构

药物数据模型采用多层结构描述药物数据所具备的公共特征，包括数据结构、数据间关系和约束条件等，也为数据在信息化系统中的表示与操作提供抽象的框架。综合药物成分组成、生产加工、商品销售、行政管理等方面特点，通常会采用分层结构来构建一个药物数据模型，层次之间的属性具备可继承的特性。一种医疗信息化行业中广泛采用的分层方式是，将药物数据模型分为物质、药物、制剂和药品四个层次。

1) 物质层

物质层聚焦药物所包含的物质描述，即自然环境中存在，未经过加工或通过不发生化学变化的方式提取出的物质。化学物质是这个集合的主要组成部分，包含化学分子式、分子量、光学活性等信息；此外还包括蛋白质、核酸、聚合物、多样化结构和混合物等其他类型的物质。

2) 药物层

药物层描述未经加工的原料药物信息。药物包含一种或多种物质成分，是由化学合成、植物提取或者生物技术所制备的各种作为药用的粉末、结晶、浸膏等，无法直接服用，需加工成为药物制剂后才能供临床应用的医药。

3) 制剂层

制剂是为满足治疗或预防的需要,将药物按照一定的剂型要求进行加工后的特定形态,是可以最终提供给用药对象使用的药品。模型通过药物有效成分和辅料、药物制剂的形态特征(即剂型,如片剂、胶囊、注射液等)、制剂规格及药物制剂质量标准和检验方法等信息对制剂进行描述。

4) 药品层

药品代表的是通过生产加工,将原料转化为特定制剂规格,可上市销售的商品。一个特定的药品可使用多种多样的包装方式、包装材料、包装数量进行销售,以及药品生产、销售、应用等环节相关的各类管理规范和要求(如医保药品目录、基本药品目录、集采药品目录等)均在药品层进行描述。

2. 药物数据模型的设计

在药物数据层次模型的框架下,可以进一步进行药物数据模型的设计。药物数据模型是一种信息模型,结合数据科学和人工智能技术,在新药研发、用药治疗决策分析、数据共享和交换等领域有着广泛的应用。而设计一个药物数据模型,通常涉及如下内容。

1) 受控术语

为了在设计药物数据模型的过程中消除内容的歧义,需要定义相关的受控术语来保证描述内容的一致性。受控术语是一些专业领域的标准术语集合,用于规范数据的收集和提交,被广泛应用于各个行业。以医疗卫生信息化领域为例,CDISC(Clinical Data Interchange Standards Consortium,临床数据交换标准协会)是一个国际性的非营利组织,致力于开发和推广高质量的数据标准,以支持医学和生物制药产品开发的数据获取、交换、提交和存档。受控术语则是 CDISC 标准技术路线图的一个重要组成部分,贯穿应用于 CDISC 的所有基础标准,包括 SDTM(试验数据表格样式)、CDASH(临床数据获取标准协调)、ADaM(分析数据模型)、SEND(非临床数据交换标准)以及 CFAST(促进标准与治疗领域开发联盟)治疗领域标准。IDMP 与 HL7 规范中,也同样采用了 SNOMED CT(系统化临床医学术语集)、LOINC(观测指标标识符逻辑命名与编码系统)等术语库来描述医疗信息。

如何定义药物数据模型设计所涉及的受控术语呢?首先,需要确定术语的目的,具体来说即术语将用来描述药物数据模型中哪个特定属性的取值范围,例如定义描述药品"剂型"的术语库。可能存在多个不同编码系统下描述剂型的术语库,因此接下来需要对术语库进行收集和筛选,如可以备选的术语库有《中国药典》定义的剂型代码、国家卫生健康委员会信息化标准中定义的 CV08.50.002 药物剂型代码等。如果已有术语库均不适用,还可以标化相关术语来形成自定义的术语库。

2) 数据元

数据元是医疗信息化标准中定义的最小的不可再分的数据单位,它是医疗健康大数据分析的基础,通过对采集的数据进行标化、标注,实现数据的互联互通和共享,数据元对提高医疗信息系统的质量和效率、支持临床决策和科学研究有着重要的作用。

构建药物数据模型需要先对其涉及的数据元进行定义,数据元是构建一个语义正确、独立且无歧义的特定概念语义的信息单元,药物信息模型中的数据元可以理解为药物数据的基本单元,将若干具有相关性的数据元按一定的次序组成一个整体结构即数据模型。为了推动我国医疗卫生信息化的发展,国家卫健委发布过一系列信息化标准,其中《卫生信息数据元标准化规则》(WS/T 303—2009)对卫生信息数据元模型、属性,卫生信息数据元的命名、定义、分类以及卫生信息数据元内容标准编写格式规范进行了描述。概要来说,可以使用标识符、名称、定义、数据类型和表示格式、允许值等一组属性来定义一个特定的数据元,表16.3与表16.4示例了物质类型代码数据元及其值域代码表的定义。

表 16.3 物质类型代码数据元

属 性 名	属 性 值
数据元标识符	DE02.01.002.00
数据元名称	物质类型代码
定义	物质所属类型在特定编码体系中的代码
数据元值的数据类型	S2
表示格式	N1
数据元允许值	CV-01 物质类型值域代码表

表 16.4 CV-01 物质类型值域代码表

值	值 含 义
1	化学品
2	蛋白质
3	核酸
4	聚合物
5	结构多样性材料

3) UML

UML(统一建模语言)是一种可视化、规范定义、构造和文档化的语言,各类可视化图表可以方便设计人员、开发人员、用户和领域专家之间交流需求和思想,规范定义可以保证模型的准确性、无二义性和完整性。同时,UML还具备统一标准、面向对象、表示能力强大、独立于过程和容易使用等特点,因此是进行信息模型设计的常用工具。

此处采用UML类图来进行药物数据模型的设计,聚焦于类、属性和关系,去除了访问范围、操作等内容,以使内容表达更加简洁明晰。如图16.3所示,在药物数据模型分层模型的框架下,对真实世界药物进行抽象,定义了相关类型,并为类型所具备的属性和类型间关系等细节提供了清晰的说明。

3. 药物数据模型的特点

按照层次结构框架设计的药物数据模型具有如下三个特点。

(1) 构建了多层次的药物标识体系,所有药物均可在物质、原料药、制剂、药品、包装等级别进行描述,见表16.5。

(2) 各级别间的药物属性具有可继承的特性,下一个层次的类所具备的属性都是其父级和所有祖先级别类属性的扩充,见表16.5。

(3) 可在任意级别对药物进行分类,一个分类可以包含多个药物,一个药物也可对应多个分类。同样,各级别间的药物分类也具有继承性。例如名为"异戊巴比妥"的药物,通常用

第 16 章 药物大数据治理

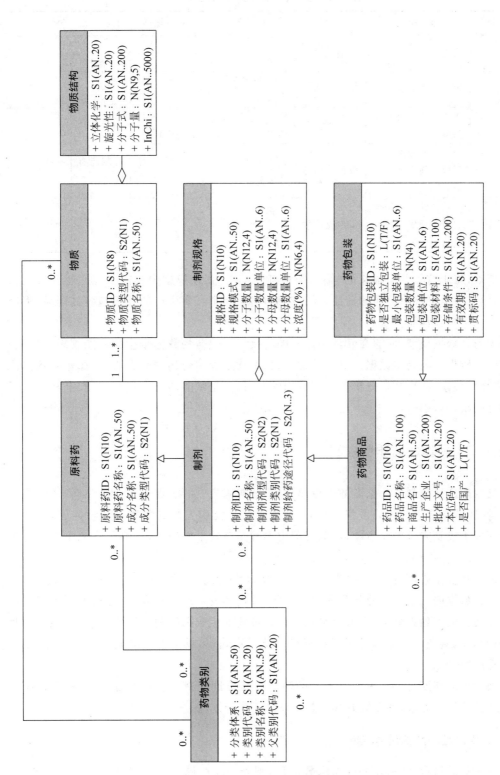

图 16.3 药物数据模型图

表 16.5　药物标识与属性继承示例

级别	标识组成	名称	成分	剂型与规格	生产厂商	包装与材料
L1——物质	物质	头孢克洛	—	—	—	—
L2——原料药	物质+成分类型	头孢克洛	头孢克洛（活性成分）	—	—	—
L3——制剂	物质+成分类型+剂型+规格	头孢克洛片	头孢克洛（活性成分）	口服普通片 0.25 g/片	—	—
L4——药品	物质+成分类型+剂型+规格+生产企业	头孢克洛片	头孢克洛（活性成分）	口服普通片 0.25 g/片	A 制药有限公司	—
L5——包装	物质+成分类型+剂型+规格+生产企业+包装	头孢克洛片	头孢克洛（活性成分）	口服普通片 0.25 g/片	A 制药有限公司	6 片/盒 药用铝箔、药用硬片

来镇静催眠,属于监管部门定义的"第二类精神药品"。在该模型中只需要在原料药级别进行归类,所有继承自该原料药的药品,无论是何规格、哪个厂商生产的什么包装的药品,都会被归为第二类精神药品。

基于药物数据模型,能够在软件和流程的支持下实现药物数据全生命周期管理,最终构建和维护高质量的药物主数据。具有结构化、标准化特性的药物主数据,是支撑药物数据治理、药物数据检索、药物数据分析等上层应用的基石,也是赋能药物智能化应用、药物大数据挖掘不可或缺的基础。

16.3.3　药物数据质量控制

药物数据质量控制贯穿整个数据生命周期,针对采集、标化、评估、存储、更新、清除等每个阶段,监控数据质量形成的过程,识别并预警期间可能引发的各类数据质量问题,通过采取相应处理手段及完成作业活动,消除过程中引发不良效果的因素,最终得到满足质量要求的数据。

进行药物数据管理时,建立数据质量控制机制,相当于对数据建立了一道"安全门",从而预防不良数据的产生。对捕捉到的数据问题,分析其发生的根本原因,并根据预先定义的问题类型及相应的处理措施,采取应对策略。在可能发生数据问题的源头,设置监控程序及问题处理程序,避免不良数据对后续数据存储造成影响,尽可能将问题处理步骤前置,保证后续流程的安全稳定进行。

在数据生命周期每个阶段采取不同的药物数据质量控制方法与手段,来判断所监控的数据是否达到质量要求,各阶段具体质控方法如下。

1. 采集阶段的数据质量控制

数据采集的过程,是从业务端获取数据源,到处理端存储入库的过程。在这一步骤中,首先应规范数据来源,明确采集源头的数据存储设备等符合行业及国家要求。其次明确业务需求，根据业务流程与数据操作主体对数据的需求，确定数据质量控制范围。并制定相应的数据采集标准，规定数据格式标准，选择合理的方法，通过程序实现标准化采集。由于数据是从业务端生产环境直接采集过来的，在生产环境中这些数据难免会存在矛盾、重复、缺失、不准确等问题，此时质控程序将根据预先定义的规则，对不符合格式要求的数据进行错误信息反馈，采取相应的修改措施后，按照格式要求重新采集数据。同时要关注采集接口效率是否达到要求，是否存在采集数据丢失等情况。

2. 标化阶段的数据质量控制

对数据进行标化，包含数据结构化的转换、统一语义及标准格式的转化。其中进行不同结构类型数据转化时，需要制定数据存储的标准，质控程序将根据数据转化的程度及转化中遇到问题，进行预警反馈，保证存储的数据符合预先定义的存储要求。由于业务端数据源是由不同业务人员操作产生的，每个人员对业务的理解不同，产生了存在语义歧义的数据，在消除歧义、统一语义的过程中，需要质控程序进行合理干预，监测有无遗漏数据尚未被处理。同样，在数据格式转化的过程中，需要通过质控流程关注其转化程度。

3. 评估阶段的数据质量控制

在质量评估阶段，将根据数据质量七个维度的评估标准对数据质量进行评估，分析数据在各维度下满足要求的情况。例如必填字段是否仍存在空值、校验布尔值字段是否填写无关数据、校验字符串长度是否超出既定要求、校验允许存在多个值的字段是否存在重复及矛盾数据等。

4. 存储阶段的数据质量控制

在存储阶段质控时，需要在数据存储端布质控点，监测数据存储能否满足预设的存储需求；数据从传输到存储的过程中，数据接口参数配置是否正确；当不同程序接口调用数据库数据时，是否会出现存储异常、数据丢失和信息重复等问题。

5. 更新阶段的数据质量控制

更新阶段的关键节点是将数据通过接口进行自动化更新，或者通过下载数据包，进行人工数据导入更新。在此过程中，需要对自动化更新接口进行质控，监测是否在更新过程中存在数据更新异常、数据丢失或导入重复数据等问题。下载数据包时，同样需要对数据包数据的质量情况进行监测。

6. 清除阶段的数据质量控制

无论对于冗余数据的清除，或者对于错误数据的清除，都将按预先定义的逻辑，通过程序进行自动化处理。在此过程中，需要质控工具监测清除的数据是否符合既定的清除范围，正常数据有无受到影响，数据清除后，是否影响到正常的业务流程，以及数据之间的逻辑关系是否被影响，导致出现流程异常的问题。

纵观整个数据质量控制流程，可以通过自动化质控平台进行全流程监控处理，并利用分析工具，生成数据质量分析报告。通过开发前端页面，可以实时监控质控过程，并统计相关数据汇总结果,体现正常及异常数据明细,对生成的分析报告也能够进行可视化展示,便于数据处理人员对质控过程中出现的异常问题进行及时处理。经过以上质控流程,可以进一步采取抽样检查、统计分析、模拟应用等方法对最终获取到的数据进行检查。

数据质控不单单是通过技术手段实现,同时,需要通过规范管理手段,约束质控过程。需要建立专业的数据质控团队,明确涉及数据操作的相关方,包含源数据端到数据处理端,设置业务团队、源数据端、数据处理端等负责人,确立每个角色的主要职责,保证各环节高效参与质控过程的工作中。

16.3.4 药物数据安全管理

当今在全世界席卷的数字化浪潮,给全行业企业及机构造成全面且彻底的影响,其都希望通过数字化转型将业务过程当中的数据利用起来,将它们变为资产妥善管理并创造价值,药物相关的企业及机构也不例外。但在医药数字化转型过程中,业务量的不断增加,处理速度的不断加快,给流通存储数据的管理带来了巨大压力,许多不法组织或分子觊觎着这些资产。医药行业对药物数据安全的重视程度也在逐渐提升。但目前对于药物数据安全的关注点主要集中在药物研发数据以及知识产权方面的保护,目的是保证药物市场的利益平衡,但企业及机构长期积累的药物知识库以及临床与药物治疗相关的数据安全同样重要。药物关乎人民生命健康,提高药物数据安全意识,加强药物数据安全管理,发展药物数据保护技术迫在眉睫。我国也对数据安全提出了更多的政策指导与要求,第十三届全国人民代表大会常务委员会第二十九次会议通过《中华人民共和国数据安全法》,并于2021年9月1日正式施行,进一步确保了数据处于有效保护和合法利用的状态,能更好地保护个人和组织的合法权益,维护国家主权、安全和发展利益。

药物数据安全管理策略分为四个方面:药物数据分类分级、药物数据授权、药物数据监测和审计、药物数据安全运营。

1. 药物数据分类分级

药物数据分类分级工作包含四个步骤:确定数据范围、制定分类方法、进行数据分类、数据分级。

1)确定数据范围

确定数据范围的目的是避免分类对象过于广泛或细致,前者可能导致目的不够明确,后者可能导致无法分类。数据范围可以参照国家或地区药物监督管理部门发布的相关行业规范或标准,结合自身业务需求确定。此过程完成后药物相关数据的边界得以划定,应输出药物数据清单,清单应该包括范围内数据的唯一标识、数据类型、数据地址(文件地址)、名称、描述等内容,方便管理、治理范围内的数据,为建立数据分类分级映射做必要的准备。

2)制定分类方法

对确定的数据范围结合分类目标制定分类方法,并以此为标准指导数据分类过程。分类目标的确定在此阶段较为关键,对于业务需求的特点以及变化趋势需要一定深度的理解,否则会造成分类方法与数据不匹配或分类后数据无法很好应用到业务上。例如,医疗机构使用的临床药物数据分类方法与制药企业使用的药物数据分类方法在业务层面是截然不同的,前者的数据范围包括患者处方中的用药清单以及不良反应监测数据等,而后者的数据范围并不包含这些数据。分类方法制定完成后应输出药物数据分类方法文档,文档应详细描述每一个分类下药物数据的属性及特点,且应该涵盖所有药物数据清单列出的数据。

3) 进行数据分类

将药物数据清单内的数据从分散的数据库中抽取出来,对其类型及特征进行分析,根据分类方法将确定范围内的数据进行分类。分类后的药物数据可以通过标签进行类别标识建立数据仓库或直接采用分布式存储。此过程中形成的分类体系以树的形式储存,并记录版本,方便后续研究以及迁移。欧洲药品管理局(EMA)发布了 ISO IDMP 系列标准以及对应的"SPOR"计划,提供了全方位覆盖药物数据生命周期的药物数据标签分类分级体系参考。

4) 数据分级

按药物数据出现安全问题(被破坏或被泄露)时的损失严重程度设置一套分级标准,以该分级标准为支撑制定药物数据保护以及授权策略。更方便也更常见的方式是对药物数据的类进行分级。此过程完成后,应输出药物数据分级映射文档,文档包括药物数据清单中的唯一标识、对应分级、数据保护以及授权指南。

至此,见表 16.6,一次药物数据分类分级流程完成,但这不是一劳永逸的,药物数据的范围是变化的,并且未来变化的速度会越来越快,因此药物数据分类分级应该作为周期性的工作加入数据管理流程当中。

表 16.6 药物数据分类分级示例

数据 OID（对象标识符）	数据名称	数据分类	数据分级	数据保护及授权指南
00000001	药品通用名	001001——文本类	4级（任何人可查看；管理员可新增、修改或删除）	药品通用名应当是公开查看的,企业的任何成员或者产品当中的任何查询操作都应该被允许,但仅数据管理人员能够对其新增、修改或删除

2. 药物数据授权

对照药物数据分级映射文档的授权指南,根据药物数据唯一标识——对应分级映射表能够轻松地确定某类数据适合分配哪一种权限。在实践当中药物数据的权限设置可以非常多样,基础权限设计(对某字段或某行记录或某文件夹等进行查询、创建、删除、修改、查询关联、修改关联)能够适应许多场景,但是从大数据安全管理角度来看,基础权限设计往往过于原子化,管理效率仍然有优化的空间,并且需要更倾向以业务为核心。

引入权限集是一种很好的选择,它将单个的基础权限以一个个的业务概念包装起来,例如药品市场高级权限集,它包含了药品市场数据相关字段以及文件的高级基础权限(全部权限),这个权限集能够分配给制药企业市场部负责人、数据分析师、市场部直属上级及以上的所有管理层。在大数据权限管理以及权限应用场景下有着明显的效率提升,管理者也能够通过大数据对总体业务有更清晰、深层的了解,更充分地体现了大数据的价值。另外,权限的授予也能以共享的模式进行,共享可以是有规则的,也可以是无规则的,这更多地适用于以知识产权为保护对象的数据(例如药物知识库、药物研发及临床研究文献等),图 16.4 为药物知识库的权限集授权示例。

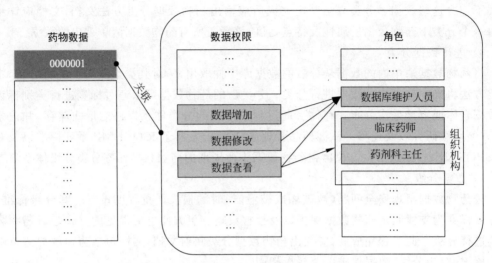

图 16.4 药物知识库的权限集授权示例

3. 药物数据监测和审计

数据的安全问题往往出现在组织内部，尤其在药物数据上，大多数的药物数据涉及人工录入以及维护，业务人员及高级管理人员对数据的误操作造成了数据的损坏或缺失，或者是对数据违规操作、越权操作、故意窃取等，造成数据的泄露。就药物大数据这一特点，进行监测以及审计是必要的。

药物数据的监测主要是监控不同角色对数据的访问以及操作，还有对数据库进行事务监控。药物数据的审计往往需要搭建一个易用的统一数据平台，从多来源收集数据并汇总，利用信息化手段结合数据挖掘的思维进行多维度的关联分析，以便识别出现的数据问题以及可能出现的风险。另外，药物大数据的专业性较强，需要培养药学、统计学、计算机等方面的综合人才，以支持药物大数据的审计工作。

监测数据的范围在确定数据范围过程输出的数据清单内，如医院的药物数据库涉及包装药品信息、药品说明书信息、合理用药相关数据等。通常可以使用数据模板通过平台 API 上传数据进行实时审计。审计可采取人工加机器双线程进行，机器审计可能会出现错漏问题，人工审计则可以提供更多保障。监测和审计过程以及结果能够通过统计图表进行可视化展示，以便高效掌握审计动态及工作成果。监测和审计发现的问题通过报告形式展现，从而对出现问题的原因以及可能导致的后果进行分析。

4. 药物数据安全运营

药物数据经过分类分级、授权、监测和审计过程后实现了采集时点的数据安全分析，需要将分析出来的问题解决后进行数据安全运营。药物数据的安全运营需要制药企业、监管部门、医疗机构、学术组织、信息技术人员等多方面参与，不断更新分类分级标准、变更授权、进行监测和审计，确保数据统一，便于流通、管理。

5. 药物数据安全运营技术

1）身份鉴别

用户在互联网访问药物数据时，除非药物数据是完全公开的，否则用户应当向数据提供方提供账号、密码等凭证获得权限，如没有凭证，则需要通过在线注册或者线下获取等手段获取凭证。而可以直接访问或接触药物数据存储实体设备的用户，则需要提供实体凭证，如通行卡等。

2）数据传输安全

在访问药物数据时，存在传输过程，传输时使用安全代理网关，数据本身以及数据源应当被加密且使用成熟的安全传输协议。

3）访问控制

对药物数据建立的分级机制应用基于角色的访问控制（RBAC）方法设置权限，通过该权限引擎判断用户是否能够访问某药物数据。

4）操作留痕、事件报警及资源控制

药物数据监测过程中，可安装数据库内核级探测器记录事务，并结合数据流向作为用户操作痕迹进行存储。另外，对于监测数据资源利用情况，一旦发现操作痕迹或数据资源利用异常立即对系统管理员进行报警，自动冻结该用户操作权限，同时确认数据情况。

16.3.5 药物治理信息化系统设计

药物数据的价值挖掘潜力很大，但围绕药物展开业务的各企业及机构各自为战，形成大量"数据孤岛"，使药物数据来源多、结构各异。此外，药物数据中存在着人工维护的大量文本数据，其中蕴含大量药物知识，但由于其表述不统一，在数据挖掘等大数据分析领域发展遇到瓶颈。

为高效、准确地对药物大数据进行治理，应设计一套信息系统辅助数据治理方案的执行。表16.7所示的药物治理信息化系统设计案例将治理方案需求对应的功能封装为服务，其主要形式为应用工具，包括数据采集工具、元数据及参考数据知识库维护工具、数据标化工具、主数据管理工具、数据评估工具等。

表16.7 药物治理信息化系统设计案例

工具名称	治理阶段	解决的问题
数据采集工具	采集阶段	药物数据来源众多、结构各异，通过文件发送等方式传输数据安全性不足、效率不够高
元数据及参考数据知识库维护工具	标化阶段	不同机构的药物数据结构不同，文本类数据歧义、同义概念多，时间类数据格式各异，数值类数据量纲各异
数据标化工具	标化阶段	药物数据存在的错误、缺失、颗粒度不一致等
主数据管理工具	存储阶段	药物数据管理不规范，造成了数据不一致、冗余等，缺乏按照业务的数据分发方案
数据评估工具	评估阶段	数据评估结果不够直观、量化，不够聚焦于业务

图16.5为一个药物数据治理信息管理系统架构案例，其中底层数据层包括数据存储管

理、数据采集工具,中层治理层包括数据标化工具、元数据及参考数据知识库维护工具、主数据管理工具,顶层为数据评估工具。

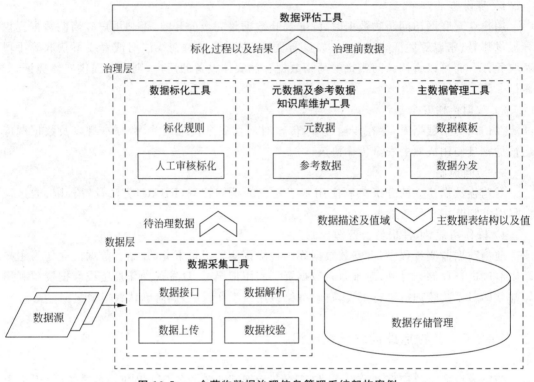

图 16.5　一个药物数据治理信息管理系统架构案例

这里所提及的数据评估工具为数据治理过程当中在应用层之前的基础统计分析工具,其与应用层当中的主体、专题数据统计分析应用不同,前者主要包括对数据进行全方位的可视化展示,目的是查看数据情况以及治理成果,给中台人员提供数据的直观展示,因此并不涉及主题、专题模型的数据聚合分析;而后者需要维护主题、专题数据模型以及数据库,并对其中数据进行统计分析,目的是针对某一业务主题或者某类业务进行分析,辅助支持业务决策。

16.4　药物大数据治理应用实践

16.4.1　概述

药物大数据治理的方法与工具从方法论的角度为药物数据的管理与治理提供了指引,本章的重点则放在"用"上。在定义了药物数据模型,并且构建了标准、可用和高质量的药物主数据后,如何赋能具体的业务场景,通过应用效果的提升兑现数据价值?本章围绕药物治理服务、药物数据分析服务、药物知识服务三个应用案例,对场景需求,系统设计思路、技术和方法,应用效果展现等内容展开讨论。

16.4.2 药品主数据治理

近年来,各行业信息化水平不断提升,医疗医药行业同样越发广泛引进信息化的手段对数据进行高效管理。与此同时,国家也越来越重视医药信息化的发展,陆续出台了大量相关政策、指导方针。医院信息系统普遍被引进使用,医院药品的数据质量管理也逐步科学化、规范化。药品信息科数据维护人员越发有意识地通过科学的手段维护药品数据,降低出错率。然而,当前医院及其他各级医疗机构在药品主数据管理时,仍面临着不小的挑战。想要得到来源统一、规范化、结构化、标准化的高质量数据,需要投入相当多的资源,并且需要打破传统的数据管理模式,重新规范数据管理手段,这对于大部分医疗机构来讲,都是需要面对的挑战。

在药品数据质量欠佳的情况下,当数据管理资源不能得到充分保障时,对药品数据进行人工维护将面临巨大的工作量。数据中存在信息错误、更新滞后、维护流程烦琐等问题,仅通过人工核对、维护来解决,数据质量成效仍较为有限。

结合行业现状,需要有针对性地优化数据管理模式,建立医院药品主数据管理体系。该治理流程将涵盖药品数据的采集到最后的清除,覆盖药品数据生命周期全过程。通过数据治理,能够最大限度地保证药品数据的易用性,使底层数据保持健康、高质量的状态,从而更好地支持上层应用,为医院其他业务场景奠定基础。

按照药品数据生命周期,药品主数据治理遵循以下过程。

1. 数据采集

大量的药物数据储存在不同的 HIS、药物管理系统中,作为主数据治理的第一环,如何有效、完整地采集药品数据是至关重要的一步。从数据结构化程度看,药物数据大部分存储在关系型数据库中,开发人员可以在数据存储端开发数据导出接口,在数据处理端开发数据导入接口,并提前准备好数据采集后存储的数据库,通过采集流程,程序将自动获取药物原始数据及数据字典,并存入处理端数据库中。同时,在这一过程中,将对获取的数据源进行格式化校验,完成数据初步清洗,对未通过格式校验的数据进行提示,并通过"人工＋自动"方式对数据进行预处理,直至数据采集成功。

2. 数据标化

数据采集后,将对其进行标化处理。由于药物数据存储格式的多样性,应将非结构化、半结构化的数据转化为结构化数据,譬如:从数据采集端获取到药品包装盒图片信息后,需要将其转化为能够储存在关系型数据库中的数据,便于对其进行进一步操作。标化意味着使数据向标准看齐,需要将采集的数据,按照既定的数据标准,将存在语义歧义的数据与标准数据对标,统一语义,从而避免语义描述的差异带来治理的困难。由于药物数据来源的多样性、信息维护人员的个体差异性,数据源势必存在多种格式,故应将其格式向标准化格式进行转化,统一格式后的数据,将大大有利于后续自动化处理效率的提升。

3. 数据评估

前期一系列的数据处理，为数据评估提供了良好的条件。在具体评估之前，将需要获取的数据字典及处理好的药物主数据，与标准数据及代码进行自动映射（自动映射的逻辑将根据实际业务进行定义），同时，可人工对映射结果进行干预，修改其映射关系。完成映射任务后，根据主数据与标准数据的差异性进行评估，根据预先定义的问题等级，产出对比后的结果，并从不同维度对主数据质量进行自动化审核，最终生成一份质量分析报告。进一步地，根据质量评估结果，可自动审核标准数据与主数据之间的取值关系，替换掉主数据中的问题数据，从根本上提升数据质量。

4. 数据存储

经过质量评估的数据，通过进一步自动化审核规则，得到符合实际业务需求的高质量数据，通过预先开发的接口，可自动将处理后的数据导入业务端数据库中，完成数据存储。

5. 数据更新

在治理的过程中，数据并非一成不变，一边需要对数据库中既定数据进行处理，另一边需要对尚未入库但正在发生更新的数据进行维护。其具体处理手段包含：①维护静态库：存储药物主数据，并定义其数据版本。②更新动态库：可以通过电脑端批量导入，或者通过移动端App/小程序，查询并添加数据。③发布数据：当需要对药物主数据进行更新时，将动态库数据更新至静态库中，生成数据版本，发布数据，完成数据自动化更新。

6. 数据清除

为了更好地提升数据使用效率，需要将特定数据进行清除。需要被清除的数据可能由数据主体发起，也可能由数据处理端发起。由于数据在动态更新变化，业务对数据的应用范围变更，及数据本身存在过期的情况，将产生需要被清除的数据。对于这部分数据，业务端可以将数据导出并打上标记，通过接口重新上传至处理端，由处理端将此部分数据进行自动化清除处理后重新导入业务端。另外，若数据本身存在重复、矛盾等问题，此类异常无须根据业务进行判断，可进行选择性清除处理。

综上，本方案可对药物主数据有针对性地进行质量分析，通过技术手段实现原始数据与标准数据的自动化匹配，进一步校验匹配数据的对比结果，将其治理结果做可视化展示，并按照既定规则逻辑标记其问题的严重程度，通过不同的图表形式、不同的统计维度，全方位分析数据质量，并将最终审核数据结果直接应用于实际业务系统，实现药物主数据的更新升级。

16.4.3 药物知识管理与决策支持

提高医疗质量，临床决策支持系统必不可少，而药物作为治疗的最主要手段之一，其知识对临床决策来说非常重要。完成数据治理后的药物数据可以被称为"干净"的数据，即无效信息比例低、冗余度合理、整体一致的集成数据。这些数据是一个巨大的宝库，开发其价值需要分析其特点,大胆运用适当、创新的技术。比如,通过大数据挖掘技术、机器学习技术等能够识别其中复杂的数据模式以及数据关联关系,提取出有利于决策的信息及新的知识。

基于药物知识的临床决策支持系统可以提供药物知识库检索、药物治疗方案实例查询或推送、同类药物关联、处方质控点评、药物不良事件预警等多种功能,从诊前到诊中到诊后为医生以及药师提供连续的用药支持,提高药物治疗效率和水平,简化用药清单,降低用药不良事件发生率。临床决策支持系统由数据接口、知识库、推理或人工智能引擎、交互界面组成,利用结构化或半结构化知识以及数据接口获取的患者数据通过规则引擎或模型计算得到决策支持结果,图 16.6 为该系统架构。

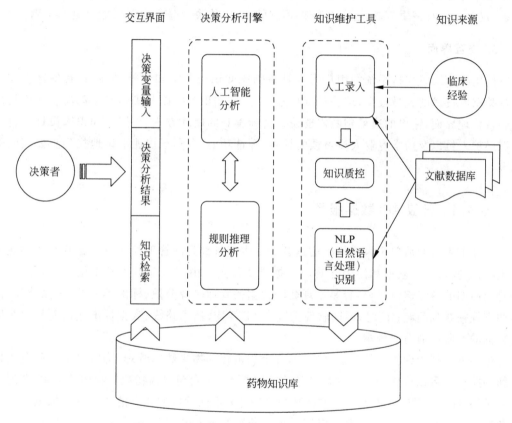

图 16.6 基于药物知识的临床决策支持系统架构

基于药物知识的临床决策支持系统按照业务流程先后分为以下模块。

1. 知识维护工具

目前临床相关的药物知识大部分存在于文献资料当中,这类文本文档需要转化为半结构化或者结构化数据以完成更多信息化应用,例如决策分析、风险评估、知识检索等。药物知识文档根据业务的检索、分类、保存由不同组织机构的不同人员完成,标准以及方法不统一,造成了药物知识信息化共享、利用程度不足。因此,将药物知识管理分为以下几个部分:药物知识半结构化或结构化,药物知识分类及标签管理,药物知识检索与共享。首先组织机构建立一致的标准以及通用的映射规则;然后采用人工及自动手段处理数据,避免出错;最后按照元数据以及参考数据收录知识内容。

2. 决策分析引擎

该模块为此决策支持系统的核心，通过外部输入以及知识库数据采用一定规则或人工智能算法进行决策问题的判断，一般为分类问题（如药物使用是否合理、不良事件风险等），少数为回归问题（如血药浓度等）。涉及规则判断的，开发了可视化界面进行规则维护，即对触发条件、输入的参数（如药物分类、患者年龄等字段）、对应的判断逻辑以及判断结果对应的输出内容进行配置。此外，还应用人工智能技术，发现和筛选新的CDS(核心数据服务)模型，不仅能够进行逻辑判断，还具备结果预测的能力，使决策分析模型的能力更加丰满。

3. 交互界面

使用临床决策支持系统的用户通常具备临床知识或药学知识等，但同时具备这些知识以及数据库技术的人员较少，培养难度也较大，因此知识维护以及决策引擎都需要提供易用的后台管理界面，输出的决策判断需要设计清晰美观的展现方式。另外，知识库设计了符合知识维护人员以及药学专业人员习惯的检索、筛选功能，有利于快速准确地找到想要调阅的内容。

16.4.4 开放 API 数据服务

医疗卫生行业从单个医疗机构的运营到卫生监管部门的管理都涉及广泛和专业的业务领域，对药物数据的获取和使用在其中占据重要位置。由于医疗卫生信息化是一个跨越较长时间周期的持续建设过程，容易出现药物数据的管理来源分散、标准不一致、重复建设、内容冲突等一系列问题；同时，不同软件系统在IT架构、技术路线、数据标准上的差异也为底层数据的互联互通造成困难。

近年来数据中台概念的兴起和实践，加上规范化药物主数据管理，为解决上述问题提供了新的路径。可以构建一个药物数据开放 API 平台，平台包含药物数据和相关资源，并通过公共 API 的方式提供原子颗粒度的药物数据服务；不同领域的数据消费方可以根据自身的业务特点选择和组合 API 来满足应用需求。药物数据开放 API 平台的系统架构示意图如图 16.7 所示。

平台系统架构包括六个核心模块。

1. 数据源

为平台供应数据的来源，常见的形式有数据库、程序接口和二进制流。数据库适用于需要批量数据的场景，可以通过 ETL 工具便捷地完成数据导入。但在有些场景下，出于安全方面的考虑会限制外部应用直接连接数据库，而使用 Web Service、消息队列之类的程序接口方式进行数据交换。相比直接访问数据库的方式，程序接口还具有跨平台、实时响应等优势，也是一种数据接口的主流模式。此外，在处理如文档、图片、音频、视频类的二进制文件时，常通过文件传输协议或数据流的方式进行数据交换。

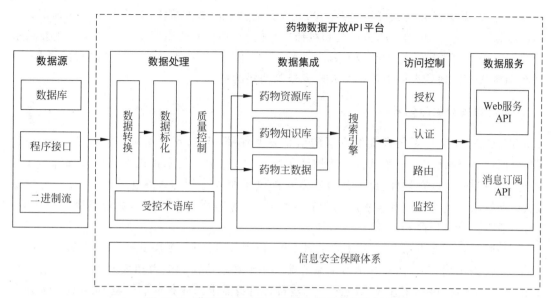

图 16.7 药物数据开放 API 平台的系统架构示意图

2. 数据处理

数据源提供的原始数据难以保证格式和标准的一致性,数据处理模块的核心任务即是进行数据的规范化,向后续模块提供符合质量要求的数据。首先,需要从原始数据中提取出有效数据。结构化数据可以按照数据协议解析,非结构化数据常常使用文字识别(OCR)、自然语言处理等工具进行转换后解析。数据提取完成后,再进行格式转换和数据转换的处理,消除不同来源数据间的歧义,输出的数据均使用统一的受控术语来表达。最后,使用数据质量控制工具对数据进行一致性、完整性、关联性、规范性等维度的检测,通过质控的数据再流入数据集成的模块。

3. 数据集成

以药物主数据为基础,将扩展的药物知识内容及文档、多媒体数据关联起来,形成不同主题的数据仓库,构建药物数据中心。对数据进行有序组织、分类存储,并使用搜索引擎技术,使数据可以被方便快捷地检索和使用。

4. 访问控制

经过集成的数据实际上转换为平台的数据资产,需要制定数据访问控制策略,进行数据保密级别和数据种类的划分,按照最小权限访问原则提供读取和使用数据资产的方法。访问控制由四个部分组成,授权指定可访问的数据范围,认证判断读取数据的请求是否合法,路由指向实际获取数据的地址,最终,所有关于数据访问的行为信息(如访问数据的人员、操作类型、时间、数据内容等)都需要被记录下来,用于数据使用的监控和审查。

5. 数据服务

最终数据平台可通过 API 的方式向数据消费方提供数据服务。数据服务根据发起的关系可分为 Web 服务和消息订阅两类。Web 服务适用于消费方按需的、实时的调用情况；消费方根据业务流程，在适当的节点发起对药物数据的访问，并使用获得的数据支持业务场景的完成。消息订阅则适用于消费方等待某个特定事件发生后，驱动业务继续进行的场景，以避免消费方不停地轮询调用数据服务造成资源消耗的情况。

6. 信息安全保障体系

信息安全保障体系负责提供底层的信息安全保障，保障系统及其数据的保密性、完整性、可用性、可控性和不可否认性。使用防火墙、访问控制等技术提供网络安全保障；通过系统漏洞扫描、反病毒软件、容灾备份等方式提供系统安全保障；将电子签名、统一身份认证、访问权限与资源控制等技术应用于软件系统中，保障系统和数据不被未经授权地访问、使用、泄露、中断、修改和破坏。

通常，平台需要发布开放 API 的说明文档，包含接口说明、接入步骤、调用参数与返回数据结构、代码示例等内容，作为消费端系统接入平台获取所需的能力和数据的向导。接入平台的消费端系统，可利用开放 API 组合创建符合自身需求的业务场景。表 16.8 列出了几个场景示例。

表 16.8 业务场景与 API 组合示例

场景	需求	API 组合
药品信息服务	获取药品相关的专业数据支持药品主数据的建设，包括药品基础信息、药品研发、医保、基药、集采、分类等	药品基础信息查询，药品成分查询，药品分类查询，基本药物标志查询，医保药物标志查询，集采药品标志查询，高危药品分级查询，抗菌药物分级查询
市场商机发掘服务	获取最新获批、即将获批药品信息，寻找新的潜力药品，拓展流通合作建设	药品注册信息查询，药品注册评审进度查询，CDE（药品审评中心）临床试验信息查询，一致性评价进度查询，研发项目进度查询，药物靶点信息查询
合理用药服务	帮助提升临床用药安全性，构建用药管理的闭环流程等	药品说明书查询，药品适应证查询，药品禁忌证查询，药物相互作用查询，药物配伍禁忌查询，药物用法用量查询，药物不良反应查询，特殊人群用药查询

16.4.5 药物大数据治理应用实践面临的挑战

从上述章节的应用实践案例可以了解到开展药物大数据治理以及应用实践是非常必要和有意义的事情，但考虑到不同地区和等级的医疗机构信息化建设程度存在明显差别的情况，实际推广时还面临诸多挑战。

首先，亟待建立和完善药物数据治理相关标准和规范。目前医疗卫生信息化领域可参考的是围绕医疗机构电子病历系统建设的一系列数据、技术、功能和测评规范，而对于药物学及其相关药事管理领域的标准规范还留有较多空白需要填补。只有在建立了规范的环境下，才能为各厂商的软件开发过程提供参考依据和统一的沟通语言，使其具备互联互通的能力,而省去额外的标准转换、适配成本。

其次,药物主数据的管理,需要从各种来源途径获取药品数据。按照数据类型来说,除了数据库、系统接口、数据文件这类结构化数据,文本、HTML类型半结构化数据,还包括PDF(可移植文档格式)、图片、视频类的非结构化数据,以及教材、指南、权威期刊类的纸张实物;而能支持自动化获取和处理数据的方式并不多,更多情况下需要人工处理的加入,较低的数据处理效率直接推升了数据获取的成本。

再次,数据治理的实施会带来现有应用系统改造以符合标准规范的需求。现实情况中,由于系统专业性的门槛,同一医疗机构内的信息化系统难以被一家或几家供应商承建,通常是十几家甚至几十家供应商逐步参与建设过程,这些系统所采用的各色各异的技术架构和数据标准,使得信息系统的改造难以一蹴而就,从而削弱数据治理的效果。同时,数据治理信息化建设的架构处于顶层服务的位置,其价值需要依靠上层应用的实现进行体现。因此在顶层设计时做好规划就显得十分重要,避免由于价值体现不直接而出现无法持续投入的情况。

最后,药物大数据治理的理论和实践应用是相辅相成的,按照理论的指导在更多的场景落地实践,再结合实践经验完善理论体系,这样才能做到知行合一,探索出更好的解决方案。

本章小结

大量药物数据在原始状态下是零散、孤立、非结构化和不标准的,导致数据应用困难。数据治理的过程即是数据结构化和标准化的过程,经过治理的数据需要满足各种医疗卫生信息化场景的应用要求,并能在不同领域、场景和系统之间交换与共享。

药物数据的生命周期由采集、标化、评估、存储、更新和清除等阶段组成;通过抽样检查、数据统计、模拟应用等手段,管控数据质量;采用分类分级、授权访问、数据监测和审计等方法保障数据存储、访问与网络传输的安全。药物数据模型是药物数据特征的抽象,表述了数据的静态特征、关联关系与约束条件,为数据的存储、操作和访问提供一个抽象的框架,在软件和流程的支持下实现药物数据全生命周期管理,最终构建和维护高质量的药物主数据。

从理论过渡到实践,分享了三个药物大数据应用案例:药物治理服务关注医疗机构信息化系统中基础药物数据的梳理;药物数据分析服务聚焦数据赋能,基于标准和结构化的数据支撑智能应用;药物知识服务则是以数据中台的思维,为消费侧提供可定制化的API组合策略。

思考题

1. 简述药物数据治理面临的挑战。
2. 医疗卫生信息化发展方向对药物大数据治理的要求主要体现在哪几个方面?
3. 简述药物生命周期各阶段下数据质量控制方法。
4. 简述药物数据模型的组成和特点。
5. 为什么需要加强对药物数据安全的重视?药物数据安全管理策略分为哪几步?
6. 药物数据治理过程中用到哪些软件系统和工具?这些软件系统和工具帮助解决什么问题?

7. 简述药品主数据治理的流程和解决的业务痛点。
8. 简述基于药物知识的临床决策支持系统的功能框架。
9. 药物数据开放 API 服务可支持哪些业务场景的应用？

即测即练

参 考 文 献

[1] 白琴琴.5G 时代智慧养老模式下居住空间设计研究[D].徐州:中国矿业大学,2021.
[2] 黎旭成,陈振武,张晓春,等.城市交通智能治理大数据计算平台及应用示范研究[J].中国基础科学,2021,23(2):12-23.
[3] 全国信息安全标准化技术委员会,大数据安全标准特别工作组.大数据安全标准化白皮书[R].2018.
[4] 蔡伶波,杨宁.大数据背景下的地理信息地灾防治系统研究——基于大数据分析的 GIS 边坡监测预警平台为例[J].智能建筑与智慧城市,2018(8):92-94.
[5] REEVE A.大数据管理[M].余水清,潘黎萍,译.北京:机械工业出版社,2014.
[6] 刘金晶,曹文洁.大数据环境下的数据质量管理策略[J].软件导刊,2017(3):176-179.
[7] 董欣,斯里瓦斯塔瓦.大数据集成[M].王秋月,杜治娟,王硕,译.北京:机械工业出版社,2017.
[8] 曹姣,周志忠,杨莲勉.大数据时代下高校数据治理体系研究[J].科技资讯,2022,20(22):177-181.
[9] 郭路生,刘春年.大数据时代应急数据质量治理研究[J].情报理论与实践,2016,39(11):101-105.
[10] 姚国章,李诗雅.大数据与应急管理融合发展研究[J].中国集体经济,2020(1):33-35.
[11] 索雷斯.大数据治理[M].匡斌,译.北京:清华大学出版社,2014.
[12] 安小米,王丽丽.大数据治理体系构建方法论框架研究[J].图书情报工作,2019,63(24):43-51.
[13] 孙志成,曾鹏.第六讲:数据湖技术在石油化工行业中的应用探讨[J].仪器仪表标准化与计量,2020(6):7-8.
[14] 张翔."复式转型":地方政府大数据治理改革的逻辑分析[J].中国行政管理,2018(12):37-41.
[15] 杜泽.富岛公司:搭建数据平台实现高质量发展[J].中国信息界,2021(5):59-60.
[16] 练洁,李娉,赵星宇.革命文物元数据标准研究[J].中国博物馆,2021(3):12-19,142.
[17] 黄俊韬.广州市黄埔区"互联网＋居家养老"服务模式研究[D].兰州:兰州大学,2020.
[18] 苏璇.国家能源集团铁路调度信息系统数据共享技术研究[J].铁道运输与经济,2022,44(S1):21-27.
[19] 刘桂锋,钱锦琳,卢章平.国内外数据治理研究进展:内涵、要素、模型与框架[J].图书情报工作,2017,61(21):137-144.
[20] 马语菡,费廷伟,徐永伟.航天企业主数据标准化治理的研究与应用[J].航天标准化,2021(1):24-27.
[21] 黎婷."互联网＋"背景下滨州市智慧养老研究[D].济南:山东师范大学,2020.
[22] 林婕,孙靖,沈娟."互联网＋养老"实施背景下虚拟养老院建设现况及问题——以苏州市为例[J].科技风,2022(27):167-169.
[23] 华为公司数据管理部.华为数据之道[M].北京:机械工业出版社,2020.
[24] 任国琦,张贺捷.化工行业集团型企业主数据标准的设计和应用[J].现代化工,2022,42(1):21-24.
[25] 谢絮,张萌萌,尹子如,等.积极老龄化视角下皖维集团"医疗—养老—保险"一体化智慧社区养老模式的构建研究[J].科技传播,2022,14(1):131-134.
[26] 朱秀梅,林晓玥,王天东.基层社区数字化应急管理系统构建研究[J].软科学,2020,34(7):67-74.
[27] 周艳红.基于大数据的数据质量评估方法研究[J].现代信息科技,2020,4(8):86-89.
[28] 郑忆,张书铭,赵梦莹.基于典型应用场景的健康医疗大数据安全保障体系研究[J].电子技术与软件工程,2022(2):9-12.
[29] 霸建民,邵鹏志,孟英谦,等.基于多模融合的大数据治理体系研究[C]//《计算机工程与应用》编辑部.第十五届全国信号和智能信息处理与应用学术会议论文集,2021.
[30] 张立松.基于主数据管理的数据交换平台设计与实现[D].北京:中国科学院大学,2016.
[31] 金静.嘉兴市南湖区智慧养老模式建设研究[D].兰州:西北师范大学,2020.
[32] 孟永昌,王铸,吴吉东,等.巨灾影响的全球性:以东日本大地震的经济影响为例[J].自然灾害学报,

2015,24(6): 1-8.

[33] 王兴兰,宋文,李建伟.科研人员信息组织中的元数据研究[J].情报杂志,2013,32(11): 128-132.

[34] 赵立华.辽宁省智慧养老现状及对策分析[J].中小企业管理与科技,2021(1): 148-149.

[35] 白献阳.美国政府数据开放政策体系研究[J].图书馆学研究,2018(2): 40-44.

[36] 崔芳芳,翟运开,高景宏,等.面向精准医疗的大数据质量控制研究[J].中国卫生事业管理,2020,37(6): 408-410,413.

[37] 侯永芳,刘红亮,李馨龄,等.欧盟 SPOR 项目概述及启示[J].中国药物警戒,2019,16(12): 716.

[38] 郭勇.萍乡市：智慧举措提升养老机构疫情防控效率[J].中国社会工作,2022(14): 35.

[39] 李建斌,刘小勇,王伟,等.企业安全生产大数据应急平台设计[J].武汉理工大学学报,2017,39(6): 679-682.

[40] 束进,牛渝,周巍伟.企业信息化建设中的主数据管理[J].上海船舶运输科学研究所学报,2016(1): 81-84.

[41] 汪洋,徐佳.浅论 ISO 9000 质量管理体系在数据管理中的应用[J].江苏科技信息,2014(15): 48-50.

[42] 欧志洪,胡天牧,康永.浅谈主数据管理应用问题治理[J].电子世界,2018(2): 62-63.

[43] 蒋新宇,杨丽娇.浅析日本综合防灾的源流：对策的转变和京都学派的观点[J].城市与减灾,2019(6): 6-13.

[44] 上海数据交易所有限公司.全国统一数据资产登记体系建设白皮书[R].2022.

[45] 梁昌勇,洪文佳,马一鸣.全域养老：新时代智慧养老发展新模式[J].北京理工大学学报,2022,24(6): 116-124.

[46] 曾晓天,徐春园,张勇,等.人工智能在医学大数据标准化体系建设中的研究进展[J].北京生物医学工程,2019,38(6): 639-643.

[47] 赵舒阳.石化企业数据治理体系的研究[J].广州化工,2022(3): 200-201,211.

[48] 张晓妍.事故灾难应急管理中政府大数据应用问题与对策研究[D].徐州：中国矿业大学,2022.

[49] 王淞,彭煜玮,兰海,等.数据集成方法发展与展望[J].软件学报,2020,31(3): 893-908.

[50] 杨秀丹.数据监管与数据服务[M].北京：科学出版社,2020.

[51] 黄丽华,窦一凡,郭梦珂,等.数据流通市场中数据产品的特性及其交易模式[J].大数据,2022,8(3): 3-14.

[52] 熊巧琴,汤珂.数据要素的界权、交易和定价研究进展[J].经济学动态,2021(2): 143-158.

[53] 上海数据交易所有限公司,普华永道中国.数据要素视角下的数据资产化研究报告[R].2022.

[54] 祝守宇,蔡春久.数据治理：工业企业数字化转型之道[M].北京：电子工业出版社,2020.

[55] 全国信息技术标准化技术委员会大数据标准工作组.数据治理工具图谱研究报告[R].2021.

[56] 吴信东,董丙冰,堵新政,等.数据治理技术[J].软件学报,2019,30(9): 2830-2856.

[57] 仝文革.数据治理与标准化在 SAP 设备管理系统的作用[J].中国设备工程,2019(9): 16-18.

[58] 樊文飞,吉尔茨.数据质量管理基础[M].刘瑞虹,贾西贝,译.北京：国防工业出版社,2016.

[59] LEE Y W,PIPINO L L,FUNK J D,等.数据质量征途[M].黄伟,王嘉寅,苏秦,等译.北京：高等教育出版社,2015.

[60] 王蕾,李春波.数据资产及其价值评估方法：研究综述与展望[J].中国资产评估,2022(7): 4-10.

[61] 冯双剑.挖掘电力数据资源服务防灾减灾——访应急管理部电力大数据灾害监测预警重点实验室[J].中国应急管理,2022,185(5): 32-35.

[62] 王子宗,高立兵,索寒生.未来石化智能工厂顶层设计：现状、对比及展望[J].化工进展,2022,41(7): 3387-3401.

[63] 潘艳艳.文化养老视野下河南省社区智慧服务体系建设的实践与反思[J].时代报告,2022,452(8): 83-85.

[64] 王艳,江自云,蒲川.我国健康医疗大数据信息安全的现状、问题及对策研究[J].现代医药卫生,2021,37(17): 3036-3039.

[65] 何斌,张立厚.信息管理原理与方法[M].北京:清华大学出版社,2006.

[66] 周宁.信息组织[M].4 版.武汉:武汉大学出版社,2017.

[67] 用友平台与数据智能团队.一本书讲透数据治理:战略、方法、工具与实践[M].北京:机械工业出版社,2021.

[68] 高汉松,桑梓勤.医疗行业大数据生命周期及治理[J].医学信息学杂志,2013,34(9):7-11.

[69] 颜有起.疫情背景下健康码数据应用的现状及展望[J].无线互联科技,2022,19(3):117-118.

[70] 刘长恩,章恩武.应用主数据管理赋能石化企业数字化转型[J].世界石油工业,2022,29(5):33-38.

[71] 杨孟辉,杜小勇.政府大数据治理:政府管理的新形态[J].大数据,2020,6(2):3-18.

[72] 尧淦,夏志杰.政府大数据治理体系下的实践研究——基于上海、北京、深圳的比较分析[J].情报资料工作,2020,41(1):94-101.

[73] 宋锴业,徐雅倩,陈天祥.政务数据资产化的创新发展、内在机制与路径优化——以政务数据资产管理的潍坊模式为例[J].电子政务,2022(1):14-26.

[74] 于敏,张振霞,王燕,等.智慧养老实务[M].北京:化学工业出版社,2022.

[75] 左美云,沈原燕杭,段睿睿.智慧养老研究:理论回顾与未来机会[J].人口与社会,2022,38(4):3-14.

[76] 刘书密,田亚鹏,鲁彦男,等.智能制造中的质量管理数据标准化研究[J].电子技术与软件工程,2020(16):169-170.

[77] 张铮,李政华.中国特色应急管理制度体系构建:现实基础、存在问题与发展策略[J].管理世界,2022,38(1):138-144.

[78] 张旭,陈吉平,杨海峰.主数据管理:企业数据化建设基础[M].北京:电子工业出版社,2021.

[79] 陈君.主数据管理平台建设研究[J].铁道工程学报,2016,33(5):134-136.

[80] 罗莉.主数据管理在信息化建设中的应用[J].电子世界,2012(7):105-109.

[81] 王兆君,王钺,曹朝辉.主数据驱动的数据治理:原理、技术与实践[M].北京:清华大学出版社,2019.

[82] 王兵,薛驰,马语菡,等.装备器材数据标准化治理研究[J].物流技术,2022,41(10):142-146.

[83] 杨小唤,王乃斌,刘红辉.资源数据质量诊断的理论与方法初探——以统计型数据为例[J].资源科学,2002,24(1):11-14.

[84] 林亦府,孟佳辉,汪明琦.自助、共助与公助:日本的灾害应急管理模式[J].中国行政管理,2022(5):136-143.

[85] International DAMA.DAMA 数据管理知识体系指南[M].马欢,刘晨,等译.北京:清华大学出版社,2012.

[86] DAMA 国际.DAMA 数据管理知识体系指南[M].DAMA 中国分会翻译组,译.2 版.北京:机械工业出版社,2020.

[87] 和轶东,张怡,曹乃刚.SAP MDM 主数据管理[M].北京:清华大学出版社,2013.

[88] 何明东.SOA 下的数据质量管理[J].现代计算机,2013(2):56-60.

[89] GOLDSTEIN A,FINK L,RAVID G. A cloud-based framework for agricultural data integration:a top-down-bottom-up approach[J]. IEEE access,2022,10:88527-88537.

[90] ZACHMAN J A. A framework for information systems architecture[J]. IBM systems journal,1987,26(3):276-292.

[91] AHLEMANN F,LEGNER C,LUX J. A resource-based perspective of value generation through enterprise architecture management[J]. Information & management,2021,58(1):103266.

[92] ROH Y,HEO G,WHANG S E. A survey on data collection for machine learning:a big data—AI integration perspective[J]. IEEE transactions on knowledge and data engineering,2021,33(4):1328-1347.

[93] AMBLER S. Agile database techniques:effective strategies for the agile software developer[M].

Hoboken: Wiley, 2003.

[94] SCHMÖCKER J, KURAUCHI F, SHIMAMOTO H. An overview on opportunities and challenges of smart card data analysis[M]//SCHMÖCKER J, KURAUCHI F. Public transport planning with smart card data. Boca Raton: CRC Press, 2017.

[95] CHUNG Y, KRASKA T, POLYZOTIS N, et al. Automated data slicing for model validation: a big data—AI integration approach[J]. IEEE transactions on knowledge and data engineering, 2020, 32(12): 2284-2296.

[96] JANSSEN M, VAN DEN HOVEN J. Big and open linked data (BOLD) in government: a challenge to transparency and privacy? [J]. Government information quarterly, 2015, 32(4): 363-368.

[97] LNENICKA M, KOMARKOVA J. Big and open linked data analytics ecosystem: theoretical background and essential elements[J]. Government information quarterly, 2019, 36(1): 129-144.

[98] ZHU C. Big data as a governance mechanism[J]. The review of financial studies, 2019, 32(5): 2021-2061.

[99] BASUKIE J, WANG Y, LI S. Big data governance and algorithmic management in sharing economy platforms: a case of ridesharing in emerging markets[J]. Technological forecasting and social change, 2020, 161: 120310.

[100] YU M, YANG C, LI Y. Big data in natural disaster management: a review[J]. Geosciences, 2018, 8(5): 165.

[101] HÖCHTL J, PARYCEK P, SCHÖLLHAMMER R. Big data in the policy cycle: policy decision making in the digital era[J]. Journal of organizational computing and electronic commerce, 2016, 26(1-2): 147-169.

[102] OKUYUCU A, YAVUZ N. Big data maturity models for the public sector: a review of state and organizational level models[J]. Transforming government: people, process and policy, 2020, 14(4): 681-699.

[103] JU J, LIU L, FENG Y. Citizen-centered big data analysis-driven governance intelligence framework for smart cities[J]. Telecommunications policy, 2018, 42(10): 881-896.

[104] WONG J T, CHUNG Y S. Comparison of methodology approach to identify causal factors of accident severity[J]. Transportation research record: journal of the transportation research board, 2008, 2083(1): 190-198.

[105] DUNG H T, DO D T, NGUYEN V T. Comparison of multi-criteria decision making methods using the same data standardization method[J]. Journal of mechanical engineering, 2022, 72(2): 57-72.

[106] THIESS H, DEL FIOL G, MALONE D C, et al. Coordinated use of Health Level 7 standards to support clinical decision support: case study with shared decision making and drug-drug interactions [J]. International journal of medical informatics, 2022, 162: 104749.

[107] ABRAHAM R, SCHNEIDER J, VOM BROCKE J. Data governance: a conceptual framework, structured review, and research agenda[J]. International journal of information management, 2019, 49: 424-438.

[108] JANSSEN M, BROUS P, ESTEVEZ E, et al. Data governance: organizing data for trustworthy artificial intelligence[J]. Government information quarterly, 2020, 37(3): 101493.

[109] YU H, ZHANG M. Data pricing strategy based on data quality[J]. Computers & industrial engineering, 2017, 112: 1-10.

[110] PIPINO L L, LEE Y W, WANG R Y. Data quality assessment[J]. Communications of the ACM, 2002, 45(4): 211-218.

[111] BATINI C, SCANNAPIECO M. Data quality: concepts, methodologies and techniques[M]. Berlin: Springer, 2006.

[112] FAN W. Data quality: from theory to practice[J]. ACM SIGMOD Record,2015,44(3): 7-18.

[113] SAHA B, SRIVASTAVA D. Data quality: the other face of big data[C]//2014 IEEE 30th International Conference on Data Engineering,2014: 1294-1297.

[114] BRACKETT M H. Data resource quality: turning bad habits into good practices[M]. Boston, MA: Addison-Wesley Professional,2000.

[115] ADELMAN S, MOSS L T, ABAI M. Data strategy[M]. Boston, MA: Addison-Wesley Professional, 2005.

[116] LNENICKA M, KOMARKOVA J. Developing a government enterprise architecture framework to support the requirements of big and open linked data with the use of cloud computing[J]. International journal of information management,2019,46: 124-141.

[117] SARKER M N I, PENG Y, YIRAN C, et al. Disaster resilience through big data: way to environmental sustainability[J]. International journal of disaster risk reduction,2020,51: 101769.

[118] BROWNE O, O'REILLY P, HUTCHINSON M, et al. Distributed data and ontologies: an integrated semantic web architecture enabling more efficient data management[J]. Journal of the association for information science and technology,2019,70(6): 575-586.

[119] ARNOTT R, DE PALMA A, LINDSEY R. Does providing information to drivers reduce traffic congestion? [J]. Transportation research part A: general,1991,25(5): 309-318.

[120] MAHMASSANI H, HERMAN R. Dynamic user equilibrium departure time and route choice on idealized traffic arterials[J]. Transportation science,1984,18(4): 362-384.

[121] LV Z, LI X, CHOO K K R. E-government multimedia big data platform for disaster management [J]. Multimedia tools and applications,2018,77: 10077-10089.

[122] NGOC T T, DAI L V, MINH L B. Effects of data standardization on hyperparameter optimization with the grid search algorithm based on deep learning: a case study of electric load forecasting[J]. Advances in technology innovation,2022,7(4): 258-269.

[123] KOSHIMURA S. Establishing the advanced disaster reduction management system by fusion of real-time disaster simulation and big data assimilation[J]. Journal of disaster research,2016,11(2): 164-174.

[124] LINDSAY B R, KAPP L, SHIELDS D A, et al. Federal emergency management: a brief introduction [A]. Library of Congress, Washington, DC,2012.

[125] HÉBERT R, DURAND P J, DUBUC N, et al. Frail elderly patients. New model for integrated service delivery[J]. Canadian family physician,2003,49(8): 992-997.

[126] GU Y, QIAN Z (SEAN), CHEN F. From Twitter to detector: real-time traffic incident detection using social media data[J]. Transportation research part C: emerging technologies, 2016, 67: 321-342.

[127] LAMBRECHT A, GOLDFARB A, BONATTI A, et al. How do firms make money selling digital goods online? [J]. Marketing letters,2014,25(3): 331-341.

[128] OTTO B. How to design the master data architecture: findings from a case study at Bosch[J]. International journal of information management,2012,32(4): 337-346.

[129] KONG F. How to understand the evolution and development of emergency management system in China? [J]. East Asia,2021,38(4): 389-400.

[130] MAMDOOHI S, MILLER-HOOKS E. Identifying the impact area of a traffic event through k-means clustering[J]. Journal of big data analytics in transportation,2022,4(2-3): 153-170.

[131] YU Y, HUO B, ZHANG Z (JUSTIN). Impact of information technology on supply chain integration and company performance: evidence from cross-border e-commerce companies in China[J]. Journal of enterprise information management,2021,34(1): 460-489.

[132] KOSHECHKIN K,LEBEDEV G,EDUARD F. Implementation of IDMP standards as a means of creating a unified information space in the field of drug circulation[J]. Procedia computer science, 2020,176: 1745-1753.

[133] LIU Y,YANG Z. Information provision and congestion pricing in a risky two-route network with heterogeneous travelers [J]. Transportation research part C: emerging technologies, 2021, 128: 103083.

[134] ACEMOGLU D,MAKHDOUMI A,MALEKIAN A,et al. Informational Braess' paradox: the effect of information on traffic congestion[J]. Operations research,2018,66(4): 893-917.

[135] LAZAROVA E,MORA S,RUBARTELLI P, et al. Integrating an electronic health record system into a regional health information system: an HL7 FHIR architecture [A]. Public health and informatics,2021: 1087-1088.

[136] JIANG X,ABDEL-ATY M,HU J,et al. Investigating macro-level hotzone identification and variable importance using big data: a random forest models approach[J]. Neurocomputing, 2016, 181: 53-63.

[137] LEE Y W,PIPINO L L,FUNK J D,et al. Journey to data quality[M]. Cambridge: The MIT Press, 2006.

[138] SEBASTIAN-COLEMAN L. Measuring data quality for ongoing improvement: a data quality assessment framework[M]. Oxford: Newnes,2013.

[139] DEMING W E. Out of the crisis[M]. Cambridge: The MIT Press,2000.

[140] GKATZELIS V,APERJIS C,HUBERMAN B A. Pricing private data[J]. Electronic markets,2015, 25(2): 109-123.

[141] MUSA A,WATANABE O,MATSUOKA H,et al. Real-time tsunami inundation forecast system for tsunami disaster prevention and mitigation [J]. The journal of supercomputing, 2018, 74: 3093-3113.

[142] DE PALMA A, LINDSEY R, PICARD N. Risk aversion, the value of information, and traffic equilibrium[J]. Transportation science,2012,46(1): 1-26.

[143] NOSAKA M,ISHII M,SHIOGAMA H,et al. Scalability of future climate changes across Japan examined with large-ensemble simulations at +1.5 K,+2 K, and +4 K global warming levels [J]. Progress in earth and planetary science,2020,7: 1-13.

[144] KHALOUFI H,ABOUELMEHDI K,BENI-HSSANE A,et al. Security model for big healthcare data lifecycle[J]. Procedia computer science,2018,141: 294-301.

[145] KRAUSE C M,ZHANG L. Short-term travel behavior prediction with GPS,land use,and point of interest data[J]. Transportation research part B: methodological,2019,123: 349-361.

[146] PIGOU A C. Some problems of foreign exchange[J]. The economic journal,1920,30(120): 460.

[147] VYDRA S, KLIEVINK B. Techno-optimism and policy-pessimism in the public sector big data debate[J]. Government information quarterly,2019,36(4): 101383.

[148] ANDRESS J. The basics of information security: understanding the fundamentals of InfoSec in theory and practice[M]. Waltham,MA: Syngress,2014.

[149] CAI L,ZHU Y. The challenges of data quality and data quality assessment in the big data era[J]. Data science journal,2015,14: 2.

[150] BEN-ELIA E,DI PACE R,BIFULCO G N,et al. The impact of travel information's accuracy on route-choice[J]. Transportation research part C: emerging technologies,2013,26: 146-159.

[151] MIKALEF P, BOURA M, LEKAKOS G, et al. The role of information governance in big data analytics driven innovation[J]. Information & management,2020,57(7): 103361.

[152] LÖFGREN K,WEBSTER C W R. The value of big data in government: the case of 'smart cities'

[J]. Big data & society,2020,7(1):1-14.

[153] ZHENG Y. Trajectory data mining: an overview[J]. ACM transactions on intelligent systems and technology,2015,6(3):1-41.

[154] HUANG H,CHENG Y,WEIBEL R. Transport mode detection based on mobile phone network data: a systematic review[J]. Transportation research part C: emerging technologies,2019,101: 297-312.

[155] BRAESS D. Über ein paradoxon aus der Verkehrsplanung[J]. Unternehmensforschung operations research-recherche opérationnelle,1968,12(1):258-268.

[156] DUPIN C M,BORGLIN G. Usability and application of a data integration technique (following the thread) for multi- and mixed methods research: a systematic review[J]. International journal of nursing studies,2020,108:103608.

[157] CHATTERTON T,BARNES J,WILSON R E,et al. Use of a novel dataset to explore spatial and social variations in car type, size, usage and emissions[J]. Transportation research part D: transport and environment,2015,39:151-164.

教师服务

感谢您选用清华大学出版社的教材！为了更好地服务教学，我们为授课教师提供本书的教学辅助资源，以及本学科重点教材信息。请您扫码获取。

❯❯ 教辅获取

本书教辅资源，授课教师扫码获取

❯❯ 样书赠送

管理科学与工程类重点教材，教师扫码获取样书

清华大学出版社

E-mail：tupfuwu@163.com
电话：010-83470332 / 83470142
地址：北京市海淀区双清路学研大厦 B 座 509

网址：http://www.tup.com.cn/
传真：8610-83470107
邮编：100084